高等院校石油天然气类规划教材

采气工程

（第三版）

主　编　廖锐全
副主编　刘　捷　闫　健　石书强

石油工业出版社

内 容 提 要

本书阐述了天然气的性质，气藏储量与采收率计算，气田开发方案设计的主要指标、基本内容和原则方法，气井产能确定和分析方法，不同生产条件下气井井底压力、井筒温度预测方法，气井工作制度设计和生产系统动态分析方法，气井积液分析方法，气井排水采气工艺设计方法，天然气井场工艺等，并对页岩气藏、煤层气藏、疏松砂岩气藏、含硫气藏、凝析气藏及天然气水合物的开发等进行了简要介绍，兼具系统性、理论性和实用性。

本书可作为石油工程专业本科生和油气田开发工程专业研究生的教材，也可供从事采气工程科研与实践的科技工作者，尤其是那些具有采油工程专业知识和实践经验而又需要较为系统地学习采气工程专业知识的技术人员参考。

图书在版编目(CIP)数据

采气工程／廖锐全主编． -- 3 版． -- 北京：石油工业出版社，2024.8． -- (高等院校石油天然气类规划教材)． -- ISBN 978-7-5183-6917-1

Ⅰ．TE37

中国国家版本馆 CIP 数据核字第 2024XN8183 号

出版发行：石油工业出版社
　　　　　（北京朝阳区安华里二区 1 号　100011）
　　　　　网　　址：www.petropub.com
　　　　　编辑部：(010)64523733　图书营销中心：(010)64523633
经　　销：全国新华书店
排　　版：北京密东文创科技有限公司
印　　刷：北京中石油彩色印刷有限责任公司

2024 年 8 月第 3 版　2024 年 8 月第 1 次印刷
787 毫米×1092 毫米　开本：1/16　印张：19.75
字数：481 千字

定价：48.00 元
(如出现印装质量问题，我社图书营销中心负责调换)
版权所有，翻印必究

第三版前言

天然气是指在不同地质条件下生成、运移,并以一定压力储集在地下构造中的气体。我国是世界上最早发现、开采和利用石油及天然气的国家之一。早在公元前11世纪周代的《易经》中就有了"上火下泽,火在水上,泽中有火"的记载,描述了可燃天然气在湖泊池沼的水面上所露出的气苗的景象。到了秦、汉时期,在今陕北、甘肃、四川等地区就已发现了石油和天然气,并用来点灯照明、润滑、防腐和煮卤熬盐。四川自流井气田的开采已有约两千年的历史。据《自流井记》的记载,早在汉朝就在自流井发现了天然气,宋末元初(13世纪)已大规模开采自流井的浅层天然气。

天然气是最清洁低碳的化石能源,在"双碳"目标政策驱动下,推动能源绿色低碳转型,在工业、电力等多领域有序扩大天然气利用规模,是我国构建清洁低碳、安全高效能源体系的重要实现途径之一。近年来,我国天然气消费量持续以较高速度增长,2023年天然气在一次能源消费总量中占比提升至8.5%,但与全球天然气在一次能源消费总量中占比24.0%相比,仍有较大差距。长期来看,天然气具备显著的增长潜力。根据《中国能源前景2018—2050》报告预测,未来30年天然气将是我国需求增长最快的能源产品之一。

天然气深埋地下,需要人们通过各种手段将其从地下开采出来。有科学依据地将天然气从气层开采到地面的过程称为采气。采气工程是在人为的干预下,有目的地将天然气从深埋于地下的气层中开采到地面,并输送到预定位置的一项工程。尽管天然气开采和石油开采的技术方法有许多类似之处,但天然气为气体,石油为液体,两者性质有很大的差别,这就必然导致在天然气开采的技术方法上有它自己的特点。作为肩负着发展我国油气工业重任的石油工程专业的学生,有必要比较系统地学习天然气开采技术。

目前国内大部分院校的石油工程专业本科生,在有关天然气开采方面只学习一门"采气工程"课程。也即是说,这门课程需要比较系统地介绍天然气的开发和开采工艺技术。编写本教材的宗旨是满足当前形势下对"采气工程"课程教学的要求。

为使本教材呈现"全""精""新"的特点,编写遵循以下原则:

(1)简明性与系统性相结合,尽量不重复"油藏工程""采油工程"课程的内容,但兼顾课程内容的系统性;

(2)适用性与先进性相结合,重点介绍目前国内外认可的技术原理方法,适当考虑技术方法的先进性；

（3）针对性与比较性相结合，天然气和石油性质不同，开采技术方法上有各自的特点，在编写时，适当考虑与石油开采技术的对比。

本教材以2003年廖锐全、张志全主编的《采气工程》为基础，以2012年修订的《采气工程(第二版)》(廖锐全、曾庆恒、杨玲主编)为蓝本修订而成。本次修订的重点是：(1)按新的技术标准和规范，更新相应内容；(2)因近年页岩气藏、深层煤层气藏投入开发，新增页岩气、深层煤层气开采等内容；(3)针对目前国内气田气井普遍出水的情况，强化产水气井的动态分析与排水措施等内容。

参加本次修订的人员有长江大学的廖锐全(第一章，第二章第一节、第二节、第四节至第六节，第三章，第五章，第七章)、刘捷(第四章，第九章第一节和第三节)、张志全(第九章第二节、第四节、第五节、第六节)，重庆科技大学的徐春碧、石书强(第六章第一节和第二节)，西安石油大学的闫健(第八章)，以及昆明理工大学的王修武(第二章第三节、第六章第三节)。全书由廖锐全统编和定稿。感谢程阳、汪国威、吴慧雄博士参加本书的编辑工作，感谢中国石化江汉油田分公司的肖中华教授级高工对全书进行了审阅。

在本书编写过程中，得到了长江大学等相关学校领导的大力支持，在此深表谢意，也衷心感谢前辈、同行为本教材的编写提供大量的资料。

真诚地恳请这本教材的读者朋友，对于书中可能存在的错漏和值得商榷之处提出批评和宝贵意见，以期进一步完善本课程的教材建设。

编者
2024年6月

第二版前言

本书中的天然气是指在不同地质条件下生成、运移,并以一定压力储集在地下构造中的可燃气体。我国是世界上最早发现、开采和利用石油及天然气的国家之一。早在公元前11世纪周代的《易经》上就有了"上火下泽,火在水上,泽中有火"等记载,阐明了可燃天然气在湖泊池沼的水面上所露出的气苗。到了秦、汉时期,在今陕北、甘肃、四川等地区就已发现了石油和天然气,并用来点灯照明、润滑、防腐和煮卤熬盐。四川自流井气田的开采已有约2000年历史。据《自流井记》上的史料记载,早在汉朝就在自流井发现了天然气,宋末元初(13世纪)已大规模开采自流井的浅层天然气。

人们常称19世纪是煤气时代,20世纪是油气时代,21世纪是天然气时代。因资源和环境保护的需要,天然气在能源结构中的地位日益显现。2008年,全球天然气消费占一次能源消费总量的比例约为24.1%,而我国仅为3.8%;据有关测算,2015年如果我国天然气占能源消费总量的比例达到8%,天然气消费量将达到$2300 \times 10^8 m^3$。这预示着我国天然气工业的发展前景十分广阔。

天然气深埋地下,需要人们通过各种手段将其从地下开采出来。有科学依据地将天然气从气层开采到地面的过程称为采气。采气工程是在人为的干预下,有目的地将天然气从深埋于地下的气层中开采到地面,并输送到预定位置的一项工程。尽管天然气开采和石油开采有许多类似的地方,但天然气为气体,石油为液体,两者性质有很大的差别,在天然气开采的技术方法上有其自己的特点。作为肩负着发展我国油气工业重任的石油工程专业的学生,有必要比较系统地学习天然气开采技术。

目前国内大部分院校的石油工程专业本科生在有关天然气开采方面只开设"采气工程"一门40学时左右的课程。也就是说,这门课程需要在40学时左右的时间内,比较系统地介绍天然气的开发和开采工艺技术。如何适应当前形势下相关院校对"采气工程"课程教学的要求,较好地实现教学目标,这是编写本《采气工程》教材的宗旨。

在编写本教材时,考虑学生在学习本课程时已对石油开采技术有了比较系统的了解。因此建议在课序安排上,将"采气工程"安排在"油藏工程"和"采油工程"后。本教材力求呈现"精""新"的特点,编写遵循以下原则:

(1)简明性与系统性相结合。尽量不重复先行课程的内容,但兼顾课程内容的系统性。

(2)适用性与先进性相结合。重点介绍目前国内外认可的技术原理方法,适当考虑技术方法的先进性。

(3)针对性与比较性相结合。天然气和石油性质不同,开采技术方法上有各自的特点,在编写时,适当考虑与石油开采技术的对比。

本教材是以廖锐全、张志全主编的《采气工程》(石油工业出版社,2003)为蓝本修订而成。廖锐全、曾庆恒、杨玲为修订版主编。参加修订的人员有中国地质大学(北京)的刘鹏程(第一章和第八章的第二、三节),成都理工大学的闫长辉(第三章),东北石油大学的张承丽(第四章的第一、二、三、四节),重庆科技学院的徐春碧(第五章的第四、五、六节)和曾庆恒(第六章),西安石油大学的杨玲、王俊奇(第七章),长江大学的廖锐全(第二章)、刘捷(第四章的第五节,第五章的一、二、三节和第八章的第四节)、张志全(第八章的第一节)。全书由廖锐全统编和定稿,杨玲、曾庆恒和刘捷参加了全书的编审。

在本书编写过程中,得到了长江大学等相关学校领导和石油工业出版社的大力支持,笔者在此深表谢意,也衷心感谢前辈、同行为本教材的编写提供了大量的资料。

真诚地恳请本教材的读者朋友,对于书中可能存在的错漏或值得商榷之处提出批评,以期进一步完善本课程的教材建设。

编者
2011年8月

第一版前言

天然气是指在不同地质条件下生成、运移,并以一定压力储集在地下构造中的气体。我国是世界上最早发现、开采和利用石油及天然气的国家之一。据史料记载,已有三千多年的历史。早在周代(公元前1122—前770年间)的《易经》上就有了"上火下泽,火在水上,泽中有火"等记载,阐明了可燃天然气在地表湖泊中的水面上所露出的气苗。到了秦、汉时期,在今陕北、甘肃、四川等地区就已发现了石油和天然气,并用来点灯照明、润滑、防腐和煮卤熬盐。

我国是世界上最早开发气田的国家,四川自流井气田的开采已约有2000年历史。据《自流井记》上的史料记载,早在汉朝就在自流井发现了天然气,宋末元初(13世纪)已大规模开采自流井的浅层天然气。

近年来,天然气在我国工业和日常生活中的应用日益广泛。20世纪80年代后期,为了适应国民生产和生活的需要,我国石油工业采取"油气并举"的方针,天然气工业因此以前所未有的速度发展。除四川气田继续发展外,莺歌海气田和晋边气田也相继投入开发,此外,在青海、新疆、渤海湾等地都发现了气田。根据第二次全国油气资源评价结果,我国气层气主要分布在陆上中、西部地区及近海海域的南海和东海,资源总量为 $38 \times 10^{12} m^3$,全国探明储量 $2.06 \times 10^{12} m^3$,可采储量 $1.3 \times 10^{12} m^3$,其中凝析油地质储量 $11226.3 \times 10^4 t$,采收率按36%计算,凝析油可采储量 $4082 \times 10^4 t$。

天然气深埋地下,需要人们通过各种手段将其从地下开采出来。有科学依据地实现将天然气从气层开采到地面的过程称为采气。采气工程是在人为干预下,有目的地将天然气从深埋于地下的气层中开采到地面,并输送到预定位置的一项工程。

采气工程涉及地下、井筒、地面等众多方面的问题,而且它们在不同程度上彼此相互影响,它的决策与国家的能源政策、国际国内技术状况、经济及政治环境等密切相关。因此,采气工程问题是一个复杂的系统工程问题,它具有多层次性、多学科性、开放性、动态性和复杂性等特性。它们的研究、设计、分析、控制及管理决策必须采用系统方法进行。本书基于系统的观点,从目标物——天然气的性质和储量计算入手,介绍天然气开发的特点和设计分析的基本方法、原则;重点放在气井系统层次上,论述从地下储层到地面管线的系统的动态模型、分析和设计、管理方法。最后对凝析气、高含硫气和煤层气等特殊气田的开发问题进行了简单介绍。

本书第一、三、五、六章由廖锐全编写,第二章由廖锐全、苏如海编写,第四章由廖锐全、江厚顺、苏如海编写，第七章由廖锐全、张顶学编写，第八、九章由张志全编写。李军亮、汪双喜为第五章的理论方法和计算实例进行了校核。

　　本书能编写完成，得益于国内外学者在这方面所做出的丰富的研究成果，谨此诚致谢意！

　　由于编者水平所限，书中定有缺点和不足之处，恳请读者批评指正。

编者
2003 年 3 月

目 录

第一章 天然气的性质……1
- 第一节 天然气的组成和分类……1
- 第二节 天然气的平均分子量、密度及相对密度……3
- 第三节 天然气的偏差系数……5
- 第四节 天然气的体积系数和膨胀系数……9
- 第五节 天然气的黏度……11
- 第六节 天然气的热值与燃烧爆炸性……12

第二章 气藏储量与采收率计算……17
- 第一节 容积法计算天然气储量……17
- 第二节 物质平衡法估算天然气储量……23
- 第三节 用压力动态资料计算单井或气藏储量……32
- 第四节 用产量递减资料计算气藏储量……38
- 第五节 气藏储量的综合评价……40
- 第六节 气藏的采收率计算……42

第三章 气田开发设计与分析……50
- 第一节 气田的开发特点……50
- 第二节 气田开发方针与指标……55
- 第三节 气田开发方案的基本组成……58
- 第四节 气田开发方案的编制……68
- 第五节 气田开发分析……71

第四章 气井产能……73
- 第一节 气井产能理论公式……73
- 第二节 气井产能经验方程……82
- 第三节 气井产能试井工艺……84
- 第四节 完井方式对气流入井的影响……94
- 第五节 水平气井产能方程……98
- 第六节 产水气井产能方程……103

— 1 —

第五章 气井井筒和地面管流动态预测······107
第一节 干气井井底压力计算······107
第二节 产液气井拟单相流井底压力计算······113
第三节 气水同产井井底压力计算······117
第四节 气井井筒温度预测······122
第五节 节流装置处的压力、温度变化预测······127
第六节 集输气管流计算······131

第六章 气井生产系统动态分析与管理······136
第一节 气井生产系统节点分析······136
第二节 气井工作制度与生产特征······143
第三节 低压低产气井的动态分析与管理······161

第七章 气井积液分析与排水采气工艺······171
第一节 气井积液原理······171
第二节 气井积液的判断方法······174
第三节 积液高度计算方法······180
第四节 排水采气工艺技术······181

第八章 天然气井场工艺······197
第一节 天然气集气工艺流程······197
第二节 节流调压······203
第三节 气液分离······205
第四节 天然气计量······213
第五节 天然气水合物防治······218
第六节 天然气脱水······230
第七节 气田开发的安全环保技术······234

第九章 其他特殊类型气藏的开发······246
第一节 页岩气藏的开发······246
第二节 煤层气藏的开发······253
第三节 疏松砂岩气藏的开发······267
第四节 含硫气藏的开发······275
第五节 凝析气藏的开发······283
第六节 天然气水合物的开发······294

参考文献······302

第一章 天然气的性质

天然气是指在不同地质条件下生成、运移,并以一定压力储集在地下构造中的气体。天然气或成游离状态,或成溶解状态(溶解在石油和水中),或成吸附状态积聚在孔隙岩层中。气(油)藏是指在单一圈闭中具有同一压力系统的基本聚集。如果圈闭中只聚集了石油,称为油藏。只聚集了天然气,称为气藏。一个气藏中有几个含气储层时,称为多层气藏。多个气藏的总和组成气田。多个气田的总和组成气区。气藏可分为有工业价值气藏和无工业价值气藏两种。有工业价值气藏又可分为高产气藏、中产气藏和低产气藏。

在石油工业范围内,天然气通常是指从气田采出的气及从油田采油过程中同时采出的伴生气。天然气在各种压力和温度下的物性参数(如密度、压缩系数、黏度等),是气藏工程和采气工艺分析设计所必需的基本数据。天然气的物性参数,既可以从实验室直接由实验确定,也可以从已知气体的化学组分预测。在后一种情况中,这些性质是根据气体中单组分的物理性质和物理定律,按照混合法则进行计算的。本章介绍天然气的组成和分类,以及天然气的平均分子量、密度及相对密度、偏差系数、体积系数和膨胀系数、黏度、热值等常用参数的计算方法。

第一节 天然气的组成和分类

一、天然气的组成

从油气藏中开采出的天然气,是以石蜡族低分子饱和烃为主的烃类气体和少量非烃类气体组成的混合气。天然气中常见到的烃类组分是甲烷、乙烷、丙烷、丁烷和戊烷,以及少量的己烷、庚烷、辛烷和一些密度更大的气体。天然气中发现的非烃类气体有二氧化碳、硫化氢、水蒸气及一些稀有气体,如氦、氖等。

在天然气的组成中,甲烷(CH_4)占绝大多数。在标准状态下,甲烷(CH_4)和乙烷(C_2H_6)是气体;丙烷(C_3H_8)、正丁烷($n-C_4H_{10}$)和异丁烷($i-C_4H_{10}$)也是气体,但经压缩冷凝后极易液化,家用液化气(LPG)就是这类组分。戊烷(C_5H_{12})和戊烷以上(常用符号C_{5+}表示)的轻质油称为天然汽油(NG)。在天然气的烃类气体中,除甲烷外,通称为天然气液烃(NGL),因为通过一定液化装置(露点装置或深冷装置)都能使其液化。通常,丙烷以上的重烃组分经加工提取出来,可作为汽油的混合燃料和化工厂原料,有着较高的市场价值。一般外输销售的天然气主要是甲烷和乙烷的混合物,含少量丙烷。

对一个油气田来说,其所产的天然气含有哪些组分,每一组分又占多少,这些对天然气的物性和品质影响极大。天然气不能用一种固定的组分或混合物来下定义,不同性质的油气田,天然气的组成不同;同一气田的不同的两口井,天然气也可以有不同的组分。另外,随着气藏逐步衰竭,从同一口井中产出的气流组分也在发生变化,所以应该从井口气流中定期取样分析,以便调整生产设备以适应新的气体组分。

各种组分在天然气中所占数量的比率,称为天然气的组成。天然气的组成通常用摩尔组成、体积组成或质量组成表示。

如将天然气及它的各种组分视为理想气体,当天然气满足阿伏加德罗定律时,天然气的摩尔组成在数值上等于天然气的体积组成。

特别指出的是,不同类型的油气田,天然气的组成差异很大(表1-1)。不同的气田或层位系统,天然气的组成也不同(表1-2)。天然气的组成不仅可作为气田分类的依据之一,也是地面天然气处理的重要数据。

表1-1 有代表性的油气田天然气组成(体积分数)

组分	干气,%	凝析气,%	油田伴生气,%
C_1	96.00	75.00	27.52
C_2	2.00	7.00	16.34
C_3	0.60	4.50	29.18
C_4	0.30	3.00	22.55
C_5	0.20	2.00	3.90
C_6	0.10	2.50	0.47
C_{7+}	0.80	6.00	0.04
合计	100.00 $M_g=17.584$ $\gamma_g=0.607$	100.00 $M_g=27.472$ $\gamma_g=0.948$	100.00 $M_g=38.568$ $\gamma_g=1.331$

注:M_g—气体分子量;γ_g—气体相对密度。

表1-2 不同气田天然气不同的组成(摩尔分数)

组分	Pars(伊朗),%	Groningen(荷兰),%	Waterton(加拿大),%
N_2	1.70	14.27	0.97
CO_2	3.28	0.94	3.48
H_2S	0.66	—	16.03
C_1	89.24	81.28	65.49
C_2	2.28	2.82	3.39
C_3	0.51	0.40	1.53
$i-C_4$	0.12	0.06	0.32
$n-C_4$	0.13	0.08	0.92
$i-C_5$	0.06	0.01	0.52
$n-C_5$	0.04	0.02	0.50
C_6	0.06	0.04	1.12
C_{7+}	0.24	0.08	5.19

二、天然气的分类

1. 按烃类组分关系分类

（1）干气。干气是指在地层中呈气态，采出后在一般地面设备的温度和压力下不析出或者析出极少液态烃的天然气。一般来说，按 C_5 界定法，干气是指 $1m^3$ 井口流出物中 C_{5+} 液态烃含量低于 $13.5cm^3$ 的天然气。

（2）湿气。湿气是指在地层中呈气态，采出后在一般地面设备的温度和压力下析出较多液态烃的天然气。按 C_5 界定法，湿气是指 $1m^3$ 井口流出物中 C_{5+} 液态烃含量高于 $13.5cm^3$ 的天然气。

（3）贫气。贫气一般指丙烷及丙烷以上烃类含量小于 $100cm^3/m^3$ 的天然气。

（4）富气。富气一般指丙烷及丙烷以上烃类含量大于 $100cm^3/m^3$ 的天然气。

表 1-2 列举的伊朗的 Pars 气田、荷兰的 Groningen 气田的天然气就属于贫气或者干气，加拿大的 Waterton 气田的天然气属于富气或者湿气。

2. 按矿藏特点分类

（1）纯气藏天然气。在开采的任何阶段，矿藏流体在地层原始状态中呈气态。但随着组分的不同，采到地面后，在地面分离器或管系中可能有部分液态烃析出。

（2）凝析气藏天然气。矿藏流体在地层原始状态呈气态，但开采到一定阶段，随着地层压力下降，流体状态跨过露点线进入相态反凝析区，部分烃类在地层中即呈液态。

（3）油田伴生天然气。油田伴生天然气指在地层原始状态中与原油共存，采油过程中与原油同时被采出，经油气分离后所得到的天然气。

3. 按硫化氢、二氧化碳含量分类

天然气中硫化氢或二氧化碳含量超过规定标准的天然气称为酸性天然气，如表 1-2 中的 Waterton 气田；反之，硫化氢含量或二氧化碳含量低于规定标准的天然气叫净气，如表 1-2 中的 Groningen 气田。酸性天然气腐蚀性很大，危害性较大，因此，这类气体需要进行脱硫、脱碳处理才能达到管输商品气质量要求。

第二节　天然气的平均分子量、密度及相对密度

一、天然气平均分子量

天然气是多种气体组成的混合气，其组分和组成无定值，无法确定地写出一个分子式，也不能与有分子式的纯气体一样，可以从分子式计算出一个恒定的分子量。但是，在工程上，为了计算的需要，人为地将标准状态下 1mol 体积天然气的质量，定义为天然气的"视分子量"或"平均分子量"。

常用的计算平均分子量的方法是知道天然气的 i 组分的摩尔组成 y_i，根据 Key 混合规则计算，用公式表示为

$$M_g = \sum_{i=1}^{n} y_i M_i \tag{1-1}$$

式中 M_g——天然气的平均分子量;

y_i, M_i——天然气中任一组分 i 的摩尔组成和分子量;

n——天然气的组分数。

显然,天然气的平均分子量,取决于天然气的组成及各个组成的摩尔分数,各气田的组成不同,其平均分子量也不同。

【例 1-1】 已知天然气中各组分的质量分数为乙烷 5%,丙烷 65%,异丁烷 10%,正丁烷 20%,求天然气的平均分子量。

解: 天然气的平均分子量可由式(1-1)求得:

$$M_g = \sum_{i=1}^{n} y_i M_i = 0.05 \times 30.7 + 0.65 \times 44.1 + 0.1 \times 58.1 + 0.2 \times 58.1 = 47.63$$

因此天然气平均分子量为 47.63。

二、天然气的密度

天然气的密度定义为单位体积天然气的质量,在理想条件下,表示为

$$\rho_g = \frac{m}{V} = \frac{pM_g}{RT} \tag{1-2}$$

式中 ρ_g——天然气的密度,kg/m^3;

m——天然气的质量,kg;

V——天然气的体积,m^3;

p——绝对压力,MPa;

T——热力学温度,K;

R——气体常数,$0.008314 MPa \cdot m^3/(kmol \cdot K)$。

对于真实的天然气,可以应用气体偏差系数 Z 来修正气体压力、温度和组分的影响:

$$\rho_g = \frac{pM_g}{ZRT} \tag{1-3}$$

密度的倒数定义为天然气的比容,即单位质量天然气所占的体积称为天然气的比容。

【例 1-2】 在例 1-1 的条件下,取标准状况下的 $p_{sc} = 0.101325 MPa$,$T_{sc} = 293.15K$,$Z = 1$,则天然气的密度为多少?

解: 天然气的密度可由式(1-3)求得:

$$\rho_g = \frac{pM_g}{ZRT} = \frac{0.101325 \times 47.63}{0.008314 \times 293.15} = 1.98 (kg/m^3)$$

因此天然气的密度为 $1.98 kg/m^3$。

三、天然气的相对密度

天然气的相对密度定义为:在相同温度和压力下,天然气的密度与空气的密度之比。天然气的相对密度可用下式表示:

$$\gamma_g = \frac{\rho_g}{\rho_a} = \frac{M_g}{M_a} = \frac{M_g}{28.97} \qquad (1-4)$$

式中 ρ_a——空气的密度，kg/m³；

M_a——空气的平均分子量，一般取 28.97。

天然气的相对密度一般在 0.5~0.7 之间，个别重烃较多的气田或者其他非烃类组分较多的天然气，其相对密度可能大于 1。

【例 1-3】 已知某天然气平均分子量为 46.5，求天然气的相对密度。

解：天然气的相对密度可由式(1-4)求得：

$$\gamma_g = \frac{\rho_g}{\rho_a} = \frac{M_g}{M_a} = \frac{M_g}{28.97} = \frac{46.5}{28.97} = 1.61$$

因此天然气相对密度为 1.61。

【例 1-4】 气田天然气的平均分子量为 26.5，H_2S 的含量为 20mg/m³，H_2S 的分子量为 34.076，求：(1)H_2S 在天然气中的体积分数；(2)标准状况下天然气的密度；(3)天然气的相对密度。

解：(1)设天然气体积 $V_g = 1m^3$，则 H_2S 的质量为 $m_{H_2S} = 20 \times 10^{-6}$kg，在标准状态($p_{sc} = 0.101325$MPa，$T_{sc} = 293.15$K，$Z = 1$)下，则由式(1-2)可得

$$V_{H_2S} = m_{H_2S} R T_{sc} / (M_{H_2S} p_{sc}) = \frac{20 \times 10^{-6} \times 0.008314 \times 293.15}{34.076 \times 0.101325} = 0.000014 (m^3)$$

$$y_{H_2S} = \frac{V_{H_2S}}{V_g} = \frac{0.000014}{1} \times 100 = 0.0014\%$$

(2)标准状态下天然气的密度可由式(1-3)求得：

$$\rho_g = \frac{pM_g}{ZRT} = \frac{0.101325 \times 26.5}{0.008314 \times 293.15} = 1.102 (kg/m^3)$$

(3)天然气的相对密度可由式(1-4)求得：

$$\gamma_g = \frac{\rho_g}{\rho_a} = \frac{M_g}{M_a} = \frac{M_g}{28.97} = \frac{26.5}{28.97} = 0.915$$

第三节　天然气的偏差系数

一、天然气偏差系数的定义

在低压情况下，天然气遵循理想气体定律。但是，当气体压力上升，特别是接近临界温度时，真实气体和理想气体之间就会产生很大的偏离。在一定温度和压力条件下，一定质量的天然气实际占有的体积与在相同条件下作为理想气体应该占有的体积之比，称为天然气的偏差系数，或者称为压缩因子，可写为

$$Z = \frac{V_{actual}}{V_{ideal}} \qquad (1-5)$$

式中　Z——天然气的偏差系数,无量纲;

　　　V_{actual}——在某一压力 p 和温度 T 下一定质量气体的实际体积,m^3;

　　　V_{ideal}——在某一压力 p 和温度 T 下一定质量理想气体的体积,m^3。

对于理想气体,$Z=1$,对于真实气体,Z 可以大于1,也可以小于1。天然气偏差系数随气体组分的不同及压力和温度的变化而变化,Z 一般可以在实验室用有代表性的气样测定,也可以根据气体组成用经验公式计算。

二、Standing – Katz 偏差系数图版及其校正

1. Standing – Katz 偏差系数图版

天然气的偏差系数 Z 可由斯坦丁—卡兹(Standing 和 Katz)1941 年实验做出的图版查得。Standing-Katz 偏差系数图版是 Z 作为拟对比压力 p_{pr} 和拟对比温度 T_{pr} 的函数的相关图,只要知道了 p_{pr} 和 T_{pr},就可以从图版中的对应曲线上查出 Z 值,如图 1–1 所示。

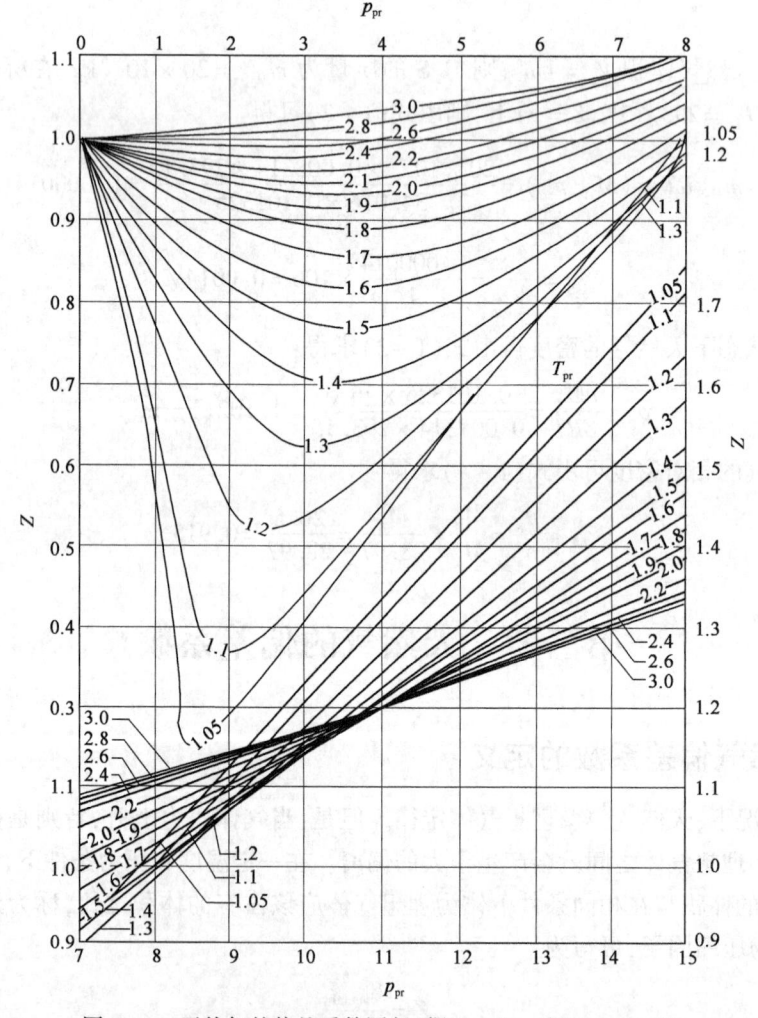

图 1–1　天然气的偏差系数图版(据 Standing 和 Katz,1941)

拟对比压力 p_{pr} 为气体的绝对工作压力 p 与拟临界压力 p_{pc} 之比，即

$$p_{pr} = \frac{p}{p_{pc}} \tag{1-6}$$

拟对比温度 T_{pr} 为气体的绝对工作温度 T 与拟临界温度 T_{pc} 之比，即

$$T_{pr} = \frac{T}{T_{pc}} \tag{1-7}$$

p_{pc} 和 T_{pc} 分别定义为拟临界温度和拟临界压力，即

$$p_{pc} = \sum_i y_i p_{ci} \tag{1-8}$$

$$T_{pc} = \sum_i y_i T_{ci} \tag{1-9}$$

式中 p_{ci}——组分 i 的临界压力，MPa；

T_{ci}——组分 i 的临界温度，K。

Standing-Katz 偏差系数图版是对非烃含量很少的天然气测定的，其对比压力和对比温度的适用范围是

$$0 < p_{pr} < 15, \ 0 < T_{pr} < 3 \tag{1-10}$$

2. 非烃校正

天然气中如 H_2S 和 CO_2 含量较高，使用 Standing-Katz 偏差系数图版时，应对 T_{pc}、p_{pc} 进行校正。目前常见的非烃校正经验公式有如下两种。

1) Wichert-Aziz 方法

1970 年，Wichert 和 Aziz 提出一种非烃校正方法：

$$T'_{pc} = T_{pc} - \varepsilon \tag{1-11}$$

$$\varepsilon = \{120[(y_{CO_2} + y_{H_2S})^{0.9} - (y_{CO_2} + y_{H_2S})^{1.6}] + 15(y_{H_2S}^{0.5} - y_{H_2S}^4)\}/1.8 \tag{1-12}$$

$$p'_{pc} = \frac{p_{pc} T'_{pc}}{T_{pc} + y_{H_2S}(1 - y_{H_2S})\varepsilon} \tag{1-13}$$

式中 y_{H_2S}——硫化氢（H_2S）的摩尔分数；

y_{CO_2}——二氧化碳（CO_2）的摩尔分数；

p'_{pc}——校正后拟临界压力，MPa；

T'_{pc}——校正后拟临界温度，K；

ε——拟临界温度校正系数。

2) Car-Kobayshi-Burrows 方法

1954 年，Carrel、Kobayshi 和 Burrows 提出一种非烃校正方法：

$$T'_{pc} = T_{pc} - 44.4 y_{CO_2} + 72.2 y_{H_2S} - 138.9 y_{H_2} \tag{1-14}$$

$$p'_{pc} = p_{pc} + 3.034 y_{CO_2} + 4.137 y_{H_2S} - 1.172 y_{H_2} \tag{1-15}$$

此法还考虑了对 H_2 的校正。

3. 高分子量气体校正

Sutton(1985) 认为，对含庚烷以上组分较多的高分子量地层气（$\gamma_g > 0.75$），用式（1-8）和

式(1-9)计算 p_{pc} 和 T_{pc} 会导致确定气体偏差系数的误差,同时指出,如采用 Stewert 等人(1959)的混合规则和进行必要的校正后,误差可以减少,这里不作详细介绍。

【例1-5】 某气田天然气的组分见表1-3,应用 Standing-Katz 偏差系数图版求在 13.78MPa 和 366.48K 条件下的偏差系数。

表1-3 某气田天然气的组分

组分	摩尔分数 y_i	分子量 M_i	临界压力 p_{ci},MPa	临界温度 T_{ci},K
C_1	0.9300	16.043	4.604	190.6
C_2	0.0329	30.070	4.880	305.4
C_3	0.0136	44.097	4.249	369.8
$i-C_4$	0.0037	58.124	3.796	425.2
$n-C_4$	0.0023	58.124	3.648	408.2
$i-C_5$	0.0010	72.151	3.368	469.7
$n-C_5$	0.0012	72.151	3.381	460.4
C_6	0.0008	86.178	3.012	507.4
C_{7+}	0.0005	128.259	2.289	594.7
H_2	0.0140	28.013	3.399	126.3

解:$M = \sum y_i M_i = 17.54$

$\gamma_g = 17.54/28.96 = 0.605$

$p_{pc} = \sum y_i p_{ci} = 4.58\text{MPa}$

$T_{pc} = \sum y_i T_{ci} = 198.3\text{K}$

查图1-1,可得偏差系数 $Z = 0.905$。

【例1-6】 已知天然气的 $T_{pc} = 250\text{K}$,$p_{pc} = 4.700\text{MPa}$,含4% CO_2 和30%的 H_2S,求 $T = 55℃$、$p = 6.895\text{MPa}$ 时的 Z 值。

解:由式(1-12)可得拟临界温度校正系数为

$$\varepsilon = \{120[(0.04+0.3)^{0.9} - (0.04+0.3)^{1.6}] + 15(0.3^{0.5} - 0.3^4)\}/1.8 = 29.738$$

由式(1-11)可得校正后拟临界温度为

$$T'_{pc} = T_{pc} - \varepsilon = 250 - 29.738 = 220.262(\text{K})$$

由式(1-13)可得校正后拟临界压力为

$$p'_{pc} = \frac{4.7 \times 220.262}{250 + 0.3 \times (1-0.3) \times 29.738} = 4.04(\text{MPa})$$

则

$$p_{pr} = p/p'_{pc} = 6.895/4.04 = 1.707$$

$$T_{pr} = T/T'_{pc} = (55+273)/220.262 = 1.489$$

查图1-1,可得偏差系数 $Z = 0.925$。

三、天然气的偏差系数计算方法

天然气的偏差系数是一个非常重要的参数,是气井生产计算中经常用到的数据,迄今已经出现了很多处理 Stangding-Katz 偏差系数图版的经验公式，如 Gopal 方法(1977)、Hall-Varborough 方法(1974)、Dranchuk-Purvis-Robinson 方法(1974)、Dranchuk-Abu-Kassem 方法(1975)、Hankinson-Thomas-Phillips 方法(1969)和 Sarem 方法(1961)等，这些经验公式选用的模型不同，其计算结果也有差异。Hall-Varborough 方法被认为是最精确的计算方法之一，这里只介绍该计算方法。其余的方法可以参考其他文献。

Hall-Varborough 方法以 Carnahan-Starling(1972)状态方程为基础，用 Standing-Katz 偏差系数图版数据拟合参数，得到

$$Z = \frac{0.06125 p_{pr} t}{y} \exp[-1.2(1-t)^2] \quad (1-16)$$

$$F(y) = -0.06125 p_{pr} t \cdot \exp[-1.2(1-t)^2] + \frac{y + y^2 + y^3 - y^4}{(1-y)^3} -$$

$$(14.76t - 9.76t^2 + 4.58t^3) y^2 + (90.7t - 242.2t^2 + 42.4t^3) y^{(2.18+2.82t)} = 0 \quad (1-17)$$

其中 $t = 1/T_{pr}$

式中 y——特殊定义的"对比密度"。

迭代求解 y 后可计算 Z 值。但是，式(1-17)为非线性方程，求解 y 需用牛顿迭代法。牛顿迭代格式为

$$y^{k+1} = y^k - \frac{F(y^k)}{F'(y^k)} \quad (1-18)$$

式中 $F'(y)$ 可由式(1-17)求导而得到

$$F'(y) = \frac{1 + 4y + 4y^2 - 4y^3 + 4y}{(1-y)^4} - (29.52t - 19.52t^2 + 9.16t^3) y +$$

$$(2.18 + 2.82t)(90.7t - 242.2t^2 + 42.4t^3) y^{(1.18+2.82t)} \quad (1-19)$$

第四节 天然气的体积系数和膨胀系数

天然气体积系数的定义是一定质量的天然气在地层条件下的体积与地面标准状态下的体积的比值，即

$$B_g = \frac{V}{V_{sc}} \quad (1-20)$$

式中 B_g——天然气的体积系数；

V_{sc}——天然气在地面标准状况下的体积，m^3；

V——同质量的天然气在地层条件下的体积，m^3。

根据气体状态方程，在地面标准状况下，气体的体积可按理想气体状态来描述，即

$$V_{sc} = \frac{nRT_{sc}}{p_{sc}} \quad (1-21)$$

在地下一定压力 p 和温度 T 下,同样质量的天然气所占体积可按实际气体状态来描述,即

$$V = \frac{ZnRT}{p} \tag{1-22}$$

将式(1-22)和式(1-21)分别代入式(1-20),可得

$$B_g = \frac{V}{V_{sc}} = \frac{p_{sc}ZT}{pZ_{sc}T_{sc}} = \frac{\rho_{sc}}{\rho_g} = Z\frac{p_{sc}T}{T_{sc}p} = Z\frac{(273+t)p_{sc}}{293 \quad p} \tag{1-23}$$

式中 t——气藏温度,℃。

实验室标准状态一般指 273K 和 0.1013MPa。矿场条件下,我国将标准状态定为 20℃ 和 0.1013MPa,美国则定为 15.6℃(60℉)和 0.1013MPa(14.65psi)。代入我国规定的标准状况,式(1-23)变为

$$B_g = \frac{V}{V_{sc}} = \frac{p_{sc}ZT}{pZ_{sc}T_{sc}} = \frac{\rho_{sc}}{\rho_g} = \frac{0.101ZT}{1.0 \times 293p} = 3.458 \times 10^{-4}\frac{ZT}{p} \tag{1-24}$$

在开采过程中,天然气不断被采出,气藏的压力不断降低,而气藏的温度一般变化很小,通常当成恒温。这样,体积系数 B_g 可看作只是压力的函数,式(1-23)变为

$$B_g = C \cdot \frac{Z}{p} \tag{1-25}$$

式中 C——与气藏有关的常数。

天然气的体积系数可用来将地层条件下气体的体积换算成地面条件下的气体体积。设被烃所占据的孔隙体积为 V_{hc},那么,标准状态下天然气的储量为

$$G = V_{hc}/B_g \tag{1-26}$$

在实际气藏开发中,由于地面压力远远低于气藏压力,而地面与地下温度相差不大,所以,天然气从地下采到地面后会发生几十倍、几百倍的膨胀,所以体积系数 B_g 远远小于1。为了计算和理解方便,常将体积系数的倒数定义为膨胀系数,即

$$E_g = \frac{1}{B_g} \tag{1-27}$$

【例1-7】 已知天然气相对密度为0.6,储气层的烃孔隙度为 10^6m^3,T_{pc} = 199.18K,p_{pc} = 4.64MPa,求 T = 55℃、p = 6.895MPa 时的储气量。

解:由式(1-6)和式(1-7)可得拟对比压力和拟对比温度为

$$p_{pr} = p/p_{pc} = 10/4.64 = 2.155$$

$$T_{pr} = T/T_{pc} = 373/199.18 = 1.873$$

查图1-1,可得偏差系数 Z = 0.925。

由式(1-24)可得天然气的体积系数为

$$B_g = 3.458 \times 10^{-4}\frac{ZT}{p} = 3.458 \times 10^{-4}\frac{0.925 \times 373}{10} = 1.193 \times 10^{-2}$$

由式(1-26)可得天然气的储量为

$$G = V_{hc}/B_g = \frac{10^6}{1.193 \times 10^{-2}} = 8.382 \times 10^7 (\text{m}^3)$$

因此 $T=55℃$、$p=6.895\text{MPa}$ 时的储气量为 $8.382 \times 10^7 \text{m}^3$。

第五节 天然气的黏度

黏度是流体抵抗剪切变形能力的一种度量,可用牛顿内摩擦定律来度量,即在任一点,单位面积上的剪切力与垂直流动方向上的速度梯度成正比,比例系数就为流体的黏度,即

$$\tau_{xy} = -\mu \frac{\partial u_x}{\partial y} \quad (1-28)$$

式中 τ_{xy}——剪切应力,N/m^2;

u_x——在施加剪切力的 x 方向的流体速度,m/s;

$\partial u_x/\partial y$——在与 x 方向垂直的 y 方向上的速度 u_x 的梯度,m/(s·m);

μ——绝对黏度,也叫动力黏度,Pa·s(帕秒)。

黏度最常用的单位为 mPa·s(毫帕秒)和 cP(厘泊),它们之间的关系是

$$1\text{Pa·s} = 1000\text{mPa·s}, 1\text{Pa·s} = 10\text{P} = 1000\text{cP}, 1\text{P} = 1\text{dyn·s/cm}^2$$

此外,流体的黏度还可以用运动黏度来表示。运动黏度定义为绝对黏度与同温、同压力下该流体的密度的比值,即

$$\nu = \frac{\mu}{\rho} \quad (1-29)$$

式中 ν——运动黏度,mm^2/s;

μ——绝对黏度,mPa·s;

ρ——流体的密度,kg/m^3。

天然气的黏度取决于天然气的温度、压力及组成。一般天然气的黏度随系统压力的增加而增大,只有压力非常低时,气体的黏度才基本上与压力无关。气体的黏度也是温度的函数,这是因为随温度的升高,气体分子变得更加活跃。

计算气体黏度的方法有:Car-Kobayshi-Burrows(1954)方法、Dempsey(1965)方法、Dean-Stiel(1965)方法、Lee-Gonzalez-Eakin(1966)方法等,其中 Lee-Gonzalez-Eakin 方法最为常用,具体如下:

$$\mu_g = 10^{-4} K \cdot \exp(X\rho_g^Y) \quad (1-30)$$

$$K = \frac{(9.4 + 0.02M_g)(1.8T)^{1.5}}{209 + 19M_g + 1.8T} \quad (1-31)$$

$$X = 3.5 + \frac{986}{1.8T} + 0.01M_g, Y = 2.4 - 0.2X \quad (1-32)$$

式中 μ_g——在给定温度和压力下天然气的黏度,mPa·s;

T——给定温度,K。

用 Lee-Gonzalez-Eakin 方法计算天然气的黏度,标准偏差为 ±3% 左右,一般小于 ±5%。

【例 1-8】 已知某天然气相对密度为 0.941,偏差系数 $Z = 0.8065$,求 $T = 393\text{K}$、$p = 10\text{MPa}$ 时天然气的黏度。

解:由式(1-4)可得天然气平均分子量为

$$M_g = 28.97\gamma_g = 28.97 \times 0.941 = 27.261$$

由式(1-3)可得天然气的密度为

$$\rho_g = \frac{pM_g}{ZRT} = \frac{10 \times 27.261}{0.8065 \times 0.008314 \times 393} = 103.451 (\text{kg/m}^3)$$

由式(1-31)可得 K 为

$$K = \frac{(9.4 + 0.02M_g)(1.8T)^{1.5}}{209 + 19M_g + 1.8T} = \frac{(9.4 + 0.02 \times 27.261)(1.8 \times 393)^{1.5}}{209 + 19 \times 27.261 + 1.8 \times 393} = 130.453$$

由式(1-32)可得 X、Y 分别为

$$X = 3.5 + \frac{986}{1.8T} + 0.01M_g = 3.5 + \frac{986}{1.8 \times 393} + 0.01 \times 27.261 = 5.1664$$

$$Y = 2.4 - 0.2X = 2.4 - 0.2 \times 5.1664 = 1.3667$$

由式(1-30)可得天然气黏度为

$$\mu_g = 10^{-4}K \cdot \exp(X\rho_g^Y) = 10^{-4} \times 130.453\exp(5.1664 \times 0.103451^{1.3667})$$

$$= 1.6462 \times 10^{-2} (\text{mPa} \cdot \text{s})$$

因此 $T = 393\text{K}$、$p = 10\text{MPa}$ 时天然气的黏度为 $1.6462 \times 10^{-2} \text{mPa} \cdot \text{s}$。

第六节 天然气的热值与燃烧爆炸性

一、天然气的热值

热值作为一项重要的经济指标,直接决定着燃料的价值。通常将单位体积或单位质量天然气完全燃烧时所放出的热量称为天然气的燃烧热值(完全燃烧是指燃烧反应后生成最稳定的氧化物或单质),简称热值,用符号 H 表示,单位为 kJ/m^3 或 kJ/kg。表 1-4 为几种主要化石燃料的热值。

$$H = \frac{Q}{G} \tag{1-33}$$

式中 Q——天然气总发热量,kJ;

G——天然气的质量(体积),kg 或 m^3;

H——天然气的热值,kJ/kg。

表 1-4 主要化石燃料的热值

燃料名称		热值,MJ/kg
气体燃料	气田气	35.588 ~ 41.868
	伴生气	35.588 ~ 66.989
	水煤气	10.05 ~ 10.87
	液化石油气(气态)	87.92 ~ 100.50
固体燃料	无烟煤	25.12 ~ 32.65
	烟煤	20.93 ~ 33.50
	标准煤	29.308
液体燃料	原油	41.30 ~ 45.22
	重油	39.36 ~ 41.30
	汽油、煤油	43.11
	沥青	37.69

天然气的热值主要分为两种：高热值(全热值)和低热值(净热值)。单位天然气燃烧生成的水全部以液态出现,且所有的产物冷却到天然气燃烧前相同温度时所放出的总热量称为高热值；当生成的水全部以气态形式存在时则称为低热值。高热值与低热值的区别在于燃烧过程中产生的水的冷凝潜热。表1-5为天然气常见组分理想热值。

表 1-5 天然气常见组分理想热值

组分	密度,kg/m³	101.325kPa,273.15K		101.325kPa,293.15K	
		高热值,kJ/m³	低热值,kJ/m³	高热值,kJ/m³	低热值,kJ/m³
甲烷 CH_4	0.7175	39829	35807	37033	33356
乙烷 C_2H_6	1.333	69759	63727	64877	59362
丙烷 C_3H_8	2.010	99264	91223	92331	84978
正丁烷 $n-C_4H_{10}$	2.709	128629	118577	119655	110463
异丁烷 $i-C_4H_{10}$	2.707	128257	118206	119307	110116
正戊烷 $n-C_5H_{12}$	3.51	158087	146025	147063	136034
正己烷 $n-C_6H_{14}$	4.31	157730	145668	146729	135700
正庚烷 $n-C_7H_{16}$	5.39	187528	173454	174459	161589
苯 C_6H_6	3.83	12789	10779	11889	10051
甲苯 C_7H_8	4.84	12618	12618	11763	11763
硫化氢 H_2S	1.536	25141	23130	23393	21555

天然气是混合物,如果天然气组成已知,它的热值就可以用其每种组分的热值(表1-5)线性加权计算。实际天然气燃烧时,水蒸气冷凝温度比燃烧生成物排放温度低,水蒸气不能冷凝,因此在工程计算中天然气热值常采用低热值。天然气的理想热值和真实热值通过下式计算：

$$H^* = \sum_i y_i H_i^* \tag{1-34}$$

爆炸下限：$$L_2 = \frac{100}{\sum\limits_i \dfrac{V_i}{L_i}} = \frac{100}{\dfrac{V_{CH_4}}{L_{CH_4}} + \dfrac{V_{C_2H_6}}{L_{C_2H_6}} + \dfrac{V_{C_3H_8}}{L_{C_3H_8}} + \dfrac{V_{H_2S}}{L_{H_2S}}}$$

$$= \frac{100}{\dfrac{95}{5} + \dfrac{2.4}{2.9} + \dfrac{1.2}{2.1} + \dfrac{0.2}{4.3}} = 4.89\%$$

由式(1-38)可得含氧或惰性气体的该天然气爆炸极限为

爆炸上限：$L_1' = L \dfrac{\left(1 + \dfrac{u_i}{1-u_i}\right) \times 100}{100 + L\dfrac{u_i}{1-u_i}} = 15.04 \times \dfrac{\left(1 + \dfrac{0.2}{1-0.2}\right) \times 100}{100 + 15.04 \times \dfrac{0.2}{1-0.2}} = 18.12\%$

爆炸下限：$L_2' = L \dfrac{\left(1 + \dfrac{u_i}{1-u_i}\right) \times 100}{100 + L\dfrac{u_i}{1-u_i}} = 4.89 \times \dfrac{\left(1 + \dfrac{0.2}{1-0.2}\right) \times 100}{100 + 4.89 \times \dfrac{0.2}{1-0.2}} = 6.04\%$

因此天然气的爆炸上限为18.12%，爆炸下限为6.04%。

第二章 气藏储量与采收率计算

储量是气藏开发的基础。气藏工程的一个重要任务是估算气藏的可采储量。可采储量是在现代工艺技术和经济条件下,以某种开采方式从气藏中可能采出的干气和凝析油的总量。

干气的可采储量通常用标准状况下的体积表示,单位为 m^3。凝析油的可采储量用油罐油的体积来表示(m^3),可以注明是全组分的凝析油,或是某一单组分(丙烷、丁烷等)为主要成分的凝析油。

气藏可采储量是其经济价值的度量,其大小决定着是否能经济地开发该气藏。

可采储量分可采气体储量和可采凝析油储量。前者是原始储气量(G)与气体采收率的乘积;后者是原始凝析油储量(G_L)与凝析油采收率的乘积。采收率定义为可从 G 和 G_L 采出的分数,用公式表示为

$$G_{pa} = E_{RG} G \tag{2-1}$$

$$G_{Lpa} = E_{RL} G_L \tag{2-2}$$

式中 G_{pa}——可采储量,m^3;

E_{RG}——气体采收率,%;

G——原始储气量,m^3;

G_{Lpa}——可采凝析油量,m^3;

E_{RL}——凝析油采收率,%;

G_L——原始凝析油储量,m^3。

天然气储量的评价方法,分为静态法和动态法两类。静态法又称为容积法,主要用于新气藏原始地质储量和原始可采储量的评价;所谓动态法,是指根据气藏开发的动态数据,特别是产量数据,进行原始地质储量和原始可采储量的评价。动态法包括物质平衡法、压降法、弹性二相法、产量递减法和预测模型法等,主要用于已开发气藏的评价。

第一节 容积法计算天然气储量

容积法是计算气藏储量的主要方法,适用于不同勘探开发阶段、不同的圈闭类型、不同的储集类型和驱动方式。其计算结果的可靠程度取决于资料的数量和质量。对于大、中型构造砂岩储层油气藏,计算精度较高;而对于复杂类型油气藏,则准确性较低。

容积法计算储量的实质是计算地下岩石孔隙中被烃类所占的体积。用这种方法,通过估算气藏中被烃类所占据的岩石孔隙体积确定原始储气量和原始凝析油储量。以体积单位表示的原始储气量由下式求得:

$$G = V_b \phi_R (1 - S_{wr})/B_{gi} \qquad (2-3)$$

式中 V_b——储层总体积，m^3；
ϕ_R——平均孔隙度；
S_{wr}——平均含水饱和度；
B_{gi}——原始地层压力下的地层体积系数。

根据 G，求得伴生的 G_L：

$$G_L = R_{VLGi} G \qquad (2-4)$$

式中 R_{VLGi}——原始地层压力下凝析油与气的体积比。

由式(2-1)至式(2-4)可知，利用容积法估算可采储量可归纳为依次计算下列各量：

(1) 天然气储层的总体积(V_b)；
(2) 孔隙体积($V_p = V_b \phi_R$)；
(3) 烃孔隙体积$[V_{hc} = V_p(1 - S_{wr})]$；
(4) 天然气原始储量($G = V_{hc}/B_{gi}$)；
(5) 凝析油原始储量($G_L = R_{VLGi} G$)；
(6) 可采储量($G_{pa} = E_{RG} G$，$G_{Lpa} = E_{RL} G_L$)。

一、储层总体积

气藏储层总体积是按照构造图上气藏的实际边界及气—水接触面位置(GWC)确定的。构造图是气藏封闭界面在水平参考平面上的投影，其上画有很多等高线，等高线的高程通常以海平面为参考平面，高程即海平面以下负的深度。从这些图中，也可绘出气—水接触轮廓线，即气—水接触面与封闭界面的交线。对于底部各处都是水的情况，还需要知道储层底部构造图才能确定储层总体积。

图 2-1 为一个理想化的球形穹隆状气藏的构造图。其顶部封闭界面是同心球面。顶部和底部球面的半径分别为 3000m 和 2950m，气—水接触面海拔高度为 -3100m。

构造图由地质学家绘制，他们综合地震、测井、岩石资料，用构造图表达了目前对地下的解释。由于基础数据的可靠性和全面性较差，尤其在气藏评价和开发初期阶段，构造图在某种程度上是根据推测资料进行绘制的，所以，可能存在相当程度的不确定性。许多例子说明，新井资料的补充能促进现有构造图的极大改进。如果构造图和气—水接触面已经给出，可按下述方法计算储层总体积。

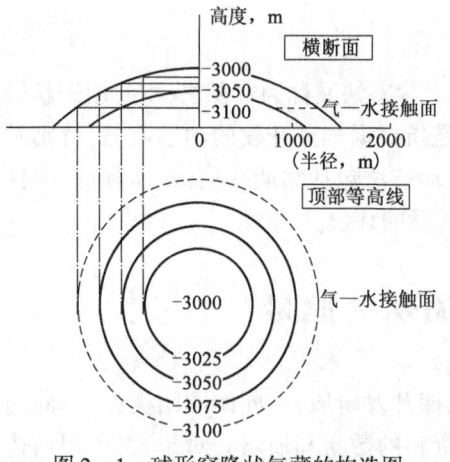

图 2-1 球形穹隆状气藏的构造图

首先，对每个高度用求积仪或用数值积分法确定相应等高线所圈闭的面积；然后，画出由储层顶部和底部等高线所圈闭的面积，其中也包括气—水接触面。对于水平的气—水接触面，应该是一条水平直线。图 2-2 表示了图 2-1 气藏的面积—深度图。

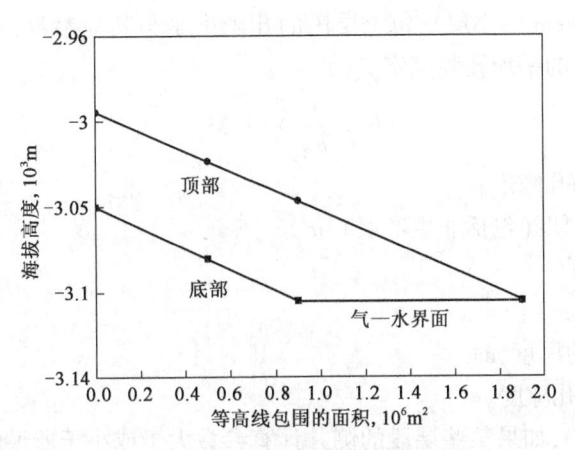

图 2-2 图 2-1 气藏的面积—深度图

由图 2-2 可知,气藏体积等于两条面积—深度曲线所围的面积。纵轴通过原点,水平线代表气—水接触面。用公式表示为

$$V_b = \int_{H_w}^{H_{ct}} A_t dH - \int_{H_w}^{H_{cb}} A_b dH = \int_{H_w}^{H_{cb}} (A_t - A_b) dH + \int_{H_{cb}}^{H_{ct}} A_t dH \quad (2-5)$$

式中 A_t——顶部等高线所圈闭的面积,m^2;
A_b——底部等高线所圈闭的面积,m^2;
H_w——气—水接触面的高度,m;
H_{ct}——气层顶部最高点的高度,m;
H_{cb}——气层底部最高点的高度,m。

这个积分也可用求积仪对面积—深度曲线进行确定,或利用合适的积分公式采用数值积分法确定。最简单的积分公式就是梯形法则,该法则基于在被积函数各离散值之间线性插值。假定被积函数是 f_i,相应的积分自变量是 $x_i(i=1,\cdots,n)$,n 是被积函数值的总数。根据梯形法则,x_i 与 x_n 之间的面积可近似表示为

$$A_F = \frac{1}{2} \sum_{i=1}^{n} \Delta x_{i,i+1}(f_i + f_{i+1}) \quad (2-6)$$

其中
$$\Delta x_{i,i+1} = x_{i+1} - x_i$$

式中 A_F——封闭面积,m^2。

式(2-6)可应用于 Δx 区间不相等的情况。在特殊情况下,总积分区间可再细分成具有相等间距 Δx 的若干区间,采用建立在被积函数值的二次插值法的 Simpson 积分法则,可得到更精细的结果。Simpson 积分公式为

$$A_F = \frac{1}{3} \Delta x [(f_1 + f_n) + 4(f_3 + f_5 + \cdots + f_{n-1}) + 2(f_2 + f_4 + \cdots + f_{n-2})] \quad (2-7)$$

当然,这两个积分式的精度都将随积分区间的减小而提高。

二、孔隙体积

孔隙体积等于储层总体积与气藏平均孔隙度之乘积,而孔隙度可从测井资料获得。如有岩心资料,应结合实验室测定岩心孔隙度的数据。在测井解释中,井内的气层间距沿垂直向分

成许多小层段(比如15cm一小层),每个层段的孔隙度是与其他参数(如含水饱和度、泥质含量等)同时确定的。井的平均孔隙度定义为

$$\phi = \frac{1}{h_R} \sum_{j=1}^{n} \phi_j \Delta h_j \tag{2-8}$$

式中　ϕ——井的平均孔隙度;

　　　h_R——储层总厚度(包括非生产层),m;

　　　j——层段序数;

　　　n——层段总数;

　　　Δh_j——j层段的厚度,m;

　　　ϕ_j——j层段的孔隙度。

在上面求和公式中,如果某些层段的测井计算参数大于或小于所谓的截断值,应将这些层段略去(例如,对孔隙度小于某一值,如5%的层段;或含水饱和度大于某一值,如70%的层段)。因为在这些层段中,气体不可能采出。测井分析得到每口井储层的纵向平均孔隙度,如果井与井之间孔隙度是随机变化的话,那么气藏平均孔隙度可简单地等于各井孔隙度的算术平均值:

$$\phi_R = \frac{1}{n_w} \sum_{k=1}^{n_w} \phi_k n_w \tag{2-9}$$

式中　ϕ_R——气藏平均孔隙度;

　　　n_w——井数;

　　　k——井的序数;

　　　ϕ_k——第k口井的孔隙度。

上面这种简单的平均算法适用于在纵向或横向或纵、横两个方向上孔隙度变化不大的气层。若孔隙度相差很远,孔隙体积就应由等孔隙—厚度图来确定。该图给出孔隙度与厚度乘积(ϕh)的等值线,利用类似于用构造图求储层总体积的方法求孔隙体积。首先,对每条等值线用求积仪或数值积分法求出它所包围的面积,这便得到等孔隙—厚度曲线所包围的面积$A_F(\phi h)$与孔隙—厚度(ϕh)之间的关系。可采储层岩石的孔隙体积可由下式积分得到:

$$V_p = \int_{\phi h_{min}}^{\phi h_{max}} A(\phi h) \mathrm{d}(\phi h) \tag{2-10}$$

然后,用储层总体积除储层孔隙体积,即得储层的平均孔隙度:

$$\phi_R = V_p / V_b \tag{2-11}$$

三、烃孔隙体积

在天然气运移和聚集前,储层被水所饱和,气驱水的过程不可能彻底清除水,所以储气层总会含有水。因此,为求得烃类所占体积——烃孔隙体积,就必须除去所含水。用公式表示为

$$V_{hc} = V_p(1 - S_{wi}) \tag{2-12}$$

式中　V_{hc}——可采储层的烃孔隙体积,m³;

　　　S_{wi}——该储层平均原始含水饱和度。

含水饱和度由测井资料计算得到,若有岩心可结合岩心毛管力测定资料。通过测井分析,

得出沿井眼纵向上各小层段的含水饱和度。井的平均含水饱和度为

$$\bar{S}_w = \frac{1}{h_R} \sum_{j=1}^{n} S_{wj} \Delta h_j \tag{2-13}$$

式中　h_R——储层总厚度，m；
　　　j——层段序数；
　　　n——层段总数；
　　　S_{wj}——第 j 层的含水饱和度；
　　　Δh_j——j 层的厚度，m。

正如式(2-8)一样，式(2-13)也需排除非生产层段。

若各井的饱和度是随机变化的，气藏可采气部分的平均含水饱和度为

$$S_{wr} = \frac{1}{n_w} \sum_{k=1}^{n_w} S_{wk} \tag{2-14}$$

式中　S_{wr}——该储层的平均含水饱和度；
　　　n_w——井数；
　　　k——井序数；
　　　S_{wk}——第 k 口井的含水饱和度。

若纵向或平面含水饱和度变化不大，上述方法是正确的。多数情况下，纵向饱和度的变化可明显看到，尤其是低渗透储层，这种微密层表现出开阔的毛管过渡带。若整个气藏的纵向饱和度分布可用该纵向剖面的 $S_w(Z)$ 表示，则平均含水饱和度 S_{wr} 可由下式求出：

$$\begin{aligned} S_{wr} V_b &= \int_{H_w}^{H_{ct}} S_w A_t \mathrm{d}H - \int_{H_w}^{H_{cb}} S_w A_b \mathrm{d}H \\ &= \int_{H_w}^{H_{cb}} S_w (A_t - A_b) \mathrm{d}H + \int_{H_{cb}}^{H_{ct}} S_w A_t \mathrm{d}H \end{aligned} \tag{2-15}$$

对于平面内含水饱和度也变化的情况，生产层的烃孔隙体积可直接按以下步骤求得：(1)绘制气柱$[\phi h S_g = \phi h (1 - S_w)]$等值图；(2)确定等气柱线所包围的面积；(3)按下式积分：

$$V_{hc} = \int_{(\phi h S_g)_{min}}^{(\phi h S_g)_{max}} A_F(\phi h S_g) \mathrm{d}(\phi h S_g) \tag{2-16}$$

式中　$A_F(\phi h S_g)$——等气柱线所包围的面积。

平均含水饱和度由下式得到：

$$S_{wr} = (1 - V_{hc}/V_b) \tag{2-17}$$

四、天然气和凝析油原始储量

用原始油藏条件下气体的体积系数除烃孔隙体积即得天然气的原始地质储量 G：

$$G = V_{hc}/B_{gi} \tag{2-18}$$

气体体积系数由下式求得：

$$B_{gi} = \frac{p_{sc} Z T}{p T_{sc}} (1 + R_{MLG}) \tag{2-19}$$

式中　B_{gi}——原始地层压力下的地层体积系数；

R_{MLG}——凝析油气比。

为了估算原始气藏条件下地层体积系数,除了要知道气藏压力和温度外,还要知道 Z 系数和凝析油气比。

根据式(2-19),气体的地层体积系数明显取决于压力和温度,因为原始气藏压力和温度取决于高程(海拔),关键性问题是在什么温度和压力下估算地层体积系数。

因为在原始气藏条件的压力和温度范围内,Z 值近似恒定,所以由式(2-19)可导出,由于压力变化 Δp 和温度变化 ΔT,体积系数的变化 ΔB 可近似写为

$$\Delta B/B_g = \Delta T/T - \Delta p/p \tag{2-20}$$

由于气藏中原始压力分布是静水力学分布,所以压力变化可近似地写为

$$\Delta p = \rho_g g \Delta H \tag{2-21}$$

式中 ρ_g——气的密度,kg/m^3;
g——重力加速度,m/s^2;
ΔH——高程的变化量,m。

原始温度的剖面可由地温梯度得出,若地温梯度为 g_T(℃/m),温度变化则为

$$\Delta T = g_T \Delta H \tag{2-22}$$

将式(2-21)、式(2-22)代入式(2-20),可得地层体积系数的相对变化率为

$$\Delta B/B_g = g_T \Delta H/T - \rho_g g \Delta H/p \tag{2-23}$$

由式(2-23)可知,由地温梯度引起的变化量与由静压梯度引起的变化量相互抵消。对大多数实际情况,压力和温度的变化所引起的地层体积系数变化很小。为了减少误差,通常计算的是气藏中部高程的压力、温度下的地层体积系数。在这个高程下,烃孔隙体积被分为相等的两部分。一旦求得 G,与之伴生的 G_L 就可通过 G 与凝析油气比之积求出。后者可根据测气体组成、试采时在分离器条件下测凝析油气比数据计算确定。

五、可采储量

计算可采储量的最后一步,就是用合适的开采效率去乘气体原始地质储量 G 和原始凝析油地质储量 G_L。开采效率通常用小数表示,称为采收率,所以

$$G_{pa} = E_{RG}G = E_{RG}V_b\phi_R(1-S_{wr})/B_{gi} \tag{2-24}$$

$$G_{Lpa} = E_{RL}G_L = E_{RL}V_b\phi_R(1-S_{wr})R_{VLGi}/B_g \tag{2-25}$$

采收率取决于开采方法、气藏非均质性、井网密度和经济开采极限。经济开采极限即最小的采气量,气藏以此气量开发,仍然有经济效益。

天然气藏通常用衰竭方式开采,特点是气藏压力不断下降,因而井的产量也下降。通常通过估算气藏废弃压力,确定自然衰竭的采收率。所谓废弃压力,即已达到经济开采极限时的压力。无论是干气田还是凝析气田,已知废弃压力,都可以利用物质平衡法确定采收率。对湿气气藏,干气和凝析油的采收率相等。但是,对于凝析气藏,凝析油的采收率低于干气的采收率,这是因为凝析油在地层内析出。对于纯粹衰竭方式开发的湿气气藏(无水侵),干气和凝析油的采收率为

$$E_{RG} = E_{RL} = 1 - \frac{p_a Z_i}{p_i Z_a} \qquad (2-26)$$

式中 p_a——废弃压力，MPa；

p_i——原始气藏压力，MPa；

Z_a——废弃压力时的偏差系数；

Z_i——原始压力下的偏差系数。

如果从邻近水层出现水侵，采收率就可能与式(2-26)算出的不同。这取决于水侵量相对于烃孔隙体积的大小。对弱含水带，采收率会稍有增大；而对强含水带，采收率相当低。

凝析气藏的开发可以用干气回注法或注气法。这种情况下，采收率就受驱替方式的影响。估算各种驱替过程的采收率，需要建立一个合适的驱替模型，该模型要考虑到气井井网、气藏不均质性及残余气和注入气的物理性质。这种驱替模型应是一个简单的解析模型，也可以是更先进的气藏数值模拟器。

第二节 物质平衡法估算天然气储量

物质平衡法是利用生产资料计算动态储量。该方法只有在油气藏开采一段时间、地层压力明显降低(大于1MPa)、已采出可采储量的10%以上时，方能取得有效的结果。

对于一个实际的气藏，可以简化为封闭或不封闭的(具有天然水侵)储存油气的地下容器。在这个地下容器内，随着气藏的开采，油、气、水的体积变化服从物质守恒定律，由此所建立的方程式称为物质平衡方程式。

一、天然气水驱气藏

对于一个具有天然水驱作用的气藏，其物质平衡方程式可用下式表示：

$$\text{原始储量} = \text{累计采出量} + \text{剩余储量} + \text{水侵量} \qquad (2-27)$$

即

$$GB_{gi} = (G - G_p)B_g + GB_{gi}\left(\frac{C_w S_{wi} + C_f}{1 - S_{wi}}\right)\Delta p + (W_e - W_p B_w) \qquad (2-28)$$

可解得原始地质储量为

$$G = \frac{G_p B_g - (W_e - W_p B_w)}{B_{gi}\left[\left(\frac{B_g}{B_{gi}} - 1\right) + \left(\frac{C_w S_{wi} + C_f}{1 - S_{wi}}\right)\Delta p\right]} \qquad (2-29)$$

其中 $\Delta p = p_i - p$

式中 G_p——标准状况下气藏累计产气量，m³；

B_w——地层水的体积系数；

W_e——累计天然水侵量，m³；

W_p——累计产水量，m³；

S_{wi}——平均原始含水饱和度；

C_f——地层岩石有效压缩系数，MPa^{-1}；

C_w——地层水的等温压缩系数,MPa^{-1};

Δp——气藏地层压降,MPa。

对于正常压力系数的天然水驱气藏,上式分母中第二项与第一项相比,通常可忽略不计,则式(2-29)变为

$$G = \frac{G_p B_g - (W_e - W_p B_w)}{B_g - B_{gi}} \tag{2-30}$$

考虑 B_g、B_{gi} 的定义,根据第一章式(1-23),有

$$B_{gi} = \frac{p_{sc} Z_i T}{p_i Z_{sc} T_{sc}}$$

可求压降方程为

$$\frac{p}{Z} = \frac{p_i}{Z_i} \times \frac{1 - \dfrac{G_p}{G}}{1 - \dfrac{W_e - W_p B_w}{G} \times \dfrac{p_i T_{sc}}{p_{sc} Z_i T}} \tag{2-31}$$

二、定容封闭气藏

对于定容封闭气藏,没有水驱作用,即 $W_e = 0$,$W_p = 0$,故由式(2-30)和式(2-31),定容气藏的物质平衡方程式和压降方程式为

$$G_p B_g = G(B_g - B_{gi}) \tag{2-32}$$

$$\frac{p}{Z} = \frac{p_i}{Z_i}\left(1 - \frac{G_p}{G}\right) \tag{2-33}$$

对于压力系数大于 1.5 的异常高压气藏,储气层的压实和岩石颗粒的弹性膨胀,以及地层束缚水的弹性膨胀作用不能忽略,而有限封闭边水的弹性水侵往往较小,可忽略不计,其物质平衡方程式和压降方程式为

$$G = \frac{G_p B_g}{B_{gi}\left[\left(\dfrac{B_g}{B_{gi}} - 1\right) + C_e \Delta p\right]} \tag{2-34}$$

$$\frac{p}{Z} = \frac{p_i}{Z_i}\left(\frac{1 - G_p/G}{1 - C_e \Delta p}\right) \tag{2-35}$$

$$C_e = (C_w S_{wi} + C_f)/(1 - S_{wi}) \tag{2-36}$$

式中 C_e——天然水域内地层水和岩石的有效压缩系数,MPa^{-1}。

图 2-3 表示这三种气藏的压降关系。其中直线为定容封闭气藏,是式(2-33)所表达的 p/Z 与 G_p 间的直线关系。

由式(2-31)看出,天然水驱气藏的视地层压力(p/Z)与累计产量(G_p)间并不存在直线关系,而是随着净水侵量($W_e - W_p B_w$)的增加,气藏视地层压力的下降率随累计产气量的增加而不断减小,在图上是一条上翘曲线。

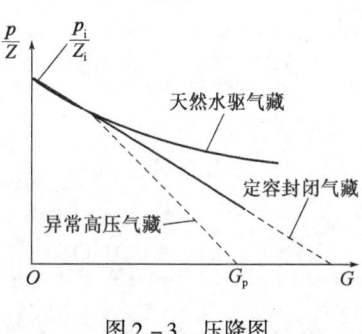

图 2-3 压降图

异常高压气藏具有两个斜率完全不同的直线段,且第一直线段的斜率要比第二直线段的斜率小,这是由于开发初期储层再压实和岩石颗粒的弹性膨胀作用以及地层束缚水的弹性膨胀作用和周围泥岩的再压实引起的水侵作用,都能起到补充气藏能量和减小地层压力下降率的作用,从而形成初期压降较缓的直线段。

可见,根据压降图可以判断这三种气藏类型。若改写式(2-33)为

$$\left(\frac{p_\mathrm{i}}{Z_\mathrm{i}} - \frac{p}{Z}\right)\bigg/\frac{p_\mathrm{i}}{Z_\mathrm{i}} = G_\mathrm{p}/G \qquad (2-37)$$

设

$$p_\mathrm{D} = \frac{p_\mathrm{i}/Z_\mathrm{i} - p/Z}{p_\mathrm{i}/Z_\mathrm{i}} \qquad (2-38)$$

则

$$p_\mathrm{D} = G_\mathrm{p}/G \qquad (2-39)$$

式中 p_D——无量纲压力。

如果没有取得原始地层压力,可用气藏投产后取得的第一个压力(p_1/Z_1)和相应的累计产量(G_{p1})代入,则有

$$p'_\mathrm{D} = G'_\mathrm{p}/G \qquad (2-40)$$

$$p'_\mathrm{D} = \frac{p_1/Z_1 - p/Z}{p_1/Z_1} \qquad (2-41)$$

$$G'_\mathrm{p} = G_\mathrm{p} - G_{\mathrm{p1}} \qquad (2-42)$$

对式(2-39)两边取对数后得

$$\lg p_\mathrm{D} = \lg(1/G) + \lg G_\mathrm{p} \qquad (2-43)$$

可以看出,对于具有不同地质储量的定容封闭气藏,无量纲视地层压力(p_D 或 p'_D)与累计产量(G_p 或 G'_p)之间,在双对数坐标中成45°角的直线,如图2-4所示。此图称为定容封闭气藏的诺模图。如果无量纲视地层压力与累计产量在诺模图上不是一条45°的直线,而是一条曲线,则为水驱气藏。因此,诺模图是判断定容封闭气藏和水驱气藏的主要依据。

从压降方程式(2-33)可以看出,定容封闭气藏的视地层压力(p/Z)与累计产气量(G_p)成直线关系,当$p/Z=0$时,$G_\mathrm{p}=G$。故可利用压降图的外推法或线性回归法,确定定容封闭气藏原始地质储量的大小,这就是在生产中常用的压降法,具体方法如下:

式(2-33)可以改写为

$$\frac{p}{Z} = \frac{p_\mathrm{i}}{Z_\mathrm{i}}\left(1 - \frac{G_\mathrm{p}}{G}\right) = \frac{p_\mathrm{i}}{Z_\mathrm{i}} - \frac{p_\mathrm{i}/Z_\mathrm{i}}{G}G_\mathrm{p} \qquad (2-44)$$

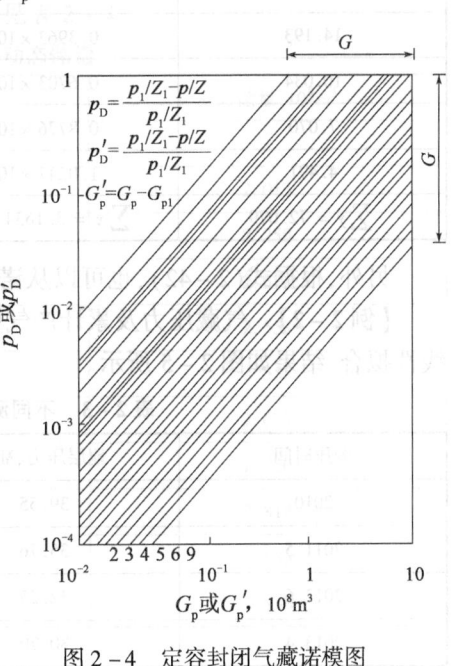

图2-4 定容封闭气藏诺模图

三、非均质性极强或裂缝发育不均匀的气藏

一些非均质性极强或裂缝发育不均匀的气藏,压降图中一般出现三段(初始段、直线段、上翘段),如图2-6所示。这是由于初期产量大,采速高,但低渗区补给速度不足,形成初始段陡降,而后期采速低,产量减少,低渗区补给相对较高,形成末段上翘。在计算储量时,选用直线段,通过原始地层压力点作直线段平行线交横轴求得储量。

天然水驱气藏储量计算较为复杂,关键在于天然水侵量 W_e 的计算。改写式(2-30)为

$$\frac{G_p B_g + W_p B_w}{B_g - B_{gi}} = G + \frac{W_e}{B_g - B_{gi}} \quad (2-46)$$

若考虑天然水驱为非稳定流时,有

$$W_e = B^* \sum_0^t \Delta p_e Q(t_D, r_D) \quad (2-47)$$

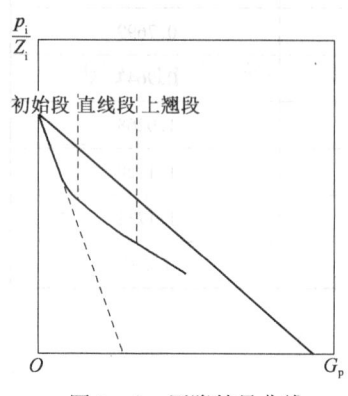

图2-6 压降储量曲线

代入式(2-46)后有

$$\frac{G_p B_g + W_p B_w}{B_g - B_{gi}} = G + B^* \frac{\sum_0^t \Delta p_e Q(t_D, r_D)}{B_g - B_{gi}} \quad (2-48)$$

式中 B^*——水侵系数,$10^4 m^3/(MPa \cdot d)$;

$Q(t_D, r_D)$——无量纲水侵量;

t_D——无量纲时间;

r_D——无量纲半径;

t——开发时间;

Δp_e——有效地层压降,MPa。

令

$$y = \frac{G_p B_g + W_p B_w}{B_g - B_{gi}} \quad (2-49)$$

$$x = \frac{\sum_0^t \Delta p_e Q(t_D, r_D)}{B_g - B_{gi}} \quad (2-50)$$

则

$$y = G + Bx \quad (2-51)$$

可见,天然水驱气藏的物质平衡方程式可简化为直线关系。直线的截距为气藏的原始地质储量,直线的斜率为气藏天然水侵系数。

在式(2-51)中,左端为已知量,右端为未知量。计算储量时,主要涉及 x 值,即天然水侵量的计算问题。往往这种计算比较复杂,在一些文献中避开它的直接计算,提出了两种确定地质储量和水侵量的图解法,利用 y 与累计产量 G_p 或开采时间 t 作图。如有天然水侵作用,则得一倾斜的直线,如图2-7、图2-8所示,直线在纵轴上的截距为地质储量 G,Ω_e 为视累计水侵量。

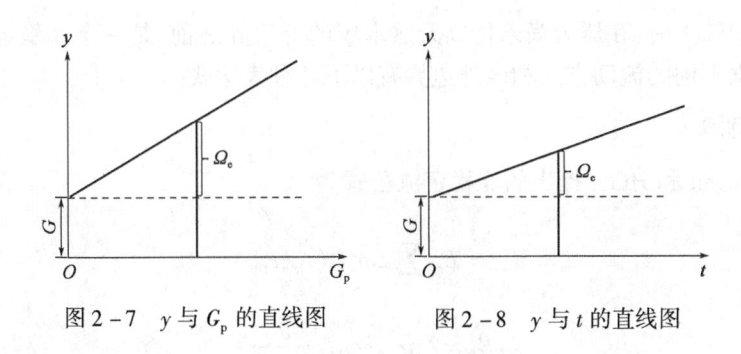

图 2-7 y 与 G_p 的直线图   图 2-8 y 与 t 的直线图

四、水侵量的计算

不同累计产量或开采时间的直线点与地质储量水平线的差值,即为相应的视累计水侵量 Ω_e,从式(2-47)有

$$\Omega_e = y - G = \frac{W_e}{B_g - B_{gi}} \tag{2-52}$$

则实际累计水侵量为

$$W_e = (B_g - B_{gi})\Omega_e \tag{2-53}$$

在供水域与油、气的某一压差作用下,天然水侵的大小主要取决于油气藏及供水域的几何形状和大小,以及储层的渗透率、孔隙度和岩石与地层水的压缩系数。就水侵方式而言,可分为半球形流、平面径向流和直线流三种形式,如图 2-9 所示。

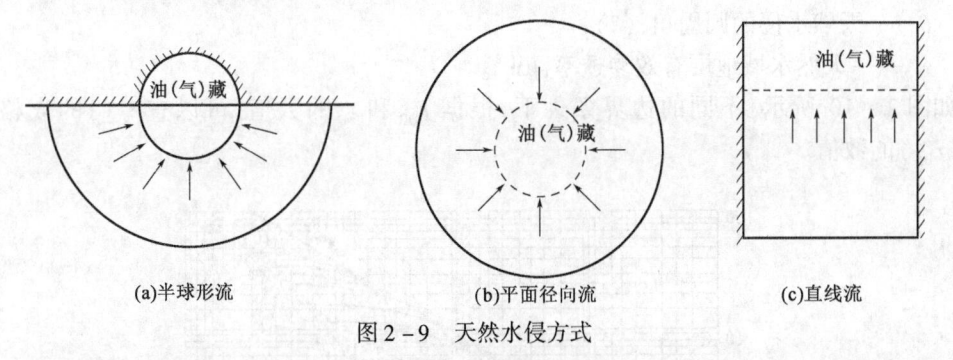

(a)半球形流   (b)平面径向流   (c)直线流

图 2-9 天然水侵方式

天然水侵量的直接计算,是建立水侵模型在各种边界条件下精确求解。当气藏具有广阔的天然水域或有外部水源供给时,可将气藏部分简化为一口井底半径为 r_w 的"扩大井",r_w 实际上为气—水接触面的半径,或称为天然水域的内边界半径。在原始条件下,气藏部分和水域的地层压力都等于原始地层压力 p_i。气藏开采所造成的压降,必然连续不断地向天然水域传递。当气藏投入生产 t 时间后,水域内边界上压力即气藏平均地层压力下降到 p,以此求解水侵方程,计算天然水侵量。

当天然水域较小时,压降可以很快地波及整个天然水域范围,此时可视为稳定水侵过程,水侵量计算采用 Hurst 提出的表达式:

$$W_e = B^* \int_0^t \frac{p_i - p}{\lg(at)} dt \tag{2-54}$$

式中 a——与时间单位有关的换算常数。

当天然水域较大时,在压力尚未传到天然水域的外边界之前,是一个非稳定渗流过程,水侵量的计算根据不同的流动方式和内外边界有以下几种表达式。

1. 平面径向流

Van Everdingen 和 Hurst 提出的非稳定流公式为

$$W_e = B_R \sum_0^t \Delta p_e Q(t_D, r_{DR}) \qquad (2-55)$$

$$B_R = 2\pi r_{wR}^2 h \phi C_e \frac{\theta}{360°} \qquad (2-56)$$

$$t_D = \frac{86.4 K_w t}{\phi \mu_w C_e r_{wR}^2} \qquad (2-57)$$

$$r_{DR} = r_e / r_{wR} \qquad (2-58)$$

式中 B_R——平面径向流的水侵系数,$10^4 m^3/(MPa \cdot d)$;

r_{DR}——平面径向流的无量纲半径;

r_e——天然水域的外缘半径,m;

r_{wR}——油水接触面半径,m;

h——天然水域地层的有效厚度,m;

μ_w——天然水域的地层水黏度,$mPa \cdot s$;

θ——天然水侵的圆周角,(°);

K_w——天然水域地层有效渗透率,μm^2。

如图 2-10 所示,不同的边界条件下,根据 r_{DR} 和 t_D 的数值,可以查专门的表格确定 $Q(t_D, r_{DR})$ 的数值。

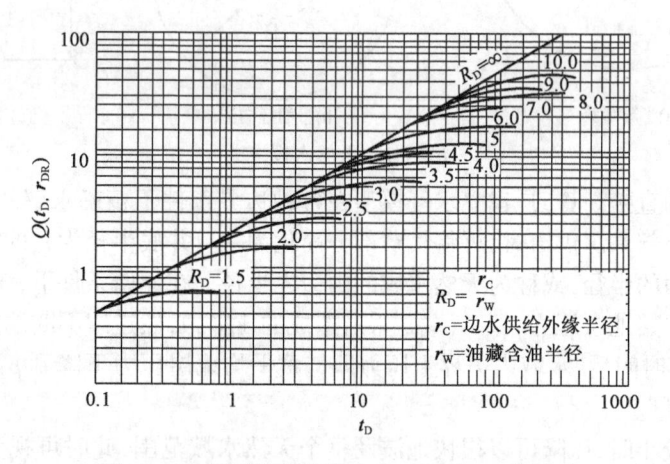

图 2-10 平面径向流的 $Q(t_D, r_{DR})$ 与 t_D 的关系

对于无限大的天然水域,可由如下的近似式计算 $Q(t_D, \infty)$ 的数值。

当 $t_D < 0.01$ 时:

$$Q(t_D, \infty) = 2\sqrt{\frac{t_D}{\pi}} \tag{2-59}$$

当 $0.01 < t_D < 200$ 时：

$$Q(t_D, \infty) = \frac{1.12838\sqrt{t_D} + 1.19328 t_D + 0.269872 t_D \sqrt{t_D} + 0.00855294 t_D^2}{1 + 0.616599\sqrt{t_D} + 0.0413008 t_D} \tag{2-60}$$

当 $0.01 < t_D < 10^8$ 时：

$$Q(t_D, \infty) = \exp[A_1 \ln t_D + A_2 (\ln t_D)^2 + A_3 (\ln t_D)^3 + A_4 (\ln t_D)^4 + A_5] \tag{2-61}$$

式中，$A_1 = 0.647692$；$A_2 = 0.0177318$；$A_3 = -0.0002737391$；$A_4 = -0.4318125 \times 10^{-5}$；$A_5 = 0.4506432$。

2. 直线流

Miller 和 Nabor 等人提出的非稳定流公式为

$$W_e = B_L \sum_0^t \Delta p_e Q(t_D) \tag{2-62}$$

$$B_L = bhL_w \phi C_e \tag{2-63}$$

$$t_D = \frac{86.4 K_w t}{\phi \mu_w C_e L_w^2} \tag{2-64}$$

式中　B_L——直线流的水侵系数，$10^4 \mathrm{m}^3/(\mathrm{MPa \cdot d})$；

　　　L_w——气—水接触面到天然水域外缘边界的距离，m；

　　　b——气藏的宽度，m。

对于无限大、有限封闭和有限敞开定压的天然水域，$Q(t_D)$ 与 t_D 的关系如图 2-11 所示。

在实际应用时，根据不同的边界条件，有 t_D 值可查专门的表格确定 $Q(t_D)$ 的数值，同时，也可由以下近似式计算。

对无限大的天然水域系统：

$$Q(t_D) = 2\sqrt{\frac{t_D}{\pi}} \tag{2-65}$$

对有限封闭的天然水域系统：

$$Q(t_D) = 1 - \frac{8}{\pi^2} \sum_{n=1,3,5,\cdots}^{\infty} \frac{1}{n^2} \exp\left(-\frac{n^2 \pi^2 t_D}{4}\right) \tag{2-66}$$

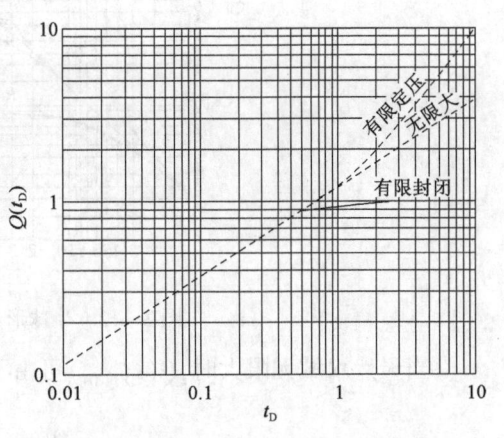

图 2-11　直线流的 $Q(t_D)$ 与 t_D 的关系

对有限敞开的天然水域系统：

$$Q(t_D) = \left(t_D + \frac{1}{3}\right) - \frac{2}{\pi^2} \sum_{n=1}^{\infty} \frac{1}{n^2} \exp(-n^2 \pi^2 t_D) \tag{2-67}$$

3. 半球形流

对于半球形流公式，Chatas 提出的非稳定流公式为

$$W_e = B_s \sum_0^t \Delta p_e Q(t_D, r_{Ds}) \qquad (2-68)$$

$$B_s = 2\pi r_{ws}^3 \phi C_e \qquad (2-69)$$

$$t_D = \frac{86.4 K_w t}{\varphi \mu_w C_e r_{ws}^2} \qquad (2-70)$$

$$r_{Ds} = r_e / r_{ws} \qquad (2-71)$$

式中 B_s——半球形流的水侵系数,$10^4 \text{m}^3/(\text{MPa} \cdot \text{d})$；

r_{ws}——半球形流的气水半径,m；

r_{Ds}——半球形流的无量纲半径。

对于无限大、有限封闭和有限敞开的天然水域系统,$Q(t_D, r_{Ds})$ 与 t_D 的关系式如图 2-12 所示。

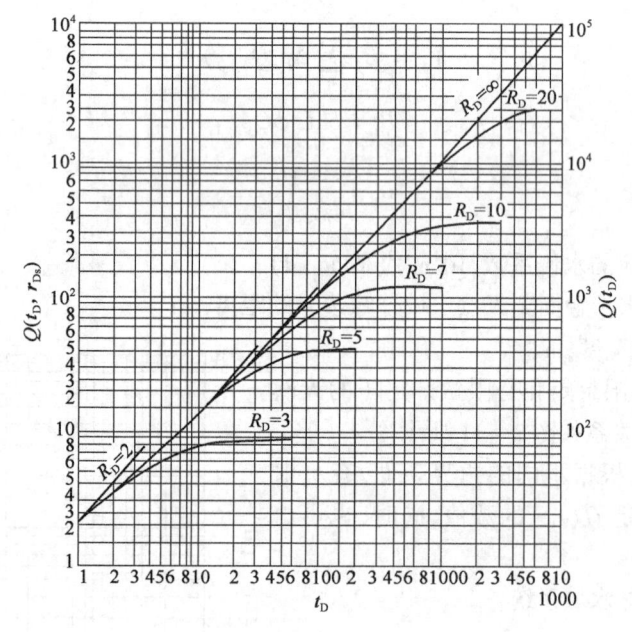

图 2-12 半球形流的 $Q(t_D, r_{Ds})$ 与 t_D 的关系图

当天然水域无限大时,$Q(t_D, r_{Ds})$ 可由下式确定：

$$Q(t_D, \infty) = t_D + 2\sqrt{\frac{t_D}{\pi}} \qquad (2-72)$$

对于不同的天然水域边界条件,可由已知的 r_{Ds} 和 t_D 数值,查表确定 $Q(t_D, r_{Ds})$ 的数值。

第三节 用压力动态资料计算单井或气藏储量

本节介绍的几种计算方法,主要是使用单井资料进行分析,计算的结果可能是全气藏的储量,也可能是单井控制储量,问题在于动态资料所涉及的范围。

一、弹性第二相法

有界封闭地层开井生产井底压力降落曲线一般可以分为三段,如图 2-13 所示。第一段称为不稳定早期,是指压降漏斗没有传到边界之前的弹性阶段;第二段称为不稳定晚期,即压降漏斗传到边界之后的阶段;第三段称为拟稳定期,此阶段地层压降相对稳定,地层中任一点压降速度相同。

第三段又称为弹性第二相过程,井底压力随时间变化关系为

$$p_{wf}^2 = p_e^2 - \frac{2Qp_e t}{GC_t} - \frac{8.48 \times 10^{-3} Q\mu p_{sc} ZT}{Kh \, T_{sc}} \left(\lg \frac{r_e}{r_w} - 0.326 + 0.435S \right) \quad (2-73)$$

令

$$\beta = \frac{2Qp_e}{GC_t} \quad (2-74)$$

$$E = p_e^2 - \frac{8.48 \times 10^{-3} Q\mu p_{sc} ZT}{Kh \, T_{sc}} \left(\lg \frac{r_e}{r_w} - 0.326 + 0.435S \right) \quad (2-75)$$

则

$$p_{wf}^2 = E - \beta t \quad (2-76)$$

可以看出,式(2-76)在直角坐标中是斜率为 β、截距为 E 的直线方程式,如图 2-14 所示,即渗流达到稳定态以后,井底压力平方下降速度为常数。利用直线段的斜率可求得气井控制原始地质储量为

$$G = \frac{2Qp_e}{\beta C_t} \quad (2-77)$$

式中 p_{wf}——井底流压,MPa;
p_e——目前地层压力,MPa;
Q——气井的稳定气产量(地面标准条件),m^3/d;
t——开井生产时间,d;
K——气层有效渗透率,μm^2;
C_t——地层总压缩系数,MPa^{-1};
r_w——井底半径,m;
S——表皮系数。

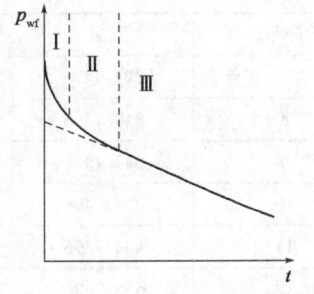

图 2-13 开井生产 p_{wf}—t 关系曲线 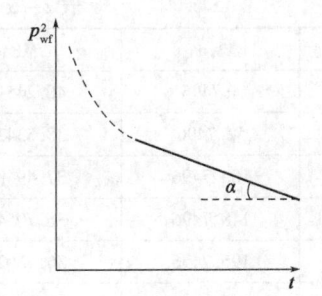   图 2-14 $p_{wf}^2(t)$—t 关系曲线

用这种方法计算,需要测试资料达到拟稳定流状态。为了判断拟稳定流状态的出现,采用 Y 函数法,如图 2-15 所示;或用 $\lg(\Delta p_{wf}^2/\Delta G_p)$ —$\lg G_p$ 关系图解,如图 2-16 所示。两种图上,当达到拟稳定状态后均出现水平直线段。

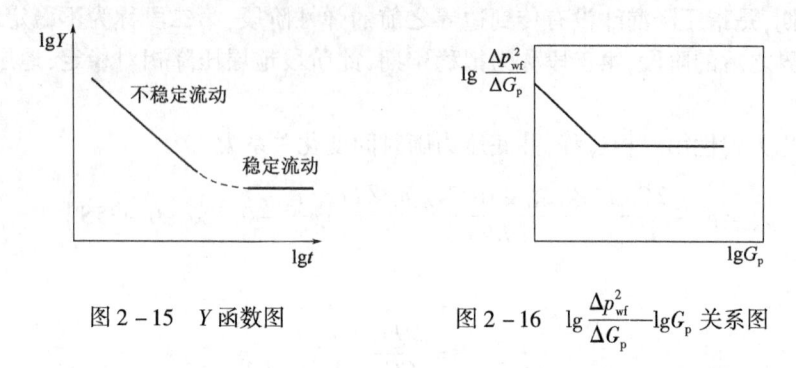

图 2-15 Y 函数图

图 2-16 $\lg\dfrac{\Delta p_{wf}^2}{\Delta G_p}$ —$\lg G_p$ 关系图

【例 2-3】 已知四川某气藏的气井稳定产量为 $12.91\times10^4\mathrm{m}^3/\mathrm{d}$,储层原始压力为 12.602MPa,储层条件下原始气体偏差系数为 0.857,拟稳定期气体平均偏差系数为 0.917,拟稳定期气体平均压缩系数为 $0.184(\mathrm{MPa}^{-1})$,基础数据见表 2-5,求原始储量。

解: 在分析图形中,选 12 到 19 点回归,如图 2-17 所示。

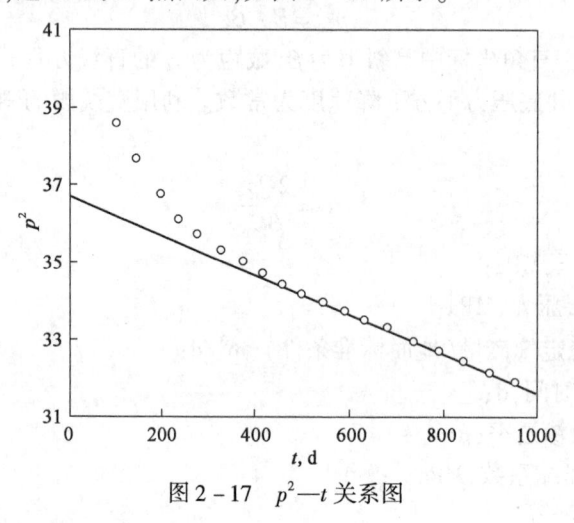

图 2-17 p^2—t 关系图

求得的原始储量为 $1.53\times10^8\mathrm{m}^3$。

表 2-5 计算储量基础数据

序号	t,d	p,MPa	序号	t,d	p,MPa
1	4.7496	40.2451	7	292.7496	35.2943
2	52.7496	38.5343	8	340.7496	34.9683
3	100.7496	37.4948	9	388.7496	34.6556
4	148.7496	36.7054	10	436.7496	34.3677
5	196.7496	36.1502	11	484.7496	34.0811
6	244.7496	35.6791	12	532.7496	33.8177

续表

序号	t,d	p,MPa	序号	t,d	p,MPa
13	580.7496	33.5681	17	772.7496	32.5870
14	628.7496	33.3298	18	820.7496	32.3408
15	676.7496	33.0924	19	868.7496	32.0843
16	724.7496	32.8329	20	916.7496	31.8739

二、不稳定晚期法

在不稳定早期和拟稳定期之间，存在一个过渡阶段，称为不稳定晚期。此时地层内的压力变化已达到气藏边界，受到边界条件的影响，但尚未达到等速率的压力变化状态。该阶段的井底压降随时间的变化关系为

$$p_{wf}^2 = \hat{p}^2 + 3.095 \times 10^{-3} \frac{Q\mu}{Kh} \frac{p_{sc}ZT}{T_{sc}} \exp(-52.86) \frac{\eta t}{r_e^2} \quad (2-78)$$

$$\eta = \frac{K}{\phi \mu C_t} \quad (2-79)$$

$$\hat{p}^2 = p_e^2 - \frac{8.48 \times 10^{-3} Q\mu}{Kh} \frac{p_{sc}ZT}{T_{sc}} \left(\lg \frac{r_e}{r_w} - 0.326 + 3.126 \frac{\eta t}{r_e^2} \right) \quad (2-80)$$

当生产时间不太长时，含有 $\frac{\eta t}{r_e^2}$ 的项与 p_e^2 相比很小，因此在这段测试时间范围内，$\hat{p}$ 可近似为常数，且可知 $\hat{p}$ 应该是拟稳定状态刚出现时的压力值。由式(2-78)有

$$\lg(p_{wf}^2 - \hat{p}^2) = \lg \left(3.095 \times 10^{-3} \frac{Q\mu p_{sc} ZT}{Kh\ T_{sc}} \right) - 22.95 \frac{\eta t}{r_e^2} \quad (2-81)$$

可以在 $\lg(p_{wf}^2 - \hat{p}^2)$—$t$ 的半对数坐标上得到一条直线，如图2-18所示，其截距和斜率分别为

$$\lg a = \lg \left(3.095 \times 10^{-3} \frac{Q\mu p_{sc} ZT}{Kh\ T_{sc}} \right) \quad (2-82)$$

$$b = 22.95 \frac{\eta}{r_e^2} \quad (2-83)$$

图 2-18 $\lg(p_{wf}^2 - \hat{p}^2)$—$t$ 关系图

联立求解(本井控制的)气层有效孔隙体积为

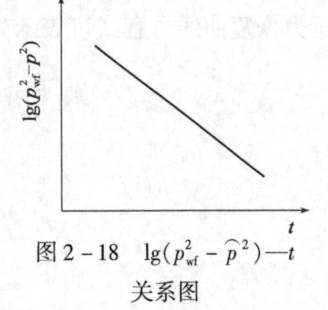

$$V_p = \pi r_e^2 h \phi = 0.223 \frac{Q}{abC_t} \frac{p_{sc} ZT}{T_{sc}} \quad (2-84)$$

该井控制储量为

$$G = V_p \frac{p_i}{Z_i T_i} \frac{T_{sc}}{p_{sc}} = 0.223 \frac{Q p_i}{abC_t} \quad (2-85)$$

式中　　η——导压系数,$\mu m \cdot MPa/(mPa \cdot s)$;
　　　　t——生产时间,h;
　　　　T_i——原始地层温度,K;
　　　　V_p——气层有效孔隙体积,m^3。

必须指出,$\hat{p}$ 是一个未知的变数,通常采用试算法求得。在应用测试资料按式(2-81)作半对数图时,选择 $\hat{p}$ 值。当 $\hat{p}$ 值过大时,曲线向下弯曲;当 $\hat{p}$ 值过小时,曲线上翘;只有当 $\hat{p}$ 值合适时,才会出现直线,如图 2-19 所示。

【例 2-4】　用不稳定晚期法计算例 2-3。

解:在 Y 函数图上找出水平段开始点为 12 点,调整拟稳定状态开始的压力平方值,选其值为 33 点,在 $\lg(p_{wf}^2 - \hat{p}^2) — t$ 关系图上,用 12 点以前的所有点作回归直线,如图 2-20 所示。

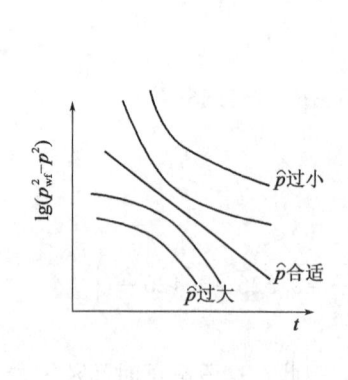

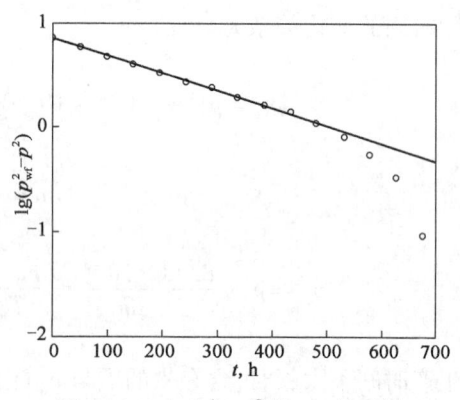

图 2-19　$\hat{p}$ 试算图

图 2-20　$\lg(p_{wf}^2 - \hat{p}^2) — t$ 关系图

求得储量为 $1.85 \times 10^8 m^3$。

三、压力恢复法

这是一种近似算法,需要气井在关井前有较长的稳定生产时间。对于不稳定早期的气井,压力恢复曲线方程式可表示为

$$p_{ws}^2 = p_T^2 + \frac{4.24 \times 10^{-3} Q \mu p_{sc} ZT}{Kh T_{sc}} \left(\lg \frac{8.085Kt}{\phi \mu C_t r_w^2} + 0.87S \right) \quad (2-86)$$

令

$$m = \frac{4.24 \times 10^{-3} Q \mu p_{sc} ZT}{Kh T_{sc}} \quad (2-87)$$

$$A = p_T^2 + m \left(\lg \frac{8.085Kt}{\phi \mu C_t r_w^2} + 0.87S \right) \quad (2-88)$$

则式(2-86)变为

$$p_{ws}^2 = m \lg t + A \quad (2-89)$$

式中　p_{ws}——关井后井底恢复压力,MPa;
　　　p_T——关井前稳定生产的井底流压,MPa。

可以看出,在半对数图上,式(2-89)为一斜率等于 m 和截距为 A 的直线,如图 2-21 所示。

服从线性渗流定律的气体平面径向流规律是

$$Q = \frac{Kh}{8.48 \times 10^{-3} \mu p_{sc} ZT} \frac{T_{sc}}{\lg\frac{r_e}{r_w} + 0.435S} \frac{p_e^2 - p_T^2}{} \quad (2-90)$$

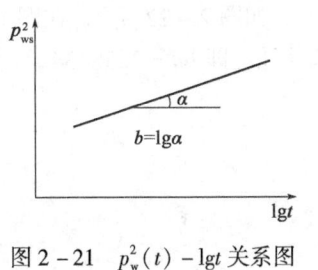

当 $t = t_e$ 时,$p_{ws} = p_e$。比较式(2-86)和式(2-90)有

$$\lg\frac{r_e^2}{r_w^2} + 0.87S = \lg\frac{8.085Kt_e}{\varphi\mu C_t r_w^2} + 0.87S \quad (2-91)$$

图 2-21 $p_w^2(t) - \lg t$ 关系图

则

$$r_e^2 = \frac{8.085Kt_e}{\phi\mu C_t} \quad (2-92)$$

式中 p_e——地层平衡压力,MPa;
t_e——压力恢复达到边界的时间,h。

此时气井控制的有效体积为

$$V = \pi r_e^2 \phi h = \pi \frac{8.085Kt_e}{\phi\mu C_t}\phi h = 8.085\frac{\pi Kt_e h}{\mu C_t} \quad (2-93)$$

代入式(2-87)有

$$V = 0.1077 \frac{Qt_e p_{sc} ZT}{mC_t T_{sc}} \quad (2-94)$$

从而可求得气井控制储量为

$$G = V\frac{p_e}{ZT}\frac{T_{sc}}{p_{sc}} = 0.1077\frac{Qt_e}{mC_t}p_e \quad (2-95)$$

应用该方法计算储量,必须先求得地层平衡压力 p_e、压力恢复达到边界的时间 t_e 及斜率 m,可利用压力恢复测试数据求得。

【例 2-5】 已知某气藏的气井关井前稳定产量为 $12.742 \times 10^4 \text{m}^3$,储层原始压力为 12.602MPa,原始的气体偏差系数为 0.856,储层条件下不稳定晚期气体的平均偏差系数为 0.911,储层条件下不稳定晚期气体的平均等温压缩系数为 0.172MPa^{-1}。气藏的基础数据见表 2-6,求控制储量。

表 2-6 某气藏的基础数据

序号	t,d	p,MPa	序号	t,d	p,MPa
1	0.0097	32.7756	10	192.0097	38.9002
2	0.5070	33.7561	11	216.0097	39.0125
3	24.0097	35.6170	12	240.0097	39.1250
4	48.0097	36.8206	13	264.0097	39.2252
5	72.0097	37.5769	14	288.0097	39.3004
6	96.0097	38.0566	15	312.6264	39.3756
7	120.0097	38.3532	16	339.1764	39.4761
8	144.1764	38.5641	17	364.0097	39.5264
9	168.0097	37.7506	18	384.0097	39.5757

如图 2-22 所示,在图上选 13 至 18 点为径向流直线段,并记下达到边界时即 19 点的横坐标值,即 $\lg t = 2.58434$。

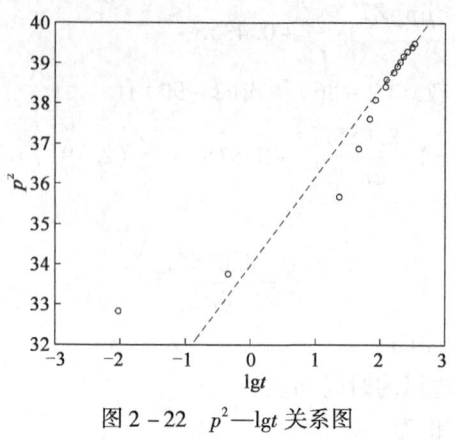

图 2-22 p^2—$\lg t$ 关系图

求得储量为 $1.87 \times 10^8 \text{m}^3$。

第四节 用产量递减资料计算气藏储量

产量递减法是国际上预测评价气藏原始可采储量的重要方法。它的应用不受储层类型、驱动类型、流体类型、压力类型和开采方式的限制,只要气藏的开采已经进入了递减阶段,即可进行有效的预测和评价。

在图 2-23 上绘出了已开发气藏的产量与时间的关系,可以看出,当气藏生产到 t_o 和累计产气 G_{po} 时进入了递减阶段。Q_i 为递减阶段开始(t_o)时的初始理论产量,此时的初始递减率为 D_i。气藏生产到 t 时间 ($t > t_o$) 的总累计产量表示为

$$G_{pt} = G_{po} + \int_{t_o}^{t} Q \mathrm{d}t \tag{2-96}$$

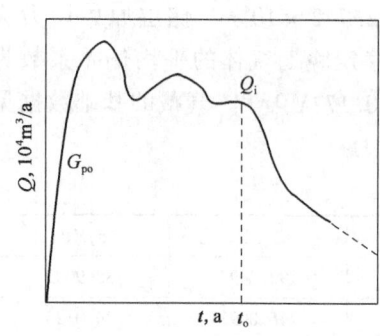

广义产量递减阶段的产量与生产时间的关系,可用扩展的 Arps 表示为

$$Q = \frac{Q_i}{[1 + (1-m)D_i(t - t_o)]^{1/(1-m)}} \tag{2-97}$$

将式(2-97)式代入式(2-96)积分,可得总累计产量与生产时间的关系式为

$$G_{pi} = G_{po} + \frac{Q_i}{mD_i}\left[1 - \left(\frac{Q}{Q_i}\right)^m\right] \tag{2-98}$$

图 2-23 气藏年产量与生产时间的关系图

由式(2-98)整理简化,可得用于评价气藏原始可采储量的广义递减模型为

其中

$$Q^m = A - BG_{pt} \tag{2-99}$$

$$A = Q_i^m + mD_i Q_i^{m-1} G_{po} \tag{2-100}$$

$$B = mD_i Q_i^{m-1} \tag{2-101}$$

由式(2-99)可以看出,利用线性迭代试差法求解,在递减阶段的 Q^m 与 G_{pt} 呈直线下降的关系,如图2-24所示。应当指出,式(2-99)中的 m 为递减指数。当 $m=2$ 时,可得线性递减模型的关系式;当 $m=1$ 时,可得指数递减模型的关系式;当 $m=0.5$ 时,可得双曲线递减模型的关系式。这三种递减模型是最为常见且常用的预测评价模型。

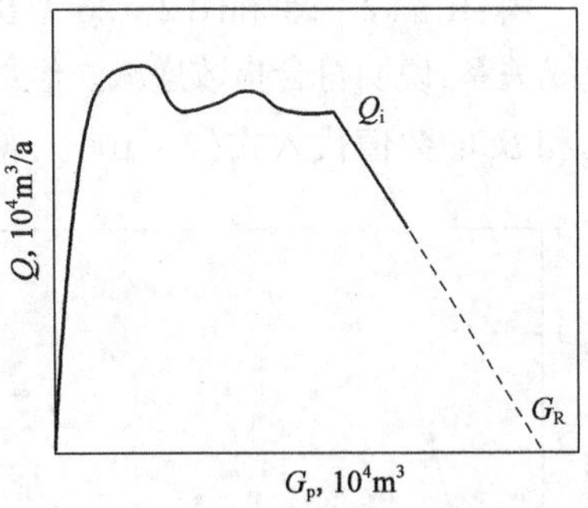

气藏的原始可采储量由下式确定:

$$G_R = A/B \qquad (2-102)$$

图2-24 气藏年产量与总气量的关系图

当 $m=1$ 时,由式(2-99)、式(2-100)和式(2-101)得出指数递减模型的关系式为

$$Q = A_E - B_E G_{pt} \qquad (2-103)$$

其中

$$A_E = Q_i + D_i G_{po} \qquad (2-104)$$

$$B_E = D_i = D = \text{const} \qquad (2-105)$$

指数递减模型的原始可采储量由下式确定:

$$G_R = A_E / B_E \qquad (2-106)$$

当 $m=0.5$ 时,由式(2-99)、式(2-100)和式(2-101)得双曲线递减模型的关系式为

$$A_H = Q_i^{0.5} + \frac{0.5 D_i G_{po}}{Q_i^{0.5}} \qquad (2-107)$$

$$B_H = \frac{0.5 D_i}{Q_i^{0.5}} \qquad (2-108)$$

$$Q^{0.5} = A_H - B_H G_{pt} \qquad (2-109)$$

双曲线递减模型的原始可采储量由下式确定:

$$G_R = A_H / B_H \qquad (2-110)$$

【例2-6】 四川盆地相国寺气田1977年至1995年的生产数据见表2-7,绘于图2-25中。按指数递减模型的关系式(2-103)绘于图2-26中,求该气田的原始可采储量。

表2-7 相国寺气田生产数据

t,a	$(t-t_0)$,a	Q,$10^8 m^3/a$	G_{pt},$10^8 m^3$	t,a	$(t-t_0)$,a	Q,$10^8 m^3/a$	G_{pt},$10^8 m^3$
1		0.096	0.096	11	1	2.652	27.268
2		0.615	0.711	12	2	2.416	29.684
3		2.033	2.744	13	3	1.815	31.499
4		2.982	5.726	14	4	1.588	33.087
5		3.133	8.859	15	5	1.456	34.543
6		2.885	11.744	16	6	1.088	35.631
7		3.199	14.943	17	7	0.863	36.494
8		3.417	18.360	18	8	0.655	37.149
9		3.050	21.410	19	9	0.535	37.684
10	0	3.206	24.616				

解：由图 2-25 和图 2-26 看出，该气田生产到 10 年进入递减阶段，递减阶段的 Q 与 G_{pt} 成直线关系，说明符合指数递减。经线性回归后，直线截距 $A_E = 8.370$，直线的斜率 $B_E = 0.206$。将 A_E 和 B_E 的数值代入式(2-106)，得该气田的原始可采储量 G_R 为 $40.6 \times 10^8 \text{m}^3$。

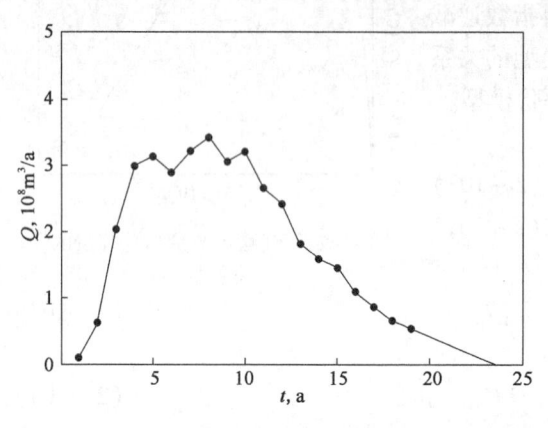

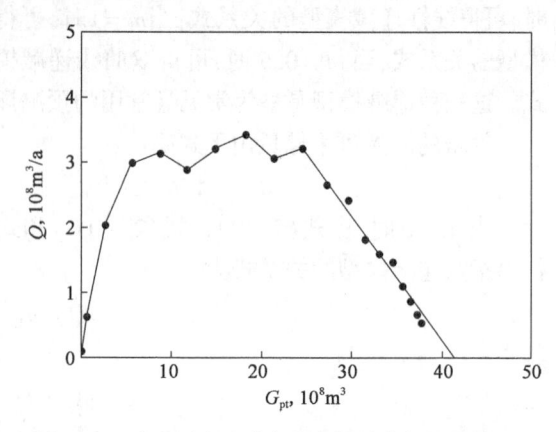

图 2-25 相国寺气田年产量与生产时间的关系图

图 2-26 相国寺气田产气量与累计产气量的关系图

第五节 气藏储量的综合评价

气藏储量开发利用的经济效果不仅与气藏的数量有关，还取决于储量的质量和开发的难易程度。不分析探明储量的质量，将会使勘探工作处于盲目状态。为此，在我国颁发的油气储量规范中，明确提出对探明储量必须进行综合评价。

储量起算标准为气藏不同埋藏深度下天然气的单井日产量下限，是进行储量估算应达到的最低经济条件。《石油天然气储量估算规范》(DZ/T 0217—2020)中，给出了储量起算标准(表 2-8)。各地区可根据当地价格和成本等测算求得只回收开发井投资的单井日产量下限；也可用平均的操作费和油价求得平均井深的单井日产量下限，再根据实际井深求得不同井深的单井日产量下限。另行估算的起算标准应不低于表 2-8 的起算标准。

表 2-8 我国的储量起算标准

产气层埋藏深度, m	工业气流下限, $10^4 \text{m}^3/\text{d}$	产气层埋藏深度, m	工业气流下限, $10^4 \text{m}^3/\text{d}$
<500	0.05	>2000~3000	0.50
500~1000	0.10	>3000~4000	1.00
>1000~2000	0.30	>4000	2.00

在储量综合评价中，人们都希望有一个经济评价分等标准。因为各项自然指标只有落实到经济效果上，才能衡量价值。但是，考虑到影响经济指标的因素很多，除气田本身的自然条件外，还有政治、经济、人文地理等社会因素，而这些因素在勘探阶段提交储量时，往往计算不出来，所以在我国颁布的油气储量规范中，选择了影响经济效益的主要自然因素作为油气储量综合评价指标。对于气藏，在《石油天然气储量估算规范》(DZ/T 0217—2020)中，规定各单位申报的气藏储量按照以下几个方面进行综合评价。

一、按储量规模分类

按天然气技术可采储量($10^8 m^3$),将气藏分为五类:
(1)特大型气藏:≥2500.0;
(2)大型气藏:250.0~<2500.0;
(3)中型气藏:25.0~<250.0;
(4)小型气藏:2.5~<25.0;
(5)特小型气藏:<2.5。

二、按丰度分类

按天然气技术可采储量丰度大小($10^8 m^3/km^2$),将气藏分为四类:
(1)高丰度气藏:≥8.0;
(2)中丰度气藏:2.5~<8.0;
(3)低丰度气藏:0.8~<2.5;
(4)特低丰度气藏:<0.8。

三、按产能分类

按千米井深稳定产量[$10^4 m^3/(km \cdot d)$]大小,将气藏分为四类:
(1)高产气藏:≥10.0;
(2)中产气藏:3.0~<10.0;
(3)低产气藏:0.3~<3.0;
(4)特低产气藏:<0.3。

四、按埋藏深度分类

按气藏埋藏深度(m)大小,将气藏分为五类:
(1)浅层气藏:<500;
(2)中浅层气藏:500~<2000;
(3)中深层气藏:2000~<3500;
(4)深层气藏:3500~<4500;
(5)超深层气藏:≥4500。

五、按储层物性分类

(1)按储层中值孔隙度(%)大小,将气藏分为五类,见表2-9。

表2-9 按储层中值孔隙度大小分类　　　　　　　　单位:%

气藏类型	碎屑岩孔隙度	非碎屑岩基质孔隙度	气藏类型	碎屑岩孔隙度	非碎屑岩基质孔隙度
特高孔隙度气藏	≥30	≥15	低孔隙度气藏	10~<15	2~<5
高孔隙度气藏	25~<30	10~<15	特低孔隙度气藏	<10	<2
中孔隙度气藏	15~<25	5~<10			

(2)按储层中值渗透率(mD)大小,将气藏分为六类:
①特高渗气藏:≥500.0;
②高渗气藏:100.0~<500.0;
③中渗气藏:10.0~<100.0;
④低渗气藏:1.0~<10.0;
⑤特低渗气藏:0.1~<1.0;
⑥致密气藏:<0.1。

六、按硫化氢含量分类

按天然气硫化氢含量(g/m^3)大小,将气藏分为四类:
(1)高含硫气藏:≥30.00;
(2)中含硫气藏:5.00~<30.00;
(3)低含硫气藏:0.02~<5.00;
(4)微含硫气藏:<0.02。

第六节 气藏的采收率计算

采收率是指按照目前成熟可实施的技术条件,预计技术上从气藏中最终能采出的天然气量占地质储量的百分数。气藏的采收率是天然气工业中最重要的问题之一,它与地质、工艺和经济等因素有关。

一、气驱条件下的采收率

如果开发某个气田直到最终地层压力(废弃压力)为 p_a 时经济上证明有效,则从地层中可以采出的天然气储量为

$$G_{pa} = \frac{p_i V_{hc} T_{sc}}{Z_i p_{sc} T_i} - \frac{p_a V_{hc} T_{sc}}{Z_a p_{sc} T_i} \quad (2-111)$$

式中 G_{pa}——天然气的最终可采储量,m^3;
Z_a——在废弃压力 p_a 时的偏差系数。
这时,气藏的最终采收率等于采出储量与原始储量的比值;考虑到式(2-2)则有

$$E_R = 1 - \frac{p_a Z_i}{p_i Z_a} \quad (2-112)$$

式中 E_R——气藏的最终采收率。
在某些情况下,气田的可采气量不是由 p_a 决定,而是由地层排驱区的平均压力决定的。如果气田的驱动类型是气驱,则按照式(2-112)可以确定气藏采收率。
根据式(2-112)和天然气田开发理论与实践可以得出,气藏的采收率取决于气田的埋藏深度、生产特征、采气速度、到用户的距离、输气到用户所需的压力及其他因素。
在分析气田开发实际的和外推的资料基础上,可以计算得到各种可能的采收率。А.Л.科

兹洛夫认为,在较好的地质条件下(地层稳定、较好的储层性质等)而且原始地层压力高于5MPa时,气藏采收率在0.97左右;对于严重非均质的、具有复杂地质构造的、较低地层压力的气田,气藏采收率为0.7~0.8。

М.А.日丹诺夫和Γ.Т.尤金认为,在气驱条件下,气藏采收率为0.9~0.95;而在水驱条件下为0.8。

加拿大学者 G. J. Dessorcy 将世界不同类型气藏的采收率归纳为:
(1)弹性气驱气藏:0.7~0.95;
(2)弹性水驱气藏:0.45~0.70;
(3)致密气藏:可低到0.30~0.80;
(4)凝析油气藏:0.45~0.60。

我国天然气储量计算规范中列出的气藏采收率为:
(1)气驱气藏:0.8~0.95;
(2)水驱气藏:0.45~0.60;
(3)致密气藏:<0.60;
(4)凝析气藏:0.65~0.85;
(5)凝析油:0.40。

上面引用的采收率只能作为参考,因为每个气田都有自己的特点,应针对气藏的地质情况、气藏类型等多种因素来统一考虑采收率问题。

我国石油天然气行业标准《天然气可采储量计算方法》(SY/T 6098—2022)给出了不同类型气藏采收率范围值(表2-10)。

表2-10 不同类型气藏采收率

气藏类型	地层水活跃或低渗透程度	开采特征	废弃相对压力	采收率
水驱	活跃	可动边、底水水体大,一般开采初期($R<0.2$)部分气井开始大量出水或水淹,气藏稳产期短,水侵特征曲线呈直线上升	≥0.5	0.4~0.6
	次活跃	有较大的水体与气藏局部连通,能量相对较弱。一般开采中、后期才发生局部水窜,致使部分气井出水	≥0.25	0.6~0.8
	不活跃	多为封闭型,开采中后期偶有个别井出水,或气藏根本不产水,水侵能量弱,开采过程表现为弹性气驱特征	≥0.05	0.7~0.9
气驱		无边、底水存在,或边、底水极不活跃。整个开采过程中无水侵影响,为弹性气驱特征	≥.05	0.7~0.9
低渗	低渗	储层平均渗透率$0.1mD<K≤1.0mD$,裂缝不太发育,横向连通较差,生产压差大,千米井深稳定产量$0.3×10^4 m^3/(d·km)<q_g≤3×10^4 m^3/(d·km)$,开采中边、底水侵影响弱	≥0.5	0.3~0.5
	特低渗(致密)	储层平均渗透率$K<0.1mD$,裂缝不发育,无措施条件下一般无生产能力或措施后稳产能力差,千米井深稳定产量低于$0.3×10^4 m^3/(d·km)$,开采中边、底水侵影响极弱	≥0.7	≤0.3

二、计算气藏采收率的几种方法

计算采收率的方法很多,但每一种方法都有一定的局限性。因此必须根据气田所处的不同勘探开发阶段和拥有的实际资料情况,采用相应的方法确定采收率值,并尽可能采用两种以上的方法进行计算和评价,然后进行综合分析,合理选择采收率值。

1. 物质平衡法

对于一个具有天然水驱作用的气藏,其物质平衡方程式可用下式表示:

$$原始储量 = 累计采出量 + 剩余储量 + 水侵量 \qquad (2-113)$$

即

$$GB_{gi} = (G - G_p)B_g + GB_{gi}\left(\frac{C_w S_{wi} + C_f}{1 - S_{wi}}\right)\Delta p + (W_e - W_p B_w) \qquad (2-114)$$

令 $E_p = \left(\dfrac{C_w S_{wi} + C_f}{1 - S_{wi}}\right)\Delta p$,$B^* = \dfrac{W_e - W_p B_w}{GB_{gi}}$,$R_p = \dfrac{B_{gi}}{B_g}$,$E_D = \dfrac{G_p}{G}$,则物质平衡方程式(2-114)变为

$$E_D = 1 - (1 - E_p - B^*)R_p \qquad (2-115)$$

当 R_p 为废弃地层压力 p_a 对应的值 R_{pa} 时,E_D 即为气藏采收率 E_R。

有以下几种特例:

(1)当 $E_p = B^* = 0$ 时,为定容、弹性驱气藏,其采收率为

$$E_R = 1 - R_p \qquad (2-116)$$

(2)当 $E_p \neq 0$、$B^* = 0$ 时,为异常高压气藏,其采收率为

$$E_R = 1 - (1 - E_p)R_p \qquad (2-117)$$

(3)当 $E_p = 0$、$B^* \neq 0$ 时,为定容、水驱气藏,其采收率为

$$E_R = 1 - (1 - B^*)R_p \qquad (2-118)$$

式中 E_D——采出程度;

E_p——孔隙体积变化综合驱替系数;

B^*——水侵系数。

2. 产量递减法

在气田开发进入递减阶段后,使用递减规律计算采收率。其表达式为

$$E_R = G_R / G \qquad (2-119)$$

$$G_R = G_{pi} + G_{pD} \qquad (2-120)$$

式中 G_R——可采储量,10^8m^3;

G_{pi}——递减期前的累计产量,10^8m^3;

G_{pD}——递减期的累计产量,10^8m^3。

可见,产量递减法就是利用实际气藏递减期的产量时间或累计产量时间的关系,在指定的废弃产量下,求得递减期的累计产量。

3. 罗杰斯蒂函数法

在气藏开采递减期,气藏的储量全部开始动用,则年产量与相应累计产量 G_p 的比值与 G_p 的关系可用下式表示:

$$\frac{Q_g}{G_p} = A - BG_p \tag{2-121}$$

式(2-121)在直角坐标上为一直线,其斜率为 B,截距为 A。在给定的废弃产量 Q_{ga} 下,可求得可采储量 G_R:

$$G_R = \frac{A + \sqrt{A^2 - 4BQ_{ga}}}{2B} \tag{2-122}$$

则采收率为

$$E_R = G_R / G \tag{2-123}$$

三、废弃条件的确定

采收率的计算涉及废弃条件的确定问题,废弃条件包括废弃产量和废弃压力两个因素。

1. 废弃产量的确定

气藏废弃产量用经验确定法:

(1)对于纯气井,单井平均废弃产量:当埋藏深度 $D > 2000\text{m}$ 时,一般取 $0.1 \times 10^4 \text{m}^3/\text{d}$;当 $D \leq 2000\text{m}$ 时,一般取 $0.05 \times 10^4 \text{m}^3/\text{d}$。

(2)对于气、水同产井(水气比 $WGR > 1.0 \text{m}^3/10^4 \text{m}^3$),单井平均废弃产量一般宜取 $(0.05 \sim 0.5) \times 10^4 \text{m}^3/\text{d}$,水气比越高,取值越高。

2. 废弃压力的确定

1) 废弃井口压力的确定

当气藏产量递减到废弃产量时:

(1)自喷开采时以井口流动压力等于输气压力为废弃井口压力;

(2)增压(工艺)开采时以井口流动压力等于增压机吸入口压力为废弃井口压力。

2) 废弃视地层压力的确定

(1)公式计算法。

首先运用管流模型计算井底废弃流压,再由产能方程计算单井废弃地层压力,最后由单井废弃地层压力确定气藏废弃压力,具体步骤为:

①在确定废弃产量和所需井口最小供气压力后,对于纯气直井,由垂直管流法计算井底废弃流压,按式(2-124)计算:

$$p_{wfa} = \sqrt{p_{wha}^2 e^S + \frac{1.316 \times 10^{-10} f (q_{ga} Z_{avw} T_{avw})^2 (e^S - 1)}{d^5}} \tag{2-124}$$

其中

$$S = \frac{0.06833 \rho_g g L}{Z_{avw} T_{avw}} \tag{2-125}$$

式中 p_{wfa}——废弃条件下的井底流动压力,MPa;
p_{wha}——废弃条件下的井口油压,MPa;
q_{ga}——废弃时刻天然气日产量,$10^4 m^3/d$;
T_{avw}——井筒内流动气体的平均温度,K;
Z_{avw}——在井筒平均压力和温度下气体的偏差系数;
ρ_g——气体密度,kg/m^3;
L——采气管的长度,m。

在确定废弃产量和井底废弃流压之后,按式(2-126)确定每口井平均地层压力 p_R:

$$p_R = \sqrt{Aq_{ga} + Bq_{ga}^2 + p_{wfa}^2} \qquad (2-126)$$

式(2-126)中,A、B分别为达西流动常数和非达西流动常数,应通过气井的稳定试井或修正等时试井资料确定。

②求取气藏废弃地层压力方法:

(a)对于单井系统:当 $q_g = q_{ga}$ 时,根据式(2-125)计算平均地层压力 p_R,$p_a = p_R$;

(b)对于多井系统:在计算各井废弃地层压力数据基础上,再折算至气藏中部(应采用气藏二分之一体积折算深度对应的海拔),采用加权(等压图面积加权、单井控制面积加权或孔隙体积加权等)平均法,计算得到全气藏的平均废弃地层压力 p_a。

气藏的平均废弃地层压力除以与之对应的平均偏差系数 Z_a,即求得废弃视地层压力。

(2)产量递减法。

对生产处于递减期的定容封闭气藏,在衰竭式开发方式下,由压降法和产量递减法的联解,得到视地层压力与产量的关系式:

$$\frac{p}{Z} = a_L + b_L Q_g \qquad (2-127)$$

式中 a_L——视地层压力—产量递减法直线截距,MPa;
b_L——视地层压力—产量递减法直线斜率,$MPa/10^8 m^3$。

$\frac{p}{Z}$ 与 Q_g 为直线关系,如图 2-27 所示。式(2-127)中的 a_L 与 b_L 分别由式(2-128)和式(2-129)表示为

$$a_L = \frac{p_i}{Z_i}\left(1 - \frac{Q_{gi}}{GD_{ia}}\right) \qquad (2-128)$$

$$b_L = \frac{p_i}{Z_i G D_{ia}} \qquad (2-129)$$

式中 D_{ia}——初始年递减率,a^{-1};
G——天然气地质储量,$10^8 m^3$;
Q_{gi}——递减开始时刻天然气年产量,$10^8 m^3/a$。

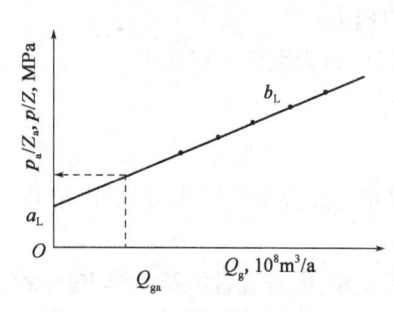

图 2-27 定容气藏 p/Z 与 Q_g 的关系图

利用实际生产数据,按式(2-127)进行线性回归,求得 a_L 和 b_L 的数值后,将废弃产量 Q_{ga} 和 a_L、b_L 的数值代入式(2-127),得到废弃视地层压力:

$$\frac{p_a}{Z_a} = a_L + b_L Q_{ga} \qquad (2-130)$$

式中　Q_{ga}——废弃时刻天然气年产量，$10^8 m^3/a$。

(3)确定废弃压力的其他方法。

在不同的国家和地区，不同的价格政策及不同的地质开采条件下，其废弃条件都是不同的，很难找到一个统一的标准。通常要按照各气田的输压资料和实际的开采条件来确定。以下列举一些国外确定废弃压力的方法，以作参考。

①废弃压力的确定方法。

(a)气藏埋藏深度为1524m(5000ft)、地层压力为13.11MPa(1856psia)，废弃压力等于原始压力的10%：

$$p_a = p_i \times 10\%$$

(b)废弃压力值为凝析气藏埋藏深度的函数，按 $0.001153 \sim 0.002306$ MPa/m 计算：

$$p_a = H \times 0.001153$$

或

$$p_a = H \times 0.002306$$

式中　H——储层深度，m。

(c)根据凝析气藏埋藏深度，按 0.002191MPa/m 计算最佳废弃压力值：

$$p_a = H \times 0.002191$$

(d)按原始气藏压力的10%再加上 0.703MPa，作为近似的废弃压力值：

$$p_a = p_i \times 10\% + 0.703$$

(e)一般通用的废弃压力计算：

$$p_a = 0.3515 + H \times 0.0010713$$

②根据不同实际情况的废弃压力调整原则。

上述废弃压力的确定方法需要根据实际的生产情况不同进行调整，以便准确地确定废弃压力。

(a)根据生产井的状况可进行如下调整：

若有几口井限制采气量，这时废弃压力 p_a 应增加 10%~15%；

若气藏中大多数井产水，这时的 p_a 应增加 15%~40%；

若水锥严重时，会导致更高的废弃压力。

(b)当实际的绝对无阻流量(AOF)偏离平均无阻流量时，废弃压力要进行修正；

当实际的 AOF 偏离平均 AOF 的 25%~50% 时，废弃压力应修正 15%~25%；

当实际的 AOF 偏离平均 AOF 的 50%~75% 时，废弃压力应修正 25%~40%。

(c)如果天然气中含硫和酸性气体，操作费用比总收入高，这时的废弃压力应增加15%；而在干气气藏或中浅层气藏中，废弃压力应降低15%；如果输送压力低，那么废弃压力也应降低15%。

四、影响水驱气藏采收率的因素

对于水驱气藏来说，除了合理制定开发方案、合理生产以外，在提高采收率方面可以做的工作实际上是很少的。在现实条件下，妨碍水驱气藏采收率达到90%左右的实质原因，是储层的非均质或开发方案不合理，造成开发过程中排驱不均匀。可能表现有以下几方面：

（1）在地层压力还比较高时，所有生产井已全部水淹，但在此时的地层压力条件下，不可能再钻新井。相当数量的生产井停产，使得开发后期的采气量下降。水进入气藏，使得压力下降减缓，而由于储层的非均质性，有不少天然气在较高的压力下被水封住。

（2）储层的非均质性和地质构造形成了"死气区"。因此，首批（气田的工业性试采所必需的）生产井应按接近于均匀井网布置较为适宜。在这种井网下，有可能更详细地研究气田的地质构造，同时，也可以使实际上所有的气储量都能在排驱范围内。进一步钻新井时，则可钻在产能较高的地区。

（3）生产层在横、纵向上，特别是沿纵向往往排驱不均匀。对日常的生产实践，可以提出一种最简单的但是最有效的气田开发调节方法——生产层纵向均匀排驱法。这种排驱方法可防止气井过早水淹，保证在较高的井口压力下获得高产并最终获得高的采收率。为了使所有钻开的厚度得到排驱，可以使用调整产气剖面措施。

五、提高天然气和凝析油采收率的方法

天然气是宝贵的一次性能源，如何高效开发天然气田，最大限度地提高采收率是石油工作者义不容辞的责任。

提高采收率问题是多方面的，它涉及储层特性、开发方法的合理性、调节和增产手段等一系列问题。因此，也就需要从多方面开展工作：(1)加强储层研究，尽可能认清储层特性，在此基础上制定合理的开发方案；(2)重视研究对天然气田开发过程起积极作用的新方法，并对新方法提出在工业试验和工业性生产规模中的检验依据；(3)鼓励实行提高地层气和凝析油采收率方法的综合措施；(4)提高从事气田开发管理人员的综合素质，进一步提高工程技术人员的技术水平，等等。

通过理论研究和生产实践，人们已找出了一些行之有效的提高天然气和凝析油采收率的方法。

1. 超高压气藏注水

在一般条件下，压缩气的弹性能量可以保证获得很高的气体最终采收率。因而，对于一般气藏，无须向气藏注水。但对于一些特殊气藏，如超高压气藏，压力变化以后储层会发生明显变形，天然条件有可能妨碍有效地利用气体弹性能量进行采气。

超高压气藏以地层压力超出静水柱压力很高的程度而与一般气藏不同，储层处于"撑胀"状态之下。采气时地层压力如降到静水柱压力以下，就会使地层产生明显的变形。在一定的井底压力下，井附近的裂缝完全或很大程度上闭合，会使井的产量几乎降到零，得不到高的采收率。因此，超高压气藏是要求保持地层压力的开发对象。在此种情况下，其中一种有效的方法是向地层注水。但注水方案需要认真论证，通过技术—经济计算确定地层压力的合理保持水平，并求得所需的注水井数和注水量。

2. 凝析气田注气和注水

国外在20世纪40年代就采用注气的方式开采凝析气田。通过注气来保持地层压力，可以防止凝析油反凝析，提高凝析油采收率。注入气体一般有烃气、氮气和二氧化碳，最常见的是循环回注产出气。但随着气价的提高，循环注气开采方式仅用于凝析油含量较高的凝析气

田,并有完全保持地层压力到部分保持地层压力的开采方式。循环注气可使凝析油采收率达到85%以上,一般来说,注气压力应略高于或接近于露点压力。

在不能进行循环注气开采的情况下,注氮气就成为一种较好的凝析气藏保持压力开采方法。因为氮气相对成本较低,而且随处可得。研究表明,注氮气可使凝析油的采收率达到90%以上。

采用衰竭式开采通常很难将气藏内凝析的液态烃开采出来。在这种情况下,注气是较好的提高采收率方法。但这种方法对天然气销售会带来一定损失。因此,注水开采就成为一种有效的提高采收率的方法。注水可以使气藏压力保持在露点压力以上,以采出液态烃。与注气方法相比,这种方法成本较低,同时,其采收率比衰竭式开采高。一般来说,注水开采可以使凝析油采收率在原有基础上提高20%以上。

天然水驱具有气藏和井的选择性水淹及地层气和凝析油采收率不高的特点。天然加人工的水压驱动是更难以调节的过程,它可能造成凝析油气组分采收率方面的减少,只有在封闭性储气层中才可能需要人工水驱。这样的对象就是超高压凝析气藏。超高压凝析气藏注水不仅可以提高地下凝析油采收率,而且还可以提高气体的采收率。向气藏和凝析气藏注水只需注到一定的时刻,下一步则是从地层中的凝析气区和水淹区采气,直到采气水平达到没有经济效益时为止。

3. 以调节气藏水淹为目的的出水井的开采

水驱气藏的开发一般都会引起水在产层纵、横向上的不均匀运动,这会导致生产井的过早水淹,在驱替前沿的后方封闭大量的气体,使开发技术—经济指标变差并降低气体最终的采收率。

在出现弹性水驱的条件下,气藏水淹是很自然的过程。保证合理开发的必要条件是调节地层水的运动。减缓气藏水淹的方法有:

(1)借助位于原始气水界面附近的井,采出一部分流进气藏的水。

(2)从地面向水淹地区(或向气藏中舌进水淹的根部靠近气水界面的狭窄区段)注入气态或液态溶剂,增加水运动的阻力(降低气水相对渗透率)。

(3)重新分配气井产量,关闭有水淹危险方向的某些生产井和在弱排流区打补充井。

(4)在多产层气田上应用对产层补射和调整的综合方法。

这些方法也有一定的缺点。为了对气藏进水部分进行再驱扫,必须钻专门的排液井,排出大量的水。对产层补射和调整的综合方式下,必须有大量调节各小层中采气的后备井。只采用纵向上分配采气量的办法来保证生产小层的均匀水淹不一定总是成功的。

第三章 气田开发设计与分析

从广义上讲,气田开发可理解为,通过在气藏中按一定的井网、钻若干数量的气井,以合适的气井工作制度和投产顺序,主要靠天然气自身弹性膨胀的能量,把天然气从气藏岩石孔隙中驱向气井井底,从井底流到地面,再通过地面各种设施对采出的天然气进行处理,并通过管网输向用户。气田开发设计与分析的任务,就是利用相关科学的方法,掌握气藏的静态特性,预测开发过程中的动态特征,在充分尊重气藏的自然规律、考虑国家对气量的要求以及现有的工艺技术水平和社会经济环境等因素的基础上,以高效开发为目的,科学地确定井网、井数,确定从储层到地面的系统建设方案和设备参数,规定合理的工作制度,提出为保证高效开发所需要的监测手段及工艺技术措施。

气藏开发是一项系统工程,它涉及气藏开发地质学、地下渗流力学、管道流动力学、机械学、化学工程学和经济学等学科。气田开发方案设计需要进行气藏工程、钻井工程、采气工程、地面集输工程的综合设计。本章介绍气田的开发特点,在进行开发方案编制或调整时需要论证计算的主要开发指标,气田开发方案的基本组成及编制的原则、流程,气田开发分析的目的任务等内容。

第一节 气田的开发特点

天然气和原油一样,都深埋于地下储层中,需要通过钻井,建立储层到地面的流动通道,才能从地下储层开采到地面上来。所以,天然气田开发与油田开发有许多相似之处。但和原油相比,天然气具有易压缩、黏度小、密度小等特点,相应地,也就有了比较高的压缩膨胀能、易流动、到地面后体积大而不易用罐装储存等特点。为了充分利用天然气的压缩膨胀能,天然气的开采一般都采用衰竭式。由于天然气与原油性质不同,在井流动态、天然气采收率等方面都与油田开发有所差别。

一、气田的驱动方式

气田的驱动方式,应理解为地层中决定天然气流向井底的动力。气田有两种驱动方式:气驱和水驱。

在气驱方式下,气体流向井底的动力是压缩气体的弹性能量。气驱的特征是,在开发过程中,边水或底水实际上不进入气藏或者根本不存在。因此,在开发过程中气藏的含气孔隙体积保持不变。

但气田的开发经验表明,气驱时,气藏含气体积会由于凝析油在地层中析出而减小。在开发裂缝性、裂缝—孔隙性(碳酸盐岩)等变形储层的气田时,气藏孔隙体积和含气体积也会随着储层压力的降低而减小。而开发天然气水合物时,气藏的含气体积会不断增加。

在水驱方式下,边水或底水在开发过程中将进入气藏。因此,气藏含气孔隙体积将随着开发时间的推移而减小。水驱时气体流到井底是压缩气体的弹性能量,以及向气藏中不断推进的边、底水压头的作用。

在水驱条件下开发气田时,开始时由于水的作用不明显,压力下降的表现与气驱类似;随着开采时间的延续,水连续进入气藏时,通常使地层压力下降的速度明显变慢,给人产生这样的印象,即气田开始是在气驱下开发,然后在水驱下开发。

水压驱动的出现,使地层压力下降的速度减慢,这对开发和集输的指标产生有利的影响。但其负面影响是很明显的。第一个是由于水进入气藏,一部分井发生水淹,不得不钻新井来代替它们。由于含气层在平面上的非均质性,采气量在气藏面积内分布不均匀,造成一些气井过早含水和水淹。含气层在纵向上的非均质性和它们在纵向上排泄的不均匀性,导致水沿渗透性最高的层段推进,这也将引起生产井过早水淹。其结果是气田开发技术经济指标变差。

水压驱动的第二个消极后果就是降低地层的天然气采收率。由于储层的非均质性等原因,进入气藏的水线推进复杂,部分天然气被水封隔。而要在被封隔的部分打新井,从经济上说又不合算,因而只好将被封隔的部分天然气废弃。

水驱生产的中后期会有大量采出水。因此,水压驱动出现的第三个消极后果是给井和矿场集输系统生产带来麻烦。

值得注意的是,在水驱条件下,气井和气田的水淹过程是个自然过程。但是,在进行气田的开发设计和实施时,应当考虑所需的生产井数、它们在含气面积和构造上的布置,以及相应的生产工艺制度、气田集输系统和天然气采收率,以保证获得最大的经济效益。

由于气驱和水驱气藏在开发过程中的动态有明显差别,因此,就有必要对气藏的驱动方式进行判别。在实际工作中,气田的驱动方式可按下列办法确定。

1. 用平均地层压力与累计产量之间的关系

平均地层压力是按含气孔隙体积加权平均的地层压力。这个概念的物理意义是:该压力是在气藏中所有生产井关井相当长时间后所取得的压力(假定在关井期间气—水界面没有明显的移动)。

气驱时,平均地层压力随时间的变化由下式确定:

$$\bar{p}(t) = \left[\frac{p_i}{Z_i} - \frac{p_{sc}Q_g^*(t)}{V_{hc}} \cdot \frac{T_i}{T_{sc}}\right]\bar{Z} \qquad (3-1)$$

式中 p_i——原始地层压力,MPa;

$Q_g^*(t)$——t 时刻地面标准状况下的采气量,m^3;

V_{hc}——气藏含气(烃类)孔隙空间体积,m^3;

$Z_i, \bar{Z}$——地层温度 T_i 下,压力分别为 p_i 和 $\bar{p}(t)$ 时的气体偏差系数,无量纲。

把平均地层压力 $\bar{p}(t)$ 和采气量 $Q_g^*(t)$ 变化的矿场数据整理在 $\bar{p}(t)/\bar{Z} - Q_g^*(t)$ 坐标上,如图 3-1 所示。如果在上述坐标中实际数据在一条直线上,这就表明出现了气压驱动。如果从某个时候开始,折算平均地层压力 $\bar{p}/\bar{Z}$ 的下降速度开始减缓,这证明水开始明显地进入气藏。

$\bar{p}(t)/\bar{Z} - Q_g^*(t)$ 在上述坐标中呈直线关系是气压驱动的必要条件,而不是充分条件。气田的开发经验表明,在水驱情况下,$\bar{p}(t)/\bar{Z} - Q_g^*(t)$ 的关系也可以是直线。图 3-2 引用了阿纳斯塔西也夫—特罗伊茨气田(克拉斯诺达匀边区)第Ⅲ层气藏 2 和气藏 3 的 $\bar{p}(t)/\bar{Z} - Q_g^*(t)$ 关系。

这个关系线的形状是水压驱动活跃的表现。Ф.А.特列宾和В.В.萨夫钦柯的研究表明,在水驱条件下,气驱气藏 $\bar{p}(t)/\bar{Z}-Q_g^*(t)$ 的线性(1线)可能是由采气速度 $Q_g(t)$ 改变引起的(3线),如图3-3所示。

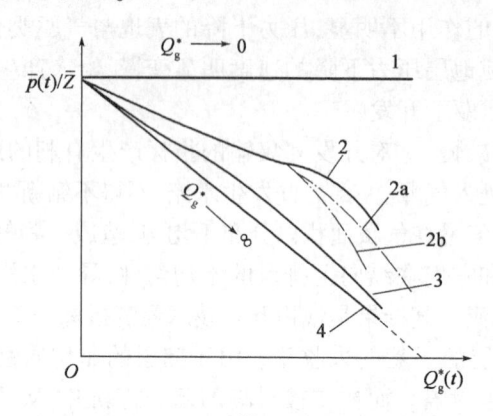

图3-1 气藏 $\bar{p}(t)/\bar{Z}-Q_g^*(t)$ 关系的实例
1—在无限小的采气速度和水压驱动下;2、2a、2b、3—在实际开发速度和水压驱动下;4—在气驱情况下或者在水驱和气藏开发速度无限大的情况下

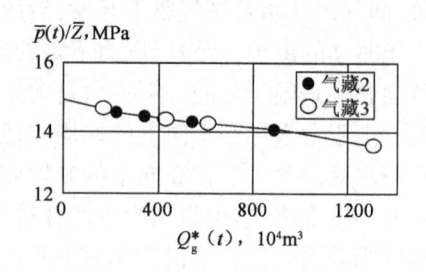

图3-2 阿纳斯塔西也夫—特罗伊茨气田第Ⅲ层气藏2和气藏3的 $\bar{p}(t)/\bar{Z}-Q_g^*(t)$ 关系

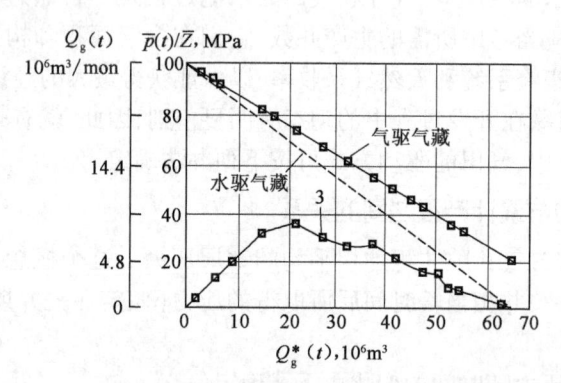

图3-3 采气速度变化对气藏 $\bar{p}(t)/\bar{Z}-Q_g^*(t)$ 关系的影响

为了可靠地确定 $\bar{p}(t)/\bar{Z}-Q_g^*(t)$ 的关系是属于气驱还是水驱,还需要结合利用后面的方法资料综合判断。

2. 用钻开水层的测压井压力(水位)变化数据

钻开水层的测压井压力(水位)数据变化是含水区对气藏开发过程的反映。测压井系统中压力(水位)下降,常常是水已进入气藏的证据。

3. 用地球物理测井数据监测不同时间的气—水界面位置

气井的地球物理测井数据也可以作为地层驱动方式的补充资料来源。用这些资料可以监测不同时间的气—水界面位置,判断气田的驱动方式。

4. 气井水淹

很显然,气井水淹是水驱的标志。但是一口或几口井水淹有时并不能证明水驱很活跃。

因为水淹可以是水沿渗透性高和排驱大的夹层窜进而发生,而这时,天然气的基本储量并没有处于水驱过程中。

实际上只有综合利用上述的资料,才能可靠地判断气田的驱动方式。

二、气田和凝析气田开发的典型阶段

与油田开发类似,根据开发的目的和任务,气田开发可以划分为工业性生产试验阶段和工业性开发阶段;根据产量变化情况,可以划分为产量上升阶段、稳产阶段和产量递减阶段;根据压力状况还可划分为不增压开采阶段和增压开采阶段。

1. 工业性生产试验阶段

在工业性生产试验阶段,为消费者供给天然气的同时,还需要进一步探明气田,计算天然气储量,为编制气田开发方案准备原始资料。天然气田和凝析气田的工业性生产试验阶段通常为 2~3 年。

2. 工业性开发阶段

气田的工业性开发阶段的主要任务是合理供给用户天然气和其他产品。在天然气田开发实践与理论中,将其分为以下阶段(图 3-4):

(1)产量上升阶段。在气田开始投入开发阶段,实行气田的全面钻井和矿场建设。随着投入生产的气井不断增加,气田的采气量也随之上升,这个阶段也与长输管线的压缩机站投产有关,它延续的时间从 1~2 年到 7~11 年。在产量上升阶段,从气田中采出天然气原始储量的 20% 左右。

(2)稳产阶段。气田全面钻井和矿场建设基本完成后,新投产的气井逐渐减少,当新投产的气井的产量只相当于老井减少的产量时,气田进入稳产阶段。在稳产阶段,采出气田大约一半的天然气原始储量。这个阶段一直延续到气田再钻井,或者再增加压缩机站功率变得不合适,即经济上不合算时为止。

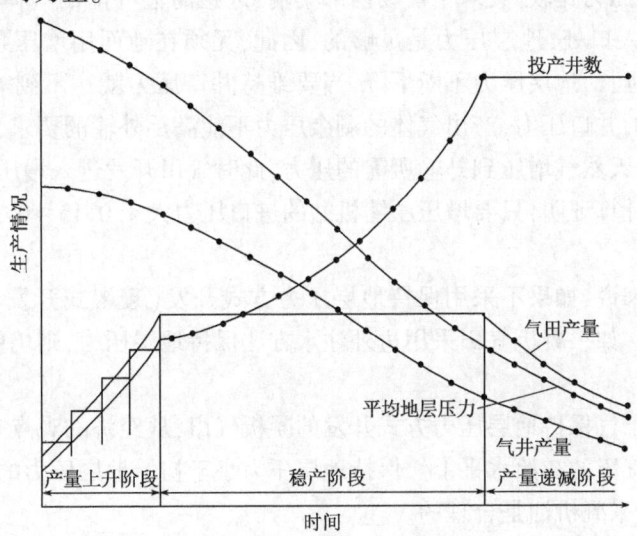

图 3-4 气田工业性开发阶段

（3）产量递减阶段。产量递减阶段的特点是生产井数实际上是不变的（或者由于水淹而减少）。但并不排除，在某种情况下，该地区的需要量和气体资源决定要投产一定数量的井。但是，这些井只在某种程度上使下降的采气量维持在稍高的水平上。这个阶段持续到气田开采赢利最低限时为止。

对于上述几个阶段，基本开发指标变化特点不同，这主要是由气田的采气速度变化所决定的。此外，气田的驱动类型对开发指标也有显著的影响。所有上述阶段都具有采气量、平均地层压力和井底压力随时间延长而下降的特点。因此，在开发的前两个阶段必须增加井数，而在产量递减阶段，气田采气量逐步下降。同时，也可能有偏离的情况发生。例如，在稳产阶段如果能逐步增加地层压差使气井产量保持不变，气田的生产井数也可以不变。由于地层含水区和含气区的压差不断地增加以及从气藏中采出的气量下降，在产量递减阶段，气藏平均地层压力有可能不但不降，反而上升。

通常，在气田产量上升阶段末期及稳产阶段的初期和中期，气田开发和矿场建设的经济指标达到最好。随着井数的增加、压缩机站和人工制冷装置使用功率的增加，以及从气田中采出气量的下降（在产量递减阶段），天然气开采的经济指标变坏。

在产量递减阶段，水淹井和停产井增加了，产水井数不断增加。在较低的地层压力条件下要从井底排出凝析液和地层的流体，大修、钻开产层和试气都变得更加困难。矿场设备（井口管线、热交换器、分离器）和油管柱也有可能为致密的盐类沉淀物所堵塞。

这几个阶段对于中等储量、大储量和特大储量的气田及用作远距离供气的气田是普遍存在的。但对于储量不大的气田，由于需要的井数少，常常一开始就立即进入稳产阶段，而且开采期通常不长。在开发这种气田时，产量递减阶段可以成为主要阶段。

在气田开发中又可划分为不增压开采阶段和增压开采阶段。通常，这些开采阶段是远距离供气气田所特有的。为了远距离输送天然气，通常采用工作压力达 $5.5 \sim 7.5\text{MPa}$ 的大直径管线。因此，从矿场输送到输气干线的天然气应当具有 5.5MPa 或 7.5MPa 的压力。气田开发开始阶段，由于地层压力比较高，对于矿场内部集输、远距离输气前的气体处理和按要求的压力把气体输入干线入口处，地层压力是足够的，因此，无须在地面用增压泵对产出气体增压。但随着开发时间的延长，地层压力不断下降，当要维持井口压力就达不到需要的产气量时，就只有降低生产气井的井口压力，产出气体的剩余压力不能满足外输的要求，需要投产增压压缩机站，将产到地面的天然气增压到外输所需的压力，此时气田开发进入增压开采阶段。气田开发的技术经济指标计算证明，只要增压压缩机站的进口压力大于 $0.15 \sim 0.20\text{MPa}$，则向干线输气仍是合理的。

对于凝析气田来说，如果不采用保持地层压力方式开发（衰竭式开发），同样具有上述几个开采阶段的特点。如果凝析气田采用边外注水方法保持地层压力，则仍然有产量上升、稳定和递减三个阶段。

采用向地层注干气保持地层压力方式开发的凝析气田，从经济的观点来看，不一定要把地层压力保持在凝析气田的初始水平上。保持地层压力小于初始地层压力的水平或随时间延长而下降的情况下，开采凝析油是合理的。

第二节 气田开发方针与指标

一、气田开发方针

石油天然气是不可再生资源,是人类极为宝贵的财富,要科学开采和合理利用石油天然气。实行油气并重、开发与节约并重、环境保护和油气加工利用并重的方针,确保石油工业更好地为经济建设服务。气田开发应遵循的方针如下:

(1)贯彻执行持续稳定发展方针,坚持"少投入、多产出"提高经济效益的原则。

(2)按照先探明储量、再建设产能、后安排天然气生产的科学程序进行工作部署。

(3)最大限度地合理利用气藏的天然能量。采用先进、有效、实用的工艺技术,增加气藏产能和稳产期限,做好资源综合利用和环境保护,以争取更高的最终采收率和最佳技术经济效益。

(4)天然气藏开发系统上、下游必须合理配套,做到精心设计、精心施工。

(5)把气藏地质研究、气藏动态监测贯穿于气田开发的始终。

(6)做好气井、气藏、气田、气区的产量接替,实现开发生产的良性循环。

(7)依靠科技进步,积极采用现代科学技术和装备,加强科学研究和新方法、新技术及新装备的技术准备,完善气田开发资料数据库和岩心库,逐步形成气田开发计算机应用网络,不断提高气田开发水平。

(8)力争做到五个合理:合理的开发方式、合理的开发层系划分、合理的井网部署、合理的气井生产制度、留有合理的后备储量。

二、气田开发指标

气田开发指标和矿场设施的预测计算精度取决于气田、单个气藏及地层水压系统原始地质—矿场资料的完整性和可靠性。在气田不同的设计和开发阶段,必须根据地层及其生产过程的不同资料完成预测计算。

1. 气田试采方案指标

通常,气田试采方案中的开发指标可按气驱计算公式确定,只是要作可能出现水驱的评价。所以编制气田试采方案时要确定和论证下列指标:

(1)地层压力和温度;

(2)气、水和孔隙介质的参数;

(3)气井允许的开采工艺制度;

(4)渗流阻力系数(天然气井产能方程系数);

(5)合采和分采的产层(对多层气田);

(6)在已有资料的基础上绘制构造图、剖面图和地层有效厚度等值图,计算孔隙度、渗透率,确定层间连通的可能性,并给出含水层特性。

要应用岩心、气和水分析结果,以及地球物理、气动力学、热动力学、气井和地层特殊测试结果来建立和论证以上指标。对已有数据进行平均化,如确定平均井参数、平均允许地层压差、含气和含水层的平均参数。

根据批准的储气量大小、到用户的距离和需求气量，或现有输气管线的通过能力，以及其他因素等，论证气田和单个开采层的采气量。更为经常的是在上级部门确定任务的基础上，根据成熟的实践经验编制气田试采方案。这个任务要预先定出采气量的增长速度和稳产阶段的年采气量。

2. 气田开发方案指标

在编制气田开发方案时，除论证上面指定的指标外，还必须论证下列指标：
(1) 原始储气量；
(2) 渗流阻力系数及开采工艺制度；
(3) 含气区、含水区地层储集性质的非均质程度；
(4) 产层纵横向的排泄特征；
(5) 产层地质构造，构造断裂的不渗透性程度(若存在构造断层的话)；
(6) 供水区和泄水区，含水区地层水天然渗流的存在和性质；
(7) 层间窜流的存在及窜流区参数的特性；
(8) 井径、地面设施参数及井安全系数等的选择。

3. 开发后评估指标

气田投入开发后，为了检查方案实施情况，及时发现气田开发过程中存在的问题，总结气田开发建设经验教训，明确参与方案设计各方的责任和水平，并指导其他新气田的开发建设工作，对已开发建设的气田要进行开发后评估。开发后评估一般在正常投入开发后两年进行，内容主要包括以下六方面：

1) 气藏工程方案的实施情况和评价

主要是对地质模型的评价。根据气田投入开发后对地质特点认识的深化，对储量、所确定的开发方式、层系和井网、采气速度等进行评估，考察气井产能符合率、低效井比例等，评价产能建设实施效果。主要指标有：
(1) 储量落实程度(落实的储量与方案编制中的地质储量之比)；
(2) 年产气量；
(3) 井产能(气田配套建成后，平均单井日产量和气田年产量与方案预测结果比较)；
(4) 开发井钻井成功率；
(5) 低效井(单井日产量低于设计指标1/3的气井)比例；
(6) 动态监测系统按方案要求建立与执行情况。

2) 钻井工程方案实施情况和评价

主要是方案中井身结构、完井方式的适应性，完井和保护气层措施的实施情况和效果，新工艺、新技术推广应用情况和效益，降低成本措施情况和效果等。主要指标有：
(1) 井身结构和完井方式对气井开采的适应性；
(2) 方案要求钻井过程中所取资料的齐全准确性；
(3) 井身质量合格率；

(4) 固井质量合格率;
(5) 平均建井周期;
(6) 钻井成本。

3) 采气工程方案实施情况和评价

主要是油管尺寸选择、防腐、安全生产措施的合理性,采气新工艺、新技术的推广应用情况和经济效益等,重点是采气工艺方案和增产措施的执行效果。主要指标有:

(1) 未改造井的表皮系数;
(2) 改造井(压裂、酸化、解堵等)的表皮系数;
(3) 方案设计的采气工艺与实际气田开发过程的适应性。

4) 地面建设方案的实施情况和评价

主要是按地面工程技术规范,检查建设工程量的符合率和质量的合格率,评价整体布局的合理性,建设规模和工艺流程对气田的适应性、科学性,设备选型的合理性、实用性,新工艺新技术的应用情况和效果以及安全、质量和环保方面的评估。主要指标有:

(1) 地面集输系统布局的合理性;
(2) 天然气集输、净化系统内的输差;
(3) 天然气集输压力损失;
(4) 内部管线输气能力利用率;
(5) 自耗气量;
(6) "三废"(废水、废油和废气)和噪声处理率。

5) 气田开发经济评价

主要是效益指标的实际完成情况与原方案的符合率,包括开发投资、操作成本、内部收益率和投资回收期等指标,概算、预算和决算执行情况,对低于经济评价要求的情况和原因做出分析、评价。主要指标有:

(1) 投资估算(概算)的可靠性和原因分析;
(2) 成本估算的可靠性(实际成本/估算成本);
(3) 财务内部收益率;
(4) 投资回收期;
(5) 天然气操作成本;
(6) 效益指标实际完成情况与原方案的符合率;
(7) 建成 $10^8 m^3$ 产能的综合投资。

6) 气田开发管理的情况和评价

包括队伍建设、人员配备、生产技术资料管理制度的建立和气田开发动态跟踪等。开发后评估后,若气田开发方案与实际生产情况严重不符,则要考虑编制调整方案的问题。

4. 气田开发水平高低的衡量指标

气田开发水平高低主要根据生产技术管理水平及经济效益来衡量,主要指标有:

(1) 开发井成功率(获得工业气流井占完井的开发井总数的比例);

(2)稳产期采气速度(按开发方案要求保持稳产期内年采气量占探明储量的比例);

(3)稳产年限;

(4)年产量综合递减率(气藏上年底标定日产水平折算的年产气量减去当年核实的年产气量和当年新井采气量占上年折算的年产气量的百分比);

(5)气藏采收率(在现有技术经济条件下,气藏最终采出的最大天然气量占其探明储量的百分比);

(6)老井增产措施有效率(采取增产措施增产的天然气井次占同类措施总井次的百分比);

(7)出水井措施有效率(出水气井采取排水采气等工艺措施增产的天然气井次占同类措施总井次的百分比);

(8)气田水处理率(在水驱气藏中,处理回注或排放达到环保要求的地层水量占总产水量的百分比);

(9)气藏采收率提高率(水驱气藏通过排水采气或气驱气藏通过采气、增产等工艺措施后达到的采收率值减去原始标定的采收率值占原始标定采收率值的百分比);

(10)动态监测完成率[已完成动态监测项目(井次)占年度计划动态监测总项目(井次)的百分比];

(11)凝析气藏压力保持水平(地层压力保持在露点压力上、下的情况);

(12)注采比(注入气量占采出气量的百分比);

(13)注气期凝析油采收率(在循环注气期间,能采出最大凝析油量占其探明凝析油储量的百分比);

(14)稳产期内天然气成本控制率(在气藏稳产期内,天然气实际开采成本占年度计划列出的天然气操作成本的百分比);

(15)递减期内天然气成本控制率[递减期内天然气实际操作成本(扣除折旧费、储量有偿使用费、气田维护费、上级管理费、销售费及财务费用后的成本)占年度计划中所预计的天然气操作成本的百分比]。

第三节 气田开发方案的基本组成

一、气田开发阶段划分

根据气田开发的特点和实践,按"气田开发条例",我国气田开发阶段可按表3-1列出的阶段划分。

表3-1 气田开发阶段的划分

阶段	气田开发准备阶段			气田开发实施阶段		
	早期	中期	后期	产能建设	稳产	递减 减压小产量
储量级别	控制储量	落实探明储量	探明储量	开发已探明储量		
方案设计	气田开发概念设计	气田开发评价设计	气田开发方案设计	气田开发方案实施		气田开发方案调整
备注	气藏储量 $<100 \times 10^8 m^3$ 两者可合并			—	动态监测贯穿始终	

在各个开发阶段分别编制气田开发的系列方案,包括气田开发概念设计方案、试采方案、气田开发方案、开发动态监测和分析方案、开发调整方案等。

1. 气田开发准备阶段

一个构造或地区在发现工业气流并获得控制储量之后,气田开发人员就要早期介入,与勘探工作者一起制定资料录取的要求,布置和利用地震、地质、测井、钻井、试气、试井、岩心和流体分析等资料,进行早期气藏描述。对于大型气田、新区,要编制气田开发概念设计方案。

1)气田开发概念设计方案

气田开发概念设计是气田开发的最初设计,要对气田类型、单井产能和开发规模进行预测,是采气工程和地面建设工程的框架性设计,是地面、地下、经济一体化的设计。

气田储量部分探明或基本探明时,编制气田开发评价方案。对于多数储量小于 $100\times10^8\text{m}^3$ 的气田,评价方案可与概念设计方案合并。批准后的评价方案是气田开发投资的依据。

气田开发概念设计阶段的工作主要有:

(1)部署开发地震工作,为储量升级、储层横向预测和开发井位优选做准备;
(2)进行气藏试采,获取动态资料;
(3)进行室内开发实验;
(4)钻采工艺现场先导试验;
(5)开辟开发试验区;
(6)地面系统的前期准备。

2)试采方案

试采是获取气藏动态资料、尽快认识气藏和确定开发规模的关键环节。主要任务有:

(1)通过探井、评价井试生产,了解生产动态,评价气井产能与气藏规模;
(2)研究分析气藏连通性、流体分布与能量、渗流特征和确定气藏驱动方式;
(3)进行典型井流体物性 PVT 分析及相态研究;
(4)评价储量可动用性;
(5)评价采气工艺适应性;
(6)选择经济有效的地面集输、净化、加工的流程和设施。

试采方案的主要内容有:

(1)气藏地质特征;
(2)试采任务;
(3)试采区和试采井选择;
(4)试采期采气井生产制度;
(5)动态资料录取要求;
(6)钻井和采气工艺要求;
(7)试采所需净化处理和采输工程建设要求;
(8)安全、环保、健康的要求。

3)气田开发方案

在获得国家批准的探明储量和试采动态资料后编制气田开发方案。对于多裂缝系统、复杂断块和岩性气藏,可用部分控制储量编制气田开发方案。气田开发方案是气田开发建设和指导生产的重要文件,气田投入开发必须有正式批准的气田开发方案。气田开发方案的组成以气田地质特征为基础,由气藏工程设计、钻井和采气工程设计、地面工程设计和经济评价四个部分组成,缺一不可,保证气田开发的系统效益。它应完成以下任务:

(1)气藏描述,修正和完善气藏地质模型;
(2)计算气藏可采储量,估算水储量和水侵量;
(3)研究流体性质、相态及油、气、水分布,并计算气水(气油)界面的位置;
(4)研究气井动态,确定井间连通关系和层系划分,分析气井产能,确定气井合理产量和井网部署;
(5)用数值模拟方法或其他水动力学方法计算多种对比方案的开发技术指标;
(6)按各方案优选出的推荐方案,进行钻井、完井、气层保护的钻井工程设计,确定采气工艺参数、增产工艺措施、井下作业和动态监测的采气工程设计;
(7)根据方案要求,进行气田内部集输、净化、处理、站场等地面建设工程设计;
(8)计算出气田开发方案技术经济指标,进行综合对比,推荐最佳开发方案;
(9)对最佳开发方案提出实施、跟踪分析和动态监测要求。

2. 气田开发实施阶段

气田开发建设项目实施,以获得批准的气田开发方案为依据。气田开发实施阶段包括产能建设、稳产、产量递减和低压低产四个阶段(有的不包括低压低产阶段),产能建设阶段是方案实施的关键阶段。

一般在开发实施两年后进行开发后评估,还要不断进行开发动态监测和分析。

1)开发动态监测和分析方案

开发动态监测和分析应贯穿于气田开发的全过程,要根据气藏类型、地质特征、驱动方式、流体特征、开发方式、气井生产制度和地面设备等要素,建立监测系统,并进行经常性的动态分析。

2)开发调整方案

气田开发生产与方案不适应时,要编制开发调整方案,不适应的情况如:
(1)储量和产能有明显的增加或减少;
(2)边、底水活动发生明显的变化;
(3)衰竭式开发凝析气藏时,凝析油含量发生快速变化;
(4)井下、地面设备严重腐蚀;
(5)开发中、后期采输管网与生产能力不相匹配;
(6)其他特殊情况。

二、气田开发方案的基本内容

结合我国气田、凝析气田的开发实践,按照气田开发方案编制技术要求和气田开发条例、规程,参照相关文献和编制开发方案的经验,提出了气田开发方案编制内容和工作流程,如图3—5所示。

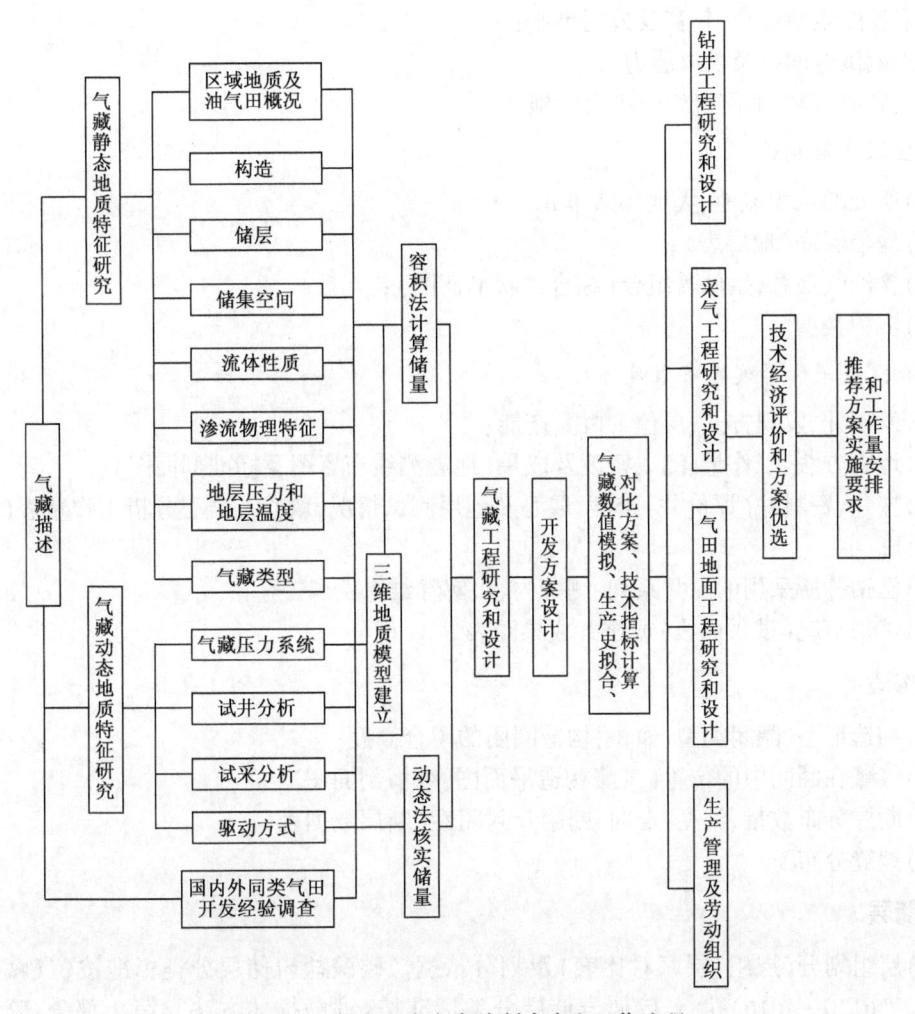

图3-5 气田开发方案编制内容和工作流程

1. 区域地质及油气田概况

1) 地理信息

(1) 地理位置:所属省、市(自治区)、地理环境,地貌类型,平均海拔高度。

(2) 交通:当地铁路、公路、水路、航空等情况,到气田的距离。

(3) 气候:年温度、季节特点、风力及降水量。

(4) 水源:主要河流、湖泊类型,水利设施、蓄水排灌、地下水资源(区域水文地质地理图)。

(5) 所在地的岩石类型、主要断裂带及地震基本烈度和不良的工程地质情况,坡和泥石流等。

(6) 对控制污染、保护生态的要求。

(7) 与气田开发有关的社会人文和经济状况:

①所在地社会人文、资源及工农业生产发展状况;

②当地公用设施、土地、劳动力、建筑材料和生活供应;

③依托的生活福利、教育及公用事业；
④当地供电网络及供电能力；
⑤地方通信网、油网机构组织及设施。

2) 区域地质构造

(1) 所处的沉积盆地、大地构造单元；
(2) 地层层序(地层表)；
(3) 含油气层系,生储盖组合(综合柱状剖面图)；
(4) 沉积类型。

3) 勘探成果和开发准备程度

(1) 发现井、发现方式、层位、井深、产能；
(2) 地震方法、工作量、测线密度及成果(地震测线布置图及标准剖面图)；
(3) 探井、资料井(评价井)密度,取心及地层测试情况,取心及岩心分析工作量表(勘探成果表、图)；
(4) 已钻井所采用的测井系列、测井内容、解释结果；
(5) 试采情况(试采曲线)或试井成果图表。

2. 构造

(1) 构造形态,圈闭类型、面积,构造圈闭的闭合高度；
(2) 气藏在圈闭中的位置(气藏构造平面图,纵横剖面图)；
(3) 断层分布数量、类型、走向、断距及封闭性(断层数据表)；
(4) 裂缝分布。

3. 储层

(1) 层组划分(层组、层序对比表)及划分依据。碳酸盐岩储层分类标准按《气藏描述方法》(SY/T 6110—2016)执行,碎屑岩储层分类标准按《油藏描述方法 第 2 部分:碎屑岩油藏》(SY/T 5579.2—2008)执行；
(2) 岩性、岩石名称、矿物组成、胶结物类型、固结程度；
(3) 结构构造:粒度、磨圆度、分选、层理等(粒度表、曲线、照片)；
(4) 厚度及产状(总厚度、单层厚度),层段,层状(薄层、厚层、块状)、储层厚度(有效厚度)；
(5) 分布:连续性,稳定性(储层厚度等值图、有效厚度等值图、水域厚度等值图)；
(6) 沉积相分析(沉积相分析图),单井及平面划相依据；
(7) 黏土含量和黏土矿物组分；
(8) 成岩后生作用；
(9) 砂体分布(砂体平面分布图)；
(10) 隔层、夹层(岩性、厚度、稳定性、渗透性及膨胀性)数据。

4. 储集空间

(1) 空间类型:孔隙型、溶洞型、裂缝型或混合型等；

(2)孔缝洞分布及成因类型(原生或次生);
(3)孔隙连续性及裂缝发育情况;
(4)孔隙结构:孔隙半径、孔喉比、毛管压力曲线(曲线图、表);
(5)总孔隙度、有效孔隙度等(孔隙度等值图);
(6)空气渗透率、有效渗透率、垂直与水平渗透率(渗透率等值图);
(7)孔隙连续情况及非均质性;
(8)储层分类、分类成果及标准(汇总表)。

5. 流体性质

(1)油、气、水的化学组成和物理化学性质;
(2)油、气、水关系(包括边水、底水、夹层水、气顶气、夹层气、纯气层气等);
(3)含油、气、水饱和度(饱和度等值图);
(4)油气、油水或气水界面的深度及产状(油气水关系剖面对比图,油气、气水过渡带的产状及厚度);
(5)原油高压物性(原始油气比、溶解系数、饱和压力、压缩系数、油层条件下原油密度和黏度、气水比等);
(6)若为凝析气田:凝析油密度、分子量、族组成、馏分、气井产物组成、分离器气体和油罐气组成、凝析油组成、原始气油比、分离器凝析油蒸发比、地层温度下等温定容衰竭线和等组成膨胀线、地层温度下初始凝析压力、最大凝析压力、不同温度下最大凝析压力和凝析油含量变化(p—T 相图等)。

6. 渗流物理特征

(1)储层岩石表面润湿性;
(2)气水、气油、油水相对渗透率(分层组的相对渗透率图)。

7. 地层压力和地层温度

(1)地层压力、压力系数、压力梯度(地层压力与深度关系曲线);
(2)气藏温度、地温梯度。

8. 气藏类型

(1)气藏数及纵向分布;
(2)气藏含气范围、含气高度、气水(油)界面;
(3)驱动方式(类型);
(4)边、底水的水体范围。

9. 气藏压力系统

(1)井间、气藏内部、层间连通情况;
(2)气藏压力系统的划分。

10. 试井分析

(1)气井生产能力(绝对无阻流量)的确定;

(2)稳定和不稳定试井资料的处理,地层参数、地层边界和单井控制储量的确定;
(3)气井生产工作制度的分析。

11. 试采分析

(1)不同时间气水界面分析;
(2)气藏驱动方式、类型分析;
(3)产量、生产压差、气油比或水气比、试采中压力、产量变化情况;
(4)低产能气层改造效果分析。

12. 容积法计算储量

(1)储量计算方法确定、历次计算过程;
(2)储量参数确定:
①面积;
②有效厚度及下限标准(等值图);
③孔隙度(等值图);
④含油、气、水饱和度(等值图);
⑤体积系数;
⑥压缩因子;
⑦气层温度、气层压力(压力等值图);
⑧经济极限产量、气藏废弃压力和采收率;
⑨应分区块确定参数,根据纵横向Ⅰ、Ⅱ、Ⅲ类储层分区分类的储量,进行累加后作为探明地质储量。

13. 气藏工程研究和设计

1)开发原则

要坚持少投入、多产出,具有较好的经济效益;并根据当时、当地的政策、法律和油田的地质条件,制定储量动用、投产次序及合理采油速度等开发技术政策,保持较长时间的高产、稳产。

2)开发方式

(1)利用天然能量开发的可行性,以衰竭式开发为主,辅助后期增压开采或(和)人工助采方式;
(2)人工补充能量的必要性;
(3)注气方式或注工作介质的分析和论证。

3)层系井网

(1)层间非均质性分析(岩性、物性、沉积相、流体性质、水动力系统等差异);
(2)在各层储量、产能、气藏类型、储层和流体性质、隔层和夹层分布、驱动方式(类型)和控制储量及产能分析、储层纵向横向分布等分析基础上的层系组合;
(3)在构造形态、储层物性分布、连通程度、流体性质、驱动方式(类型)、开采经济极限等分析基础上的布井,以及不同井网对储量控制的分析(井网设计图)。

4) 层、井投产程序

总体部署,分步实施。

5) 采气速度和稳产年限

(1) 单井配产:以合理利用地层能量、保障长期安全平稳生产、提高气井开采效果为目标,论证确定单井配产。应参考以下数据:

①气井无阻流量;

②对气井稳产期的要求;

③导致井控范围内边、底水非均匀突进的临界产量;

④低渗透储层充分贡献产量的临界压差;

⑤井控区域存在外围补给情况下不同配产对稳产期末采出量的影响程度;

⑥导致地层气体紊流效应严重的临界流速;

⑦凝析油气体系露点压力;

⑧导致压裂支撑剂返流的地层气体临界流速;

⑨井壁失稳或产层出砂的临界生产压差;

⑩气井携液临界产量;

⑪油管冲蚀速度;

⑫井口输气压力约束下气井极限产出能力。

(2) 气藏采气速度:以兼顾产量贡献和采收率、使气藏开采最终的技术经济指标最优为目标,论证确定气藏采气速度。

(3) 气藏稳产年限:以保障平稳供气、实现资源和产能有序接替为目标,论证确定气藏稳产年限合理范围。通常对大型中、高渗气藏应设计稳产 10~15 年;对储层物性和连通性好的中型气藏应设计稳产 7~10 年。具体论证时应考虑以下因素:

①气藏初始产能及其稳定性;

②本地区天然气开采资源接替状况;

③地层水活跃程度;

④气藏开采达不到设计稳产年限的不利后果。

6) 开发过程预测

(1) 开发阶段划分;

(2) 采出程度,稳产年限;

(3) 各开发阶段主要技术指标、开发要求;

(4) 气藏枯竭标准,废弃压力的确定;

(5) 最终采收率和可采储量。

14. 钻井工程研究和设计

1) 钻井

(1) 井身结构和套管程序;

(2)钻井液保护气层措施；

(3)固井；

(4)丛式井、定向斜井以至水平井论证及设计；

(5)套管防腐；

(6)井身质量、钻达地质目标要求。

2)完井

(1)钻开程度及性质；

(2)完井方式；

(3)射孔方案；

(4)改善井底完善程度和措施。

另外还有测井系列选择及依据、测井解释系统。

15.采气工程研究和设计

(1)根据井和气藏具体情况确定气井采气工艺措施：
①凝析气井开采工艺和保持压力开发时的注气工艺；
②排水采气工艺和堵水工艺；
③气井生产制度优化设计,人工助采方法采用、应用时间和参数设计；
④含硫气井开采工艺；
⑤分层开采工艺；
⑥增产工艺；
⑦防砂、防垢、防水合物工艺；
⑧修井工艺；
⑨保护气层和完井工艺。

(2)提出工艺试验方案和技术装备。

(3)措施、工作量安排。

16.气田地面工程研究和设计

(1)地面配套工程系统：
①油气采输系统,油气水分离,油气管道输送要求,增压站的建设,防腐,防水合物,自动化、气田生产过程的监控与数据采集；
②凝析气的矿场处理：常温处理,低温处理,脱硫、脱CO_2,地层水处理及综合利用。

(2)矿场民用建设：电,水,通信,道路,交通,供应,机修,民用建设,消防、安全与环保措施。

(3)设备、材料,规格型号,数量要求。

(4)气田的生产机构。

17.动态法核实储量

(1)压降法：
①各点地层压力；

②相应累计产气量；
③体积系数；
④压缩因子(或称气体偏差系数)；
⑤压降储量(图、表)。

(2)各种不稳定试井方法和生产数据确定单井控制储量。

18. 气藏数值模拟和技术指标计算

(1)推荐方案对比。
(2)地质模型:整体模型、剖面模型、单井模型。
(3)数学模型选用。
(4)数值模拟计算：
①参数初值；
②参数场；
③地质模型的确定；
④数值模型的确定；
⑤生产历史拟合结果及认识；
⑥指标预测。

19. HSE

(1)危险有害因素分析:危险物质分析,生产工艺危险有害物质分析,环境危害因素分析,职业危险有害因素分析；
(2)主要防护技术对策措施:地面集输工程对策措施,净化厂安全对策措施,道路交通建设,环境污染治理及防范措施,职业危害防治措施,化学药剂使用要求；
(3)HSE 管理:HSE 管理机构,HSE 管理体系建设及运行,应急保障体系。

20. 经济评价

(1)总投资估算:按《气田开发方案及调整方案经济评价技术要求》(SY/T 6177—2020)执行；
(2)主要经济参数:对生产成本、销售收入、销售税金、附加和所得税进行计算,按 SY/T 6177—2020 执行；
(3)主要财务指标:对财务内部收益率、财务净现值、投资回收期、投资利润率、投资利税率、年平均利润率、贷款偿还期等主要财务指标进行计算；
(4)敏感性与抗风险能力分析:以天然气价格、产量、成本和投资作为不确定因素进行敏感性分析；
(5)经济评价结论:对各方案的主要财务指标进行对比分析。

21. 推荐方案的实施要求和工作量安排

(1)方案特点(开发井井位部署图,分开发阶段指标汇总表)；
(2)方案指标(指标汇总表,方案指标预测表)；
(3)单井生产制度；

(4)钻井、基建投产程序;
(5)开发试验的安排与要求;
(6)资料录用要求:动态监测系统的建立(项目及周期表);
(7)增产措施的工作量(方案实施工作量表)。

第四节　气田开发方案的编制

一、气田开发方案编制原则与任务

1. 气田开发方案编制原则

(1)严格遵循国家有关法律、法规和政策,保障气田长期安全、环保开发。
(2)以资源利用最大化和经济效益为中心,结合资源基础、开发条件、市场导向,上下游合理匹配。
(3)基本认识清楚气田地质和开采动态特征,明确开发主体工艺技术;充分应用先进、成熟及适用的技术,降低开发风险;进行技术、经济及健康安全环境综合研究论证,优选最佳开发方式和开发规模。

2. 气田开发方案编制任务

开展气田开发设计的研究论证,完成地质与气藏工程方案、钻井工程方案、采气工程方案、地面工程方案或海洋工程方案等技术文件编写,以及健康安全环境评价、经济评价文件编写,在此基础上编写气田开发方案总报告,提出开发建设部署与实施要求,并评估风险。

二、气田开发方案编制的流程

1. 设计依据

(1)气田的构造形态、含气面积、产层特征,气水关系及水活跃程度,气田的压力、储量及产能大小;
(2)国家对用气量的要求;
(3)天然气的物理化学性质和国家对气质的要求,凝析油和地层水的物理化学性质,以及对天然气的利用、环境保护等方面的要求;
(4)对天然气输送压力的要求;
(5)气田所在地区的经济和地理状况。

2. 划分开发单元

各个气藏的性质不同,开发过程中的要求不同,应划分为不同的开发单元,以恰当安排各单元之间的开发程序,达到合理开发的目的。例如,碳酸盐岩气田由其非均质性特点所决定,一个裂缝系统就是一个开发单元。因此,气田开发初始就应利用试采和井间干扰等资料查明井间连通的范围和程度、裂缝系统的面积和储量等,为划分开发单元提供可靠依据。

3. 确定采气速度

每年从气田采出的气量占原始可采储量的百分数称采气速度。采气速度一方面取决于国家对天然气的需要,另一方面要考虑气田的地质—技术条件。不同类型的气田应采取不同的采气速度。就地质—技术条件而论,主要考虑气田的类型,是无水气藏还是有边水,或者是有底水的气藏。

在通常情况下,可参考已开发气藏经验或统计数据,类比确定采气速度。具体论证时应考虑以下因素:

(1)气藏储量规模及储量可动用性;
(2)水侵活跃程度;
(3)凝析油气体系相态变化特征;
(4)对气藏稳产期的要求;
(5)对气藏采收率的影响;
(6)经济效益。

表 3-2 列出了 SY/T 6106—2020《气田开发方案编制技术要求》规定的部分类型气藏合理采气速度范围的经验性参考值,属偏重于保障气藏采收率较高的统计数据。可参照表 3-2 的数据选取合理采气速度论证的初值,减小论证工作量。由于表 3-2 中所列的同一大类气藏包含较多复杂的细分类型,各小类的地质特征和开发规律往往差异较大,因此不宜直接将表 3-2 中的数据用于开发方案编制,而应在此基础上根据实际情况进一步研究论证。

表 3-2 不同类型气藏合理采气速度参考数据

气藏类型	采气速度合理值参考范围	稳产期限
大型中、高渗整装气藏	3%~4%	通常期望稳产 10~15 年
中型中、高渗整装气藏	4%~5%	通常期望稳产 7~10 年
小型中、高渗整装气藏	4%~5%	通常期望稳产 5~8 年
低渗透、致密气藏	<3%	视井接替和区块接替条件而定
强水侵边水气藏	<3%	稳产期低于储量分布、储层物性特征相似的无水或水侵不活跃气藏
强水侵底水气藏	<2%	稳产期低于储量分布、储层物性特征相似的无水或水侵不活跃气藏
疏松砂岩气藏	以 3% 基准适当降低采气速度	在相同采气速度条件下,稳产期低于储量分布、储层物性特征相似的中、高渗无水气藏
高酸性气藏	以 3% 基准适当提高采气速度	对稳产期的要求略降低

无水气藏或虽有边、底水但不活跃的弱弹性水驱气藏,在确定采气速度时,以保持必要的稳产时期为主。例如,对中小型气田,当需要稳产 8~10 年时,采气速度可取 4%~5%。对边、底水活跃的气藏,在确定采气速度时,应着重考虑边、底水对开采的影响。国内外许多气田开采经验说明,过高的采气速度对这类气田是不合理的,采气过快会使底水锥进,气井出水被淹,产气量大幅度递减。对这类气田采气速度一般可取 3%~5%。例如,加拿大卡普兰气田是一个控制水锥成功的气田,原始储量 $1200 \times 10^8 m^3$,年采气量 $53 \times 10^8 m^3$,采气速度 4.4%,稳产 11 年。苏联威克比尔气田地质储量 $5000 \times 10^8 m^3$,开发设计规定年采气量 $1508 \times 10^8 m^3$,采

气速度为 3.0%,稳产 7 年。对分散的成组气田的开发,为了保持稳定的供气量,应选择其中储量较大、产能较高的气田(或裂缝系统)为主力气田,其采气速度可以相对低些,稳产年限相对长些。其他储量小、产能低的气田(或裂缝系统)采气速度相对高些,稳产年限相对短些,依次投入开发,弥补主力气田的递减,以保持全组气田在较长时期内有一个稳定的供气量。

4. 水动力学计算,预测裂缝系统及单井产量和压力变化

(1)根据采气速度、储量、气层压力、气层物性等资料对每个开发单元进行水动力学计算,分别计算出稳产年限、稳产期间总产出量、地层压力、气水界面随时间的变化等。

(2)按开发单元的采气量,结合气井的具体特点(生产方式、井身结构、井距离边、底水的位置等),确定气井的生产工艺制度、生产方式、单井产量、井口压力随时间的变化。

5. 确定补充井数

根据水动力学计算结果,依据开发单元的产能递减程度,确定补充井数、井位、投产次序和生产工艺制度。

6. 制订气田内部天然气集输方案

根据气田具体情况,制订气田内部天然气集输和天然气脱硫、脱水,凝析油的回收和加工、增压,地层水的处理等方案。

7. 对比技术—经济指标

对不同的方案进行技术—经济指标对比,如基本建设投资总额、采气成本、劳动生产率、开发年限、最终采收率等指标的对比,最后选择较合理的开发方案。

编制气田开发调整方案时,要增加几部分内容:要注意气田开发过程的现状和分析;补充有关论证气田开发控制方法的内容、气田强化采气以及论证提高气田采出程度的措施等。

凝析气田的开发方案包括某些附加内容,它要考虑这类气田的开发特征。根据水动力学和技术—经济指标计算结果,论证凝析气田衰竭式开发,或用回注、部分回注干气,或边外注水保持地层压力的开发系统。然而,主要的注意力应放在论证所达到的地层凝析油采收率、采气和采凝析油的技术—经济指标上。

三、气田开发方案报告

1. 报告内容

(1)概述;
(2)气藏描述;
(3)气藏储量计算;
(4)气藏工程;
(5)钻井工程;
(6)采气工程;
(7)地面建设工程;
(8)HSE;

(9)经济评价;
(10)推荐方案的事实要求;
(11)气田开发特殊问题论述;
(12)结论与建议。

2. 附件

(1)气田地质及气藏工程研究报告;
(2)钻井工程设计报告;
(3)采气工程设计报告;
(4)地面建设工程设计报告;
(5)HSE 报告;
(6)经济评价报告;
(7)附表册;
(8)附图册。

第五节　气田开发分析

气田开发分析的主要任务是从实施气田(凝析气田)开发方案开始,分析取得的地质矿场资料和开发指标。

一、开发初期气田开发分析的任务

在气田开发初期,进行开发分析的任务为:

(1)整理和分析地球物理测井、气水动力学试井及特殊试井和地层研究的结果。特殊试井可理解为井温和井流量测井,井的产品研究,其中包括氯离子的监测、对井的气体凝析物含量的测定等。结果可以用来:

①确定(或核实)地层参数(根据不稳定渗流状态下的试井结果和地球物理测井结果);
②确定(或核实)气体向井内流动方程中的渗流阻力系数(根据稳定渗流状态下的试井结果);
③确定新井和核实生产井的允许开采工艺制度;
④确定产层纵向上排流程度,搞清生产层段和非产层段(根据井的温度和流量测量,放射性和地球物理测井的结果);
⑤取得日常的地层和井的凝析油气特性。

分析所获得的结果,可以搞清井的产层特性的变化和变化原因,搞清各小层投入开发的程度等。

(2)分析气田开发的监测数据,比较和分析实际的和方案的开发指标。
(3)分析强化采气的工作结果。
(4)修正气田开发方案或补充开发方案的某些原则。

二、气田开发的日常监测与分析

气田开发的日常监测,包括以下内容:产量测定和产量曲线绘制;温度曲线绘制;各井的井底压力和地层压力测量;绘制等压图;测压井系统中压力(液面)的测量。为了监测水的活动,进行地球物理测井,分析随气采出的水中氯离子和钾离子。

分析气田开发的监测数据可以确定气田的驱动方式、在单独的气藏和地层范围内水活动的特征、气田含气面积和纵向上的动用程度。

对比和分析实际开发指标与方案指标,还可以查明这些指标之间偏差的原因。实际开发指标和方案指标之间偏差的主要原因之一,是地层气原始储量的可靠程度。因此,建立 $p/Z—Q_g^2(t)$ 的相互关系和定期核实气体储量为初期分析的重要任务。

增强气体向井底流动的措施(增产措施)和强化采气对气田开发具有重要意义。这些工作能改善气田开发技术经济指标和提高天然气最终采收率。增强气体向井底流动的一系列措施,应该有根据地选择并正确地实施,强化采气工作的结果要作仔细的分析。

积累和总结有关整个气田和在气田开发时地层中的大量地质—矿场资料,以及剖析、核实这些资料,就可以有效地修正开发方案的某些内容,可以得到修正的内容有:

(1)试井工作的组合和进行这些工作的顺序;

(2)气田开发监测的方法;

(3)设计的生产井、观察井和测压井的必要井数和井位;

(4)强化采气工作的组合和工艺;

(5)地层中原始储量、井的允许生产工艺制度、含气区和含水区的地层参数、气田的驱动方式等。

如果日常的开发分析发现对气田、某些小层和整个地层的认识与过去有实质性的差别,已核实的气体和凝析油的储量与方案中的储量有很大的偏差,井和气田的水淹特性与原来预料的不一样,那么就要编制补充开发方案。气田的补充开发方案由相应的研究单位或设计单位吸收现场科技人员参加完成。

在补充开发方案中,要对积累的地质—矿场资料进行仔细的分析,拟合气田开发历史,核实地层和井的参数,确定总原始气储量和按层、开发单元的储量分布,补充研究气田开发初期的分析结果。

气田开发分析最重要的工作在于取得非常可靠的分析阶段的气田、单个产层和含水区域的原始地质—矿场资料,已完成的开发分析可用于修改气田的采气量。在选择了气田的一个或几个采气量之后,再研究按单个气藏、气层分配或按含气面积分配的采气量子方案。

为了研究采气量,要确定气田开发和矿场地面设施的指标,即考虑和拟定复杂的开发系统及地面设施系统的最优化途径。从研究的方案和子方案中选择技术—经济指标最好的方案,并推荐实施。

在补充开发方案中要体现开发分析、完成研究的结果,还要列出气田开发和矿场地面设施系统的预测指标。

第四章 气井产能

气井产能指的是单位生产压差条件下能有多少天然气从气藏流向井底。气井产能与气藏本身的渗流特性、气体的性质、气藏的压力温度等参数都有关系。描述地层压力、井底流压和产量之间的关系式称为产能公式。一定时期内(一定的地层压力)井底流压与产量的关系称为气井向井流动态关系。气井向井流动态关系是确定气井工艺制度、进行气井设计和分析的重要依据。

目前常用的产能公式,有从理论推导出来的理论公式和通过大量生产资料总结出来的经验公式。对于具体气层,公式中的系数通常通过产能试井工艺来确定。根据短期产能试井录取的资料,经过整理,可以确定反映该井流入特性的产能方程,或称流入动态方程。根据所得方程,代入不同井底流压可解出相应的产气量,从而描绘出一条完整的流入动态曲线,简称气井的 IPR(inflow performance relationship) 曲线。短期产能试井所得到的 IPR 曲线,在一段时期内可用于气井动态预测。

本章从基本渗流公式出发,逐步推出气井产能理论公式,给出气井产能经验方程,介绍为确定气井产能方程而常用的试井工艺,讨论完井方式对气井产能的影响,最后给出了计算水平气井产能及产水气井产能的方法。

第一节 气井产能理论公式

一、稳定状态流动的气井产能公式

天然气在储层中的渗流方式取决于地层有效厚度的大小及裂缝发育情况,以及钻开地层后的完井方式等因素,可分为单向直线渗流、平面径向流和球形径向流,其中最有实际意义的是平面径向流。

首先讨论没有惯性力的稳定状态流动的简单情形。大量实验数据证明,气体在低速通过孔隙介质的水平流动中,其重力的影响非常小,并且可以忽略不计。在这种条件下,气体的流动服从达西定律和稳定流动的质量守恒定律,即气体在流动方向上的压降与流体的流速成正比,与孔隙介质常数渗透率成正比,与流体的黏度成反比。

为了建立气体从外边界流到井底时流入气量与生产压差的关系式,首先讨论服从达西定律的平面径向流。

如图 4-1 所示,设想一水平、等厚和均质的气层,

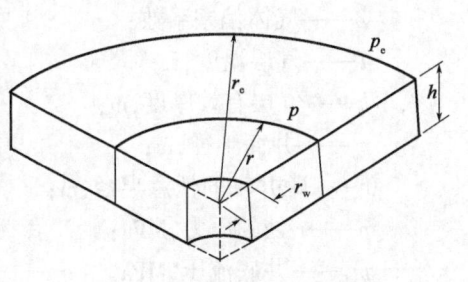

图 4-1 平面径向流模型
r_e—供给边缘半径;r_w—井筒半径;
p_e—供给压力;h—气层厚度

气体径向流入井底,为服从达西定律的平面径向流,如用混合单位制,则基本微分表达式为

$$q_r = \frac{K(2\pi rh)}{\mu} \frac{\mathrm{d}p}{\mathrm{d}r} \tag{4-1}$$

式中　q_r——在半径为 r 处的气体体积流量,cm^3/s;

　　　K——气层有效渗透率,μm^2;

　　　μ——气体黏度,$mPa \cdot s$;

　　　h——气层有效厚度,cm;

　　　r——距井轴的任意半径,cm;

　　　p——半径 r 处的压力,$101kPa$。

根据连续方程

$$\rho q = \rho_1 q_1 = \rho_2 q_2 = 常数$$

和压缩系数气体状态方程

$$\rho = \frac{pM}{ZRT}$$

可将半径 r 处的流量 q_r 折算为标准状态下的流量 q_r':

$$q_r = q_r' B_g = q_r' \frac{p_{sc}}{Z_{sc} T_{sc}} \frac{ZT}{p} \tag{4-2}$$

将式(4-1)代入式(4-2),分离变量得

$$\frac{2\pi Kh T_{sc} Z_{sc}}{q_r' p_{sc} T \mu Z} p \mathrm{d}p = \frac{\mathrm{d}r}{r} \tag{4-3}$$

对于稳定状态流动,外边界压力恒定,各过水断面的质量流量不变。因此,式(4-3)中的 q_r' 可以用标准状态下的气井产量 q_{sc} 置换,并对式(4-3)积分,得

$$\frac{2\pi Kh T_{sc} Z_{sc}}{q_{sc} p_{sc} T \mu} \int_{p_{wf}}^{p} \frac{p \mathrm{d}p}{\mu Z} = \int_{r_w}^{r} \frac{\mathrm{d}r}{r} \tag{4-4}$$

式(4-4)可代入任何一种单位制和标准状态。采用目前气田上实际使用的单位,式(4-4)可写为

$$\frac{2 \times 774.6 Kh}{q_{sc} T} \int_{p_{wf}}^{p} \frac{p}{\mu Z} \mathrm{d}p = \ln \frac{r}{r_w} \tag{4-5}$$

式中　q_{sc}——标准状态下的产气量,m^3/d;

　　　Z——气体偏差系数;

　　　T——气层温度,K;

　　　h——气层有效厚度,m;

　　　r_w——井筒半径,m;

　　　r——距井轴的任意半径,m;

　　　p——r 处的压力,MPa;

　　　p_{wf}——井底流压,MPa。

式(4-5)中,$\frac{p}{\mu Z} = f(p)$。积分的方法之一是引用拟压力或实际气体的势概念。

Alhuussaing 和 Ramey 提出的拟压力定义式为

$$\psi = 2\int_{p_0}^{p} \frac{p}{\mu Z} dp \tag{4-6}$$

所以

$$2\int_{p_{wf}}^{p} \frac{p}{\mu Z} dp = 2\int_{p_0}^{p} \frac{p}{\mu Z} dp - 2\int_{p_0}^{p_{wf}} \frac{p}{\mu Z} dp = \psi - \psi_{wf} \tag{4-7}$$

实际工作中,ψ 可根据天然气的物性资料,用数值积分法和其他方法求得,或者直接查函数表 $\psi = f(p_{pr}, T_{pr})$。

使用拟压力这一概念,式(4-5)可写为

$$\frac{774.6Kh}{q_{sc}T}(\psi - \psi_{wf}) = \ln\frac{r}{r_w} \tag{4-8}$$

式(4-8)还可以写为以下形式:

$$q_{sc} = \frac{774.6Kh(\psi - \psi_{wf})}{T\ln\frac{r}{r_w}} \tag{4-9}$$

$$\psi - \psi_{wf} = \frac{1.291 \times 10^{-3} q_{sc} T}{Kh}\ln\frac{r}{r_w} \tag{4-10}$$

在 $r = r_e$ 时,$\psi = \psi_e$,有

$$q_{sc} = \frac{774.6Kh(\psi_e - \psi_{wf})}{T\ln\frac{r_e}{r_w}} \tag{4-11}$$

$$\psi_e - \psi_{wf} = \frac{1.291 \times 10^{-3} q_{sc} T}{Kh}\ln\frac{r_e}{r_w} \tag{4-12}$$

如取平均压力 $\bar{p} = (p_e + p_{wf})/2$,用 $\bar{p}$ 去求 $\bar{\mu}$ 和 $\bar{Z}$,并认为在积分范围内是常数,可移出积分号,则式(4-5)简化为

$$\frac{774.6Kh}{q_{sc}T\bar{\mu}\bar{Z}}2\int_{p_{wf}}^{p} p dp = \ln\frac{r}{r_w} \tag{4-13}$$

积分可得

$$q_{sc} = \frac{774.6Kh(p_e^2 - p_{wf}^2)}{T\bar{\mu}\bar{Z}\ln\frac{r_e}{r_w}} \tag{4-14}$$

$$p_e^2 - p_{wf}^2 = \frac{1.291 \times 10^{-3} q_{sc} T\bar{\mu}\bar{Z}}{Kh}\ln\frac{r_e}{r_w} \tag{4-15}$$

式中 p_e ——r_e(供给半径)处的压力,MPa。

式(4-14)可以认为是式(4-11)的近似值,两者都是气体稳定流动的达西产能公式,简称气体平面径向流方程。

以上公式都把整个气层视为均质,从外边界到井底的渗透率没有任何变化。实际上,钻井过程的钻井液污染,会使井底附近气层的渗透性变坏,当气体流入井底时,经过该地段就要多消耗一些压力;反之,一次成功的解堵酸化,有可能使井底附近气层的渗透性变好,当气体流入井底时,经过该地段就可少消耗一些压力。如果以井底附近渗透率没有任何改变时的压力分

布曲线作基线,那么井底受污染相当于引起一个正的附加压降,井底渗透性变好相当于引起一个负的附加压降,如图4-2所示。

从图4-2可以看出,无论是钻井液污染对井底附近岩层渗透性造成的伤害,还是酸化对它的改善,都仅限于井壁附近很小范围。形象地描述这种影响,称为表皮效应,并用表皮系数S度量其值。

Hawhins 将表皮系数表示为

$$S = \left(\frac{K}{K_a} - 1\right) \ln \frac{r_a}{r_w} \tag{4-16}$$

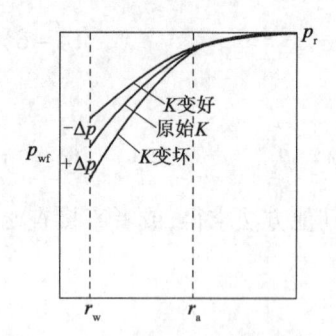

图4-2 井底正、负附加压降图
r_a—污染带半径;p_r—地层压力

式中 K——原气层渗透率,μm^2;
K_a——变化后的渗透率,μm^2;
r_a——井筒附近污染带半径,m。

当$K = K_a$,$S = 0$;当$K > K_a$,S为正值;当$K < K_a$,S为负值。

分析r_a与r_w范围内,渗透率变化前后拟压力差的变化,可以导出S引起的拟压降计算式:

$$\Delta \psi_{skin} = \frac{1.291 \times 10^{-3} q_{sc} T \bar{\mu} \bar{Z}}{Kh} \ln \frac{r_a}{r_w} \left(\frac{K}{K_a} - 1\right) \tag{4-17}$$

由 Hawhins 对S的定义不难得出

$$\Delta \psi_{skin} = \frac{1.291 \times 10^{-3} q_{sc} T \bar{\mu} \bar{Z}}{Kh} S \tag{4-18}$$

或

$$\Delta p_{skin}^2 = \frac{1.291 \times 10^{-3} q_{sc} T \bar{\mu} \bar{Z}}{Kh} S \tag{4-19}$$

将表皮效应产生的压降合并到总压降中,则稳定流动达西产能公式为:

$$q_{sc} = \frac{774.6 Kh(\psi_e - \psi_{wf})}{T\left(\ln \frac{r_e}{r_w} + S\right)} \tag{4-20}$$

$$\psi_e - \psi_{wf} = \frac{1.291 \times 10^{-3} q_{sc} T}{Kh}\left(\ln \frac{r_e}{r_w} + S\right) \tag{4-21}$$

$$q_{sc} = \frac{774.6 Kh(p_e^2 - p_{wf}^2)}{T \bar{\mu} \bar{Z}\left(\ln \frac{r_e}{r_w} + S\right)} \tag{4-22}$$

$$p_e^2 - p_{wf}^2 = \frac{1.291 \times 10^{-3} q_{sc} T \bar{\mu} \bar{Z}}{Kh}\left(\ln \frac{r_e}{r_w} + S\right) \tag{4-23}$$

由以上诸式可见,当气量一定时,正的S可使生产压差增大,负的S可使其减小;当压差一定时,正的S可使气量减少,负的S可使其增大。通过气井试井,了解S的变化,及时采取措施,这对气井稳产和增产极为重要。

二、非达西流动的气井产能公式

达西定律是用黏滞性流体进行实验得到的,相当于管流中的层流流动。气体流入井中,垂直于流动方向的过流断面越接近井轴越小,渗流速度急剧增加,井轴周围的高速流动相当于紊流流动,称为非达西流动。因此,在流动方程中,除应考虑黏滞力外,还应考虑质量点通过孔隙介质时的对流加速度引起的惯性力。考虑到这两种因素的影响,1901 年 Forchheimer 提出采用二次流动项,对达西定律予以修正。非达西流动方程为

$$-\frac{\mathrm{d}p}{\mathrm{d}l} = \frac{\mu u}{k} + \beta \rho u^2 \qquad (4-24)$$

对于平面径向流

$$\frac{\mathrm{d}p}{\mathrm{d}r} = \frac{\mu u}{k} + \beta \rho u^2 \qquad (4-25)$$

其中
$$u = q/(2\pi r h)$$

式中 p——压力,Pa;
μ——流体黏度,Pa·s;
u——渗流速度,m/s;
ρ——流体密度,kg/m³;
l——线性渗流距离,m;
r——径向渗流半径,m;
K——渗透率,μm^2;
β——描述孔隙介质紊流影响的系数,称为速度系数,m^{-1}。

β 的通式为

$$\beta = 常数/K^a(a 为常数)$$

其中常用计算公式为

$$\beta = 7.644 \times 10^{10}/K^{1.5} \qquad (4-26)$$

式中,K 的单位用 $10^{-3} \mu m^2$。

在式(4-25)中,总的压力梯度($\mathrm{d}p/\mathrm{d}r$)由两部分组成:方程右端第一项代表达西流动部分,第二项代表非达西流动部分。由于气体和液体(油和水)相比,二者的黏度、密度差异较大,在同样的总压力梯度下,气体流速要比液体流速至少大一个数量级,第二项大于第一项并非罕见之事。因此,讨论气流入井,井底周围出现非达西流动是气体突出的渗流特性,必须在此讨论,并作出定量估计。

如前所述,气流入井越接近井轴流速越高,所以非达西流动产生的附加压降也主要发生在井壁附近。类似前面处理表皮效应的思路,引用一个与流量相关的表皮系数来描述它,称为流量相关表皮系数,并用符号 Dq_{sc} 表示。下面介绍如何定量估算 Dq_{sc} 的大小。

将式(4-25)中的第二项即非达西流动部分的压降,用符号 $\mathrm{d}p_{nD}$ 表示,则

$$\mathrm{d}p_{nD} = \beta \rho u^2 \mathrm{d}r \qquad (4-27)$$

在式(4-27)中,如将压力单位取为 MPa,将 $\rho = \frac{M_g \gamma_g p}{ZRT}$、$u = \frac{q}{2\pi rh}$、$q = B_g q_{sc} = \frac{p_{sc}}{T_{sc}} \frac{ZT}{p} q_{sc}$ 代入,并对

其积分$(r_w \to r_e, p_{wf} \to p_e)$；取标准状态：$p_{sc} = 0.101325 \text{MPa}$、$T_{sc} = 293\text{K}$；$1/r_e$ 与 $1/r_w$ 相比可忽略。按所述推导，最后可得

$$\Delta p_{nD}^2 = 2.828 \times 10^{-21} \frac{\beta \gamma_g \overline{Z} T}{r_w h^2} q_{sc}^2 = F q_{sc}^2 \tag{4-28}$$

或

$$\Delta p_{nD}^2 = \frac{1.291 \times 10^{-3} q_{sc} T \overline{\mu} \overline{Z}}{Kh} D q_{sc} \tag{4-29}$$

其中

$$F = 2.828 \times 10^{-21} \frac{\beta \gamma_g \overline{Z} T}{r_w h^2}$$

$$D = \frac{Kh}{1.291 \times 10^{-3} \overline{\mu} \overline{Z} T} \times 2.828 \times 10^{-21} \frac{\beta \gamma_g \overline{Z} T}{r_w h^2} = 2.191 \times 10^{-18} \frac{\beta \gamma_g K}{\overline{\mu} h r_w}$$

式中 F——非达西流动系数，$\text{MPa}^2/(\text{m}^3/\text{d})^2$；
D——紊流系数，$(\text{m}^3/\text{d})^{-1}$。

式(4-28)和式(4-29)均表示非达西流动产生的能耗，即非达西流动部分产生压降的定量表达式。

Δp_{nD}^2 可视为一种压力扰动，流量一旦变化，Δp_{nD}^2 立即建立。这一附加压差也可以合并到式(4-22)或(4-23)中：

$$q_{sc} = \frac{774.6 Kh (p_e^2 - p_{wf}^2)}{T \overline{\mu} \overline{Z} \left(\ln \frac{r_e}{r_w} + S + D q_{sc} \right)} \tag{4-30}$$

$$p_e^2 - p_{wf}^2 = \frac{1.291 \times 10^{-3} q_{sc} T \overline{\mu} \overline{Z}}{Kh} \left(\ln \frac{r_e}{r_w} + S + D q_{sc} \right) \tag{4-31}$$

式中 S 和 Dq_{sc} 都表示表皮系数，前者反映井底附近渗透性变化的影响，后者反映井底流量变化的影响。两者物理意义虽然不同，但都发生在井底附近。在同一条井底附近的压力分布曲线上，实际上也难以区分。因此，常将 S 和 Dq_{sc} 合并在一起，写成

$$S' = S + D q_{sc} \tag{4-32}$$

式中 S'——视表皮系数。

引入视表皮系数的概念，式(4-30)和式(4-31)可以写成

$$q_{sc} = \frac{774.6 Kh (p_e^2 - p_{wf}^2)}{T \overline{\mu} \overline{Z} \left(\ln \frac{r_e}{r_w} + S' \right)} \tag{4-33}$$

$$p_e^2 - p_{wf}^2 = \frac{1.291 \times 10^{-3} q_{sc} T \overline{\mu} \overline{Z}}{Kh} \left(\ln \frac{r_e}{r_w} + S' \right) \tag{4-34}$$

在稳定试井时，安排测关井压力恢复曲线或开井测压降曲线，可用来确定 S'。欲确定 S 和 D，至少需安排两个不同流量下的不稳定试井。

本节所讲述的这些公式中，外边界上的压力 p_e 为一定值，不随时间变化。这意味着，要求

气井井底流出与外边界流入的质量流量必须相等。气田开发过程中,无论怎样活跃的边水,或是如何强化的注水,要达到 p_e 保持恒定是不大可能的。因此,本节所述的内容作为本章的理论基础十分必要,特别是有关 S、Dq_{sc} 和 S' 的概念,对气井生产有实用意义。但是,由于气藏难以实现稳定流动,因此一般不用它整理试井资料,有必要探索更能反映气体流入动态的产能方程。

三、拟稳定状态流动的气井产能公式

在一定范围的排气面积内,气井定产量生产一段较长时间,层内各点压力随时间的变化相同,不同时间的压力分布曲线依时间变化互成一组平行的曲线族。这种情况称为拟稳定状态。

压力消耗方式开发、多井采气的气田,在正常生产期内呈拟稳定状态。气井采气全靠排气范围内气体本身的弹性膨胀,没有外部气源补给。对此情况,由气体等温压缩率的定义式可以推得

$$C_g V_{hc} \frac{dp}{dt} = -\frac{dV_{hc}}{dt} = -q_{sc} \tag{4-35}$$

式中 V_{hc}——气体控制的烃孔隙体积;

C_g——气体等温压缩系数;

q_{sc}——恒定的采气量。

类似于图 4-1 所示的模型和导出达西产能公式的作法,设想圆形气层中心一口井定产量采气,在任一半径 r 处,流过的流量 q'_r 与 r 到边界半径 r_e 之间的气层体积成正比:

$$q'_r = (r_e^2 - r^2)\pi h \phi C_g \frac{dp}{dt} \tag{4-36}$$

式中 ϕ——孔隙度。

当 $r = r_w$ 时,有

$$q_{sc} = (r_e^2 - r_w^2)\pi h \phi C_g \frac{dp}{dt} \tag{4-37}$$

因 $r_w \ll r_e$,可忽略 r_w^2,则

$$\frac{q'_r}{q_{sc}} = \left(1 - \frac{r^2}{r_e^2}\right) \tag{4-38}$$

拟稳定状态虽属不稳定状态,但被视为一种半稳定状态,仍可按稳定状态处理。类似导出式(4-30)的思路可得出

$$\overline{p}_r^2 - p_{wf}^2 = \frac{1.291 \times 10^{-3} q_{sc} T \overline{\mu} \overline{Z}}{Kh}\left(\ln\frac{0.472 r_e}{r_w} + S + Dq_{sc}\right) \tag{4-39}$$

$$q_{sc} = \frac{774.6 Kh(\overline{p}_r^2 - p_{wf}^2)}{T\overline{\mu}\overline{Z}\left(\ln\dfrac{0.472 r_e}{r_w} + S + Dq_{sc}\right)} \tag{4-40}$$

式中 $\overline{p}_r$——平均地层压力,MPa。

式(4-39)和式(4-40)就是拟稳定状态流动气体井产能公式的两种常见的表达式,常用于处理产能试井资料。

Jones、Blount 和 Glaze 在利用气井试井资料确定气井产能方程时,将式(4-39)改写成下面形式:

$$\overline{p}_r^2 - p_{wf}^2 = \frac{1.291 \times 10^{-3} q_{sc} T \overline{\mu} \overline{Z}}{Kh}\left(\ln\frac{0.472 r_e}{r_w} + S\right) + \frac{2.828 \times 10^{-21} \beta \gamma_g \overline{Z} T q_{sc}^2}{r_w h^2} \quad (4-41)$$

或

$$\overline{p}_r^2 - p_{wf}^2 = A q_{sc} + B q_{sc}^2 \quad (4-42)$$

其中

$$A = \frac{1.291 \times 10^{-3} T \overline{\mu} \overline{Z}}{Kh}\left(\ln\frac{0.472 r_e}{r_w} + S\right), B = \frac{2.828 \times 10^{-21} \beta \gamma_g \overline{Z} T}{r_w h^2}$$

式中　A——层流系数;
　　　B——紊流系数。

国内称式(4-41)或式(4-42)为二项式。方程右边第一项表示黏滞性引起的压力损失,第二项表示惯性引起的压力损失。这两项损失之和构成气流入井的总压降。

确定式(4-42)中的 A 和 B 有两个途径:一是通过产能试井来确定;二是在试井(包括不稳定试井)提供全部所需参数的基础上,可按表达式进行计算。

式(4-42)可表示为

$$\frac{\Delta p^2}{q_{sc}} = A + B q_{sc} \quad (4-43)$$

$$\Delta p^2 = \overline{p}_r^2 - p_{wf}^2 \quad (4-44)$$

气井产能试井可以实测几组 q_{sc}—Δp^2 数据。从式(4-43)可知,如在普通方格纸上作图,纵轴标注 $\Delta p^2/q_{sc}$,横轴标注 q_{sc},用几组实测试井数据作出的 $\Delta p^2/q_{sc}$—q_{sc} 关系应该为一直线,如图4-3所示。图中 A 为纵轴上的截距,B 为直线段斜率。

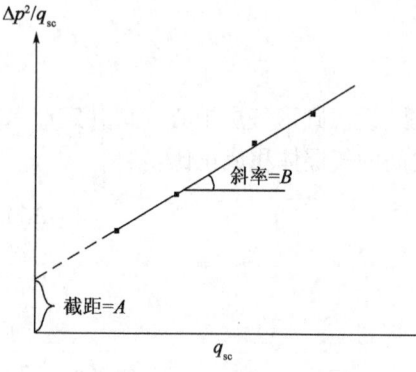

图4-3　$\Delta p^2/q_{sc}$—q_{sc} 关系图

通过直线上可靠的两点 $\left(q_1, \left(\frac{\Delta p^2}{q}\right)_1\right)$、$\left(q_2, \left(\frac{\Delta p^2}{q}\right)_2\right)$,根据式(4-44)列出 $\left(\frac{\Delta p^2}{q}\right)_1 = A + B q_1$,$\left(\frac{\Delta p^2}{q}\right)_2 = A + B q_2$,联解此二式,即可确定 A 和 B。

此外,利用可靠的试井实测数据,也可用最小二乘法确定 A 和 B:

$$A = \frac{\sum \frac{\Delta p^2}{q_{sc}} \sum q_{sc}^2 - \sum \Delta p^2 \sum q_{sc}}{N \sum q_{sc}^2 - \sum q_{sc} \sum q_{sc}} \quad (4-45)$$

$$B = \frac{N \sum \Delta p^2 - \sum \frac{\Delta p^2}{q_{sc}} \sum q_{sc}}{N \sum q_{sc}^2 - \sum q_{sc} \sum q_{sc}} \quad (4-46)$$

式中 N——取点总数。

A、B 一经确定,该井的产能方程即可写出。如果从其中求解 q_{sc},则

$$q_{sc} = \frac{-A + \sqrt{A^2 + 4B\Delta p^2}}{2B} \tag{4-47}$$

已知 $\bar{p}_r$,给定一个 p_{wf} 值,利用式(4-47)得出一相应的 q_{sc},气井的流入动态曲线即可画出,如图4-4所示。

将 $p_{wf}=0$ 代入式(4-47),所解出的流量称为气井的绝对无阻流量(absolute open flow),用符号 AOF 表示,则

$$AOF = \frac{-A + \sqrt{A^2 + 4B(\bar{p}_r^2)}}{2B} \tag{4-48}$$

在图4-4中,AOF 即为 $p_{wf}=0$ 时气井流入动态曲线与横轴的交点。

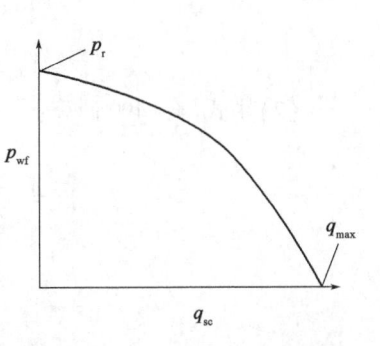

图4-4 气井的流入动态曲线

严格地讲,由于气体物性参数与压力有关,A、B 仅对测试压降范围内有效,将试井确定的含 A、B 的产能方程用于测试压降范围之外,例如用于确定井底压力为零时的绝对无阻流量 AOF,应该对 A、B 进行必要的校正,方能保证计算 AOF 的准确度。

气井的绝对无阻流量与气井设备因素无关。井底回压为零,用式(4-48)计算出来的最大产气量,并非气井可以采出、井口可以记录的产气量。AOF 反映气井的潜能,是评估气井的一个重要参数,常用于气井分类、配产和其他公式中参数的无量纲化等。

由式(4-39)也可以解出 q_{sc}:

$$q_{sc} = \frac{-A_2 + \sqrt{A_2^2 + 4DA_1}}{2D} \tag{4-49}$$

其中

$$A_1 = \frac{774.6Kh(\bar{p}_r^2 - p_{wf}^2)}{T\bar{\mu}\bar{Z}}, A_2 = \ln\frac{r_e}{r_w} - \frac{3}{4} + S$$

式中 D——惯性系数,即式(4-29)中定义的 D。

应注意,式(4-47)和式(4-49)功能相同,但各系数有别。

分析 A、B 或 A_1、A_2 和 D 的表达式可知,若 Kh 和 S' 可以求得,这五个系数都可计算得出。如前所述,Kh 和 S' 可以通过不稳定试井获得。本节所讲述的产能公式人们称为气流入井的基本理论公式。

【例4-1】 某气井数据如下:$h = 8.698\text{m}$,$K = 1.8 \times 10^{-3}\mu\text{m}^2$,$\bar{p}_r = 32.546\text{MPa}$,$p_{wf} = 17.325\text{MPa}$,$r_e = 175.85\text{m}$,$r_w = 0.1035\text{m}$,$T = 398.7\text{K}$,$\bar{\mu} = 0.032\text{mPa·s}$,$\bar{Z} = 0.92$,$\gamma_g = 0.82$。若 $S = 1.8$,求以下两种情况下的气井产量:

(1)不考虑表皮效应和非达西流动;
(2)考虑表皮效应和非达西流动。

解:(1)用式(4-40)计算。因 $S=0$,$D=0$,则

$$q_{sc} = \frac{774.6Kh(\bar{p}_r^2 - p_{wf}^2)}{T\bar{\mu}\bar{Z}\ln\frac{0.472r_e}{r_w}}$$

$$= \frac{774.6 \times 1.8 \times 8.698(32.546^2 - 17.325^2)}{398.7 \times 0.032 \times 0.92 \times \ln\frac{0.472 \times 175.85}{0.1035}}$$

$$= 11.7285 \times 10^4 (\text{m}^3/\text{d})$$

(2) 用式(4-49)计算：

$$A_1 = \frac{774.6Kh(\bar{p}_r^2 - p_{wf}^2)}{T\bar{\mu}\bar{Z}}$$

$$= \frac{774.6 \times 1.8 \times 8.698(32.546^2 - 17.325^2)}{398.7 \times 0.032 \times 0.92}$$

$$= 78.43 \times 10^4$$

$$A_2 = \ln\frac{0.472r_e}{r_w} + S = 6.69 + 1.8 = 8.49$$

$$D = 2.191 \times 10^{-18}\frac{\beta\gamma_g K}{\bar{\mu}hr_w}$$

$$= 2.191 \times 10^{-18}\frac{3.165 \times 10^{10} \times 0.82 \times 1.8}{0.032 \times 8.698 \times 0.1035}$$

$$= 3.5530 \times 10^{-6}$$

$$q_{sc} = \frac{-A_2 + \sqrt{A_2^2 + 4DA_1}}{2D}$$

$$= \frac{-8.49 + \sqrt{8.49^2 + 4 \times 3.5530 \times 10^{-6} \times 78.43 \times 10^4}}{2 \times 3.5530 \times 10^{-6}}$$

$$= 8.9060 \times 10^4 (\text{m}^3/\text{d})$$

第二节 气井产能经验方程

Rawlins 和 Schelhardt 根据大量气井生产数据，总结出气井产能经验方程，也称为稳定回压方程或产能方程，国内气田上习惯称为指数式。它描述在一定的 $\bar{p}_R$ 时，q_{sc} 与 p_{wf} 之间的关系式，写为

$$q_{sc} = C(\bar{p}_r^2 - p_{wf}^2)^n \tag{4-50}$$

式中　q_{sc}——产气量(标准状态下)，$10^4\text{m}^3/\text{d}$；

　　　C——系数，$10^4\text{m}^3/(\text{d}\cdot\text{MPa}^2)$；

　　　n——指数。

对式(4-50)的两端取对数,有

$$\lg q_{sc} = \lg C + n\lg(\overline{p}_r^2 - p_{wf}^2) \qquad (4-51)$$

气井产能试井可以实测几组 q_{sc}—Δp^2 数据。从式(4-51)可知,在双对数纸上作图,纵坐标为 Δp^2,横坐标为 q_{sc},用几组实测试井数据作出的 q_{sc}—Δp^2 关系应为一直线,如图4-5所示。该线称为稳定回压曲线或产能曲线,四川气田称为指数式指示曲线。

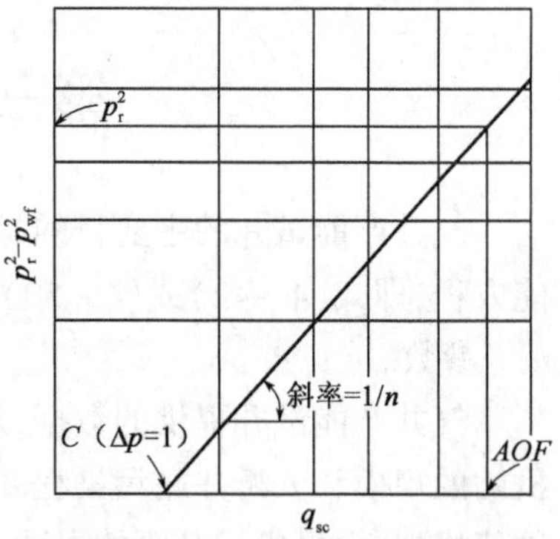

现对图4-5作以下几点说明。

图4-5 q_{sc}—Δp^2 关系图

一、指数 n

n 为图中直线斜率的倒数,$n = 1/$斜率。对式(4-51)而言,有

$$n = \frac{\lg(q_{sc})_2 - \lg(q_{sc})_1}{\lg(\overline{p}_r^2 - p_{wf}^2)_2 \lg(\overline{p}_r^2 - p_{wf}^2)_1} = \frac{\lg[(q_{sc})_2/(q_{sc})_1]}{\lg[(\overline{p}_r^2 - p_{wf}^2)_2/(\overline{p}_r^2 - p_{wf}^2)_1]} \qquad (4-52)$$

确定指数 n 的方法有两种:
(1)在直线上取两点代入式(4-52)计算。
(2)在所作图的纵轴上取1个对数周期及对应的横轴读数 $(q_{sc})_1$、$(q_{sc})_2$,则

$$n = \frac{\lg[(q_{sc})_2/(q_{sc})_1]}{\lg 10} = \lg[(q_{sc})_2/(q_{sc})_1] \qquad (4-53)$$

正确试井取得的 n 值,通常在 0.5~1.0 之间。

$n = 1$ 时,直线段与横轴成 45°,气流入井相当于层流,说明井底附近没有发生与流量相关的表皮效应,完全符合达西渗流规律。

$n = 0.5$ 时,直线段与横轴成 63.5°,表示气流入井完全符合非达西渗流规律。

n 由 1.0 向 0.5 减小,说明井底附近的视表皮系数可能增大。在测试过程中,如果井下积液随流量的增大而喷净,或者其他工艺等原因,可能出现 $n > 1$ 的情况。$n > 1$ 说明试井存在问题,必须查明原因,重新进行试井。

二、系数 C

如图4-5所示,延长直线段到与纵轴 $\Delta p^2 = 1$ 的水平横线相交,交点对应于横轴的读数 q_{sc} 值,即为所求的 C。这样作图往往需要较大的双对数纸,因此很少采用。

若指数 n 已经确定,可直接取直线上的一个点求 C 值,例如

$$C = \frac{(q_{sc})_1}{(\overline{p}_r^2 - p_{wf}^2)_1^n} \qquad (4-54)$$

C 主要与压力、流量有关。显然,当压力、流量未达稳定时,C 是时间的函数。

气井通过产能试井确定出 n 和 C,也就确定了该井的产能经验方程式(4-50)。有了产能方程,可以画出气井的流入动态曲线。

利用气井产能方程,也可以求出气井的 AOF:

$$AOF = C(\overline{p}_r^2)^n \qquad (4-55)$$

第三节 气井产能试井工艺

气井产能试井的主要目的是确定气井井底流入动态。具体地说，就是确定一口气井的产能方程，即式(4-42)或(4-50)。更具体一点说，也就是确定一口气井自身固有的 A、B 或 C、n 等参数。

气井产能试井提供的数据，对确定气田的合理产量、开发井数、油管和集输管网尺寸、压气机站的规模和分析井底污染程度等方面，都是不可缺少的基础数据；同时，对生产预测和气藏数值模拟，也提供了必要的参数。

实现上述目的，主要手段就是试井工艺。试井工艺涉及面较广，本节仅介绍两个内容，即试井设计和试井方法。

一、试井设计

试井设计的内容要确保实现试井的目的：是确定气井产能，还是确定地层参数，或者是两者兼顾。这里主要讲产能试井时试井设计应该考虑的问题。

气井的产能试井设计内容依井而定，无不变的模式，主要取决于气藏特征、井内流体性质和计划采用的试井方法。

1. 地面流程

对不含硫化氢的干气井，试井所需的地面流程较简单，主要设备是针形阀、流量计、油套管压力表、静重压力计、温度计、取样装置和大气压力计等。若是生产井试井，一般原有的井场流程设备可以借用。若是刚完钻的井试井，应准备放喷管线和临界流速流量计。

对于凝析气井和气水井，井内出来的流体是气液两相，针形阀之后应增加保温或防水合物设备，以及安装气液分离器、气液取样装置和计量仪表。

对于含硫化氢的气井，除设备、仪表和管线需要考虑抗硫材质和采取防硫措施外，还应采用橇装式轻型脱硫装置处理含硫气体。若气体无法处理，应在远离井口(25m以外)处安装离地高度不低于12m的火炬管线，在取得环保部门的同意时点火燃烧。

2. 仪表

试井资料是否准确，仪表是关键。

对于气井，地层压力、井底流动压力一般都是根据井口最大关井压力、井口流动压力计算而得。因此，井口所用的压力表(套管压力表和油管压力表)精度等级要符合试井要求，试井前必须用标准压力表或静重压力计校正。在有条件的地方，井口最好直接用静重压力计测压。当然，干气井也可下入井底压力计测压。即使这样做，同时进行井口测压也是必要的。气水同产井或井底大段积液的井，应下井底压力计测压。如果不可能，也只有根据地面生产资料进行计算。

生产井试气，气体流量一般都用孔板流量计测量。试井前，对计量孔板需按有关标准严格检验。新井试气使用临界流速流量计，对孔板、温度计和压力表应仔细检查和校正。此外，也应重视对产水量、产油量的计量。

气体对温度十分敏感。试井前,确定取温点和校正温度计也要从严要求。

3. 放喷

试井前,确信井底有积液存在时,应采取放喷措施,在较大的生产压差下,喷净井底积液。如果气井与集输管网相连,放喷意味着用较大的产气量多生产一段时间。如果这样作还不可能放喷干净,则有必要另接放喷管线向大气放喷。向大气放喷时,放喷管线尽可能铺直,切忌急弯,同时固紧。放喷管线出口位置宜高,喷出的气流应点火燃烧。

4. 安排测试气量的顺序

从多大气量试到多大气量,气量从小到大或是反之,这是试井设计应该确定的问题。气井井口的最大关井压力和井口流动压力,在一定情况下反映了地层压力和井底流动压力,井口流动压力的变化也意味着产气量的变化。气井试井时,以井口最大关井压力为基数,试井的最小流量和最大流量控制在不大于井口最大关井压力的 75% ~ 95%。

流量的选择还应结合气井的地层情况,在所确定的流量范围内,不会引起气井出砂或造成水的舌进或锥进。对于气水同产井,最小产气量不能低于气带水所需的最小气量。但是,也要防止流量太大,造成井口调压(节流)压差过大促进水合物的生成。对于凝析气井,更要控制生产压差,尽可能杜绝在地层或井底凝析出液烃。同时,流量的选择还要顾及工程因素,例如,油管的允许冲蚀流速、井口设备的安全,以及地面井场流程设备的承受及处理能力。

通常试井的流量应是从小到大,按正顺序试井;反之,称为反顺序试井。如果水合物的生成是试井中的主要矛盾,用反顺序试井可以提高井底温度,有利于防止水合物的生成。此外,如果井底积液是主要问题,反顺序试井也可以考虑。

对于每一口气井,应根据气层、流体和地面工艺条件,具体确定试气量的大小范围和顺序。

5. 确定压力稳定依据

气井产能试井就是稳定试井,试井资料的可信程度取决于"稳定"。绝对的稳定是不可能实现的,这就提出在什么情况下可视为稳定,并开始录取试井资料的问题。

渗流力学给出了一个计算压力稳定所需时间的公式:

$$t_s \cong 74.2 \frac{\phi S_g \mu_g r_e^2}{K p_r} \tag{4-56}$$

式中 t_s——气井压力稳定所需时间,h;

μ_g——黏度,mPa·s;

r_e——渗流半径,m;

K——渗透率,$10^{-3} \mu m^2$。

例如,当 $r_e = 908$m, $S_g = 0.3$, $\varphi = 0.2$, $\mu_g = 0.0451$mPa·s, $\bar{p}_r = 20.685$MPa 时,给出不同的渗透率,由式(4-56)计算得出稳定时间与渗透率的关系,见表 4-1。

表 4-1 稳定时间与渗透率的关系

K, $10^{-3} \mu m^2$	t_s, h	K, $10^{-3} \mu m^2$	t_s, h
10	800	1000	8
100	80		

式(4-56)是由圆形油气藏中心一口气井的数学模型导出的。对于其他几何形状的油气藏,在同样的渗透率下,稳定所需的时间还要更长些。对于这一方程的实用性和可靠性,这里不作评价,但通过上面的简单计算得出的渗透率越低、稳定所需的时间越长这一结论,是正确的。

稳定试井判别压力是否稳定(定量采气,稳定意指井底流压下降速率小到可以忽略不计),常规的做法是在井口压力降低(如开井)或恢复(如关井)的过程中,在记录压力后15(或30)分钟内,压力变化小于前一个记录压力读数千分之一,即可认为气井已稳定。例如,开井后测压降,测得井口压力为10MPa,过15分钟又测得井口压力为9.995MPa,则这口气井的井口压力即可以视为已达到稳定。

采气工作者应该根据气藏渗透性的好坏及邻井压力稳定的经验数据,具体规定所试气井压力稳定的标准。上级主管部门,也应对此作出立法性的明文规定,并在试井过程中严格检查执行,以确保试井资料的可靠性。

二、试井方法

这里介绍气井产能试井最常用的四种试井方法,即常规回压试井(也称多点试井)、不关井试井、等时试井及改进后的等时试井。最后,对采用上述试井方法时难以获得稳定资料的致密低渗透气层,如何得到气井产能方程,选择两种方法加以介绍。

1. 常规回压试井

1) 试井步骤

(1) 关井测压。

气井放喷,确信井底积液已经喷净,即可关井。关井时,应记录压力恢复数据备用。关井一段时间,井口压力恢复已达压力稳定的规定时,精确测量最大的井口关井压力。

(2) 开井试气。

关井测压结束即可开井试气。试气测点不少于4个。按试井设计规定的顺序测试,并尽可能保持设计选定的流量无太大的变化。在每一测试流量下,生产到井口流压已趋稳定后精确测量 q_{sc} 和 p_{wf}。流量不断接续并重复上述操作,将设计安排的几个流量试完,即可关井或转入正常生产。

上述试井步骤可用 q_{sc}—t 和 p_{wf}—t 关系图表示,如图4-6所示。

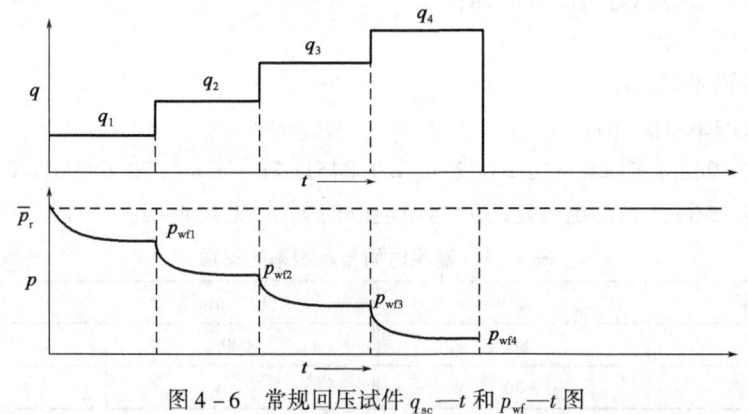

图4-6 常规回压试件 q_{sc}—t 和 p_{wf}—t 图

2)试井资料的处理

(1)按指数式处理。

根据式(4-51)可知:$\lg q_{sc}$ 与 $\lg(\bar{p}_r^2 - p_{wf}^2)$ 成直线关系,斜率为 n,截距为 $\lg C$。可以用最小二乘法来求:

$$\lg C = \frac{\sum \lg q_{sc} \sum [\lg(\bar{p}_r^2 - p_{wf}^2)]^2 - \sum \lg(\bar{p}_r^2 - p_{wf}^2) \sum [\lg q_{sc} \lg(\bar{p}_r^2 - p_{wf}^2)]}{N \sum [\lg(\bar{p}_r^2 - p_{wf}^2)]^2 - \sum \lg(\bar{p}_r^2 - p_{wf}^2) \sum \lg(\bar{p}_r^2 - p_{wf}^2)} \quad (4-57)$$

$$n = \frac{N \sum [\lg q_{sc} \lg(\bar{p}_r^2 - p_{wf}^2)] - \sum \lg q_{sc} \sum \lg(\bar{p}_r^2 - p_{wf}^2)}{N \sum [\lg(\bar{p}_r^2 - p_{wf}^2)]^2 - \sum \lg(\bar{p}_r^2 - p_{wf}^2) \sum \lg(\bar{p}_r^2 - p_{wf}^2)} \quad (4-58)$$

也可以在双对数坐标纸上作出 q_{sc}—Δp^2 关系图,在所作产能曲线图的直线部位,从纵轴上取一对数周期上的两点计算 C 和 n。从而求出:

$$AOF = C(\bar{p}_r^2)^n$$

(2)按二项式处理。

二项式产能方程式(4-42)也可写为 $\dfrac{\bar{p}_r^2 - p_{wf}^2}{q_{sc}} = A + B q_{sc}$。从中可以看出,$\dfrac{\bar{p}_r^2 - p_{wf}^2}{q_{sc}}$ 与 q_{sc} 成直线关系,斜率为 B,截距为 A。在坐标纸上作出 $\dfrac{\bar{p}_r^2 - p_{wf}^2}{q_{sc}}$—$q_{sc}$ 关系图,在所作曲线图的直线部位,从中取两点计算斜率 B 和截距 A。

A、B 值也可以用最小二乘法来求:

$$A = \frac{\sum \dfrac{\bar{p}_r^2 - p_{wf}^2}{q_{sc}} \sum q_{sc}^2 - \sum q_{sc} \sum (\bar{p}_r^2 - p_{wf}^2)}{N \sum q_{sc}^2 - \sum q_{sc} \sum q_{sc}} \quad (4-59)$$

$$B = \frac{N \sum (\bar{p}_r^2 - p_{wf}^2) - \sum \dfrac{\bar{p}_r^2 - p_{wf}^2}{q_{sc}} \sum q_{sc}}{N \sum q_{sc}^2 - \sum q_{sc} \sum q_{sc}} \quad (4-60)$$

具体的处理方法,参见例4-2。

【例4-2】 常规回压试井资料如下:

例4-2表

测试点	关井	1	2	3	4
井底流压,MPa	2.7223	2.6759	2.6345	2.5428	2.4631
产气量,$10^4 m^3/d$		10.875	23.512	40.363	52.637

(1)求指数式产能方程及 AOF;

(2)求二项式产能方程及 AOF。

解:(1)指数式产能方程:

$$\lg C = \frac{\sum \lg q_{sc} \sum [\lg(\bar{p}_r^2 - p_{wf}^2)]^2 - \sum \lg(\bar{p}_r^2 - p_{wf}^2) \sum [\lg q_{sc} \lg(\bar{p}_r^2 - p_{wf}^2)]}{N \sum [\lg(\bar{p}_r^2 - p_{wf}^2)]^2 - \sum \lg(\bar{p}_r^2 - p_{wf}^2) \sum \lg(\bar{p}_r^2 - p_{wf}^2)}$$

$$= \frac{5.735 \times 0.4859 - (-0.8249) \times (-0.8907)}{4 \times 0.4859 - (-0.8249) \times (-0.8249)}$$

$$= 1.624$$

$$n = \frac{N \sum [\lg q_{sc} \lg(\bar{p}_r^2 - p_{wf}^2)] - \sum \lg q_{sc} \sum \lg(\bar{p}_r^2 - p_{wf}^2)}{N \sum [\lg(\bar{p}_r^2 - p_{wf}^2)]^2 - \sum \lg(\bar{p}_r^2 - p_{wf}^2) \sum \lg(\bar{p}_r^2 - p_{wf}^2)}$$

$$= \frac{4 \times (-0.8907) - 5.735 \times (-0.8249)}{4 \times 0.4859 - (-0.8249) \times (-0.8249)}$$

$$= 0.9249$$

$$C = 10^{\lg C} = 10^{1.624} = 42.120$$

$$AOF = C(\bar{p}_r^2)^n = 42.120 \times (2.7223^2)^{0.9249} = 268.550 \times 10^4 (\text{m}^3/\text{d})$$

(2) 二项式产能方程：

$$A = \frac{\sum \frac{\bar{p}_r^2 - p_{wf}^2}{q_{sc}} \sum q_{sc}^2 - \sum q_{sc} \sum (\bar{p}_r^2 - p_{wf}^2)}{N \sum q_{sc}^2 - \sum q_{sc} \sum q_{sc}}$$

$$= \frac{9.199 \times 10^{-2} \times 5070.905 - 127.387 \times 3.010}{4 \times 5070.905 - 127.387 \times 127.387}$$

$$= 2.047 \times 10^{-2}$$

$$B = \frac{N \sum (\bar{p}_r^2 - p_{wf}^2) - \sum \frac{\bar{p}_r^2 - p_{wf}^2}{q_{sc}} \sum q_{sc}}{N \sum q_{sc}^2 - \sum q_{sc} \sum q_{sc}}$$

$$= \frac{4 \times 3.010 - 9.199 \times 10^{-2} \times 127.387}{4 \times 5070.905 - 127.387 \times 127.387}$$

$$= 7.940 \times 10^{-5}$$

$$AOF = \frac{-A + \sqrt{A^2 + 4B(\bar{p}_r^2)}}{2B}$$

$$= \frac{-2.047 \times 10^{-2} + \sqrt{(2.047 \times 10^{-2})^2 + 4 \times 7.940 \times 10^{-5} \times 2.7223^2}}{2 \times 7.940 \times 10^{-5}}$$

$$= 202.694 \times 10^4 (\text{m}^3/\text{d})$$

当然，上述结果也可以通过作图法来求。

产能方程分别为：

指数式：$q_{sc} = 42.120 \times (2.7223^2 - p_{wf}^2)^{0.9249}$

二项式：$2.7223^2 - p_{wf}^2 = 2.047 \times 10^{-2} q_{sc} + 7.940 \times 10^{-5} q_{sc}^2$

2. 常规回压试井的改进——不关井试井

采用常规回压试井方法,需要求取气层平均地层压力。但有些地层,尤其是低渗透产层,不易测取平均地层压力,这就给资料处理带来了困难。为了解决此问题,从二项式产能方程出发,在有多个稳定流量和对应的压力测点基础上,利用数学方法求取气层平均地层压力和绝对无阻流量,并求得气井二项式产能方程。通过这种方法,可直接根据井底流动压力与产量之间的关系,求取气层平均压力和气井绝对无阻流量,以及气井产能方程,省去了系统试井中关井测压力恢复曲线求取平均地层压力的过程,故称此方法为不关井试井。

在多点稳定回压试井的条件下,由气井的二项式产能方程式(4-42)得到

$$p_{wf}^2 = \overline{p}_r^2 - Aq_{sc} - Bq_{sc}^2 \quad (4-61)$$

设 $y = p_{wf}^2, x = q_{sc}, C = \overline{p}_r^2$,则由式(4-61)得到

$$y = C - Ax - Bx^2 \quad (4-62)$$

从(4-62)式明显可以看出,y 是 x 的二次函数,即 p_{wf}^2 是 q_{sc} 的二次函数。令:$y = y, A_0 = C, A_1 = -A, A_2 = -B, x_1 = x, x_2 = x^2$,则式(4-62)变为

$$y = A_0 + A_1 x_1 + A_2 x_2 \quad (4-63)$$

可以看出,式(4-63)是一个二元一次函数。如果测出了一组 p_{wf}^2—q_{sc} 的测量值,就可以直接利用二元线性回归的方法,求出 A_0、A_1、A_2,之后就可以求出 $C = A_0, A = -A_1, B = -A_2$;继而求出

$$\overline{p}_r = \sqrt{C} \quad (4-64)$$

无阻流量 $AOF = \dfrac{-A + \sqrt{A^2 + 4B\overline{p}_r^2}}{2B}$

3. 等时试井

常规回压试井为取得一条准确的 q_{sc}—Δp_{wf}^2 关系曲线,规定至少要测 4 个稳定的测点,因而历时较长,特别是在低渗透层试井中。

Cullender 等人提出等时试井,主要出发点就是缩短试井时间。基本思路简述如下:气流入井有效泄流半径仅与测试流量的生产持续时间有关,而与测试流量数值的大小无关。因此,对测试选定的几个流量,只要在开井后相同的生产持续时间测试,都具有相同的有效泄流半径。将几个测试流量生产持续时间相同的测压点(如 3h、6h 测的井底流压)分别按照相同的时距(如 3h 的等时距、6h 的等时距等),在双对数纸上作 q_{sc}—Δp_{wf}^2 关系曲线,得到一组互相平行的(即指数 n 相同的)等时曲线,任选其中一条确定指数方程中的指数 n。但是,各等时曲线的系数 C 并不相同,它随生产持续时间的增长而减小。到压力接近稳定时,C 也趋于定值。等时试井与常规回压法试井相比较,有以下特点:

(1)等时试井每测试一个流量,都必须在预先规定的生产持续时间测量井底流动压力。至于测几次井底流压、时间间隔多长,完全是人为的,没有统一的规定。例如,每一流量规定 3 个时距(30min、60min 和 90min),4 个测试流量就有 12 个测点。显然,这 12 个测点的井底流动压力都没有稳定,但 4 个测试流量的试井时间是等同的。

(2)每测量完一个流量,等时试井都要关井恢复压力,待地层压力恢复到 $\overline{p}_r$,再开井测试下一个流量。由于流量从小到大,每次关井到压力恢复到 $\overline{p}_r$,所需的关井时间逐渐增长。

(3)等时试井最后一个流量的测点,要求达到稳定。为此,最后一个流量的试气时间最长。通常称此流量为延时流量,实际就是稳定井底流压下的产气量。

用直线回归得出产能方程的二项式中的 B 和指数式中的 n,再代入延时流量 q_y 和此时的稳定井底压力 p_{wf},运用以下公式就可求出相关系数。

(1)指数式产能方程可以写成以下形式:

$$\lg q_{sc} = \lg C + n\lg(\overline{p}_r^2 - p_{wf}^2)$$

这样,$\lg q_{sc}$ 与 $\lg(\overline{p}_r^2 - p_{wf}^2)$ 成直线关系,斜率为 n,截距为 $\lg C$。可以用最小二乘法求 n:

$$n = \frac{N\sum[\lg q_{sc}\lg(\overline{p}_r^2 - p_{wf}^2)] - \sum \lg q_{sc}\sum \lg(\overline{p}_r^2 - p_{wf}^2)}{N\sum[\lg(\overline{p}_r^2 - p_{wf}^2)]^2 - \sum \lg(\overline{p}_r^2 - p_{wf}^2)\sum \lg(\overline{p}_r^2 - p_{wf}^2)}$$

也可以在双对数坐标纸上作出 q_{sc}—Δp_{wf}^2 关系图,在所作产能曲线图的直线部位,从纵轴上取一对数周期上的两点计算 n。

C 用延时流量 q_y 和此时的稳定井底压力 p_{wf} 来求:

$$\begin{cases} C = \dfrac{q_y}{(\overline{p}_r^2 - p_{wf}^2)^n} \\ AOF = C(\overline{p}_r^2)^n \end{cases} \quad (4-65)$$

(2)二项式产能方程可以写成 $\dfrac{\overline{p}_r^2 - p_{wf}^2}{q_{sc}} = A + Bq_{sc}$,显然,$\dfrac{\overline{p}_r^2 - p_{wf}^2}{q_{sc}}$ 与 q_{sc} 成直线关系,斜率为 B,截距为 A,则

$$B = \frac{N\sum(\overline{p}_r^2 - p_{wf}^2) - \sum\dfrac{\overline{p}_r^2 - p_{wf}^2}{q_{sc}}\sum q_{sc}}{N\sum q_{sc}^2 - \sum q_{sc}\sum q_{sc}}$$

也可以在坐标纸上作出 $\dfrac{\overline{p}_r^2 - p_{wf}^2}{q_{sc}}$—$q_{sc}$ 关系图,在所作曲线图的直线部位,从中取两点计算斜率 B。可以用上面求出的 B 值,再利用等时试井的一组稳定测量数据来求出 A:

$$A = -Bq_y + \frac{\overline{p}_r^2 - p_{wf}^2}{q_y} \quad (4-66)$$

则

$$AOF = \frac{-A + \sqrt{A^2 + 4B\overline{p}_r^2}}{2B}$$

4. 改进后等时试井

等时试井每测一个流量必须关井求 $\overline{p}_r$。几次关井,特别是在岩性致密的低渗透气层关井,所需时间仍然较长,因此等时试井缩短试井时间的目的很难实现。

对于如何缩短等时试井时间的问题,1959 年 Katz 等人提出了改进意见,要点是:每一测试流量下的试气时间和关井时间都相同,如图 4-7 中的 Δt;每次关井到规定时间 Δt 就测量气层压力 p_{ws}(p_{ws} 未达到稳定),并用 p_{ws} 代替 $\overline{p}_r$ 计算下一测试流量相应的 Δp^2(即 $p_{ws}^2 - p_{wf}^2$)。

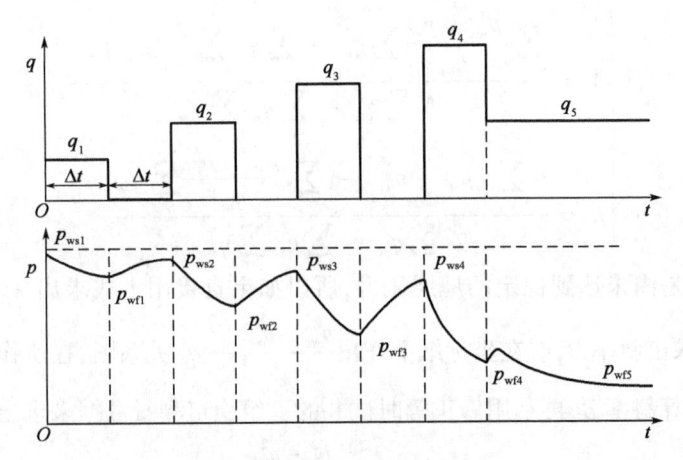

图 4-7 改进后等时试井的 q_{sc}—t 和 p_{wf}—t 图

等时试井经过这样的改进,缩短时间的目的就可达到,其结果与等时试井比较相差甚微。虽然对此方法尚无充分的理论说明,但仍为气田广泛采用。改进后等时试井的数据处理同样可以采用指数式和二项式两种方法。

(1) 指数式产能方程为 $\lg q_{sc} = \lg C + n\lg(\overline{p}_r^2 - p_{wf}^2)$,近似有

$$\lg q_{sc} = \lg C + n\lg(p_{ws}^2 - p_{wf}^2) \tag{4-67}$$

这样,$\lg q_{sc}$ 与 $\lg(p_{ws}^2 - p_{wf}^2)$ 成直线关系,斜率为 n,截距为 $\lg C$。可以用最小二乘法来求:

$$\begin{cases} \lg C = \dfrac{\sum \lg q_{sc} \sum [\lg(p_{ws}^2 - p_{wf}^2)]^2 - \sum \lg(p_{ws}^2 - p_{wf}^2) \sum [\lg q_{sc} \lg(p_{ws}^2 - p_{wf}^2)]}{N \sum [\lg(p_{ws}^2 - p_{wf}^2)]^2 - \sum \lg(p_{ws}^2 - p_{wf}^2) \sum \lg(p_{ws}^2 - p_{wf}^2)} \\ n = \dfrac{N \sum [\lg q_{sc} \lg(p_{ws}^2 - p_{wf}^2)] - \sum \lg q_{sc} \sum \lg(p_{ws}^2 - p_{wf}^2)}{N \sum [\lg(p_{ws}^2 - p_{wf}^2)]^2 - \sum \lg(p_{ws}^2 - p_{wf}^2) \sum \lg(p_{ws}^2 - p_{wf}^2)} \end{cases} \tag{4-68}$$

由于 p_{ws} 是尚未达到稳定的地层压力,所以如果直接用上式求出 n 和 $\lg C$,有较大的误差。可以用上式求出斜率 n,也可以在双对数坐标纸上作出 q_{sc}—$(p_{ws}^2 - p_{wf}^2)$ 关系图,在所作产能曲线图的直线部位,从纵轴上取一对数周期上的两点计算 n,再利用修正等时试井的一组稳定测量数据来求出 C:

$$\begin{cases} C = \dfrac{q_y}{(\overline{p}_r^2 - p_{wf}^2)^n} \\ AOF = C(\overline{p}_r^2)^n \end{cases} \tag{4-69}$$

(2) 二项式产能方程为 $\dfrac{\overline{p}_r^2 - p_{wf}^2}{q_{sc}} = A + Bq_{sc}$,近似有

$$\dfrac{p_{ws}^2 - p_{wf}^2}{q_{sc}} = A + Bq_{sc} \tag{4-70}$$

可以看出,$\dfrac{p_{ws}^2 - p_{wf}^2}{q_{sc}}$ 与 q_{sc} 成直线关系,斜率为 B,截距为 A。所以也可以用最小二乘法来求:

$$\begin{cases} A = \dfrac{\sum \dfrac{p_{ws}^2 - p_{wf}^2}{q_{sc}} \sum q_{sc}^2 - \sum q_{sc} \sum (p_{ws}^2 - p_{wf}^2)}{N \sum q_{sc}^2 - \sum q_{sc} \sum q_{sc}} \\ B = \dfrac{N \sum (p_{ws}^2 - p_{wf}^2) - \sum \dfrac{p_{ws}^2 - p_{wf}^2}{q_{sc}} \sum q_{sc}}{N \sum q_{sc}^2 - \sum q_{sc} \sum q_{sc}} \end{cases} \quad (4-71)$$

同样由于 p_{ws} 是尚未达到稳定的地层压力,所以如果直接用上式求出 A 和 B,有较大的误差。可以用上式求出斜率 B,或在坐标纸上作出 $\dfrac{p_{ws}^2 - p_{wf}^2}{q_{sc}}$ — q_{sc} 关系图,在所作曲线图的直线部位,从中取两点计算斜率 B,再利用修正等时试井的一组稳定测量数据来求出 A:

$$A = Bq_y - \dfrac{\overline{p_r^2} - p_{wf}^2}{q_y}$$

$$AOF = \dfrac{-A + \sqrt{A^2 + 4B(\overline{p_r^2})}}{2B}$$

(3)指数式产能方程的改进。考虑到直接采用指数式产能方程处理误差比较大,所以采用了下面这种求指数式产能方程的方法:

①首先用指数式产能方程求出 A 和 B;

②再用下式求出 n 和 C:

$$\begin{cases} n = (A + Bq_1)/(A + 2Bq_1) \\ C = q_y/(\overline{p_r^2} - p_{wf}^2)^n \\ AOF = C(\overline{p_r^2})^n \end{cases} \quad (4-72)$$

式中,$q_1 = \sqrt{q_{min} q_{max}}$,$q_{min}$、$q_{max}$ 分别为此次产能试井的最小和最大流量。

5. 确定低渗透气层气井产能方程的方法

对于某些低渗透气层,要取得一个稳定的测试点极其困难。在一个稳定测试点都没有的情况下,可以采用 LIT 分析法(Laminar Inertia Turbulence Analysis)。

1976 年 Brar 和 Aziz 提出此法,利用有限的压降资料,计算式(4-42)中的 A 和 B,从而获得气井产能方程。

对拟稳态气体流动,式(4-42)可改写为

$$\Delta p^2 = \overline{p_r^2} - p_{wf}^2 = Aq_{sc} + Bq_{sc}^2 = 2m\left(\lg \dfrac{0.472 r_e}{r_w} + \dfrac{S}{2.303} \right) q_{sc} + 0.869 mD q_{sc}^2$$

$$m = \dfrac{1.4866 \times 10^{-3} T \overline{\mu}_g \overline{Z}}{Kh}$$

对于不稳定流动,由渗流力学可知,气井定产量开井后,井底流动压力与时间的关系为

$$\begin{aligned} \Delta p_{(t)}^2 &= \overline{p_r^2} - p_{wf(t)}^2 \\ &= m\left(\lg \dfrac{Kt}{\phi \overline{\mu} \overline{C}_g r_w^2} - 2.098 + 0.869 S \right) q_{sc} + 0.869 mD q_{sc}^2 \\ &= A_t q_{sc} + B q_{sc}^2 \end{aligned} \quad (4-73)$$

将式(4-42)与式(4-73)作比较,可见两式中 A 不同,B 是相同的,即

$$A = 2m\left(\lg\frac{0.472r_e}{r_w} + \frac{S}{2.303}\right) \tag{4-74}$$

$$A_t = m\left(\lg\frac{K}{\phi\bar{\mu}C_g r_w^2} - 2.098 + 0.869S\right) + m\lg t \tag{4-75}$$

$$B = 0.869mD \tag{4-76}$$

其中

$$C_g = 1/p, p = \left[(\bar{p}_r^2 + p_{wf}^2)/2\right]^{\frac{1}{2}},$$
$$S' = S + Dq_{sc}$$

式中　t——开井生产持续时间,h;

$p_{wf}(t)$——t 时刻对应的井底压力,MPa;

C_g——气体等温压缩率,MPa^{-1};

S'——视表皮系数;

m——在式(4-75)中 $p_{wf}^2(t)$—$\lg t$ 的斜率,$\left(\frac{\text{MPa}^2}{\text{m}^3/\text{d}}\right)\Big/\text{h}$;

式中其他参数所用单位:h 为 m;r_w 为 m;T 为 K;μ_g 为 mPa·s;q_{sc} 为 $10^4\text{m}^3/\text{d}$;K 为 $10^{-3}\mu\text{m}^2$。

为确定不同时距的 A_t,将式(4-73)写为

$$\frac{\Delta p_{(t)}^2}{q_{sc}} = A_t + Bq_{sc} \tag{4-77}$$

式中　A_t——由式(4-75)定义,$\frac{\text{MPa}^2}{\text{m}^3/\text{d}}$;

B——由式(4-76)定义,$\left(\frac{\text{MPa}}{\text{m}^3/\text{d}}\right)^2$。

利用改进后等时试井法试井,但无须测最后一个稳定测点。按下述步骤整理试井资料,即可求得气井的产能方程式:

(1)对于低渗透气层的气井,用改进后等时试井法试井,例如,测试 M 个流量,每一流量下测 N 个井底流动压力,录井取得全部试井资料。

(2)求不同时距的 A_t 和 B,建议用最小二乘法求,即

$$A_t = \frac{\sum\frac{\Delta p^2}{q_{sc}}\sum q_{sc}^2 - \sum\Delta p^2\sum q_{sc}}{N\sum q_{sc}^2 - \sum q\sum q_{sc}}$$

$$B = \frac{N\sum\Delta p^2 - \sum\frac{\Delta p^2}{q_{sc}} - \sum q_{sc}}{N\sum q_{sc}^2 - \sum q_{sc}\sum q_{sc}}$$

(3)N 个时距的 A_t 一经求出,即可在半对数纸上作 A_t—t 图,确定斜率 m 和截距 $A_{t=1}$。

(4)已知 m 可求出渗透率 K:

$$K = \frac{1.4866\times 10^{-3}T\bar{\mu}\bar{Z}}{hm}$$

(5) 已知 m、K 和 $A_{t=1}$，利用式(4-75)求表皮系数 S：

$$S = \left(\frac{A_{t=1}}{m} - \lg\frac{K}{\phi\bar{\mu}C_g r_w^2} + 2.098\right)\bigg/0.869$$

(6) 用式(4-74)计算稳定的 A 值。

(7) 用式(4-76)计算 D：

$$D = \frac{B}{0.869m}$$

式中的 B 值取最后(即测试时间最长)时距的值。

(8) 将 m、S 和 D 代入式(4-73)，即可确定气井产能方程(如果 $\bar{p}_r$ 已知)。

第四节　完井方式对气流入井的影响

钻井打开地层，产气层段的井底结构称为完井方式。气井完井方式的选择取决于气层的地质情况、钻井技术水平和采气工艺技术的需要。与油井相比较，一般而言，气井的井底压力和井口压力比油井要高得多；而且，天然气中常常含有硫化氢、二氧化碳等酸性气体，对井下管柱与井口装置有严重的腐蚀作用，有时甚至会酿成严重的事故，因此，气井完井技术的要求高、难度也大。气井基本的完井方式有三种：裸眼完井、射孔完井和射孔—砾石衬管完井。

完井方式对气流入井的影响主要是完井方式本身产生的各种附加阻力，产能方程仍可用式(4-42)的二项式表示，但对不同的完井方式，层流系数 A 和紊流系数 B 有其不同的内涵。

分析完井方式对气流入井的影响，对于完善完井工艺、优化气井生产系数，都有重要的现实意义。

一、裸眼完井

气流入井地层能量主要消耗于地层，其产能方程与式(4-42)相同，即

$$p_r^2 - p_{wf}^2 = A_r q_{sc} + B_r q_{sc}^2 \tag{4-78}$$

其中

$$A_r = \frac{1.291 \times 10^{-3} T\bar{\mu}\bar{Z}}{K_R h}\left(\ln\frac{0.472 r_e}{r_w} + S_d\right) \tag{4-79}$$

$$B_r = \frac{2.828 \times 10^{-21} \beta_r \gamma_g \bar{Z}T}{r_w h^2} \tag{4-80}$$

$$S_d = \left(\frac{K_R}{K_d} - 1\right)\ln\frac{r_d}{r_w}$$

式中　A_r——地层层流系数(径向)；

B_r——地层紊流系数(径向)；

K_R——未污染地层渗透率，$10^{-3}\mu m^2$；

S_d——由于井底周围渗透率发生变化引起的表皮系数；

β_r——速度系数，m^{-1}，可用式(4-26)求出；

K_d——受污染后的地层渗透率，$10^{-3}\mu m^2$；

r_d——受污染区半径(若无资料可借鉴,建议采用 $r_d = r_w + 0.3048$ 计算),m。

二、射孔完井

射孔完井的特点是在钻达预定深度后,下入生产套管,注水泥固井,然后下入射孔枪对准产层射穿套管、水泥环完井。这种完井方法适用于有边、底水气层及需要分层开采的多产层气层。射孔完井的关键是固井质量必须得到保障,产层评价的测井技术必须过关,射孔深度必须可靠,射孔的炮弹能达到规定的穿透能力。

气流入井地层能量主要消耗于气层、射孔孔眼及其附近,其产能公式可写为

$$\bar{p}_r^2 - p_{wf}^2 = (A_r + A_p)q_{sc} + (B_r + B_p)q_{sc}^2 \tag{4-81}$$

式中 A_p——射孔孔眼层流系数(单向);
  B_p——射孔孔眼紊流系数(单向)。

射孔孔眼层流部分的能量消耗取决于射孔孔数、射孔器类型、所用钻井液性能和射孔对孔眼周围岩石的压实程度等因素。

Mcleod 提出

$$A_p = \frac{1.291 \times 10^{-3} T \bar{\mu} \bar{Z}}{K_R h}(S_p + S_{dp}) \tag{4-82}$$

其中

$$S_p = \left(\frac{h_R}{h_p} - 1\right)\left\{\ln\left[\frac{h_R}{r_w}\left(\frac{K_o}{K_v}\right)^{0.5}\right] - 2\right\} \tag{4-83}$$

$$S_{dp} = \frac{h_R}{L_p N}\left(\frac{K_R}{K_{dp}} - \frac{K_R}{K_d}\right)\ln\frac{r_{dp}}{r_p} \tag{4-84}$$

式中 S_p——反映流线向孔眼汇集影响的系数;
  S_{dp}——反映流体通过孔眼周围压实区和钻井液污染区影响的系数;
  h_R——地层总厚度(包括非生产层),m;
  h_p——射孔段厚度,m;
  K_o——水平渗透率,$10^{-3}\mu m^2$;
  K_v——垂直渗透率,$10^{-3}\mu m^2$;
  L_p——子弹射穿长度,m;
  N——总射孔数;
  K_{dp}——压实环渗透率,$10^{-3}\mu m^2$;
  r_p——射孔弹半径,m;
  r_{dp}——压实环半径,m。

射孔井的绝大部分压降是由压实环的非达西流动和孔眼的紊流引起的,用下式计算其值:

$$B_p = \frac{2.828 \times 10^{-21} \beta_{dp} \gamma_g \bar{Z} T}{r_p L_p^2 N^2} \tag{4-85}$$

其中

$$\beta_{dp} = \frac{7.644 \times 10^{10}}{K_{dp}^{1.5}} \tag{4-86}$$

式中 β_{dp}——速度系数,m^{-1}。

利用上式计算 A_p、B_p 时,有些参数难以确定,如 K_d、K_{dp}、r_{dp}、L_p、r_d 等。这些参数应由射孔公司提供,若无法获得试验资料,可按 Mcleod 建议的下式确定。

在钻井液压井条件下射孔:

$$\frac{K_{dp}}{K_R} = \frac{K_c}{K}$$

在盐水压井条件下射孔:

$$\frac{K_{dp}}{K_d} = \frac{K_c}{K}$$

式中 $\frac{K_c}{K}$——射孔压实带渗透率与射孔前岩心渗透率的比值,通常由射孔公司试验提供。如无法获得,可参考表 4-2。

表 4-2 $\frac{K_c}{K}$ 的取值

压井液	压力条件	K_c/K
高固相钻井液	$+\Delta p$	0.01~0.03
低固相钻井液	$+\Delta p$	0.02~0.04
未过滤的盐水	$+\Delta p$	0.04~0.06
过滤盐水	$+\Delta p$	0.08~0.16
过滤盐水	$-\Delta p$	0.15~0.25
干净射孔压井液	$-\Delta p$	0.30~0.50
理想射孔压井液	$-\Delta p$	1.00

Mcleod 建议压实环厚度取 $\delta_{dp} = 0.127\mathrm{m}$,则

$$r_{dp} = r_p + 0.127$$
$$r_d = r_w + 0.3048$$

对于一口射孔井,气流入井可设想为两段流程。首先,从外边界流到 p_{wfs},然后再流到 p_{wf}。因此式(4-81)可分为两个方程:

$$\bar{p}_r^2 - p_{wfs}^2 = A_r q_{sc} + B_r q_{sc}^2 \qquad (4-87)$$

$$p_{wfs}^2 - p_{wf}^2 = A_p q_{sc} + B_p q_{sc}^2 \qquad (4-88)$$

气流入井的总压降 Δp 为地层径向流压降 Δp 与射孔完井单向流压降 Δp_p 之和:

$$\bar{p}_r - p_{wf} = (\bar{p}_r - p_{wfs}) + (p_{wfs} - p_{wf}) \qquad (4-89)$$

图 4-8 中清楚地画出这三个压降的变化。

当地层参数一定时,地层径向流压降 Δp 仅与流量有关。根据式(4-87)可画出相当于裸眼井的气体流入动态曲线(图中曲线 1)。

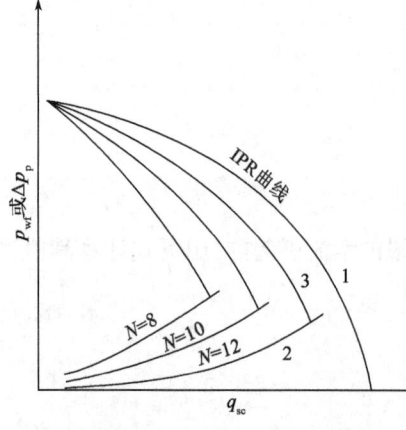

图 4-8 射孔井流入动态曲线

射孔完井单向流压降 Δp_p 直接受 N、L_p、r_p 及射孔

工艺条件的影响。其中，N 的影响最大，也是人为可控制的主要因素。固定其他参数不变，仅以 N 为变量，根据式(4-88)可画出一组不同 N 的 Δp_p—q_sc 关系曲线(图中曲线2)。

射孔井总的流入动态曲线 Δp_p—q_sc 由上面两条曲线叠加而得(图中曲线3)。

从图4-8中可以看出：$\bar{p}_\mathrm{r}$ 一定，在同一 p_wf 下，孔数少的产量低。因此，增加新井射孔密度、对老井进行补孔、改善射孔压井条件、提高射孔有效率等技术措施，对气井增产具有重要意义。

三、射孔—砾石衬管完井

在射孔井段再下一带筛眼的衬管，并在衬管与油层套管之间充填砾石，这种完井方式称为射孔—砾石衬管完井，这种完井方式多用于高渗透性、胶结较疏松的砂岩，孔眼周围压实环的渗透性要好一些，但被砾石充填的孔道单向渗流的阻力明显增加。其产能方程可写为

$$p_\mathrm{r}^2 - p_\mathrm{wf}^2 = (A_\mathrm{r} + A_\mathrm{p} + A_\mathrm{G})q_\mathrm{sc} + (B_\mathrm{r} + B_\mathrm{p} + B_\mathrm{G})q_\mathrm{sc}^2 \tag{4-90}$$

其中

$$A_\mathrm{G} = \frac{5.5135 \times 10^{-5} \bar{Z} \bar{\mu} TL}{K_\mathrm{G} N r_\mathrm{p}^2} \tag{4-91}$$

$$B_\mathrm{G} = \frac{7.463 \times 10^{-20} \beta_\mathrm{G} \gamma_\mathrm{G} \bar{Z} TL}{N^2 r_\mathrm{p}^4} \tag{4-92}$$

$$\beta_\mathrm{G} = \frac{4.823 \times 10^7}{K_\mathrm{G}^{0.55}} \tag{4-93}$$

式中　A_G——砾石衬管层流系数(单向)；

　　　B_G——砾石衬管紊流系数(单向)；

　　　γ_G——砾石相对密度；

　　　K_G——砾石渗透率，$10^{-3} \mu m^2$；

　　　L——射孔长度，m；

　　　β_G——速度系数，m^{-1}。

Gurley 建议，根据筛析所用筛网尺寸估计 K_G，见表4-3。

表4-3　依据所用筛网尺寸估计 K_G 值对照表

筛网尺寸，目(孔数/in)	10～20	16～30	20～40	40～60
K_G，$10^{-3} \mu m^2$	5.00×10^5	2.50×10^5	1.20×10^5	4.00×10^4

对比式(4-90)与式(4-81)可以发现，与射孔完井相比，射孔—砾石衬管完井多了一项附加压降，记为 Δp_G，则 $\Delta p_\mathrm{G} = A_\mathrm{G} q_\mathrm{sc} + B_\mathrm{G} q_\mathrm{sc}^2$。从 A_G、B_G 的表达式中可以看出，K_G 对 Δp_G 影响显著。因此，正确选择砾石直径具有重要的意义。

根据上述三种完井方式的数学模型，可以得出以下几点认识：

(1)对碳酸盐岩裂缝性气层或坚硬的砂岩地层，裸眼完井气层面积暴露最充分。如钻开气层能采取保护措施(例如，采用快速钻进和优质钻井液等)，尽可能减小钻井液对气层的伤害，对保持高产是有利的。

(2)多产层气田广泛采用射孔完井，这对分层开采、酸化、压裂都是必要的。对于非裂缝

性均质储层,采用增加射孔密度、提高射孔有效率、加深弹道密度、改善射孔钻井液品质和采用负压射孔等工艺,有利于减小射孔部分的附加阻力。

(3)砾石衬管完井,无论衬管是放置于裸眼,还是放置于射孔井段,为有效地达到防塌防砂和减小砾石部分的压降,必须选择合理的砂粒直径。既不能强调防砂而忽略砾石过细增大的流动阻力,也不能为了降低压降而达不到防塌防砂的目的。

第五节 水平气井产能方程

产能分析是水平气井采气工程的重要研究内容,是制定水平气井生产工作制度、预测水平气井生产动态的重要依据。

一、不考虑水平气井筒段压降的产能方程

实际气藏的边界是比较复杂的,为了研究的方便,本节在假定水平段井筒内壁摩擦、沿程流体流入及流量加速度等产生的压降可以忽略的前提下(即水平段井筒具有无限导流能力),研究其产能分析理论和方法。

1. 产能分析数学模型

设长为 L 的水平气井位于水平、等厚的气藏中的任意位置处,此时水平气井偏离气层中心的距离即偏心距为 δ_z,气藏顶、底边界不渗透,水平方向无限延伸,其水平及垂向渗透率分别为 K_h、K_v,气体单相渗流,符合达西定律,水平气井以地面产量 q_h 定产投产,井半径为 r_w,其渗流的简化物理模型如图 4-9 所示。

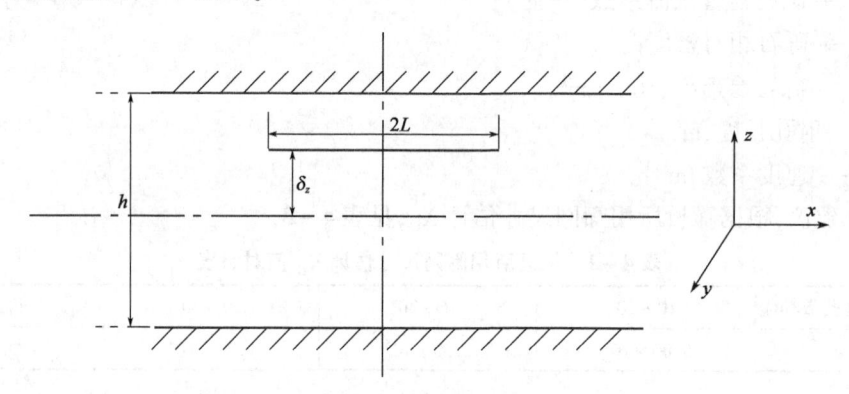

图 4-9 水平井渗流物理模型

根据气体地下稳定渗流理论及水平井三维渗流特征,以压力平方形式表示的水平气井稳定渗流的数学模型如下:

拉普拉斯方程:

$$\frac{K_h}{K_v}\left(\frac{\partial^2 p^2}{\partial x^2}+\frac{\partial^2 p^2}{\partial y^2}\right)+\frac{\partial^2 p^2}{\partial z^2}=0 \quad (4-94)$$

井底定压条件,即在 $r = r'_w$:

$$p^2 = p_{wf}^2 \quad (4-95)$$

外边界恒压条件,即在 $r = r_{eh}$ 处:

$$p^2 = p_n^2 \tag{4-96}$$

井壁处压力及水平气井产量应满足以下方程:

$$q_h = 2 \times 774.6rL \sqrt{K_h K_v} \frac{p}{\mu_g ZT} \frac{\partial p}{\partial r}\Big|_{r=r'_w} \tag{4-97}$$

由式(4-97),以压力平方形式表示为

$$q_h = 774.6rL \sqrt{K_h K_v} \frac{1}{\mu_g ZT}(p_r^2 - p_{wf}^2) \tag{4-98}$$

式中 K_h, K_v ——气藏水平和垂向渗透率,$10^{-3} \mu m^2$;
  r'_w, r_{eh}——水平气井的有效半径和排泄半径,m;
  L——气井水平段长度,m;
  h——气层厚度,m;
  T——地层温度,K;
  q_h——水平气井产量,m^3/d。

同理,以拟压力表示的水平井稳定渗流数学模型为:
扩散方程:

$$\frac{K_h}{K_v}\left(\frac{\partial^2 \psi}{\partial x^2} + \frac{\partial^2 \psi}{\partial y^2}\right) + \frac{\partial^2 \psi}{\partial z^2} = 0 \tag{4-99}$$

井底定压条件,即在 $r = r'_w$:

$$\psi = \psi_{wf} \tag{4-100}$$

外边界恒压条件,即在 $r = r_{eh}$:

$$\psi = \psi_R \tag{4-101}$$

井壁处压力及水平气井产量应满足以下方程:

$$q_h = \frac{774.6rL \sqrt{K_h K_v}}{T} \frac{\partial \psi}{\partial r}\Big|_{r=r'_w} \tag{4-102}$$

式中,水平气井拟压力定义为

$$\psi = 2\int_0^r \frac{p}{\mu Z}dp \tag{4-103}$$

2. 气井产量方程

针对上述水平气井稳定渗流数学模型,经理论推导,可获得以压力平方形式表示的水平气井产量公式。

以压力平方形式表示的水平气井产量公式为

$$q_h = \frac{774.6 K_h h(p_r^2 - p_{wf}^2)}{\mu ZT \ln(r_{eh}/r'_w)} \tag{4-104}$$

若考虑水平气井的损害影响,则产量公式表示为

$$q_h = \frac{774.6 K_h h(p_r^2 - p_{wf}^2)}{\mu ZT[\ln(r_{eh}/r'_w + S_h)]} \tag{4-105}$$

以拟压力形式表示的水平气井产量公式为

$$q_h = \frac{774.6 K_h h (\psi_r - \psi_{wf})}{T \ln(r_{eh}/r'_w)} \quad (4-106)$$

若考虑水平气井的损害影响,则产量公式表示为

$$q_h = \frac{774.6 K_h h (\psi_r - \psi_{wf})}{T[\ln(r_{eh}/r'_w) + S_h]} \quad (4-107)$$

式(4-104)、式(4-105)、式(4-106)、式(4-107)与垂直气井压力及拟压力产量公式有相似之处,不同之处在于水平井要考虑各向异性,水平井的排泄半径及有效半径与垂直井不同。Borisov、Joshi、Giger、Renard-Dupuy、ShedidA 及陈元千等人经过推导得出了不同的水平井产能计算公式,其中有效半径的计算方法见表4-4。

表4-4 排泄半径及有效半径的计算方法

折算方法	排泄半径	有效半径
Borisov	$R_{eh} = \sqrt{A/\pi}$	$r'_w = \dfrac{L}{4[\beta h/(2\pi r_w)]^{\beta h/L}}$
Joshi	$R_{eh} = \sqrt{A/\pi}$	$r'_w = \dfrac{r_{eh} \cdot L}{2a\{1+\sqrt{1-[L/(2a)]^2}\} \cdot [\beta h/(2r_w)]^{\beta h/L}}$ $a = (L/2)[0.5 + \sqrt{0.25 + (2r_{eh}/L)^4}]^{0.5}$
Giger	$R_{eh} = \sqrt{A/\pi}$	$r'_w = \dfrac{L}{2\{1+\sqrt{1-[L/(2r_{eh})]^2}\} \cdot [\beta h/(2\pi r_w)]^{\beta h/L}}$
Renard-Dupuy	$R_{eh} = \sqrt{A/\pi}$	$r'_w = \dfrac{r_{eh}}{e^{\cosh^{-1}(2a/L)} \cdot [\beta h/(2\pi r_w)]^{\beta h/L}}$ $a = (L/2)[0.5 + \sqrt{0.25 + (2r_{eh}/L)^4}]^{0.5}$
Shedid A	$R_{eh} = \sqrt{A/\pi}$	$r'_w = \dfrac{r_{eh}}{e^{(0.25+C/L) \cdot (1/r_w - 2/h)} \cdot [\beta h/(2r_w)]^{\beta h/L}}$ $L > 304.8m, C = 143.26 - 0.061L$ $L < 304.8m, C = 82.3$
陈元千	$R_{eh} = \sqrt{A/\pi}$	$r'_w = \dfrac{r_{eh}}{\sqrt{(4a/L-1)^2 - 1} \cdot [\beta h/(2r_w)]^{\beta h/L}}$ $a = L/4 + \sqrt{(L/4)^2 + A/\pi}$

注:表中 A 为泄气面积,$\beta = \sqrt{K_h/K_v}$。

上述产量公式都是假设水平气井处于气层中部位置,即偏心距 δ_z 为零的情形。实际上,钻井过程中水平气井不一定位于气层中部,即存在偏心距 δ_z 不为零的情形,此时有必要对水平气井有效半径进行修正。表4-4中的有效半径的计算公式,每个计算公式的分母中都有 $[\beta h/(2r_w)]^{\beta h/L}$ 项,应用中将该项修正为

$$\left[\frac{\left(\dfrac{\beta h}{2}\right)^2 + \delta_z^2}{\dfrac{\beta h r_w}{2}}\right]^{\frac{\beta h}{L}} \quad (4-108)$$

以上方程是在各向同性的基础上推导出的。在求解各向异性问题时使用等效半径 r_{we} 来替换原来井径 r_w,等效半径 r_{we} 的公式为

$$r_{we} = \frac{r_w}{2}\left[\left(\frac{K_v}{K_h}\right)^{1/4} + \left(\frac{K_h}{K_v}\right)^{1/4}\right] = \frac{r_w}{2} \cdot \frac{(1+\beta)}{\sqrt{\beta}} \tag{4-109}$$

二、考虑水平气井筒压降的产能方程

当水平气井的产气量较大或水平段很长时,水平段的摩阻损失是不容忽视的,气体在水平段井筒内流动会产生较大的压降,它将对水平井向井流动态关系产生重要影响。

从气藏径向流入的流量大小会影响水平井筒内压力分布及压降的大小,而井筒内压力分布又反过来影响从气藏径向流入量的大小及分布,所以气藏内的渗流和水平井筒内的流动是相互联系又相互影响的两个流动过程。在实际应用中,应该建立水平气井的气藏渗流和水平井筒的管流的耦合模型来求解水平气井的流入动态。

1. 气体在气藏中的渗流

定义拟压力形式的水平井采气指数为

$$J_h = \frac{Q_h}{\psi_{pr} - \psi_{pwf}} \tag{4-110}$$

式中 Q_h——水平气井的地面产气量,m^3/d;
J_h——水平气井的采气指数,$m^3/(d \cdot MPa)$。

由于沿水平段的压降是非均匀的,进入水平段每一部分的流量也是非均匀的。但是可认为水平气井单位长度采气指数 J_s 是一个常数:

$$J_s = \frac{J_h}{L} \tag{4-111}$$

式中 J_s——水平气井单位长度采气指数,$m^3/(d \cdot MPa \cdot m)$。

2. 气体在水平段井筒的流动

假设水平段井筒中为单相流动,水平段上游指端没有流体流入,单位井筒长度有一个确定的生产指数 J_s,气藏中流体作等温流动,水平段中为一维轴向流动,不计重力的影响。

图 4-10 所示为水平井水平段简图。在距水平段上游端($x=0$)距离 x 处取一长度为 dx 的微元段。对此微元段的流动进行分析,如图 4-11 所示。

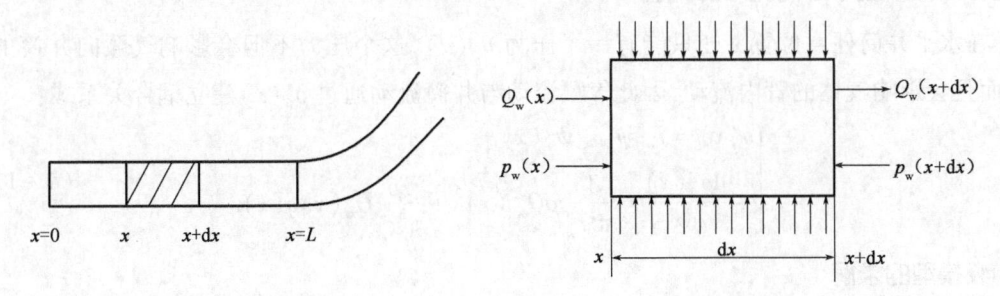

图 4-10 水平井水平段示意图　　图 4-11 水平井微元段流动分析图

在图 4-11 所示的微元段中,流体受到表面力及质量力的作用。质量力在 x 方向合力为零;表面力为:微元段上游端压力为 $p_w(x)$,下游端压力为 $p_w(x+dx)$,管壁摩擦阻力为 τ;微元段上游端截面流量为 $Q_w(x)$,下游端截面流量为 $Q_w(x+dx)$。从气藏流入单位长度水平段的产量为 $q(x)$,则流入微元段(微元段长度 dx 可充分小)的总流量可以表示为 $q(x)dx$。

从图 4-11 可看出:

$$\frac{d}{dx}Q_w(x) = q(x) \quad (4-112)$$

由上述微元段的流动分析可知,气体在水平段流动过程中首先会产生摩擦压降;由于气藏的径向流入,微元段上下游两端的流量发生变化,使得动量也发生变化,将产生加速压降。

按能量守恒有下列方程:

$$Ap_w(x) - A[p_w(x+dx)] = 2\pi r \tau dx + d(mv) \quad (4-113)$$

(1) 由于摩阻产生的压降为

$$\tau = \frac{1}{2}f\rho \overline{v}^2 = \frac{1}{2}f\rho \left[\frac{Q_w(x)+Q_w(x+dx)}{2A}\right]^2 = \frac{1}{2}f\rho \left[\frac{Q_w(x)+q(x)dx/2}{A}\right]^2 \quad (4-114)$$

(2) 加速压降为

$d(mv)$ 为动量变化项,等于微元段下游端动量减去上游端动量,即

$$d(mv) = \rho A(v_2^2 - v_1^2) = \rho A\left\{\left[\frac{Q_w(x+dx)}{A}\right]^2 - \left[\frac{Q_w(x)}{A}\right]^2\right\} \quad (4-115)$$

将式(4-115)展开,因微元段 dx 很小,所以 $q(x)dx$ 的平方项可以忽略掉,即

$$d(mv) \approx \frac{\rho}{A}[2Q_w(x)q(x)dx] \quad (4-116)$$

整理化简可得

$$-\frac{dp_w(x)}{dx} = \frac{\pi r_w}{A}f\rho\left\{\frac{Q_w(x)+q(x)dx/2}{A}\right\}^2 + \frac{2\rho}{A^2}Q_w(x)q(x) \quad (4-117)$$

当 dx 趋于 0 的时候微元段内的平均流量可用 x 处的界面流量来表示,所以式(4-11)可化为

$$-\frac{dp_w(x)}{dx} = \frac{1}{\pi^2 r_w^5}f\rho Q_w(x)^2 + \frac{2\rho}{\pi^2 r_w^4}Q_w(x)q(x) \quad (4-118)$$

式(4-118)就是水平段压降梯度方程。

3. 气藏渗流与井筒流动的耦合

在水平井筒任意位置 x 处只能有一个压力 $p_w(x)$,这个压力不但会影响气藏向井筒的流动,而且会影响气体的管内流动,因此气藏流动与井筒流动通过 $p_w(x)$ 建立耦合关系式:

$$\begin{cases} q(x) = J_s[\psi_{pr} - \psi_w(x)] \\ -\frac{dp_w(x)}{dx} = \frac{1}{\pi^2 r_w^5}f\rho Q_w(x)^2 + \frac{2\rho}{\pi^2 r_w^4}Q_w(x)q(x) \end{cases} \quad (4-119)$$

4. 模型的求解

上述模型无法直接求解析解,所以只能考虑求数值解。对于裸眼或者射孔完井,考虑把水

平段等分为 N 段或按其所含孔眼的数量分成相应的小段(即孔眼段),使每一个孔眼段中只包含相同孔眼,并假定每个孔眼段的径向流入量均为 q。假设水平段上游指端没有流体流入,而水平段内的流体都是由井壁流入或者孔眼的径向流入的。此时任意第 i 段(长为 $l = L/N$)的流入量为

$$q_i = J_s l (\psi_{pr} - \psi_{pw,i}^{-}) \tag{4-120}$$

$$p_{w,i}^{-} = p_{w,i} - 0.5\Delta p_i \tag{4-121}$$

式中 $p_{w,i}^{-}$——水平井筒第 i 段内的平均压力,MPa;

$p_{w,i}$——水平井筒第 i 段内的压力,MPa;

Δp_i——水平井筒第 i 段内的压降,MPa。

计算时,先用气藏流动方程求得水平井筒单位长度的产能指数 J_s,再用井筒流动模型计算摩阻压降和加速度压降。由于摩阻压降和加速度压降均与 q_i 有关,此处必须用迭代的方法(如布伦特法、牛顿—拉弗逊法等)解方程。最后水平气井的总产气量为

$$Q_t = \sum_{i=1}^{N} q_i \tag{4-122}$$

第六节 产水气井产能方程

纯气井产能方程建立于纯气体地下稳定渗流理论基础上,且产能分析方法已相对成熟。对于产水气井而言,地层存在气水两相渗流,需要研究气水两相渗流气井的产能分析理论及分析方法。

一、气水两相地层渗流模型

假设一口产水气井位于均质单一孔隙介质、各向同性、水平等厚的无限大地层中,地层为气水两相流动,符合达西定律,气水彼此互不相容,忽略重力及毛管力的影响。

由运动方程、状态方程及连续性方程,气水两相渗流数学模型的扩散方程为

$$\nabla \left[\frac{\rho_g K K_{rg}}{\mu_g} \cdot \nabla p \right] = 0 \tag{4-123}$$

$$\nabla \left[\frac{\rho_w K K_{rw}}{\mu_w} \cdot \nabla p \right] = 0 \tag{4-124}$$

由达西定律,内边界条件为

$$\lim_{r \to r_w} r h \rho_g \frac{K K_{rg}}{\mu_g} \cdot \frac{\partial p}{\partial r} = 1.842 \times 10^{-3} q_{sc} \rho_{gsc} \tag{4-125}$$

$$\lim_{r \to r_w} r h \rho_w \frac{K K_{rw}}{\mu_w} \cdot \frac{\partial p}{\partial r} = 1.842 \times 10^{-3} q_w \rho_{wsc} \tag{4-126}$$

井壁处: $\qquad p(r_w) = p_{wf} \tag{4-127}$

边界处: $\qquad p(r_e) = p_r \tag{4-128}$

式中 p_{wf}, p_r——井底流压和外边界上的压力,MPa;

ρ_g, ρ_w——气、水地下密度,kg/m³;

μ_g, μ_w——气、水黏度,mPa·s;

K——储层岩石渗透率,$10^{-3}\mu m^2$;

K_{rg}, K_{rw}——气、水相对渗透率;

q_{sc}, q_w——气井产气量、产水量,m^3/d;

ρ_{gsc}——$1.205\rho_g$,标准状况(压力为 0.101325MPa,温度为 20℃)下气体密度,kg/m^3(ρ_g 为气体密度);

ρ_{wsc}——$1000\rho_w$,标准状况下水密度,kg/m^3(ρ_w 为水的密度);

h——气层厚度,m;

p——压力,MPa;

r_w——井半径,m;

r_e——排泄半径,m。

定义气水两相拟压力:

$$\psi = \int_0^p \left(\frac{\rho_g K_{rg}}{\mu_g} + \frac{\rho_w K_{rw}}{\mu_w}\right)dp \tag{4-129}$$

则上述数学模型的拟压力形式为 $\nabla^2\psi = 0$,有

$$\lim_{r \to r_w} r\frac{\partial \psi}{\partial r} = 1.842 \times 10^{-3}\frac{q_t}{Kh} \tag{4-130}$$

$$\psi(r_w) = \psi_{wf} \tag{4-131}$$

$$\psi(r_e) = \psi_r \tag{4-132}$$

$$q_t = q_{sc}\rho_{gsc} + q_w\rho_{wsc} \tag{4-133}$$

式中 q_t——气水两相的地面质量流量之和,即地面总质量流量,kg/d。

二、不同形式的产水气井产能方程

1. 拟压力形式的产能方程

将式(4-130)至式(4-132)所构成的数学模型求解即可得到以下的拟压力形式的产能方程:

$$\psi_r - \psi_{wf} = \frac{1.842 \times 10^{-3} q_t}{Kh}\ln\frac{r_e}{r_w} \tag{4-134}$$

或

$$q_t = \frac{Kh}{1.842 \times 10^{-3}\ln\frac{r_e}{r_w}}(\psi_r - \psi_{wf}) \tag{4-135}$$

又可以表示为

$$q_{sc}\rho_{gsc} + q_w\rho_{wsc} = \int_{p_{wf}}^{p_r}\left(\frac{\rho_g K_{rg}}{\mu_g} + \frac{\rho_w K_{rw}}{\mu_w}\right)dp \tag{4-136}$$

由式(4-134)、式(4-135)、式(4-136)可以计算不同气水比下 q_t—P_{wf} 的关系曲线,即

气水两相渗流时气水同产井的流入动态曲线。

当考虑表皮效应和非达西效应时,式(4-134)存在以下关系:

$$\psi_r - \psi_{wf} = \frac{1.842 \times 10^{-3} q_t}{Kh}\left(\ln\frac{r_e}{r_w} + S + Dq_t\right) \tag{4-137}$$

即

$$q_{sc}\rho_{gsc} + q_w\rho_{wsc} = \int_{p_{wf}}^{p_r}\left(\frac{\rho_g K_{rg}}{\mu_g} + \frac{\rho_w K_{rw}}{\mu_w}\right)dp \tag{4-138}$$

其中 $D = 2.191 \times 10^{-18}\dfrac{\beta\rho_g K}{\mu_g h r_w^2}, \beta = \dfrac{7.664 \times 10^{10}}{K^{1.5}}$

令 $A = \dfrac{1.842 \times 10^{-3}}{Kh}\left(\ln\dfrac{r_e}{r_w} + S\right), B = \dfrac{1.842 \times 10^{-3} D}{Kh}$,则式(4-138)又可以改写为以下形式:

$$\psi_r - \psi_{wf} = Aq_t + Bq_t^2 \tag{4-139}$$

式(4-139)就是以二项式表示的考虑非达西影响的气水同产井的产能方程。

2. 压力平方形式的产能方程

利用拟压力与压力平方之间的关系,可以获得以压力平方形式表示的考虑非达西影响的气水同产井的产能方程:

$$q_t = \frac{KK_{rg}h\rho_{gsc}}{6.37 \times 10^{-7} ZT\mu_g \ln\dfrac{r_e}{r_w}}(p_r^2 - p_{wf}^2) + \frac{KK_{rw}h\rho_{wsc}}{1.842 \times 10^{-3} B_w\mu_w \ln\dfrac{r_e}{r_w}}(p_r - p_{wf}) \tag{4-140}$$

或

$$q_{sc}\rho_{gsc} + q_w\rho_{wsc} = \frac{KK_{rg}h\rho_{gsc}}{6.37 \times 10^{-7} ZT\mu_g \ln\dfrac{r_e}{r_w}}(p_r^2 - p_{wf}^2) + \frac{KK_{rw}h\rho_{wsc}}{1.842 \times 10^{-3} B_w\mu_w \ln\dfrac{r_e}{r_w}}(p_r - p_{wf})$$

$$\tag{4-141}$$

三、产水气井与纯气井产能方程预测对比

以涩北气田的一口气井为例进行分析。气井储层中深1371.5m,储层渗透率$68.0 \times 10^{-3}\mu m^2$,气层厚度11.6m,供给半径250m,油管直径0.062m,储层压力10.57MPa,温度梯度0.042℃/m,气相相对渗透率0.478,水相相对渗透率0.022,气相相对密度0.5587,地层水相对密度1.05。该井某一天的生产数据为:井口压力8.6MPa,井口温度20℃,产气量$2.8394 \times 10^4 m^3/d$,产水量$0.6065 m^3/d$。

对该井的井筒积液进行分析,此时没有出现井筒积液现象。

利用前面建立的模型分析产水及不产水两种情况下气井的产能,得到两条IPR曲线,如图4-12所示,其中不产水时的无阻流量为$43.234 \times 10^4 m^3/d$,产水时的无阻流量为$25.369 \times 10^4 m^3/d$。

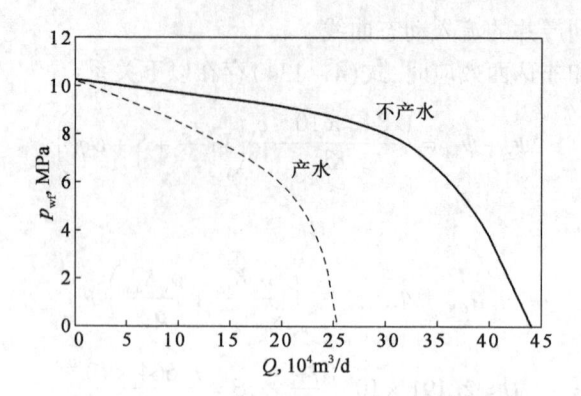

图 4-12　涩 4-20 井 2008 年 12 月 IPR 曲线

在地层压力 10.57MPa、井口压力 8.6MPa 时,产水和不产水模型计算的气井产量分别为 $2.793\times10^4m^3/d$、$7.451\times10^4m^3/d$。预测结果表明,产水气井产能预测模型的预测精度较高。

第五章　气井井筒和地面管流动态预测

气田的开发是将天然气通过井筒开采到地面，并通过地面管道输送到预定位置。分析计算天然气从井底到地面的气井井筒和地面管线流动过程中的压力、温度动态，是进行气井设计和动态分析的重要基础。在采气工程中，气层压力和井底压力都是十分重要的数据，取得这些数据的途径，一是下压力计到井底进行实测；二是在地面测取井口压力，再用井筒压力计算方法将井口压力折算到井底。对于一些高压气井，很难进行下压力计的操作。关井下压力计，井口压力高，防喷管上的密封圈容易刺坏；生产试气有时气量太大，压力计下不去，甚至造成多种事故。鉴于这种情况，除井下积液必须下压力计实测外，干气井一般都是根据井口测取的压力计算气层压力和井底压力。

不同的气藏，气井产出流体不同。如干气气藏，气井产出流体往往是纯气体，而凝析气藏的产出流体一般既有天然气又有凝析油。即使是同一气藏，不同生产时期气井产出流体也会发生变化。如有边水或底水的气藏，开采初期只有气体产出，到一定时期后会有水产出，而且产出水量会不断增大。有鉴于此，本章分别按干气井、产液量比较小的气井和产液量比较大的气井三种情况，介绍井底压力、温度分布计算方法；同时介绍气体在节流装置和地面水平管线流动过程中的压力、温度动态预测方法。

第一节　干气井井底压力计算

应用井口测试数据计算井筒中的压力分布，进而计算出井底压力，这在气井生产中具有重要的实际意义。

计算气井井底压力分静止气柱和流动气柱两种计算方法。

气井关井时，油管和环形空间内的气柱都不流动，井口压力稳定后，录取井口最大关井压力，按静止气柱公式计算气层压力。

气井生产时，计算井底压力的方法视气井生产情况而定。如果油管采气，套管闸门关闭，油管与环形空间连通，这种情况下录取井口套管压力，仍按静止气柱计算井底压力；反之，环形空间采气而油管生产闸门关闭，油管与环形空间连通，录取井口油管压力后仍可按静止气柱计算井底压力。只要存在静止气柱和油、套管之间没有封隔器封隔，就应该尽可能用静止气柱公式计算井底压力，这是一条应该遵循的原则。原因是油管或环形空间管壁长期与气、水接触，腐蚀、结盐、水垢等因素会促使管壁的绝对粗糙度变化很大，流动气柱公式中的摩阻系数难以确定。此外，如果气量计算不准确、油管没有下到气层中部，以及流动气柱公式中没有考虑动能项等，也都会影响到按流动气柱计算井底压力的计算精度。

一、气体在井筒中流动时的井底压力计算方法

1. 基本方程

气体从井底沿油管流到井口,假定为稳定流,取长度为 dl 的管段为控制体,则根据能量方程有

$$dp + \rho v dv + \rho g dl + dW + dL_W = 0 \tag{5-1}$$

式中 dp——管长 dl 内对应的总压降,MPa;
ρ——流动状态的气体密度,kg/m³;
g——重力加速度,m/s²;
l——油管长度,m;
v——气体流速,m/s;
dW——外界在 dl 单元体上对气体所做的功,J/m³;
dL_W——在 dl 单元体上摩擦引起的压力损失,J/m³。

对于垂直管气体流动:(1)从管鞋到井口没有功的输出,也没有功的输入,即 $dW=0$;(2)动能损失忽略不计,即 $vdv=0$。则式(5-1)可以写成

$$\frac{dp}{\rho} + g dl + \frac{fv^2 dl}{2d} = 0 \tag{5-2}$$

式中 f 为阻力系数,可以用 Colebrook 公式计算:

$$\frac{1}{\sqrt{f}} = 2\lg\frac{d}{e} + 1.14 - 2\lg\left(1 + 9.34\frac{\frac{d}{e}}{Re\sqrt{f}}\right)$$

其中

$$Re = \frac{\rho v d}{\mu}$$

式中 Re——雷诺数;
d——油管内径,m;
e——油管内壁绝对粗糙度,m,一般计算中取值为 0.016×10^{-3} m。

标准状态取为:$p_{sc}=0.101325$ MPa,$T_{sc}=293$ K。q_{sc} 为标准状态下气体流量,m³/d,则在管内任意一点 (p, T) 下,有

$$v = B_g q_{sc}/(A \times 86400) = \frac{q_{sc}}{86400} \times \frac{T \times 0.101325 \times Z}{293p} \times \frac{1}{\frac{1}{4}\pi d^2} \tag{5-3}$$

$$\rho = \frac{pM_g}{ZRT} = \frac{28.97\gamma_g p}{0.008314 ZT} \tag{5-4}$$

将式(5-3)、式(5-4)代入式(5-2),并除以 $g=9.8$ m²/s,整理后可得

$$\frac{\frac{ZT}{p}dp}{1 + \frac{1.324 \times 10^{-18} f q_{sc}^2 T^2 Z^2}{p^2 d^5}} = -0.03415\gamma_g dl$$

考虑到井内气体向上流动时,沿气体方向压力是逐渐递减的,上式可略去负号,写成积分

形式为

$$\int_{p_1}^{p_2} \frac{\frac{ZT}{p} \mathrm{d}p}{1 + \frac{1.324 \times 10^{-18} f q_{sc}^2 T^2 Z^2}{d^5 p^2}} = \int_{H_1}^{H_2} 0.03415 \gamma_g \mathrm{d}l \qquad (5-5)$$

2. 求解方法

式(5-5)中,p、T 为 l 的函数,Z 又是 T 和 p 的函数,因此,式(5-5)的求解需要用迭代法。将井筒全长 H 分成 n 段,段长为 ΔH;每一段中,T、Z 用该段的平均值,即 $T = \overline{T} = $ 常数,$Z = \overline{Z} = $ 常数,式(5-5)可写为

$$\int_{p_1}^{p_2} \frac{\mathrm{d}p}{p + \left[\frac{1.324 \times 10^{-18} (q_{sc} \overline{TZ})^2}{p d^5}\right]} = \frac{0.03415 \gamma_g \Delta H}{\overline{TZ}}$$

令

$$C^2 = \frac{1.324 \times 10^{-18} f (q_{sc} \overline{TZ})^2}{d^5}$$

则上式可写为

$$\int_{p_1}^{p_2} \frac{\mathrm{d}p}{p + \frac{C^2}{p}} = \frac{0.03415 \gamma_g \Delta H}{\overline{TZ}}$$

可积分得

$$\ln \frac{C^2 + p_2^2}{C^2 + p_1^2} = \frac{2 \times 0.03415 \gamma_g \Delta H}{\overline{TZ}}$$

$$\frac{C^2 + p_2^2}{C^2 + p_1^2} = \exp\left(\frac{2 \times 0.03415 \gamma_g \Delta H}{\overline{TZ}}\right)$$

将 C^2 代入上式,化简后得

$$p_2 = \sqrt{p_1^2 \mathrm{e}^{2s} + \frac{1.324 \times 10^{-18} f (q_{sc} TZ)^2}{d^5}(\mathrm{e}^{2s} - 1)} \qquad (5-6)$$

其中

$$\overline{T} = \frac{T_1 + T_2}{2}$$

$$s = \frac{0.03415 \gamma_g \Delta H}{\overline{TZ}}$$

式中 p_2——计算段终点的压力,MPa;
p_1——计算段起点的压力,MPa;
$\overline{Z}$——在 $\overline{p}$、$\overline{T}$ 条件下气体的偏差系数;
d——油管内径,m;
$\overline{T}$——流动管柱 ΔH 段内气体平均温度,K。

从已知的井口压力开始,逐段往下计算,直到井底即可求出井底压力。

【例 5−1】 用平均参数方法计算井底压力。已知:某垂直气井井深3000m,井口压力为2MPa,井筒平均温度为50℃,$p_{pc}=4.6\text{MPa}$,$T_{pc}=205\text{K}$,$\gamma_g=0.65$,气井产气量为$10\times10^4\text{m}^3/\text{d}$,油管内径为62mm。

解:(1)第一次试算,取

$$p_{wf}^0 = p_{wh}(1+0.00008H) = 2(1+0.00008\times3000) = 2.48(\text{MPa})$$

(2)计算平均参数:

$$\bar{p} = (p_{wf}^0 + p_{wh})/2 = 2.24\text{MPa}$$
$$\bar{T} = 273 + 50 = 323\text{K}$$
$$p_{pr} = \bar{p}/p_{pc} = 0.49$$
$$T_{pr} = \bar{T}/T_{pc} = 1.58$$
$$\bar{Z} = 0.96$$

经计算,得

$$\mu_g = 0.013\text{mPa}\cdot\text{s}$$

(3)计算 Re:

$$B_g = 3.447\times10^{-4}\frac{\bar{Z}\bar{T}}{\bar{p}} = 3.447\times10^{-4}\times\frac{0.96\times323}{2.24} = 0.0477$$

$$v = v_{sc}B_g = \frac{q_{sc}B_g}{A} = \frac{10\times10^4\times0.0477}{86400\times3.14\times0.062^2/4} = 18.3(\text{m/s})$$

$$\rho = 3484.4\frac{\gamma_g\bar{p}}{\bar{Z}\bar{T}} = 3484.4\times\frac{0.65\times2.24}{0.96\times323} = 16.36(\text{kg/m}^3)$$

$$Re = \frac{\rho v d}{\mu_g} = \frac{16.36\times18.3\times0.062}{0.013\times0.001} = 1427850$$

$$f = \left[1.14-2\lg\left(\frac{e}{d}+\frac{21.25}{Re^{0.9}}\right)\right]^{-2} = \left[1.14-2\lg\left(\frac{0.016}{62}+\frac{21.25}{1427850^{0.9}}\right)\right]^{-2} = 0.015$$

(4)计算无量纲量 s:

$$s = \frac{0.03415\gamma_g H}{\bar{T}\bar{Z}} = \frac{0.03415\times0.65\times3000}{323\times0.96} = 0.215$$

(5)计算井底压力:

$$p_{wf} = \sqrt{p_{wh}^2 e^{2s} + 1.324\times10^{-18}f(q_{sc}\bar{T}\bar{Z})^2(e^{2s}-1)/d^5}$$
$$= \sqrt{2^2 e^{2\times0.215} + 1.324\times10^{-18}\times0.015(10^5\times323\times0.96)^2(e^{2\times0.215}-1)/0.062^5}$$
$$= 4.16(\text{MPa})$$

(6)第二次试算:

$$p_{wf}^1 = 4.16\text{MPa}$$
$$\bar{p} = \frac{4.16+2}{2} = 3.08(\text{MPa})$$
$$p_{pr} = \frac{\bar{p}}{p_{pc}} = 0.67$$

经计算,得

$$\overline{Z} = 0.94$$

$$\mu_g = 0.013 \text{ mPa·s}$$

$$B_g = 3.447 \times 10^{-4} \frac{\overline{Z}T}{p} = 0.034$$

$$v = \frac{q_{sc}B_g}{A} = \frac{4q_{sc}B_g}{86400\pi d^2} = \frac{4 \times 10 \times 10^4 \times 0.034}{86400 \times \pi \times 0.062^2} = 13.03 \text{ (m/s)}$$

$$\rho = 3484.4 \frac{\gamma_g \overline{p}}{\overline{Z}\overline{T}} = 3484.4 \times \frac{0.65 \times 3.08}{0.96 \times 323} = 22.97 \text{ (kg/m}^3\text{)}$$

$$Re = \frac{\rho v d}{\mu_g} = \frac{22.97 \times 13.03 \times 0.062}{0.013 \times 0.001} = 1428522$$

$$f = \left[1.14 - 2\lg\left(\frac{e}{d} + \frac{21.25}{Re^{0.9}}\right)\right]^{-2} = \left[1.14 - 2\lg\left(\frac{0.016}{62} + \frac{21.25}{1428522^{0.9}}\right)\right]^{-2} = 0.015$$

$$s = \frac{0.03415\gamma_g H}{\overline{T}\overline{Z}} = \frac{0.03415 \times 0.65 \times 3000}{323 \times 0.94} = 0.22$$

$$p_{wf} = \sqrt{p_{wh}^2 e^{2s} + 1.324 \times 10^{-18} f (q_{sc}\overline{T}\overline{Z})^2 (e^{2s} - 1)/d^5}$$
$$= \sqrt{2^2 e^{2 \times 0.22} + 1.324 \times 10^{-18} \times 0.015 (10^5 \times 323 \times 0.94)^2 (e^{2 \times 0.22} - 1)/0.062^5}$$
$$= 4.15 \text{ (MPa)}$$

比较两次试算结果,相差甚微,故所求气井井底压力为 4.15MPa。

二、气体在井筒中不流动时的井底压力计算方法

对于静止气柱,根据能量方程可以写出

$$dp + \rho g dH + dW = 0 \tag{5-7}$$

同样,没有外界对气体所做的功,即 $dW = 0$;类似流动气柱对应的式(5-5)的推导,可以得出基本公式为

$$\int_{p_1}^{p_2} \frac{ZT}{p} dp = \int_{H_1}^{H_2} 0.03415\gamma_g dl \tag{5-8}$$

式(5-8)中,p、T 同样也是 l 的函数,Z 又是 T 和 p 的函数,因此,式(5-8)的求解也需要用迭代法。

如以整个井深为步长,即假设 $T = \overline{T} =$ 常数,$Z = \overline{Z} =$ 常数,将全井筒的温度、气体偏差系数视为常数,则 $\overline{T}$、$\overline{Z}$ 可以从积分号内提出,同时令 $p_1 = p_{ts}$,$p_2 = p_{ws}$,则式(5-8)积分后可得

$$\ln\frac{p_{ws}}{p_{ts}} = \frac{0.03415\gamma_g H}{\overline{T}\overline{Z}}$$

$$p_{ws} = p_{ts} e^{\frac{0.03415\gamma_g H}{\overline{T}\overline{Z}}} \tag{5-9}$$

其中 $\overline{T} = (T_{ts} + T_{ws})/2$,$\overline{Z} = f(\overline{p}, \overline{T})$ 或 $\overline{Z} = (Z_{ts} + Z_{ws})/2$,$\overline{p} = (p_{ts} + p_{ws})/2$

式中 p_{ws}——静止气柱方法计算的井底压力(井底静压),MPa;
p_{ts}——静止气柱的井口压力(或井口最大关井压力),MPa;

H——井口到气层中部深度,m;

$\bar{T}$——井筒内气体平均绝对温度,K;

T_{ts}, T_{ws}——静止气柱的井口、井底绝对温度,K;

$\bar{Z}$——井筒气体平均偏差系数;

$\bar{p}$——井筒内气体平均压力,MPa;

Z_{ts}, Z_{ws}——静止气柱井口、井底条件下的气体偏差系数。

由于偏差系数 Z 中隐含所求井底静压 p_{ws},故无法显式表示静压,需要采用迭代法求解。其计算步骤如下:

(1)取 p_{ws} 的迭代初值 p_{ws}^0,此值与井口压力 p_{wh} 和井深 H 有关,建议取

$$p_{ws}^0 = p_{wh}(1 + 0.00008H)$$

(2)计算平均参数 $\bar{T}, \bar{p} = \dfrac{p_{ws}^0 + p_{wh}}{2}, \bar{Z} = (\bar{T}, \bar{p})$;

(3)按式(5-9)计算 p_{ws};

(4)若 $|p_{ws} - p_{ws}^0|/p_{ws}^0 \leqslant \varepsilon$(给定相对误差),则 p_{ws} 为所求值,计算结束,否则取 $p_{ws}^0 = p_{ws}$,重复(2)~(4)步迭代计算,直到满足精度要求为止。

上述迭代法是以整个井深为步长的简化算法,为了提高计算的准确性,可将井深 H 分为多段,逐段计算。

三、气体在环形空间流动时的井底压力计算方法

通常气井都是由油管采气,但是在某些特殊情况下也可能由环形空间采气。譬如,钻井事故造成整套钻具留在井下,如果钻头水眼或钻杆堵塞,则气井投产后只能从环形空间采气;又如,气层压力太高,由于井口设备原因,需要油管和环形空间同时采气。

前面介绍的流动气柱计算井底压力的诸公式,怎样用于环形空间流动这一情况,下面对几个要点进行说明。

有效管径(effective diameter)的概念:

$$d_{eff} = \frac{4 \times 流通断面}{润湿周长}$$

对于环形空间流动,有效管径为

$$d_{eff} = \frac{4 \times \dfrac{\pi}{4}(d_2^2 - d_1^2)}{\pi(d_2 + d_1)} = d_2 - d_1 \tag{5-10}$$

式中 d_1, d_2——油管外径、套管内径,m。

值得注意的是,切勿将 d_{eff}^5 直接替换式(5-5)和式(5-6)中的 d^5。

环形空间流速为

$$v = \frac{流量}{环形空间断面} = \frac{q_{sc}}{\dfrac{\pi}{4}[(d_2)^2 - (d_1)^2]}$$

环形空间摩阻项为

$$dL_w = 1.324 \times 10^{-18} \left(\frac{TZ}{p}\right)^2 \frac{f}{d_2-d_1}\left(\frac{q_{sc}}{d_2^2-d_1^2}\right)^2 dl \tag{5-11}$$

显然 $(d_2-d_1)(d_2^2-d_1^2)^2 = (d_2-d_1)^3(d_2+d_1)^2 \neq d_{eff}^5$

例如,如果选用平均温度和平均偏差系数流动气柱公式,计算环形空间流动时的井底压力,式(5-8)应写为

$$p_{wf} = \sqrt{p_{tf}^2 e^{2s} + \frac{1.324 \times 10^{-18} f(\overline{TZ}q_{sc})^2(e^{2s}-1)}{(d_2-d_1)^3(d_2+d_1)^2}} \tag{5-12}$$

Re 用下式计算:

$$Re = 1.766 \times 10^{-2} \frac{q_{sc}\gamma_g}{\mu_g(d_2-d_1)} \tag{5-13}$$

在计算摩阻系数 f 时,Colebrook 公式、Jain 公式和 Chen 公式都可以用,式中 d 用 d_{eff} 代替,但 Re 必须按式(5-13)确定。

例如用 Jain 公式计算环形空间摩阻:

$$\frac{1}{\sqrt{f}} = 1.14 - 2\lg\left(\frac{e}{d_2-d_1} - \frac{21.25}{Re^{0.9}}\right)$$

其中

$$Re = 1.776 \times 10^{-2} \frac{q_{sc}\gamma_g}{\mu_g(d_2-d_1)}$$

第二节 产液气井拟单相流井底压力计算

在气田开采过程中,凝析气、湿气中的重烃和水汽,在油管内会部分冷凝成液相,油管内的流动实为气液两相流。与油井相比,气液比远远高于油井,流态属雾流,即气相是连续相,液相是分散相。对这类气井,为简化计算,将它视为均匀的单相流,称为拟单相流,在计算油管内的压力分布时,直接借鉴单相气流的解题思路和步骤,对气油比(GOR)大于 1780m³/m³ 的井,用此法处理的结果是令人满意的。

一、凝析气井拟单相流井底压力计算方法

开采凝析气,如果井底压力接近凝析气田的上露点压力,油管内可能有液烃生成,出现气液两相。如果 GOR 大于 1780m³/m³,可近似地视为单相(气相),按前单相气流的计算方法计算井底流动压力。但是在准备计算所需参数时,必须进行修正。

1. 一般修正法

1)对气体相对密度的修正

地面分离器分离后的干气,其相对密度不能直接用于计算凝析气井的井底压力,必须进行修正。修正后的相对密度有人称为井内流体相对密度或复合相对密度(Specific Gravity of the Well Fluid or Mixture Specific Gravity),并用 γ_w 表示,以区别干气相对密度 γ_g。

$$\gamma_w = \frac{R_g\gamma_g + 830\gamma_o}{R_g + 24040\gamma_o/M_o} \tag{5-14}$$

$$\gamma_g = \frac{q_{SG}\gamma_{SG} + q_{TG}\gamma_{TG}}{q_{SG} + q_{TG}} \tag{5-15}$$

$$M_o = \frac{44.29\gamma_o}{1.03 - \gamma_o} \tag{5-16}$$

式中 γ_w——复合气体相对密度;

R_g——地面总生产气油比,m^3/m^3;

M_o——凝析油罐内凝析油的平均分子量;

γ_o——凝析油罐内凝析油的相对密度;

γ_g——地面分离器和凝析油罐气的平均相对密度;

q_{SG}——分离器的干气产量,m^3/d;

q_{TG}——凝析油罐日逸出气量,m^3/d;

γ_{SG}——分离器的干气相对密度;

γ_{TG}——凝析油罐逸出气相对密度。

利用式(5-14)计算的γ_w,不仅用于流动气柱,存在静止气柱时,也可用于静止气柱公式计算井底压力。

2) 对气体偏差系数的修正

建议用γ_w计算复合气体的临界参数,再按常规方法确定偏差系数。

3) 气体流量的修正

主要是将凝析油折算成标准状态下的气体体积,称为凝析油的相当气相体积,用符号q_{EG}表示,单位是m^3/m^3。

$$q_{EG} = \frac{1000\gamma_o}{M_o} \times 22.04 \tag{5-17}$$

修正后的气体流量为

$$q_T = q_{SG} + q_o q_{EG} + q_{TG} \tag{5-18}$$

式中 q_T——修正后的总气量,m^3/d;

q_o——凝析油产量,m^3/d。

2. 相态平衡修正法

(1) 在给定凝析气系统总组成的情况下,根据闪蒸计算方法,可求出井筒中在不同压力和温度下的气、液摩尔分数V、L,各组分在气、液相中所占的百分数(y_i, x_i),以及气、液相的偏差系数(Z_v, Z_L)。

(2) 气、液相及混合物密度的计算。根据闪蒸计算,可求出气、液相的分子量M_v, M_L,再利用理想气体状态方程即可得到气、凝析油的密度ρ_g、ρ_o,液相密度和混合物密度仍采用前面介绍的方法计算。

(3) 气、液相黏度及混合物黏度的计算。利用剩余黏度法可求出凝析油、气的黏度μ_o、μ_g,仍采用前面介绍的经验关系式计算水的黏度、液相黏度和混合物的黏度。

(4) 气、液体积流量及速度的计算。计算井筒条件下凝析油、气的体积流量,一般采用凝析油体积系数和溶解气油比的定义,由地面条件下的凝析油、气产量来计算。而对于凝析气井,当井筒中没有凝析油析出时,表现为纯气流,此时定义凝析油的体积系数及溶解气油比,便失去意义了,凝析油、气的体积流量也无法计算。考虑到井筒中可能出现的所有流体情况,在计算井筒条件下凝析油、气的体积流量时,不采用体积系数和溶解气油比的定义来计算,而是根据流体的总质量流量不变的原则,井筒条件下凝析油、气的总质量流量应等于地面条件下凝析油、气的总质量流量,再根据闪蒸计算的方法求得汽化率及凝析油、气的密度,便可得到井筒条件下凝析油、气的体积流量。

凝析油、气总质量流量为

$$G_t = 1000\gamma_o q_o + 1.205\gamma_{sc} q_{sc} \tag{5-19}$$

凝析油、气的质量流量分数为

$$m_o = \frac{M_L(1-V)}{M_L(1-V) + M_V V}$$

$$m_g = \frac{M_V V}{M_L(1-V) + M_V V} \tag{5-20}$$

则井筒条件下凝析油、气的质量流量为

$$G_o = m_o G_t$$

$$G_g = m_g G_t \tag{5-21}$$

井筒条件下凝析油、气的体积流量为

$$Q_o = \frac{G_o}{\rho_o}$$

$$Q_g = \frac{G_g}{\rho_g} \tag{5-22}$$

井筒条件下液体的总体积流量为

$$Q_L = Q_o + q_w B_w \tag{5-23}$$

利用上述方法考虑相态变化计算凝析气井井筒中的压力分布。

相态变化不仅与压力分布有关,而且与温度分布有关,因此计算压力分布需要有相应的温度分布计算方法。

二、高气水比气井拟单相流井底压力计算方法

1988年Oden针对高气水比气井计算井底压力的需要,对Cullender和Smith的计算方法进行补充,提出了一个更为完善的计算公式,用于含水汽较多的气井井底压力计算。

从思路上讲,Oden的想法与推导复合气体相对密度的想法相同。主要特点是提出了井内气体比容的概念。为了建立井内气体比容的表达式,Oden作了两点假设:

(1)气水比很高,水成分散液滴悬浮于气流中;

(2)气、水两相体积可以叠加。

依此思路,Oden 建立了以下公式:

$$井内气体比容 = \frac{(气和水在 p, T 条件下的体积)/[每产 1m^3(标)气]}{(气和水的总质量)/[每产 1m^3(标)气]}$$

$$v_w = \frac{V_g + V_w}{m_g + m_w} \tag{5-24}$$

式中　v_w——井内气体比容;

V_g——$1m^3$ 气体折算到 p、T 条件下的体积,m^3(气)/m^3;

V_w——每生产 $1m^3$ 气体伴生水的体积(因水的压缩性很小,p、T 的变化引起的体积变化可以忽略),m^3(水)/m^3;

m_g——$1m^3$ 气体的质量,kg/m^3;

m_w——每生产 $1m^3$ 气体伴生水的质量(因质量守恒,认为等于水在 p、T 条件下的质量),kg/m^3。

$$V_m = \frac{p_{sc}TZ/(T_{sc}p) + 1/R_w}{\gamma_g M_a/V_m + 1000/R_w} \tag{5-25}$$

式中　R_w——气水比,m^3/m^3(水);

V_m——标准条件下气体的摩尔体积,$m^3/kmol$。

将 p_{sc}、T_{sc}、M_a 和 V_m 的数值代入式(5-25),则

$$V_m = \frac{\dfrac{0.008314ZT}{28.97}\dfrac{1}{p} + \dfrac{22.4}{28.97}\dfrac{1}{R_w}}{\gamma_g + \dfrac{22.4 \times 1000}{28.97}\dfrac{1}{R_w}} \tag{5-26}$$

将 $1/\rho$ 用 V_m 代替,则井筒中的压力计算基本方程为

$$\int_{p_{tf}}^{p_{wf}} \frac{\left[\dfrac{p}{ZT} + \dfrac{2.69}{R_w}\left(\dfrac{p}{ZT}\right)^2\right]dp}{\left(\dfrac{p}{ZT}\right)^2 + 1.324 \times 10^{-18}f\dfrac{q_{sc}^2}{d^5}} = \left(0.03415\gamma_g + \dfrac{26.41}{R_w}\right)H \tag{5-27}$$

$$\int_{p_{tf}}^{p_{wf}} I dp = \left(0.03415\gamma_g + \dfrac{26.41}{R_w}\right)H$$

式中　p_{tf}——油管压力,MPa。

对于静止气柱,有

$$I = \frac{ZT}{p} + \frac{2.69}{R_w} \tag{5-28}$$

对于流动气柱,有

$$I = \frac{\dfrac{p}{ZT} + \dfrac{2.69}{R_w}\left(\dfrac{p}{ZT}\right)^2}{\left(\dfrac{p}{ZT}\right)^2 + \dfrac{1.324 \times 10^{-18}fp_{sc}^2}{d^5}} \tag{5-29}$$

计算井底压力的步骤同前。

从以上推导可知,Oden 所提出的计算方法不能用于大量出水的气水井。建议在 GOR > $1780m^3/m^3$ 条件下使用。

三、油水气同采井拟单相流井底压力计算方法

应用拟单相流的概念处理油管内气体、凝析油和水的混合流动,思路归结为两点:

(1)在气、油和水混合流动中,气体和凝析油可以用复合气体代表,下面提到的气体指复合气体;

(2)气、油和水的混合流动可以认为是气体(复合气体)和水的流动。

根据上述两点,分别导出了两个计算公式。

1. 复合气体的井底压力计算公式

$$\int_{p_{tf}}^{p_{wf}} \frac{\frac{p}{TZ}dp}{\left(\frac{p}{TZ}\right)^2 + 7.651 \times 10^{-16} \frac{f_w}{d^5}\left(\frac{w_w}{M_w}\right)^2} = 0.03415\gamma_w H \qquad (5-30)$$

式中 w_w——复合气体的质量流量,kg/d;
M_w——复合气体的分子量,kg/kmol;
γ_w——复合气体的相对密度;
f_w——复合气体的摩阻系数。

2. 气水混合物的井底压力计算公式

复合气体与水的混合物以下简称气水混合物,计算井底压力的公式为

$$\int_{p_{tf}}^{p_{wf}} \frac{\frac{p}{TZ}dp}{\left[\left(\frac{p}{TZ}\right)^2 + 7.651 \times 10^{-16} \frac{f_m}{d^5}\left(\frac{W_m}{M_m}\right)^2\right]F_w} = 0.03415\gamma_w H \qquad (5-31)$$

式中 W_m——气水混合物的质量流量,kg/d;
f_m——气水混合物的摩阻系数;
F_w——含水校正系数,无量纲,其值大于1,不含水时其值等于1。

从式(5-31)所含参数的定义式可以证明:

(1)当 $F_w = 1$ 时(即复合气中不含水),式(5-31)变为式(5-30)。

(2)当气井仅产干气(即仅产纯气,没有凝析油),式(5-31)变为式(5-7)。

式(5-30)和式(5-31)可以用来计算井底压力和油管内的压力分布。

第三节 气水同产井井底压力计算

上一节介绍的计算井底压力的方法,主要适用于纯气井或气液比很高的气井。对于一些产液量大的气井,这些计算法已不适用。应该采用气液多相流压力计算方法。

两相流动和单相流动一样服从流体力学的所有基本定律,如连续性方程、动量守恒和能量

守恒方程及气体状态方程等。但两相流动中,存在着许多在单相体系中不存在的因素,而使问题大大复杂化。

人们对多相流的研究,已经历了漫长的过程,尤其是在 21 世纪 50 年代以后,许多国家都投入大量的人力、物力对此开展研究,使得多相流从理论到实用方法都得到了飞速发展。压力梯度预测方面,也从均质法发展到普适化经验公式法。到现在,人们正致力于根据气液在管道流动过程中的物理和力学机理来确定压力梯度,也称为机理模型方法。均质法、普适化经验公式法的适用范围,无疑要受到方法导出时所依据的资料范围的限制。发展机理模型的目的,是希望建立一种通用的模型,得出一种在广大的范围内普遍适用的方法,但由于多相流问题本身的复杂性,目前人们仍没有十分清楚地认识气液同时在管中流动时的流动规律。目前,即使是机理模型,流型划分和持液率计算公式中的多数系数仍然需要通过实验数据回归等方法得出,还缺乏通用性。

迄今已有许多压力梯度预测方法可用于井筒压力计算,但每一种计算方法都有一定的适用性和局限性,图 5 – 1 给出的是同一条件下不同压力计算方法的计算结果对比,可以看出,各种方法的计算结果相差甚远,没有在不同条件下都通用的方法。因此,对于具体油气田,在应用时需要根据本油气田的生产状况进行研究选择。

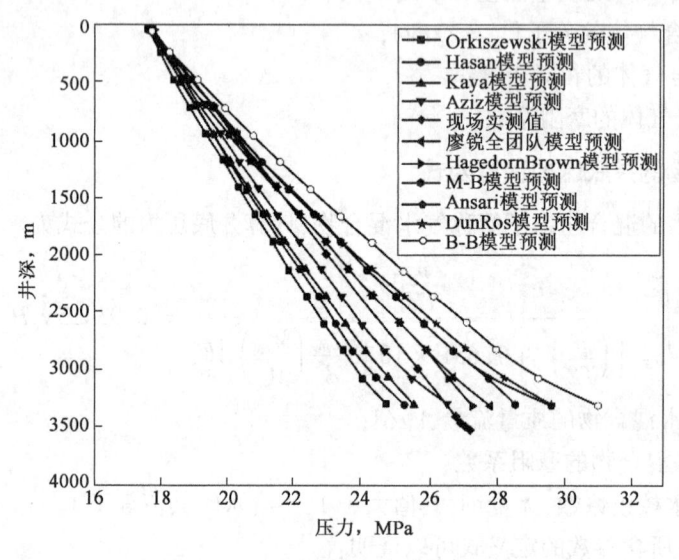

图 5 – 1 不同计算方法计算值对比

一、基本方程

多相流的研究可以从总的能量平衡入手。对于多相流,假定为一维定常均匀平衡流动,根据能量守恒定律可以推导出:

$$\frac{\mathrm{d}p}{\mathrm{d}l} = -\left(\rho g + \frac{\rho_m v_m \mathrm{d}v_m}{\mathrm{d}h} + \frac{f_m \rho_m v_m^2}{2d}\right) \quad (5-32)$$

式中 v_m——多相流中气水混合物的流速,m/s;

ρ_m——多相流中气水混合物的密度,kg/m³。

二、井筒多相流压力梯度预测方法

在多相流压力梯度预测方面已有许多方法可用,如 Beggs – Brill 方法、Mukherjee – Brill 方法、Hasan 方法、Aziz 方法、Orkiszewshi 方法、Hagedorn & Brown 方法等。这些方法对于气液比不大的井,计算精度能够满足工程要求;但对于气液比较大的井,计算出来的压差普遍偏大。廖锐全团队以前人的研究成果为基础,针对不同气液比气井的情况,建立了新的计算方法。

1. 方法导出的基础

廖锐全团队通过研究分析近年来国际上在多相流流型划分、压降计算等方面所取得的成果,以 Beggs – Brill 等人的研究成果为基础,利用中石油气举试验基地多相流试验平台,在管径为 75mm 及 60mm,倾斜角为 10°～90°的条件下,开展气液流动实验共计 1003 组,用实验结果拟合得出流型划分界限、持液率及压力梯度计算公式,并经国内多个气田实际气井测试数据验证修正而确定。

2. 预测方法

1) 流型划分界限

在流型划分方面,迄今普遍的做法是根据实验观察、测试数据,给出流型划分方案。不同研究者有不同的划分方法,比较普遍的做法是将流型划分为泡流、段塞流、搅动流和环雾流。图 5 – 2 给出的是实验中拍摄到的泡流、段塞流、搅动流、环雾流的流型图。

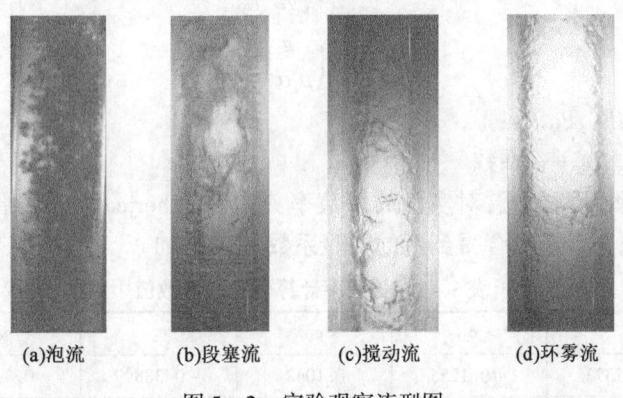

(a)泡流　　(b)段塞流　　(c)搅动流　　(d)环雾流

图 5 – 2　实验观察流型图

以 Kaya 等人的研究成果为基础,以实验数据为依据,将流动分为泡流、段塞流、搅动流、环雾流四种流型,并给出流型转变界限如下:

泡流—段塞流流型转变界限:

$$v_{sg} = 6.4 v_{sl} + 2.5 \left[\frac{g\sigma(\rho_1 - \rho_g)}{\rho_1^2} \right]^{0.25} \sqrt{\sin\theta} \tag{5-33}$$

段塞流—搅动流流型转变界限:

$$v_{sg} = 7.8 \left(1.2 v_{sl} + \left\{ 0.35\sin\theta + 0.54\cos\theta \left[\frac{g(\rho_1 - \rho_g)D}{\rho_1} \right]^{0.5} \right\} \right) \tag{5-34}$$

搅动流—环状流流型转变界限:

$$v_{sg} = 3.1 \left[\frac{\sigma g (\rho_l - \rho_g)}{\rho_g^2} \right]^{0.25} \tag{5-35}$$

式中 D——管径，m；

ρ_l, ρ_g——液相和气相密度，kg/m^3；

σ——表面张力，N/m；

v_{sl}, v_{sg}——液相和气相的表观速度，m/s；

θ——管道倾斜角，(°)。

2）持液率计算

Mukherjee–Brill 对倾斜管气液多相流的持液率进行了比较全面的研究，给出了基于相关准数 N_{vl}、N_{vg}、N_l 的持液率计算相关式。Mukherjee–Brill 的实验条件为：内径 38mm 普通钢管，管路呈倒 U 形，中部可以升降，两侧管道与水平方向夹角为 0~90°，每侧长度为 17m，进口稳定段长 6.7m，实验管段长 9.8m。实验所用的气相为空气，液相为煤油和润滑油。持液率计算公式为

$$H_l = \exp\left[(c_1 + c_2 \sin\theta + c_3 \sin^2\theta + c_4 N_l^2) \frac{N_{vg}^{c_5}}{N_{vl}^{c_6}} \right] \tag{5-36}$$

$$N_{vl} = v_{sl} \left(\frac{\rho_l}{g\sigma} \right)^{0.25} \tag{5-37}$$

$$N_{vg} = v_{sg} \left(\frac{\rho_l}{g\sigma} \right)^{0.25} \tag{5-38}$$

$$N_l = \mu_l \left(\frac{g}{\rho_l \sigma^3} \right)^{0.25} \tag{5-39}$$

式中 μ_l——液相黏度，Pa·s；

$c_1, c_2, c_3, c_4, c_5, c_6$——系数。

采用上述持液率计算公式，对实验的持液率 H_l 与 Mukherjee–Brill 给出的相关准数 N_{vl}、N_{vg}、N_l 的关系进行拟合。经拟合得到新的经验系数见表 5–1。

表 5–1 持液率计算公式的系数值

管径，mm	c_1	c_2	c_3	c_4	c_5	c_6
75	−0.2373	−0.1255	0.1042	−0.38899	0.3911	0.02645
60	−0.2351	0.075873	−0.06444	−0.35134	0.447652	0.084494

3）压降计算

在已经完成流型判别及持液率计算的基础上，进行压降计算公式的优选及建立。

Beggs–Brill 压降计算模型中，摩阻系数计算与流型相关。因此将该系数作为主要修正参数。相比于 Beggs–Brill 实验条件，廖锐全团队试验气相和液相的流量范围较大，实验现象涵盖了所有流型区域，所以，需要针对不同的流型给出相应的沿程阻力系数计算方法。

$$\frac{dp}{dz} = \frac{[\rho_l H_l + \rho_g (1 - H_l)] g \sin\theta + \frac{\lambda G v}{2DA}}{1 - \{[\rho_l H_l + \rho_g (1 - H_l)] v v_{sg}\}/p} \tag{5-40}$$

Beggs–Brill 得出了气液两相流的沿程阻力系数，即

$$\lambda = \lambda' e^s \tag{5-41}$$

其中

$$\lambda' = \left(2\lg \frac{Re'}{4.5223\lg Re' - 3.8215}\right)^{-2} \tag{5-42}$$

$$Re' = \frac{Dv[\rho_1 E_1 + \rho_g(1-E_1)]}{\mu_1 E_1 + \mu_g(1-E_1)} \tag{5-43}$$

$$E_1 = \frac{Q'_1}{Q'_1 + Q'_g}$$

式中　G——混合物的质量流量，kg/s；

v——混合物的平均流速，m/s；

A——管道截面积，m²；

λ'——"无滑脱"的沿程阻力系数，无量纲；

s——指数；

Re'——"无滑脱"的雷诺数；

E_1——无滑脱持液率；

μ_1,μ_g——液相、气相的黏度，Pa·s；

Q'_1,Q'_g——流入气液两相混合物中液相、气相体积流量，m³/s。

指数 s 可按下式计算：

$$s = \frac{\ln Y}{-0.0523 + 3.182\ln Y - 0.8725(\ln Y)^2 + 0.01853(\ln Y)^4} \tag{5-44}$$

其中

$$Y = \frac{E_1}{H_1^2} \tag{5-45}$$

用实验数据对 Beggs – Brill 压降计算模型进行验算发现，在气液比较高的情况下，Beggs – Brill 压降计算模型的计算误差随着气液比的增大而增大，随着倾斜角度的减小而增大。因此，引入角度修正系数 α 对摩擦系数进行修正，并引入以雷诺数为基础的考虑气液比的修正系数 β 对压力梯度进行修正。新建立的压降计算公式为

$$\frac{dp}{dz} = \alpha\left\{[\rho_1 H_1 + \rho_g(1-H_1)]g\sin\theta + \beta\frac{\lambda G v}{2DA}\right\}$$

$$\alpha = \frac{a\rho_m v_m D}{\mu_m}$$

其中

$$\beta = b + c\sin\theta + d\sin^2\theta$$

与流型相关的参数 a、b、c 和 d 根据实验数据拟合得到，拟合方法采用 Levenberg – Marquardt 方法 + 通用全局优化方法，结果见表 5-2。

表 5-2　新建立模型经验常数

流型	a	b	c	d
泡状流	0.01454	-0.037341	-0.006912	0.0079
段塞流	0.006626	$-6.9*10^{-5}$	-0.00304	0.0016628
搅动流	0.02758	-0.034542	0.026997	0.00071
环状流	0.025543	0.00614	-0.0005159	0.000558

第四节　气井井筒温度预测

在进行气井井筒压力计算、水合物形成条件及凝析液析出等气井生产动态分析时,需要知道气井井筒中的温度分布。因此,井筒中的温度分布预测是气井设计和动态分析的重要基础。

气井井筒的温度分布,可以通过直接测量或者计算两种方法得到。对于一些超深、高温高压或井况复杂的气井,难以进行直接测量。关于井筒中的温度分布预测,现有的方法并不多,主要有 Kirkpatrick 方法、Shiu 方法、Sagar 方法和苏联经验法,且这些方法都是针对油井提出的。

一、垂直井多相流温度预测方法

根据气液在井中流动的特点,从基本方程出发,结合 Willhite、Sagar 等人的研究成果,综合考虑焦耳—汤姆森效应、相变引起的焓变等因素,导出了一种井筒温度分布的预测方法,简称 JPI 方法。

井筒中,气液同时向上流,取长为 dH 的微元控制体,假定为稳定流(图 5-3),则可写出连续方程:

$$\frac{dG_t}{dH}=0 \tag{5-46}$$

能量方程:

$$\frac{1}{G_t}\left(\frac{dQ_e}{dH}-W\cdot J^{-1}\right)=\frac{d}{dH}h_m+\left(\frac{d}{dH}\frac{v_m^2}{2}+g\right)/J \tag{5-47}$$

式中　G_t——混合物的总质量流量,kg/s;
　　　H——井筒高度,m;
　　　v_m——混合物流速,m/s;
　　　W——控制体所做的功,N·m/s;
　　　Q_e——外界传给控制体的热量,kcal/s(1kcal = 4186.8J);
　　　J——热功当量,N·m/kcal;
　　　h_m——气液混合物热焓,kcal/g。

假定控制体不对外做功,即 $W=0$;且地温按线性

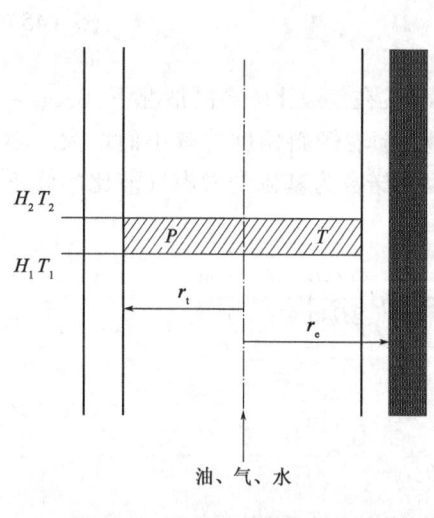

图 5-3　井筒温度分布示意图
r_t—油管半径

分布,梯度为 g_T,油层中部深度温度为 T_0,则 H 处对应的地层温度 T_e 为

$$T_e = T_0 - g_T H \qquad (5-48)$$

假定控制体与外界稳定传热,则 $\mathrm{d}Q_e$ 为

$$\mathrm{d}Q_e = 2\pi r_t U_0 (T_e - T) \mathrm{d}H \qquad (5-49)$$

式中　T——H 处对应的井筒内流动温度,℃;
　　　T_0——油层中部深度温度,℃;
　　　g_T——地温梯度,℃/m;
　　　r_t——油管半径,m;
　　　U_0——油管内流体到地层的总的传热系数,kcal/(m²·s·℃)。

U_0 可由下式求出:

$$U_0 = \frac{U_1 K_e}{K_e + f(t_D) r_t U_1} \qquad (5-50)$$

式中　K_e——地层的热传导系数,kcal/(m²·s·℃);
　　　U_1——井筒中流体到砂层面的总传热系数,kcal/(m²·s·℃);
　　　$f(t_D)$——地层瞬时热传导无量纲时间函数。

$f(t_D)$ 可用 Hasan-Kabir 1991 年提出的公式计算:

$$f(t_D) = \begin{cases} (0.5\ln t_D + 0.4063)\left(1 + \dfrac{0.6}{t_D}\right) & (t_D > 1.5) \\ 1.1281\sqrt{t_D}(1 - 0.3\sqrt{t_D}) & (10^{-10} < t_D < 1.5) \end{cases} \qquad (5-51)$$

其中

$$t_D = \frac{\alpha t}{r_{wb}^2}$$

式中　t_D——无量纲时间;
　　　α——地层热扩散系数,m²/s;
　　　t——气井生产时间,s。

对于长时间生产的油气井,$f(t)$ 可用下式计算:

$$f(t) = -9.9552 r_{wb} + 3.53 \qquad (5-52)$$

井筒流体向周围地层岩石传热,首先要克服油管、油套环空流体、套管、水泥环产生的热阻,如图 5-4 所示,其中 r_{ti}、r_{to}、r_{ci}、r_{co}、r_h 分别为油管内径、油管外径、套管内径、套管外径、井眼(水泥环)半径,单位为 m;T_{ti}、T_{to}、T_{ci}、T_{co}、T_h 分别为油管内径处温度、油管外径处温度、套管内径处温度、套管外径处温度及水泥环处温度,单位为 K。Willhite 认为,钢具有很高的热传导率,因此,与油套环空中的流体比较起来,油管、套管的热阻可以忽略。

假定辐射和对流可以忽略不计,则可得出下列计算 U_1 的公式:

$$U_1 = \left[\frac{\ln(r_{ci}/r_{to})}{K_{an}} + r_t \frac{\ln(r_{wb}/r_{co})}{K_{cem}}\right]^{-1} \qquad (5-53)$$

式中　r_{wb}——水泥环外径,m;
　　　K_{cem}——水泥环的热传导系数,kcal/(m²·s·℃);
　　　K_{an}——环空中流体的热传导系数,kcal/(m²·s·℃)。

以式(5-46)和式(5-47)为基础,结合气体定律,可以得出下列微分方程:

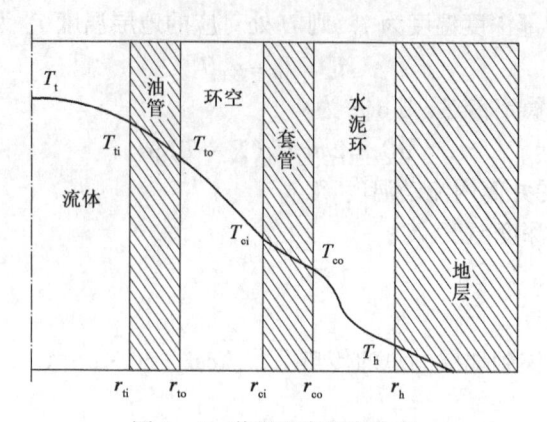

图 5-4 井眼温度径向分布

$$\frac{\mathrm{d}T}{\mathrm{d}H} + \frac{T}{A} = B - \frac{g_t H}{A} \tag{5-54}$$

其中
$$A = \frac{c_{pm} G_t}{2\pi r_t U_0}, B = -\frac{h_g - h_1}{c_{pm} G_t}\left[\frac{G_g \mathrm{d}p}{p \mathrm{d}H} + \rho_g \frac{\mathrm{d}q_g}{\mathrm{d}H}\right] - \frac{g}{c_{pm}} + \sigma + \frac{1}{A}T_0$$

$$\sigma = \eta \frac{\mathrm{d}p}{\mathrm{d}H} + V_m \frac{\mathrm{d}}{\mathrm{d}H} V_m (c_{pm} J)^{-1}, c_{pm} = x c_{pg} + (1-x) c_{pl}$$

式中 p——H 处对应的流动压力，MPa；

ρ_g——气相密度，kg/m³；

q_g——气相体积流量，m³/s；

η——焦耳—汤姆森效应系数；

G_g——气相质量流量，kg/s；

c_{pm}——混合物的比定压热容，4.1868kcal/(kg·℃)；

c_{pg}——天然气的比定压热容，kcal/(kg·℃)；

c_{pl}——液相的比定压热容，kcal/(kg·℃)；

x——气相质量含量；

h_g——气相热焓，kcal/kg；

h_1——液相热焓，kcal/kg。

显然，用式(5-54)即可求出井筒中的流动温度分布。

σ 实质上包括了焦耳—汤姆森效应及动能项，Sagsr 和 Doty 以 392 口两相流井实测资料为基础，得出了计算 σ 的经验公式。

当总质量流量 $W_m > 2.3$kg/s 时：

$$\sigma = 0$$

当 $W_m < 2.3$kg/s 时：

$$\sigma = -2.978 \times 10^{-3} + 1.479 \times 10^{-4} p_{wh} + 4.236 \times 10^{-5} W_m - 5.874 \times 10^{-5} R_{si}$$
$$+ 3.229 \times 10^{-5} \left(\frac{141.5}{r_o} - 131.5\right) + 4.009 \times 10^{-3} r_g - 0.639 g_T$$

式中 p_{wh}——井口流压，MPa；

r_o、r_g——油、气相对密度；

R_{si}——气液比。

取井筒中某一小段 $\Delta H = H_2 - H_1$ 为积分段，在该小段内，A 可取为定值，h_g、h_1、ρ、$\mathrm{d}p/\mathrm{d}H$、ρ_g、$\mathrm{d}q_g/\mathrm{d}H$ 及 a 取用该段内的平均值，这样，B 在 ΔH 段内也为常数。因此，式(5-54)为常系数微分方程，取边界条件 $H = H_1$ 时，$T = T_1$。对其积分得

$$T = AB - g_T H + Ag_T + (T_1 + g_T H_1 - AB - Ag_T)\mathrm{e}^{(H_1-H)/A} \tag{5-55}$$

至于 $\dfrac{\mathrm{d}p}{\mathrm{d}H}$，可采用前述斜管多相流压力梯度预测方法求出。

二、垂直井纯气流温度预测方法

1. JPI 预测方法

对于纯气井，根据式(5-46)和式(5-47)，基本方程可写出：

$$\frac{\mathrm{d}G_g}{\mathrm{d}H} = 0 \tag{5-56}$$

$$\frac{1}{G_g}\left(\frac{\mathrm{d}q_e}{\mathrm{d}H} - W \cdot J^{-1}\right) = \frac{\mathrm{d}}{\mathrm{d}H}h_g + \left(\frac{\mathrm{d}}{\mathrm{d}H}\frac{v_g^2}{2} + g\right)\bigg/J \tag{5-57}$$

可以得出与式(5-55)相同的温度计算式：

$$T = AB - g_T H + Ag_T + (T_1 + g_T l_1 - AB - Ag_T)\mathrm{e}^{(H_1-H)/A} \tag{5-58}$$

此时

$$\sigma = \eta_g \frac{\mathrm{d}p}{\mathrm{d}H} - \frac{\mathrm{d}}{\mathrm{d}H}\frac{v_g^2}{2}\bigg/(JC_{pg})$$

$$A = \frac{C_{pg}G_g}{2\pi r_w U_0}$$

$$B = -\frac{g}{C_{pg}J} + \sigma + \frac{T_0}{A}$$

结合纯气井压力计算公式，即可计算出气井井筒温度分布。

2. 休和贝格思(Shiu&Beggs)预测方法

Shiu 和 Beggs 将松弛距离、比定压热容、井底温度、地温梯度等视为常数，导出了油井沿井深 z 的温度计算公式为

$$T_f(z) = T_{wf} - g_T z + g_T A - g_T A \mathrm{e}^{-\frac{z}{A}} \tag{5-59}$$

其中

$$A = \frac{T_f(z) - T_e(z)}{g_f(z)} = \frac{c_{pm}G_t}{2\pi} \times \frac{r_{to}U_0 f(t_D) + K_e}{r_{to}U_0 K_e} \tag{5-60}$$

式中　T_{wf}——井底流体温度，K；

　　　A——松弛距离表征任意流通断面的地温按井筒内流体温度梯度折算到流体温度曲线所产生的相对距离，m；

　　　c_{pm}——井筒流体混合物的比定压热容，J/(kg·K)；

　　　g_f——井筒内流体温度梯度，K/m。

Shiu 和 Beggs 将松弛距离考虑为单位时间内质量流量,是原油、气、水相对密度,管径,井口油压和气液比的函数,应用线性回归得到了松弛距离 A 的简化公式[式(5-60)]。Shiu 和 Beggs 应用 370 口油气井现场测温资料(墨西哥的 219 口定向井,阿拉斯加库克湾的 41 口直井以及委内瑞拉马拉开波湖的 110 口井,测试参数范围见表 5-3,回归获得了系数 $c_1 \sim c_7$ 的值,见表 5-4。

$$A = c_1 G_t^{c_2} D^{c_3} \left(\frac{141.5}{\gamma_o} - 131.5 \right)^{c_4} \gamma_g^{c_5} \rho_l^{c_6} p_{wh}^{c_7} \qquad (5-61)$$

表 5-3 Shiu 和 Beggs 模型测试参数范围

参数	范围	平均值
产油量,m³/d	4.67~840.67	304.12
产水量,m³/d	0~245.38	30.59
产气量,m³/d	0.089~6.02	1.49
油管流压,MPa	0.345~3.061	1.449
油管直径,mm	50.8~101.6	86.36
液体相对密度	0.8478~0.9659	0.8855
天然气相对密度	0.72~0.82	0.76
地温梯度,℃/100m	1.46~2.02	2
井口液体温度,℃	21.1~73.3	49.4
井底温度,℃	54.4~110	84.4

表 5-4 松弛距离公式回归系数

系数	c_1	c_2	c_3	c_4	c_5	c_6	c_7
系数值	3.531×10⁻⁸	0.4882	-0.3476	0.2519	4.724	2.915	0.2219

Shiu&Beggs 模型适于计算油气井气液两相流温度剖面,在计算纯气井温度时,仍用式(5-57),但对纯气井,松弛距离 A 简化式为式(5-62):

$$A = 52.562 G_t^{c_2} D^{c_3} \gamma_g^{c_5} p_{wh}^{c_7} \qquad (5-62)$$

【例 5-2】 某一产液气井产水量为 50m³/d,产油量 1m³/d,产气量为 2×10⁴m³/d,油、气、水的相对密度分别为 0.85、0.65、1.05,油管内径 62mm,井口油压为 2MPa,气层中深 3000m,温度 78.5℃,静温梯度为 1.94℃/100m,用 Shiu&Beggs 预测方法计算井口温度。

解:(1)计算 ρ_l, G_t:

$$\rho_l = \frac{\rho_o q_o + \rho_w q_w}{q_o + q_w} = \frac{0.85 \times 1000 \times 1 + 1.05 \times 1000 \times 50}{1 + 50} = 1046(\text{kg/m}^3)$$

$$G_t = G_o + G_w + G_g = \rho_o q_o + \rho_w q_w + \rho_g q_g$$

$$= \frac{0.85 \times 1000 \times 1 + 1.05 \times 1000 \times 50 + 0.65 \times 1.226 \times 2 \times 10^4}{86400}$$

$$= 0.802(\text{kg/s})$$

(2)计算松弛距离 A:

$$A = 3.531 \times 10^{-8} G_t^{0.4882} D^{-0.3476} \left(\frac{141.5}{\gamma_o} - 131.5\right)^{0.2519} \gamma_g^{4.724} \rho_l^{2.915} p_{wh}^{0.2219}$$

$$= 3.531 \times 10^{-8} \times 0.802^{0.4882} \times 0.062^{-0.3476} \times \left(\frac{141.5}{0.85} - 131.5\right)^{0.2519} \times 0.65^{4.724} \times$$

$$1046^{2.915} \times (2 \times 10^6)^{0.2219}$$

$$= 422.7(\text{m})$$

(3) 计算井口流体温度:

$$T_{tf} = T_{wf} - g_T z + g_T A - g_T A e^{-\frac{z}{A}}$$

$$= 78.5 - 1.94 \times 10^{-2} \times 3000 + 1.94 \times 10^{-2} \times 422.7 - 1.94 \times 10^{-2} \times 422.7 \times e^{-\frac{3000}{422.7}}$$

$$= 28.5(\text{℃})$$

第五节　节流装置处的压力、温度变化预测

天然气在生产过程中,通常要通过骤然缩小的孔道,例如孔板或针形阀的孔眼、射孔完井的弹道(perforated hole)、油管鞋上面的井底气嘴(bottom hole restriction)、油管上部的井下安全阀(subsurface safety valve)和地面井口的气嘴(surface choke)等,气体通过这些限流或节流装置的流动规律相同,压力会显著下降,这种现象称为节流。利用节流,可以达到降压或调节流量的目的。实际上,自喷油井井口必须装油嘴,气井则以针型阀代替。针型阀起调压限流作用,视为可调气嘴。

一、节流装置处流体的流动特征

气体通过节流装置的流动,因为流程短,可以忽略摩阻损失。考虑到气体经过节流装置的流速很快,气体也来不及与外界换热,故这一流动过程可以看成是无摩阻的绝热过程,即等熵过程。实际气体的焓值是温度和压力的函数,所以节流后的温度将发生变化。这一现象称为节流效应或称焦耳—汤姆逊效应。

图5-5为一圆形孔眼的气嘴。若上游压力p_1保持不变,气体流量将随下游压力p_2的降低而增大。但当p_2达到某值p_c时,流量将达到最大值即临界流量。若p_2再进一步降低,流量也不再增加。流量与气嘴上下游压力比的关系如图5-6所示。

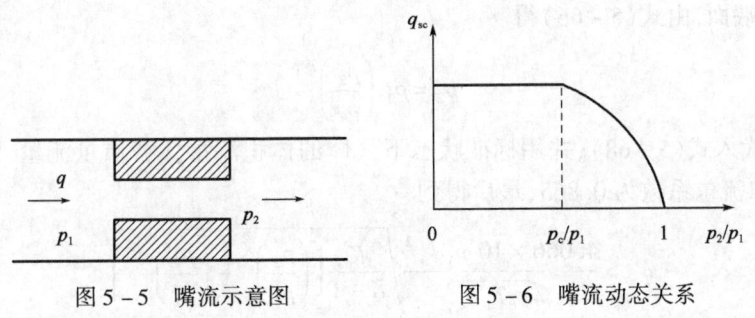

图5-5　嘴流示意图　　　图5-6　嘴流动态关系

临界流是流体在气嘴吼道里被加速到声速时的流动状态。在临界流状态下,气嘴下游压力变化对气井产量没有影响,因为压力干扰向上游的传播不会快于声速。

二、节流流量与压力的关系

1. 气体通过节流装置时流量与压力的关系

气体通过气嘴出口端的质量流量为

$$M = A_2 u_2 \rho_2 \tag{5-63}$$

式中 A_2——气嘴开口截面积，m^2；
u_2——气体在出口端面的流速，m/s；
ρ_2——气体在出口端面的密度，kg/m^3。

显然，对于一定的开口截面积 A_2，如能求出 u_2、ρ_2，则通过气嘴的质量流量即可确定。

气体通过气嘴没有位能变化，也没有功的输出或输入，摩擦损失也可忽略不计，但动能变化在此起重要作用。按此考虑，气体稳定流动能量方程可以写为

$$\frac{\mathrm{d}p}{\rho} = u\mathrm{d}u = 0 \tag{5-64}$$

写成积分形式为

$$\frac{u_2^2 - u_1^2}{2} = -\int_{p_1}^{p_2} \frac{1}{\rho} \mathrm{d}p \tag{5-65}$$

式中 u_1——气体在入口端面的流速，m/s。

从工程热力学的观点分析，高压气体通过气嘴，因孔道短，流速急，可视为绝热过程。入口状态与任一状态之间的关系为

$$\rho = \rho_1 \left(\frac{p}{p_1}\right)^{\frac{1}{K}} \tag{5-66}$$

将式(5-66)代入式(5-65)，得

$$\frac{u_2^2 - u_1^2}{2} = \frac{K}{K-1} p_1 \frac{1}{\rho_1} \left[1 - \left(\frac{p_2}{p_1}\right)^{\frac{K-1}{K}}\right] \tag{5-67}$$

因为 u_2^2 远大于 u_1^2，所以忽略 u_1^2，则

$$u_2 = \sqrt{\frac{2K}{K-1} p_1 \frac{1}{\rho_1} \left[1 - \left(\frac{p_2}{p_1}\right)^{\frac{K-1}{K}}\right]} \tag{5-68}$$

对于出口端面，由式(5-66)得

$$\rho_2 = \rho_1 \left(\frac{p_2}{p_1}\right)^{\frac{1}{K}} \tag{5-69}$$

将 u_2、ρ_2 代入式(5-68)，并用标准状态下气体的体积流量代替质量流量，同时引用气田实用单位，并取流量系数为0.865，最后得到

$$q_{\mathrm{sc}} = \frac{4.066 \times 10^3 p_1 d_\mathrm{v}^2}{\sqrt{\gamma_\mathrm{g} T_1 Z_1}} \sqrt{\frac{K}{K-1} \left[\left(\frac{p_2}{p_1}\right)^{\frac{2}{K}} - \left(\frac{p_2}{p_1}\right)^{\frac{K+1}{K}}\right]} \tag{5-70}$$

式中 q_{sc}——标准状态下（$p_{\mathrm{sc}} = 0.101325\mathrm{MPa}$，$T_{\mathrm{sc}} = 293\mathrm{K}$）下通过气嘴的体积流量，$m^3/d$；
d_v——气嘴开孔直径，mm；

p_1, p_2——气嘴入口、出口端面上的压力,MPa;
γ_g——天然气的相对密度;
T_1——气嘴入口端面积的温度,K;
Z_1——在气嘴入口状态下的气体偏差系数;
K——天然气的绝热指数。

式(5-69)是采气工艺中经常用到的一个重要公式,用于确定通过气嘴气量与压力之差的关系。

2. 气体通过节流装置时的流态判别

定义一个函数:

$$F\left(\frac{p_2}{p_1}\right) = \left[\left(\frac{p_2}{p_1}\right)^{\frac{2}{K}} - \left(\frac{p_2}{p_1}\right)^{\frac{K+1}{K}}\right]^{\frac{1}{2}} \tag{5-71}$$

对式中的 $\frac{p_2}{p_1}$ 取导数,并使其为零,即 $\dfrac{\mathrm{d}\left[\left(\frac{p_2}{p_1}\right)^{\frac{2}{K}} - \left(\frac{p_2}{p_1}\right)^{\frac{K+1}{K}}\right]^{\frac{1}{2}}}{\mathrm{d}\frac{p_2}{p_1}} = 0$,则得

$$\frac{p_2}{p_1} = \frac{p_c}{p_1} = \left(\frac{2}{K+1}\right)^{\frac{K}{K-1}} \tag{5-72}$$

通过气嘴出口端面的流速达到该状态下的音速时,称此流速为临界流速。此时,气嘴出口端面与入口端面的压力比称为临界压力比。式(5-72)是临界压力比的计算公式,也是确定是否达到临界流速的判别式。

当 $\dfrac{p_2}{p_1} < \left(\dfrac{2}{K+1}\right)^{\frac{K}{K-1}}$ 时,为临界流;

当 $\dfrac{p_2}{p_1} \geq \left(\dfrac{2}{K+1}\right)^{\frac{K}{K-1}}$ 时,为非临界流。

对于 γ_g 为 0.6 的天然气,$\left(\dfrac{2}{K+1}\right)^{\frac{K}{K-1}} = 0.546$,通常当 $\dfrac{p_2}{p_1} < 0.55$ 时,就认为已达临界流。当上游压力 p_1 和气嘴开孔直径一定时,一旦出口端面上的速度达到音速,气流的压力波就不能反馈影响上游,此时,通过气嘴的气体流量达到最大值,既不能继续增大,也不能降低为零。

3. 气体通过气嘴最大气量的计算

将式(5-72)代入式(5-70),导出最大气量公式:

$$q_{\max} = \frac{4.066 \times 10^3 p_1 d_v^2}{\sqrt{\gamma_g T_1 Z_1}} \sqrt{\frac{K}{K-1}\left[\left(\frac{2}{K+1}\right)^{\frac{2}{K-1}} - \left(\frac{2}{K+1}\right)^{\frac{K+1}{K-1}}\right]} \tag{5-73}$$

显然,d_v 一定时,$q_{\max}$ 取决于 p_1。

计算通过气嘴的气量时,首先利用式(5-72)判别是否达到临界流速。属临界流,用式(5-73)计算;属非临界流,用式(5-70)计算。

以地面嘴流为例:

当 $\dfrac{p_2}{p_1} < \left(\dfrac{2}{K+1}\right)^{\frac{K}{K-1}}$ 时,通过气嘴的流速已达临界流速。此时气嘴以后的集气管和分离器的

回压不会影响气嘴以前的地层和油管的流动。

当 $\dfrac{p_2}{p_1} \geq \left(\dfrac{2}{K+1}\right)^{\frac{K}{K-1}}$ 时，通过气嘴的流速未达临界流速，气嘴以后的集气管压力、分离器压力会反馈到气嘴以前，对油管和地层流动产生影响。此时，在某气站改变操作条件，就可以对气井产能进行控制。

对于井下气嘴、井下安全阀的设计和选择，一般应保证它们在非临界流速下工作。试油常用的临界流速流量计，必须确信达到临界流速才能用来测量气量。

【例 5-3】 绘制气嘴为 4~8mm 的气产量与压力比的特性曲线。气体相对密度为 0.7，K 为 1.25，气体偏差系数为 0.93，井口温度和压力分别为 38℃和 4MPa。

解： 由式(5-72)，这种天然气的临界压力比为

$$\frac{p_c}{p_1} = \left(\frac{2}{K+1}\right)^{\frac{K}{K-1}} = \left(\frac{2}{1.25+1}\right)^{\frac{1.25}{0.25}} = 0.555$$

当流动为临界流时，即当 $p_2/p_1 = 0.555$ 时，流量将是临界流量：

$$q_{\max} = \frac{4.066 \times 10^3 p_1 d_v^2}{\sqrt{\gamma_g T_1 Z_1}} \sqrt{\frac{K}{K-1}\left[\left(\frac{2}{K+1}\right)^{\frac{2}{K-1}} - \left(\frac{2}{K+1}\right)^{\frac{K+1}{K-1}}\right]}$$

$$= \frac{4.066 \times 10^3 \times 4 d_v^2}{\sqrt{0.7 \times 311 \times 0.93}} \sqrt{\frac{1.25}{1.25-1}\left[\left(\frac{p_2}{p_1}\right)^{\frac{2}{1.25}} - \left(\frac{p_2}{p_1}\right)^{\frac{1.25+1}{1.25}}\right]}$$

$$= 2560 d^2 \sqrt{\left(\frac{p_2}{p_1}\right)^{1.6} - \left(\frac{p_2}{p_1}\right)^{1.8}}$$

即

$$q_{\max} = 0.256 d^2 \sqrt{0.555^{1.6} - 0.555^{1.8}} = 0.0533 d^2 \; (10^4 \mathrm{m}^3/\mathrm{d})$$

对每一气嘴尺寸，当 $p_2/p_1 \leq 0.555$ 时，流量是定值，用上式计算，其临界流量见表 5-5；当 $p_2/p_1 > 0.555$ 时，流量用式(5-70)计算。从 0.555~1 改变 p_2/p_1，可绘制油嘴流曲线，如图 5-7 所示。

表 5-5　不同油嘴尺寸的临界流量

d, mm	4	5	6	7	8
$q_{\max}$, $10^4 \mathrm{m}^3/\mathrm{d}$	0.85	1.33	1.92	2.61	3.41

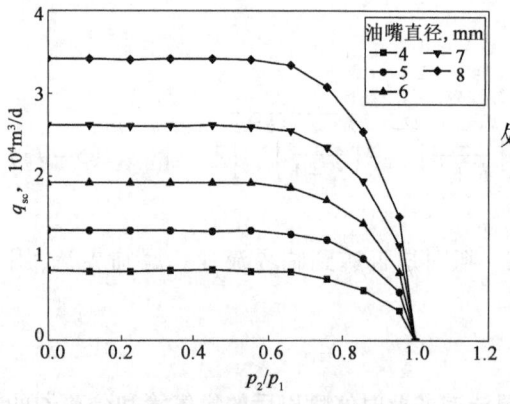

图 5-7　不同油嘴尺寸的嘴流动态

三、通过节流装置后的天然气温度计算

由真实气体的状态方程，在节流装置上游进口处有

$$\frac{p_1}{\rho_1} = \frac{Z_1 R T_1}{M_g} \qquad (5-74)$$

而节流装置喉部，则为

$$\frac{p_2}{\rho_2} = \frac{Z_2 R T_2}{M_g} \qquad (5-75)$$

由前述可知，天然气节流装置的流动可视为绝热过程，则有

$$\frac{p_1}{\rho_1^K} = \frac{p_2}{\rho_2^K} \tag{5-76}$$

综合以上三式,可导得天然气过节流装置喉部的温度 T_2 的计算公式:

$$T_2 = \left(\frac{p_2}{p_1}\right)^{\frac{K-1}{K}} \times \frac{Z_1}{Z_2} T_1 \tag{5-77}$$

式中 M_g——天然气质量流量,kg/d。

第六节 集输气管流计算

正规开发气田,多数气井所采气体都要向集气站集中,完成调压、保温、分离和计量等工艺,然后经配气站分别输给用户或净化厂。没有采气、集气和净化处理及长输相配套,气井就无法连续采气形成生产能力。因此,集输气管流计算也是继井筒流动之后的又一重要内容。

一、输气管基本流动方程

输气管基本流动方程仍由气体稳定流动能量方程式导出。

对于一条等径的水平输气管,如果管内是纯气体,符合稳定流动条件,无功和热的交换,且动能可以忽略不计,则稳定流动能量方程可简化为

$$\frac{dp}{\rho} + \frac{fu^2 dL}{2d} = 0 \tag{5-78}$$

将 $\rho = \frac{M_g p}{ZRT}$ 代入,进行必要的单位和状态换算,最后整理得

$$10^6 \int dp = \frac{28.97 \gamma_g f u^2}{2 \times 0.008314 d} \int \frac{p}{TZ} dL \tag{5-79}$$

对式(5-79)右边的积分,有多种处理方法,可以导出不同的气量与压差的关系式。最常用的一种解法是假设 $T = \overline{T}, Z = \overline{Z}$,积分可得

$$p_1^2 - p_2^2 = 9.05 \times 10^{-20} \frac{\gamma_g q_{sc}^2 \overline{T} \overline{Z} f L}{d^5} \tag{5-80}$$

式中 L——输气管长度,m;

p_1, p_2——水平输气管起点和终点的压力,MPa;

$\overline{T}$——输气管内气体平均温度,K;

$\overline{Z}$——在输气管平均压力和平均温度下气体的平均偏差系数;

q_{sc}——日输气量($p_{sc} = 0.101325\text{MPa}, T_{sc} = 293\text{K}$),m³/d;

d——输气管内径,m;

f——摩阻系数,由 Moody 图或 Jain 公式确定;

γ_g——气体相对密度。

已知输气量和 p_1(或 p_2),可由式(5-79)求得另一压力 p_2(或 p_1)。

从式(5-79)中解出输气量,并写成对任何标准状态都适用的计算输气量的公式:

$$q_{sc} = 1.1496 \times 10^6 \frac{T_{sc}}{p_{sc}} \left[\frac{(p_1^2 - p_2^2)d^5}{\gamma_g \overline{TZ} L f} \right]^{0.5} \tag{5-81}$$

利用式(5-81)计算输气量,计算值总比实际输气量大,对于长输管线更为突出。为此,引进效率系数(efficiency factor)的概念,并用符号 E 表示,其值小于1。具体数值可参照表5-6。

$$q_{sc} = 1.1496 \times 10^6 \frac{T_{sc}}{p_{sc}} E \left[\frac{(p_1^2 - p_2^2)d^5}{\gamma_g \overline{TZ} L f} \right]^{0.5} \tag{5-82}$$

表5-6 E 值

管道中气体性质	液相含量,mL/m³	E
干气	0.1	0.92
套管气	7.2	0.77
凝析油和气	800	0.66

在油气管道方面的文献中,式(5-82)中的 $f^{0.5}$ (transmission factor)。

【例5-4】 假设气井产气量变化范围为 $(10 \sim 100) \times 10^4 \mathrm{m}^3/\mathrm{d}$,油管内径分别为 50.3mm、62mm、73mm、106mm,计算管长1000m管线的压降。已知井口起点压力为15MPa,平均温度为20℃,$p_{pc} = 4.6\mathrm{MPa}$,$T_{pc} = 205\mathrm{K}$,$\gamma_g = 0.65$。

解: 先以 $q_{sc} = 10 \times 10^4 \mathrm{m}^3/\mathrm{d}$,$d = 62\mathrm{mm}$ 为例进行计算。

(1)第一次试算,取 $p_2^0 = 15\mathrm{MPa}$。

(2)计算平均参数:

$$\overline{p} = (p_2^0 + p_1)/2 = 15\mathrm{MPa}; \overline{T} = 273 + 20 = 293\mathrm{K}$$

$$p_{pr} = \overline{p}/p_{pc} = 15/4.6 = 3.26; T_{pr} = \overline{T}/T_{pc} = 293/205 = 1.58$$

经计算得

$$\overline{Z} = 0.726, \mu_g = 0.016 \mathrm{mPa \cdot s}$$

(3)计算雷诺数 Re:

$$B_g = 3.447 \times 10^{-4} \frac{\overline{ZT}}{\overline{p}} = 3.447 \times 10^{-4} \times \frac{0.726 \times 293}{15} = 0.005$$

$$v = \frac{4 q_{sc} B_g}{86400 \pi d^2} = \frac{4 \times 10 \times 10^4 \times 0.005}{86400 \pi \times 0.062^2} = 43.0 (\mathrm{m/s})$$

$$\rho = 3484.4 \frac{\gamma_g \overline{p}}{\overline{ZT}} = 3484.4 \times \frac{0.65 \times 15}{0.726 \times 293} = 160 (\mathrm{kg/m^3})$$

$$Re = \frac{\rho v d}{\mu_g} = \frac{160 \times 43.0 \times 0.062}{0.016 \times 0.001} = 2.67 \times 10^7$$

(4)计算 f:

$$f = \left[1.14 - 2\lg \left(\frac{e}{d} + \frac{21.25}{Re^{0.9}} \right) \right]^{-2} = \left[1.14 - 2\lg \left(\frac{0.016}{62} + \frac{21.25}{(2.67 \times 10^7)^{0.9}} \right) \right]^{-2} = 0.015$$

(5)计算终点压力:

$$p_2 = \sqrt{p_1^2 - 9.05 \times 10^{-20} \gamma_g f q_{sc}^2 \overline{TZ}L/d^5}$$
$$= \sqrt{15^2 - 9.05 \times 10^{-20} \times 0.65 \times 0.015 \times (10^5)^2 \times 293 \times 0.726 \times 1000/0.062^5}$$
$$= 14.93(\text{MPa})$$

(6)第二次试算:

$p_2^1 = 14.93\text{MPa}, \bar{p} = (p_2^1 + p_1)/2 = 14.965(\text{MPa}), p_{pr} = \bar{p}/p_{pc} = 14.965/4.6 = 3.25,$ 故 $\overline{Z} = 0.726$。比较两次试算结果,$\overline{Z}$ 相差甚微,故所求终点压力为 $p_2 = 14.93\text{MPa}$,其摩阻压降为

$$p_1 - p_2 = 15 - 14.93 = 0.07(\text{MPa})$$

不同内径的水平管线在不同气流量下的摩阻压降计算结果列入表 5-7,相应的压降曲线如图 5-8 所示。

表 5-7　1000m 水平管线的摩阻压降

摩阻压降,MPa　管径,mm 气流量,$10^4\text{m}^3/\text{d}$	50.3	62	73	106
10	0.205	0.070	0.030	0.004
20	0.824	0.274	0.118	0.017
30	1.912	0.619	0.263	0.038
40	3.603	1.114	0.468	0.067
50	6.239	1.775	0.735	0.105

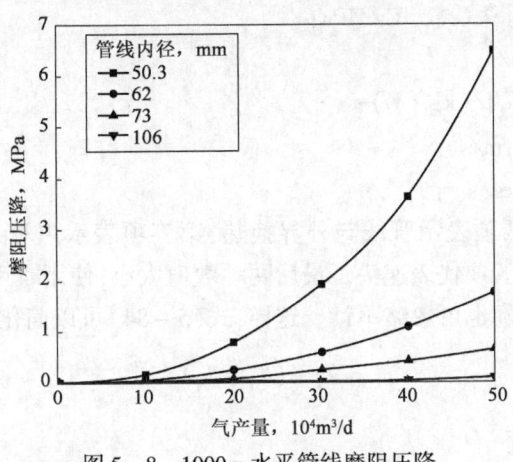

图 5-8　1000m 水平管线摩阻压降

二、参数计算

1. 输气管内的平均压力

输气管沿线的压力呈抛物线分布,靠近出口压降加剧,因此,严格地讲,输气管线的平均压

力应该按下式计算:

$$\bar{p} = \frac{2}{3} \times \frac{p_1^3 - p_2^3}{p_1^2 - p_2^2} \tag{5-83}$$

2. 输气管内的平均温度

输气管内的气流温度取决于气流与外界的换热、焦耳—汤姆森效应,输气管高差和速度变化等因素。

1970 年,Papay 对稳定流动的输气管,提出距首站 L_x 处气流温度 T_{L_x} 的计算公式。对单相气体,原式简化为

$$T_{L_x} = T_s + (T_1 - T_s)e^{-KL_x} - \frac{\mu_d u(p_2 - p_1)}{NL}(1 - e^{-KL_x})$$

$$- \frac{gh}{NLc_p u}(1 - e^{-KL_x}) - \frac{u_2 - u_1}{NLc_p u}\left[\left(u_1 - \frac{u_2 - u_1}{NL}\right)(1 - e^{-KL_x}) + \frac{u_2 - u_1}{L}\right] \tag{5-84}$$

$$N = \frac{K}{q_m c_p u}$$

式中 T_s——管线周围环境温度,℃;
T_1——首站入口气体温度,℃;
T_{L_x}——距首站 L_x 处气流的温度,℃;
L——管线全长,m;
h——管线高差,m;
L_x——首站至测温点间距离,m;
K——热传导系数,W/(m²·K);
μ_d——焦耳—汤姆森系数,℃/MPa;
u——流体速度,m/s;
c_p——比定压热容,J/(kg·K);
g——重力加速度,m/s²;
q_m——质量流量,kg/s。

在式(5-84)中,前两项表示管线与外界换热,第三项表示焦耳——汤姆森效应,第四项反映管段的高差变化,第五项代表速头。最后两项数值太小,使用时可不计入。如果管段压降较小,气体膨胀产生的温降也可忽略不计。这样,式(5-84)可以简化为

$$T_{L_x} = T_s + (T_1 - T_s)e^{-KL_x} \tag{5-85}$$

3. 输气管内允许流速

计算输气量应该顾及气体高速流动产生的冲蚀作用。通常,管内某点的流速达到 18.29~21.34m/s(60~70ft/s)时,冲蚀作用十分明显。

产生冲蚀作用的流速称为冲蚀流速(erosinal velocity)。精确估计冲蚀流速较为困难,如果气体中含有砂粒等固相颗粒,较低流速也会产生冲蚀。

1984 年,Beggs 提出计算冲蚀速度的公式:

$$u_e = \frac{C}{\rho_g^{0.5}} \qquad (5-86)$$

或

$$u_e = \frac{122}{\left(3484.4 \frac{\gamma_g p}{ZT}\right)^{0.5}} = 2.067 \left(\frac{ZT}{p\gamma_g}\right)^{0.5} \qquad (5-87)$$

式中 u_e——冲蚀速度，m/s；

ρ_g——气体密度，kg/m³；

C——常数，取122。

根据 u_e 计算标准状态下的允许日输气量：

$$q_e = u_e \frac{pT_{sc}}{ZTP_{sc}} A = 5.164 \times 10^4 A \left(\frac{p}{ZT\gamma_g}\right)^{0.5} \qquad (5-88)$$

式中 q_e——允许的日输气量，$10^4 \text{m}^3/\text{d}$；

A——输气管截面积，m²。

4. 输气管允许工作压力

从式(5-81)可看出，提高首站输气压力可以增加输气能力。但是，对已选定的输气管，管线的材质、壁厚和直径为定值，输气时只能承受一定的输气压力。输气最大工作压力由下式确定：

$$p_{\max} = \frac{2(\delta - C)S\varphi}{d_o - 2(\delta - C)Y} \qquad (5-89)$$

式中 $p_{\max}$——输气管最大的内工作压力，MPa；

δ——满足工作压力、机械加工、腐蚀和冲蚀余量所需要的最小壁厚，mm；

C——机械加工、腐蚀和冲蚀余量之和，mm；

d_o——输气管外径，mm；

S——管材的允许应力，MPa；

φ——纵向焊接系数；

Y——铁素体钢的使用系数。

第六章　气井生产系统动态分析与管理

气井生产系统是包括气藏、井筒、井口、集输管网和设备在内的完整的生产系统。做好气井生产系统动态分析，可对气井生产系统进行优化设计和科学管理，是实现气田高效开发的重要一环，是采气工程技术人员日常工作的重要任务。

本章首先介绍进行气井生产系统分析和设计的基本理论方法——节点分析方法；然后针对实际气井介绍如何确定合理的生产制度、不同类型气藏开发过程中气井的生产特征和应该采用的采气工艺措施。

第一节　气井生产系统节点分析

气井的生产过程一般包括气体从地层渗流、过完井段、井下节流阀、油管、井口、地面气嘴（针形阀）、集输管线等的节流或管流，最后到达分离器的过程，如图 6-1 所示。

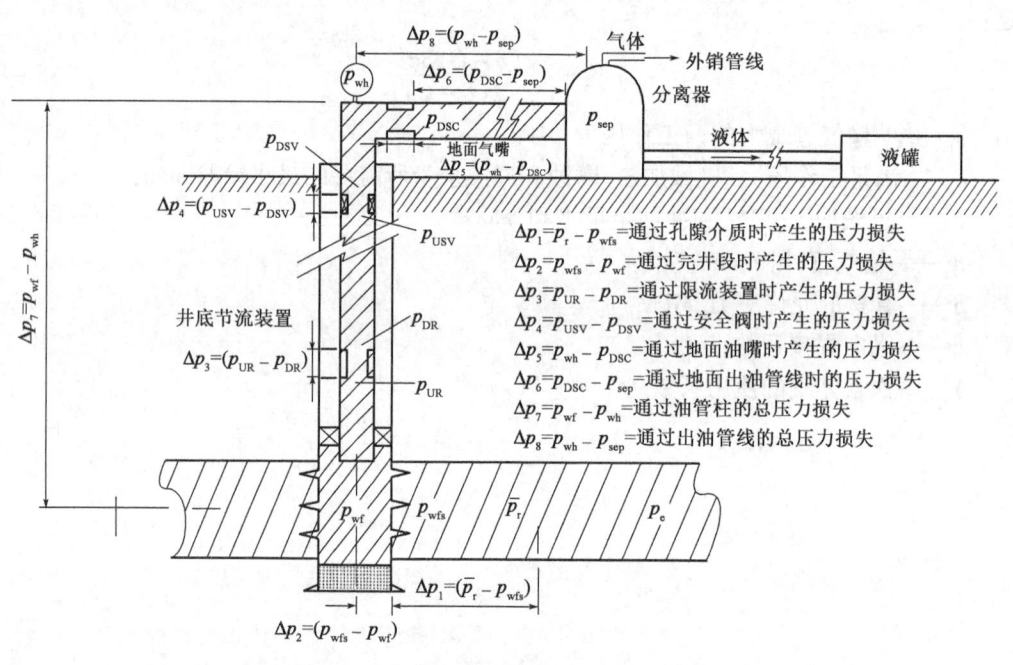

图 6-1　气井生产各部分压力损失示意图

$\Delta p_1 = \bar{p}_r - p_{wfs}$ = 通过孔隙介质时产生的压力损失
$\Delta p_2 = p_{wfs} - p_{wf}$ = 通过完井段时产生的压力损失
$\Delta p_3 = p_{UR} - p_{DR}$ = 通过限流装置时产生的压力损失
$\Delta p_4 = p_{USV} - p_{DSV}$ = 通过安全阀时产生的压力损失
$\Delta p_5 = p_{wh} - p_{DSC}$ = 通过地面油嘴时产生的压力损失
$\Delta p_6 = p_{DSC} - p_{sep}$ = 通过地面出油管线时的压力损失
$\Delta p_7 = p_{wf} - p_{wh}$ = 通过油管柱的总压力损失
$\Delta p_8 = p_{wh} - p_{sep}$ = 通过出油管线的总压力损失

一、基本方法

气井生产系统分析也称生产压力系统分析。1954 年 Gilbert 提出把节点分析用于油气井生产系统，后来 Brown 等人对此进行了系统的研究。运用气井节点分析方法，结合采气工艺生产方面的实际工作经验及气田开发政策对生产提出的指标要求,可以对新老气田的生产进行系统优化分析。具体地说,气井节点分析方法具有如下几方面的用途:

(1)对已开钻的新井,根据预测的流入动态曲线,选择完井方式及有关参数,确定油管尺寸及合理的生产压差;

(2)对已投产的生产井,能迅速找出限制气井产能的不合理因素,提出有针对性的改造及调整措施,使其达到合理的利用自身能力,实现稳产高产;

(3)优选气井在一定生产状态下的最佳控制产量;

(4)确定气井停喷时的生产状态,从而分析气井的停喷原因;

(5)确定排水采气时机,优选排水采气工艺;

(6)对各种产量下的开采方式进行经济分析,寻求最佳方案和最大经济效益;

(7)选用某一方法(如产量递减曲线分析方法),预测未来气井的产量随时间的变化;

(8)帮助生产人员很快找出提高气井产量的途径。

总之,对于新井,使用节点分析方法可以优化完井参数和优选油管尺寸,这是完井工程最关注的问题;对于已经投产的气井,使用节点分析有助于科学地管理好生产。

按照气井生产系统的流动过程设置不同的节点,如图6-2所示。

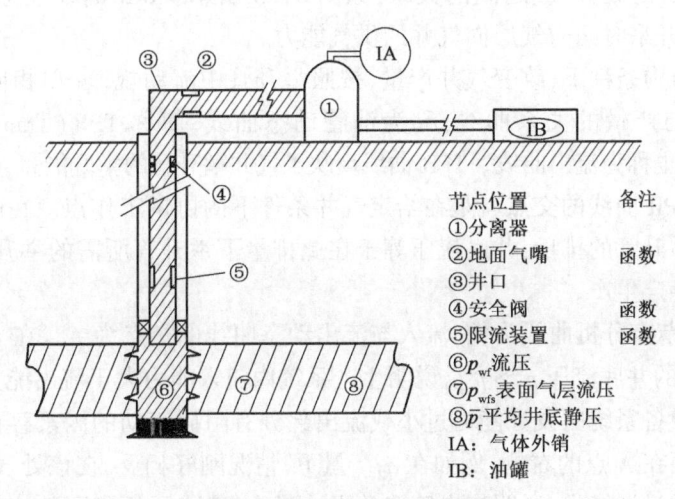

节点位置	备注
①分离器	
②地面气嘴	函数
③井口	
④安全阀	函数
⑤限流装置	函数
⑥p_{wf}流压	
⑦p_{wfs}表面气层流压	
⑧$\bar{p}_r$平均井底静压	
IA:气体外销	
IB:油罐	

图6-2 气井各节点的位置

气井的节点分析过程和油井的节点分析方法是一样的,可以按照以下过程进行:

(1)根据确定的分析目标选定解节点。解节点的选择与系统分析的最终结果无关,但会影响分析计算的工作量。换言之,在生产系统内无论选择哪个节点作为解节点,所得结果应该是一样的。但为了简化计算,解节点要依照所要求的目的而定,所选解节点应尽可能靠近分析的对象。例如,在分析地面生产设施的影响时(地面管线长度、管径及分离器压力等),解节点可以选择在井口处。解节点选定后,由节点类型确定节点分析方法,例如是函数节点分析还是普通节点分析。

(2)建立生产压力系统模型。针对要分析的问题,对实际气井生产系统加以抽象,表示为数学模型能描述的各个部分;按照如前面几章所述的向井流、节流、管流公式建立各部分模型。

(3)完成各个部分数学模型的动静态生产资料的拟合。采用的理论模型不一定与气井实际情况相符,因而得出的理论产能也就不一定与实际试采的生产资料相吻合。因此,需要对采用的模型用实际气田的动静态生产资料进行拟合和修正,使建立的数学模型和计算程序能反映气井系统的实际;然后用拟合以后的模型绘制流入和流出动态曲线。

(4)求解流入和流出动态曲线的协调点。

(5)完成确定目标的敏感参数分析。例如,可以分析油管直径、射孔密度、表皮系数、井口油压等参数对气井生产的影响,优选出系统参数;然后就可对气井生产系统进行调整或重新设计。

在气井节点分析过程中,只有在流入和流出两部分中每个参数都选择合适的情况下,解节点的压力和流量才代表气井的最佳生产状态。解节点处既反映了气井的流入能力,同时也表明了气井的流出能力。只有流入能力和流出能力相一致,气井才能稳定生产。

气井各部分流动的衔接关系称为气井的协调。要使气井连续稳定生产,气井生产系统中相互衔接的各个流动过程必须相互协调。协调条件是:每个过程衔接处的质量流量相等;上一过程的剩余压力足以克服下一过程的压力消耗,即上一过程的剩余压力应等于下一过程所需要的起点压力。

这里以气层和举升油管两个主要流动过程为例,说明协调条件。气井的流入动态(IPR)曲线表示气井井底压力与产量之间的关系,如图 6-3 所示。IPR 曲线上每一流压对应一产量,它反映了一定开采时间内气层向气井的供气能力。

在给定井口压力条件下,改变气井产量,按照举升管中流动规律(单相或多相)计算得出的油管吸入压力与产量的关系曲线,称为油管动态曲线,简称 TPR(Transient performance relationship)曲线,也称为流出曲线。TPR 曲线反映了气井举升管的举升能力,如图 6-3 所示。

IPR 曲线和 TPR 曲线的交点就是在给定气井条件下的协调工作点。在此条件下,从气层流出的流量等于举升管的排量,井底流压等于在此排量下举升管所需的举升压力。只有在此条件下气井才能稳定生产。

以图 6-4 的节点分析曲线为例,流入与流出动态曲线的交点为 A。在 A 点的左侧,例如在 q_1 产量下,对应的井底流压 $p_1 > p'_1$,说明生产系统内流入能力大于流出能力,这说明油管或流出部分的管线设备系统的设计能力过小或流出部分有阻碍流动的因素存在,限制了气井生产能力的发挥。而在 A 点的右侧,例如在 q_2 产量下,情况刚好相反,在该处气层生产能力达不到流出管道系统的设计能力,说明流出管路的设计过大,造成了不必要的浪费,或气井的某些参数控制不合理,或气层伤害降低了井的生产能力,需要进行解堵、改造等措施。只有在 A 点,产层的生产能力刚好等于流出管路系统的生产能力,表明井处于流入与流出能力协调的状态,该点的产量称为协调产量。

【例 6-1】 已知气井(油管)深度 $H = 3000\text{m}$;地面水平集气管长 $L = 3000\text{m}$;油管和集气管内径 $d = 6.20\text{cm}$;管内摩阻系数 $f = 0.015$;管内平均温度 $\bar{T} = 293\text{K}$;气体相对密度 $\gamma_g = 0.6$;分离器压力 $p_{sep} = 5\text{MPa}$。产能指数方程为 $q_{sc} = 0.3246(13.459^2 - p_{wf}^2)^{0.8294}$,式中 q_{sc} 的单位为 $10^4 \text{m}^3/\text{d}$,p_r、p_{wf} 的单位为 MPa。求气井系统最大产能。

解:取井口为解点,系统被分割为两个子系统:

流入部分:$p_r - \Delta p_{8-6} - \Delta p_{6-3} = p_{wh}$

流出部分:$p_{sep} + \Delta p_{3-1} = p_{wh}$

图 6-3　气井生产系统分析曲线

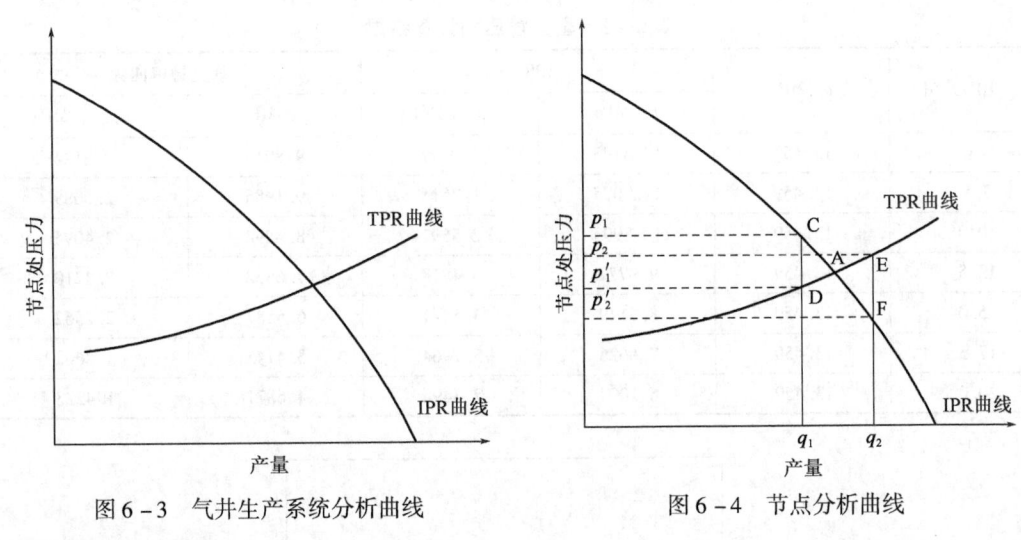

图 6-4　节点分析曲线

具体分析步骤如下：

(1) 按试算需要假设一系列气体流量 q_{sc}，分别取 5、7.5、10、12.5、15、17.5 和 20，单位为 $10^4 \mathrm{m}^3/\mathrm{d}$；

(2) 在 $p_{sep}=5\mathrm{MPa}$ 条件下，利用水平管输气公式计算各流量相应的井口压力 p_{wh} 值，计算结果列入表 6-1 第 4 栏；

(3) 取 $p_r=13.459\mathrm{MPa}$，利用所给气井产能指数方程，计算各流量下的 p_{wf} 值，$p_6=p_{wf}$ 计算结果列入表 6-2 第 3 栏；

(4) 利用垂直管单相气流公式计算 Δp_{6-3}，计算结果列入表 6-2 第 6 栏；

(5) 在同一图上画出流入、流出动态曲线，如图 6-5 所示；

(6) 由图 6-5 的流入、流出动态曲线的交点，求出系统在目前条件下的最大产能为 $q_{sc}=15.4\times 10^4 \mathrm{m}^3/\mathrm{d}$。

表 6-1　水平输气管压力计算结果

q_{sc},$10^4\mathrm{m}^3/\mathrm{d}$	p_{sep},MPa	水平输气管	
		Δp_{3-1},MPa	$p_3=p_{wh}$,MPa
5	5	0.1701	5.1701
7.5	5	0.3752	5.3752
10	5	0.6498	5.6498
12.5	5	0.9884	5.9884
15	5	1.3695	6.3695
17.5	5	1.7965	6.7965
20	5	2.2581	7.2581

表6-2 垂直管压力计算结果

q_{sc}, $10^4 m^3/d$	p_r, MPa	IPR p_6, MPa	IPR Δp_{8-6}, MPa	垂直管单向流 p_3, MPa	垂直管单向流 Δp_{6-3}, MPa
5.0	13.459	12.4143	1.0447	9.8019	2.6124
7.5	13.459	11.7075	1.7515	9.1986	2.5089
10.0	13.459	10.8993	2.5597	8.4898	2.4095
12.5	13.459	9.9772	3.4818	7.6562	2.3210
15.0	13.459	8.9149	4.5441	6.6587	2.2562
17.5	13.459	7.6626	5.7964	5.4145	1.8662
20.0	13.459	6.1094	7.3496	4.6871	1.4223

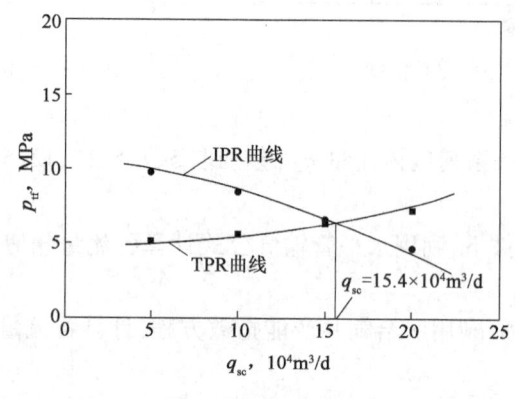

图6-5 节点图解

二、气井敏感参数分析

【例6-2】 对图6-2所示的气井生产系统,利用前例中的数据分析井口压力一定时,油管直径对系统产能的影响,已知 $p_{wh}=6$MPa, $d_1=5.03$cm, $d_2=7.59$cm。

解:目的是分析油管直径对系统产能的影响,根据解点尽可能靠近分析对象的要求,取⑥为解节点,则

流入部分: $p_r - \Delta p_{8-6} = p_{wf}$; 流出部分: $p_{wh} + \Delta p_{6-3} = p_{wf}$

(1) 根据 $q_{sc} = 0.3264 \times (13.459^2 - p_{wf}^2)^{0.8294}$,计算流入动态 q_{sc}—p_{wf} ,结果列入表6-3。

表6-3 流入动态

q_{sc}, $10^4 m^3/d$	p_{wf}, MPa
5	12.4143
10	10.8993
15	8.9149
20	6.1094
22	4.4510
24	1.4021
24.2189	0.0000

(2)绘出气井 IPR 曲线,如图 6-6 所示。

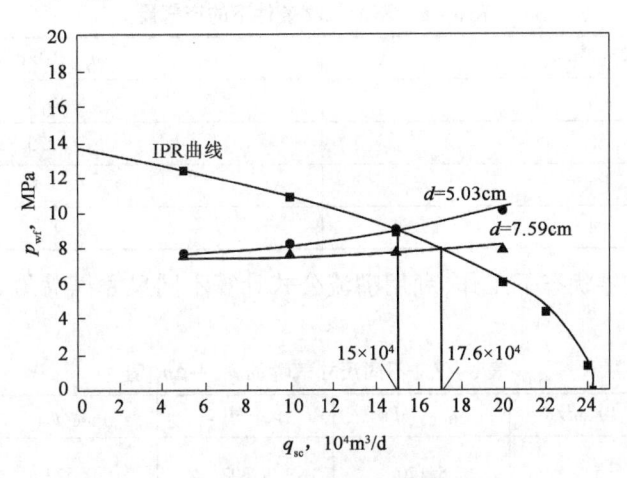

图 6-6 不同直径油管图解

(3)利用垂直管单相流公式,分别代入 d_1、d_2,计算井口流压一定时的流出动态 q_{sc}—p_{wf},结果列入表 6-4。

表 6-4 流出动态

q_{sc},$10^4 m^3/d$	p_{wf},MPa	
	$d_1 = 5.03$ cm	$d_2 = 7.59$ cm
5	7.7595	7.5988
10	8.2886	7.6699
15	9.1022	7.7869
20	10.1321	7.9479

(4)分别画出两种油管的 q_{sc}—p_{wf} 曲线,每一曲线都与 IPR 曲线有一交点,相应的流量即为采用该油管时系统所能提供的最大产能,如图 6-6、表 6-5 所示。

表 6-5 不同管径的井底流压及产量

d,cm	p_{wf},MPa	q_{sc},$10^4 m^3/d$
5.03	8.9	15
7.59	7.8	17.6

显然,采用较大直径的油管时,系统产能可以提高。本例中,油管直径由 5.03cm 增加到 7.59cm,系统产能提高 17.3%。

【例 6-3】 在图 6-1 的生产系统中,井口安装一个气嘴,气嘴尺寸分别为 26/64in,32/64in 和 40/64in,即 1.03cm、1.27cm 和 1.59cm;其他参数同前例。试分析安装不同嘴径的气嘴后对系统产能的影响。

解:(1)选气嘴②为解点。
(2)从例 6-1,由流出动态曲线求得不同流量下流出系统的 p_3 值,并令 $p_3 = p_{DSC}$;同时,由流入动态曲线可求得不同流量下流入系统的 p_3 值,且令 $p_3 = p_{wh}$。

(3)令 $\Delta p_1 = p_{tf} - p_{DSC}$，由图 6-4 可取值列入表 6-6 中。

表 6-6 不同气嘴条件下的产气量

Δp_1, MPa	q_{sc}, $10^4 m^3/d$
0	15.4
2	12.5
3	9.5
4	4.5

(4)气嘴在非临界状态下工作，利用嘴流公式计算不同尺寸气嘴的 q_{sc}—Δp_2 值，结果见表 6-7。

表 6-7 不同尺寸气嘴的 q_{sc}—Δp_2 值

d, cm	q_{sc}, $10^4 m^3/d$	p_{DSC}, MPa	p_{wh}, MPa	p_{DSC}/p_{wh}	$\Delta p_2 (= p_{wh} - p_{DSC})$, MPa
1.03	5	5.170	9.802	0.527	0.451
	10	5.650	8.490	0.665	1.44
	15	6.370	6.659	0.957	2.73
1.27	5	5.170	9.802	0.527	0.346
	10	5.650	8.490	0.665	0.693
	15	6.370	6.659	0.957	1.559
1.59	5	5.17	9.802	0.527	0.07
	10	5.65	8.490	0.665	0.28
	15	6.37	6.659	0.957	1.22

(5)在同一张图上绘出系统的 Δp_1—q_{sc} 曲线和各气嘴的 Δp_2—q_{sc} 曲线，如图 6-7 所示。每一组曲线与系统的 Δp_1—q_{sc} 曲线相交，每一交点对应流量为安装该气嘴后系统的产能，其值列入表 6-8。

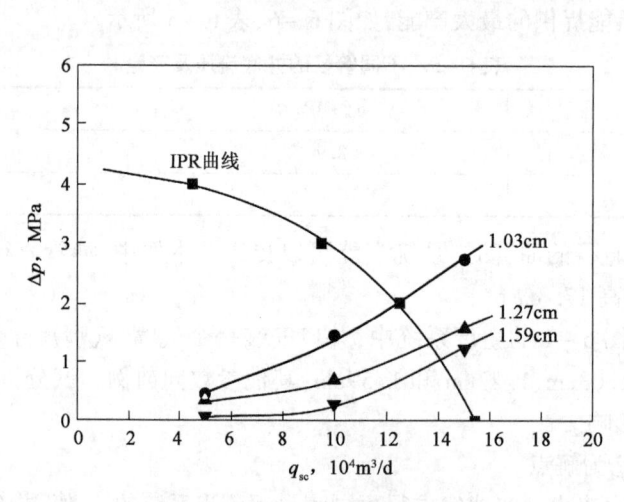

图 6-7 各种气嘴的特性曲线

表 6-8 不同气嘴条件下的系统产能

d, cm	1.03	1.27	1.59
q_{sc}, $10^4 \text{m}^3/\text{d}$	12.6	13.8	14.4

第二节 气井工作制度与生产特征

采气工作者应根据气井地质情况、井身结构、采气工艺、采气速度及用户需气量等因素,选择并确定在某一生产时期的气井生产制度,以达到充分利用地层能量、尽可能采出较多的天然气的目的。换言之,气井所选择的合理工作制度,应能保证气井在生产过程中得到最大的允许产量,使天然气在整个采气过程中的压力损失分配合理。

一、气井合理产量的确定

在组织新井投产时,首先要确定部署气井的合理产量。保持气井在合理产量条件下生产不仅可以使气井在较低投入下稳产较长时间,而且可以使气藏在合理的采气速度下获得较高的采收率,从而获得较好的经济效益。

气井的合理产量必须在充分掌握气藏地下、地面有关测试资料,在产能试井或气井系统分析的基础上确定,矿场上称为气井的定产。气井生产过程中,压力、产量随生产时间延长而递减。根据气井压力、产量递减情况确定一个合理日产气量称为配产。

1. 气井合理产量确定原则

1)气藏保持合理采气速度

气藏合理的采气速度应满足的条件是:

(1)气藏能保持较长时间稳产。稳产时间的长短不仅与气藏储量和产量的大小有关,还与气藏是否有边、底水,边、底水活跃程度等因素有关。

(2)气藏压力均衡下降。气藏压力均衡下降可避免边、底水舌进、锥进,这对有水气藏的开采十分重要。

(3)气井无水采气期长,此阶段采气量高。气井无水采气期长,资金投入相对少,管理方便,采气成本低。

(4)气藏开采时间相对较短,采收率高。

(5)所需井数少,投资省,经济效益好。

对于地下情况清楚、储量丰度高、储层较均质的气藏,在确定了合理采气速度后,采取稀井高产的方针,可以节约投资,获得良好的经济效益。

气藏类型不同,采气速度也不相同。对于均质水驱气藏,较高的采气速度有利于提高采收率,只要措施得当,采气速度对采收率无明显不利影响;对于非均质弹性水驱气藏,由于地质条件千差万别,故应根据气藏的具体情况确定采气速度。

气藏经过试采确定出合理采气速度后,各井按此速度允许的采气量,并结合实际情况确定各井的合理产量。

2) 气井井身结构不受破坏

如果气井产量过高,对于胶结疏松易垮塌的产层,高速气流冲刷井底会引起气井大量出砂;井底压差过大可能引起产层垮塌或油、套管变形破裂,从而增加气流阻力,降低气井产量,缩短气井寿命。因此,合理的产量应低于气井开始出砂、使气井井身结构破坏的产气量。

如果气井产量过低,对于某些高压气井,井口压力可能上升至超过井口装置的额定工作压力,危及井口安全;对于气水同产井,产量过小,气流速度达不到气井自喷带水的最低流速,会造成井筒积液,对气井生产不利。

对于产层胶结紧密、不易垮塌的无水气井,大量的采气资料表明,合理的产量应控制在气井绝对无阻流量的15%~20%以内。

3) 气井出水期晚,不造成早期突发性水淹

气井生产压差过大会引起底水锥进或边水舌进。尤其是裂缝性气藏,地层水沿裂缝窜进,引起气井过早出水,甚至造成早期突发性水淹。气井过早出水,产层受地层水伤害,将造成以下不良后果:

(1) 加速产量递减,使单相流变为两相流,增大了气体渗流阻力,产气量大幅度下降,递减加快。

(2) 地层水沿裂缝、高渗透带窜进,气体被水封隔、遮挡,形成死区,使采收率降低。

(3) 气井出水后水气比增加,造成油管中两相流动,使压力损失增加,井口流动压力下降。严重时会造成积液,产气量下降,甚至造成气井过早停喷,大大缩短了气井寿命。

4) 平稳供气、产能接替

连续平稳供气是天然气生产的基本要求。气井在生产过程中随着地层压力下降,产量最终不可避免要下降,产量下降速度主要与储量和产量的大小有关,合理产量的确定可以使气井产量的下降不至于过快过大,能保持相对性稳产,既能满足平稳供气的需要,也能为新井投产产能接替争取时间。

对于储量大小不同的气田或气藏,其采气速度和稳产年限可按下述标准控制:储量$\geqslant 50 \times 10^8 m^3$,采气速度为3%~5%,稳产期10年以上;储量为$(10~50) \times 10^8 m^3$,采气速度为5%左右,稳产期5~8年;储量$< 10 \times 10^8 m^3$,采气速度为5%~6%,稳产期5~8年。

5) 合理产量与市场需求协调

在市场经济飞速发展的今天,没有下游工程,没有用户和市场,也就没有采气生产,更不可能有合理的产量。因此,产量必须满足市场的需要。

总之,在确定气井的合理产量时,需要对上述诸因素进行综合考虑。

2. 气井合理产量确定方法

气井合理产量是科学开发气田的依据,气井产量过小,不能充分发挥气井的潜能;气井产量过大,又不能做到气井稳产。因此,气井的合理产量及配产是采气生产技术人员最为关心的问题。现对目前在现场实际生产应用的几种配产方法进行简单介绍,详细内容可参考相关书籍。

1）经验配产法

目前矿场大多采用经验配产法，即按照绝对无阻流量的 15%～20% 作为气井生产的配产量，这种配产方法是在国内外大量气井实践基础上总结出来的。实践证明，对于高产气井的配产是可行的，但对于中、低产量气井的配产还必须考虑众多因素，不能生搬硬套。生产中应不断加以分析和调整，在开发早期最好通过试采来验证。

2）考虑地层与井筒的协调配产法

气井的生产是一个不间断的连续流动过程。按照前面介绍的气井生产系统分析方法，以井底某点为解节点，作出流入曲线和流出曲线，两者的交点对应的产量就是气井的合理产量。

3）采气曲线配产法

采气曲线配产法着重考虑的是减少气井井壁附近渗流的非线性效应以确定气井合理产量，理论依据如下：

气井的二项式产能方程可用下式表示：

$$\Delta p = \bar{p}_r - p_{wf} = \frac{Aq_{sc} + Bq_{sc}^2}{\bar{p}_r + \sqrt{\bar{p}_r^2 - Aq_{sc} - Bq_{sc}^2}} \tag{6-1}$$

由式（6-1）可看出，气井生产压差是地层压力和气井产量的函数，当地层压力一定时，气井生产压差是气井产量的函数。

当产量较小时，气井生产压差（$\bar{p}_r - p_{wf}$）与 q_{sc} 成线性关系。随着产量的增加，二者不再是线性关系，而是偏离直线凹向压差轴，这时气井表现出了明显的非达西效应，气井生产会把部分压力消耗到克服非达西流阻力上，因此可把偏离早期直线的那一点产量作为气井生产配产的极限。

4）数值模拟法

为确定气井的合理产量，应当采取数值模拟方法进行计算。该方法不仅可以同时对各井配产效果通过生产史计算进行检验，而且给出多种生产指标以供选择，这样使选定的产量更为合理。

数值模拟方法是从全气藏出发，每一口的配产都与气藏的开发指标相联系，同时考虑了气藏开发方式和气井的生产能力，以及各井生产时的相互干扰。因此，用这种方法配产更符合生产实际。

数值模拟方法实际上就是利用能代表气藏的数学模型，不断地演绎气藏的生产过程，以此调整气井产量，同时满足生产的需要和气井的能力。

5）神经网络法

近年来，采取神经网络法确定气井合理产量在采气工程领域得到广泛应用。这种方法的优越之处就在于它能充分考虑客观实际问题的多个复杂因素，以及因素间的非线性复杂联系和因果效应的传递过程，达到对客观问题的最佳拟合。这是以前的其他任何方法所不及的。

二、气井工作制度

气井工作制度又称工艺制度，是指适应气井产层地质特征和满足生产需要时，气井产量和生产压差应遵循的关系。

1. 气井工作制度的类型

气井的工作制度基本上有 5 种,见表 6-9。

表 6-9 气井工作制度

序号	工作制度名称	适用条件
1	定产量工作制度 q_g = const	气藏开采初期
2	定井底渗流速度工作制度 C = const	疏松的砂岩地层,防止流速大于某值时砂子从地层中产出
3	定井壁压力梯度工作制度 Δp = const	气层的岩石不紧密、易坍塌的气井
4	定井口(井底)压力工作制度 p_{wh} (或 p_{wf}) = const	凝析气井,防止井底压力低于某值时油在地层中凝析出来;当输气压力一定时,要求一定的井口压力,以保证输入管网
5	定生产压差工作制度 $\Delta p = \bar{p}_r - p_{wf}$ = const	气层岩石不紧密、易坍塌的井;有边、底水的井,防止生产压差过大引起水锥

我国目前以 1、4、5 三种气井工作制度最为常用。

某些气井工作制度可用数学公式来表示,但有的则是一些原则,靠这些原则来限制气井的产量和井底压力。

1) 定产量工作制度

定产量工作制度适用于产层岩石胶结紧密的无水气井生产早期,是气井稳产阶段最常用的制度。因在气井投产早期,地层压力高,井口压力也高,采用气井允许的合理产量生产,具有产量高、采气成本低、易于管理的特点。当地层压力下降后,可以采取降低井底压力的方法来保持产量一定。

在定产量生产时,井底流压与地层压力的关系可以表示为

$$p_{wf} = \sqrt{\bar{p}_r^2 - (Aq_{sc} + Bq_{sc}^2)} \quad (6-2)$$

Aq_{sc} 项和 Bq_{sc}^2 项不变,井底压力 p_{wf} 与 $\bar{p}_r^2 - (Aq_{sc} + Bq_{sc}^2)$ 成开方关系,p_{wf} 下降速度比 $\bar{p}_r$ 快。所以,定产量生产时,$\bar{p}_r$、p_{wf}、p_{wh} 三个压力之间的差值越来越大,如图 6-8 所示。直到 p_{wh} 降到与输气压力相近,气井转入定井口压力生产,或者在产量降低后再进行定产量生产。

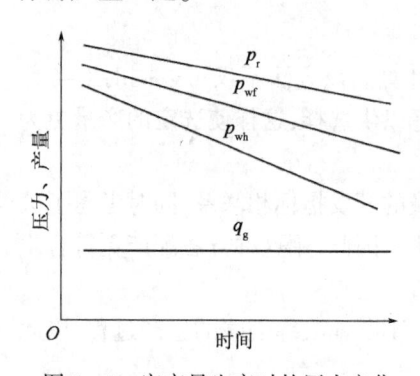

图 6-8 定产量生产时的压力变化

2) 定井口(井底)压力工作制度

气井生产到一定时间,井口压力下降到接近输气压力时,应转入定井口压力工作制度生产。定井口压力工作制度是定井底压力工作制度的变形,一般可以近似简化为按定井底压力预测产量变化,其计算公式为

$$q_{sc} = \sqrt{\frac{A^2}{4B^2} + \frac{1}{B} \times (\bar{p}_r^2 - p_{wf}^2)} - \frac{A}{2B} \quad (6-3)$$

在式(6-3)中,$\bar{p}_r$ 随生产时间的增加而降低,使 q_{sc} 不断减小,即产量递减。

定井口压力工作制度一般应用在气藏附近无低压管网,但天然气要继续输到脱硫厂或高

压管网的气井,或是需要维持井底压力高于凝析压力的凝析气井。

3) 定生产压差工作制度

定生产压差工作制度的生产特征是 $p_r - p_{wf} = \text{const}$,即限制生产压差小于某一极限压差。此时的极限压差是保证气井不出水、不出砂的最大生产压差。该压差大小由试井资料确定。

因气井生产压差为常数,而地层压力、井底压力、井口压力、产量等将随时间下降,因此,当产量或井口压力不能满足生产要求,应转入其他工艺或开始带水采气。

定生产压差工作制度适用于地层结构疏松的砂岩气藏,或边、底水活跃的有水气藏,是有水气藏最佳采气方式,具有稳定期长、产量高、单井采气量大、成本低等优点。

2. 确定气井工作制度时应考虑的因素

1) 地质因素

(1) 地层岩石胶结程度。如果岩石胶结不紧、地层疏松,当气体流速过高时砂粒将脱落,易堵塞气流通道,严重时可导致地层垮塌,堵塞井底,使产量降低,甚至堵死气层而停产。另外,高速流动的砂子易磨损油管、阀门和管线。所以,适宜的生产工作制度应保证在地层不出砂、井底不被破坏的条件下生产。

(2) 地层水的活跃程度。在地层水活跃的气藏采气时,如果控制不当,容易引起底水锥进或边水舌进,结果使井底附近地层渗流条件变坏,增加了天然气流动阻力,使气井产量减少,严重的可使气井水淹。所以在有水气藏采气初期,气井宜选用定压差生产制度。

为了避免底水锥进,应适当控制生产压差。这里介绍一个俄罗斯常用的无水临界产量公式:

$$q_{sc} = \frac{2\pi K h p_r \Delta \rho}{\mu_g p_{sc}} q^*(\bar{\rho}, \bar{h}) \tag{6-4}$$

其中

$$\bar{\rho} = \frac{Re}{\bar{h}\sqrt{\frac{K_H}{K_V}}}, \bar{h} = \frac{b}{h}$$

式中 K——地层渗透率,μm^2;
　　　h——气层有效厚度,cm;
　　　p_r——地层压力,MPa;
　　　μ_g——地层温度和压力下的气体黏度,mPa·s;
　　　p_{sc}——标准压力,0.101MPa;
　　　$\Delta \rho$——水气密度差,g/cm³;
　　　$q^*(\bar{\rho}, \bar{h})$——无量纲产量;
　　　b——打开厚度;
　　　K_H, K_V——水平和垂直方向的渗透率,μm^2。

$q^*(\bar{\rho}, \bar{h})$ 可查图 6-9 确定。

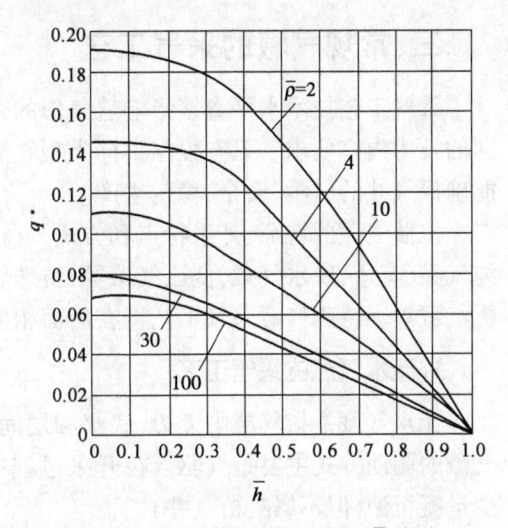

图 6-9　无量纲产量 q^* 与 $\bar{\rho}, \bar{h}$ 关系

这样,极限无水压差为

$$p_r - p_s = \Delta p = p_r - \sqrt{p_r^2 - Aq_{sc} - Bq_{sc}^2}$$

随着整个气水界面的升高,极限(临界)无水产量将减小。

2)采气工艺因素

(1)天然气在井筒中的流速。气井生产时必须保证井底天然气的一定流速,以带出流到井底的积液,防止液体在井筒中的聚积。

(2)水合物的形成。天然气中生成的水合物将对采气生产带来很大的危害。为防止井内气体水合物的生成,应在高于水合物形成的温度条件下生产,以保证生产稳定。

(3)凝析压力。如果凝析油在地层中出现反凝析现象,会增大渗流阻力。为防止凝析油在地层中出现反凝析现象,应在井底流压高于露点压力条件下生产。

3)井身技术因素

(1)套管内压力的控制。生产时的最低套压,不能低于套管被挤毁时的允许压力,以防套管被挤坏。

(2)油管直径对产量的限制。由于油管品种和其他原因,常常未能按要求选择合适直径的油管。对于一些高产气井或产气量较小的产水气井,不合适的油管直径将影响气井的正常采气。

4)其他因素

用户用气负荷、气藏采气速度、输气管线压力等因素都可能影响气井产量和工作制度。

由于影响气井工作制度的因素很多,因此制定气井合理工作制度时,应从影响气井工作制度的因素中找出对采气工艺起决定作用的因素作为决策依据。气井工作制度确定后,还应在生产中不断检验该制度是否合理。必要时应对原制度进行修正或改变,使气井生产更加趋于合理。

三、常规气藏的采气工艺

采气工艺技术水平直接影响着气田的开采效率和效益。不同类型气藏的采气工艺有着不同的技术内容要求。只有根据不同类型气藏的特点,正确采取与之相适应的采气工艺技术,才能确保气井的科学、安全、稳定生产。

按照气藏的特征、开采特点和方式,可将其大体分为常规气藏和特殊气藏。常规气藏包括纯气藏,有边、底水气藏,低压气藏等;特殊气藏主要包括页岩气藏、煤层气藏、高含硫气藏和凝析气藏等。特殊气藏采气工艺将在后面相关章节介绍。

1. 无水气藏的采气工艺

无水气藏是指气层中无边、底水和层间水的气藏(也包含边、底水不活跃的气藏)。这类气藏的驱动方式主要是气驱。在开采过程中除产少量凝析水外,基本上只产纯气(有的也产少量凝析油,但不属凝析气井)。

1)开采特征

(1)气井的阶段开采明显。

大量生产资料和动态曲线表明,无水气藏气井生产可分四个阶段(图6-10):

①产量上升阶段。仅井底受伤害,而伤害物又易于排出地面的无水气井才具有这个阶段的特征。在此阶段,气井处于调整工作制度和井底产层净化的过程,产量、无阻流量随着井下渗透条件的改善而上升。

②稳产阶段。产量基本保持不变,压力缓慢下降。稳产期的长短主要取决于气井采气速度。

③递减阶段。当气井的能量不足以克服地层的流动阻力、井筒油管的摩阻和输气管道的摩阻时,稳产阶段结束,产量开始递减。

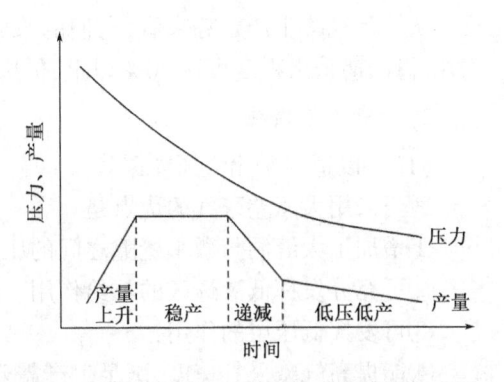

图 6 - 10 无水气藏气井生产阶段划分示意图

④低压低产阶段。产量、压力均很低,但递减速度减慢,生产相对稳定,开采时间延续很长。

上述四个阶段的特征在采气曲线上表现得很明显。前三个生产阶段为一般纯气井开采所常见,第四个阶段在裂缝孔隙型气藏中表现特别明显。如自流井气田嘉三气藏在低压低产阶段开采时间长达数十年之久;邓关气田嘉三气藏五口主力气井早已进入低压低产生产阶段,井口压力低于 1MPa,单井平均日产气量 $1 \times 10^4 \mathrm{m}^3$ 左右,稳产十余年。用四阶段产量、压力资料计算的储量比压降储量多 13%。这说明低压低产阶段中,低渗区的天然气不断向井底补给,致使压力和产量下降均十分缓慢。

(2)气井有合理产量。

气驱气藏是靠天然气的弹性能量进行开采的。因此,充分利用气藏的自然能量是合理开发好气藏的关键。气井合理产量可根据气井二项式方程和稳定试井指示曲线确定,根据某气田 57 口井的试井及生产资料分析统计,无水气井的合理产量一般宜控制在无阻流量的 15% ~ 20%。

(3)气井稳产期和递减期的产量、压力能够预测。

在现场实用中,由于气井生产制度变化较大,一般采用图解法进行预测,步骤如下:

①根据稳定试井资料求出气井二项式或指数式产能方程;

②结合气藏实际情况,给出相当数量的地层压力 p_r 值,并假设若干个产量值代入方程式,求出井底压力值,绘制出不同地层压力值下的井底压力与产量的关系曲系图版(图 6 - 11);

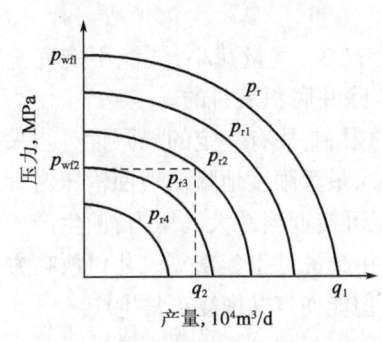

图 6 - 11 井底压力与产量关系图

③井底流压求出后,进一步可求出井口油套压,并可制出 $p_{wh}—q_g$ 及 $p_c—q_g$ 的关系曲线图版,图版形式大致图 6 - 11 相似。

④根据上述图版及气藏的压降储量图即可预测气藏(气井)某个时刻的压力和产量。

(4)采气速度只影响气藏稳产期的时间长短,而不影响最终采收率。

采气速度会影响气藏(气井)稳产期的长短。采气速度高,稳产年限短;反之,则稳产年限长。从气驱气藏生产趋势来看,它们的采收率都是很高的,可达 90% 以上。渗透性好的高产气井,稳产期采出程度可达 50% 以上;低产井的稳产期采出程度较低,一般低于 30%。

2) 开采工艺措施

(1) 可以适当采用大压差采气。

适当采用大压差采气的优点是:

①增加了大缝洞与微小缝隙之间的压差,使微缝隙里的气易排出;

②可充分发挥低渗透区的补给作用;

③可发挥低压层的作用;

④能提高气藏采气速度,满足生产需要;

⑤净化井底,改善井底渗透条件。

(2) 应正确确定合理的采气速度。

在开采的早、中期,由于举升能量充足,凝析液对气井生产影响不大,但气藏应有合理的采气速度。在此基础上制定各井合理的工作制度,安全平稳采气。对某些井底有伤害、渗流条件不好的气井,可适当采用酸化压裂等增产措施。

(3) 充分利用气藏能量。

在晚期生产中,由于气藏的能量衰竭,排液(主要是凝析液)的能量不足,如果管理措施不当,气井容易减产或停产。为使晚期生产气井能延长相对稳定时间,提高气藏最终采收率,应充分利用气藏能量,根据举升中的矛盾采取相应的措施。

①调整地面设备。对于不适应气藏后期开采的一些地面设备应除去,尽量增大气流通道,减少地面阻力,增大举升压差,增加气的携液能力,延长气井的稳产期。如川渝地区某气田气井除去角式节流阀后,气井日产气量增加 20%;而且,由于地面阻力小,井底积液被带出地面,井口压力普遍增加 0.1MPa 以上。

②周期性降压排除井底积液。实践证明,在气藏开采后期,凝析液在井底积聚,对无水气井的生产也是致命的。采用周期性地降压生产或井口放喷的措施可排除井底积液,恢复气井的正常生产。

③周期性降压生产。气井正常生产一段时间后,生产压差减少,气量减小,气流不能完全把井底积液带出地面。可周期性地降低井口压力生产,达到排除井底积液目的。

④井口放喷。上述降压生产的办法有时要受到输气压力的限制,故有一定的局限性。当采用降压生产还不能将井底积液带出来时,为了延长气井生产寿命,最大限度地降低地面输压对气井的回压影响,可采用井口放喷的办法。井口放喷时,井口回压可接近当地大气压力,使生产压差增大,携液能力增强。把井内积液放空,转入正常生产后,气井产量可得到恢复。井口放喷方法的缺点是每次放空要浪费一定量的天然气,且短期间断供气,但能使气井恢复正常生产。

(4) 采用气举排液。

有油管的气井,有条件时可采用外加能量的方法排除井底积液。这类方法将在下一章中介绍。

上述各种措施,对纯气藏和气层水(指边、底水)不活跃的气藏,具有一定的代表性。在气藏开采后期,使气井稳定生产都能起一些作用。为了便于掌握和对比,现将上述措施列于表 6-10 中。

表 6-10 常规气藏在开发后期气井稳定生产措施对照表

序号	措施名称	措施机理	条件	适用范围	方法	优点	缺点
1	调整地面设备	降低地面阻力和气井的回压	地面有阻力大、不适应晚期气井生产的设备	对有可能去掉分离器、角式节流阀等的气井均适用	去掉角式节流阀等多余设备	在地面施工;效果明显	要停气动焊
2	调整井下设备	减少流体在油管中的阻力,增加举液能力	油套压差大	油管大小及下入深度不适当,筛管及油管鞋堵塞	更换适合的油管,调整油管深度	效果明显	要上修井机,井下施工困难较大
3	降压排液	大压差生产:降低井底回压,增大采气压差	井底有污物或积液	气藏刚进入后期,相对而言能量较充足,对输压要求不高	开大阀门,增大压差生产	能将井底积液带出地面,净化产气井段	产层疏松时,井底易垮塌堵塞
		间断生产降压:降低井口回压,增强排液能力	气井生产压差不能把液体全部带出地面,井底有积液	地面有适应低压输气的用户管线	做好准备,开大阀门,待井下积液带出后将阀门恢复;周期性施工	不放喷,效果好	受输气压力限制
4	井口放喷	最大限度降低井口回压,增强排液能力	靠降低生产压差携液能量仍不足,井底有积液	井底有积液,井口能喷放	做好放喷准备,放喷时见雾状水减少后,转入正常生产	效果显著,充分利用地层能量排液	放喷要浪费气,需周期性施工
5	气举排液	注气,增加举升动力	有高压气源或有高压天然气压缩机	井中有油管、井底有积液的气井均适用	从套(油)管注高压气;油(套)管返出	效果明显	要具备高压气源或压缩机
6	使用天然气喷射器	降低井口回压,提高输气压力	具备高压气源	低压生产井均适用	选择适当参数的天然气喷射器	不用压缩机,成本低	要具备高压气源
7	建立地面压缩机站	最大限度降低井口回压	井内压力低,但有气源供给	井口压力接近或低于输气压力的气井	用压缩机加压进入输气管线	井口回压可降低,加快后采气速度,并提高输压	要上压缩机,成本高

2. 有边、底水气藏的采气工艺

1)动态特征

此类气藏有边、底水存在,且边、底水活跃。如果措施不当,气层水会过早侵入气藏,使气井早期出水,这不仅会严重加快气井的产量递减,而且会降低气藏的采收率。

实践证明,气井出水早迟主要受四个因素的影响:

(1)井底距原始气水界面的高度:在相同条件下,井底距原始气水界面越近,气层水到达井底的时间越短。

(2)气井生产压差:随着生产压差的增大,气层水到达井底的时间缩短。

(3)气层渗透性及气层孔缝结构:气层纵向大裂缝越发育,底水达到井底的时间越短。

(4)边、底水水体的能量与活跃程度。

2)气井出水的三个明显阶段

(1)预兆阶段:气井水中氯离子含量明显上升,由每升几十毫克上升到几千毫克、几万毫克,压力、气产量、水产量无明显变化。

(2)显示阶段:水量开始上升,井口压力、气产量波动。

(3)出水阶段:气井出水增多,井口压力、产量大幅度下降。

3)治水措施

出水的形式不一样,采取的相应措施也不相同。根据出水的地质条件不同,采取的治水措施归纳起来有控、堵、排三个方面。

(1)控水采气。

气井在出水前后,为了使气井更好地产气,要控制出水。对水的控制通过控制气带水的最小流量或控制临界压差来实现,一般通过控制井口角式节流阀或井口压力来实现。

以底水锥进方式活动的未出水气井,可分析氯离子含量,利用单井系统分析曲线,确定临界产量(压差),控制在小于此临界值下生产,确保底水不锥进井底,保持无水采气期。

控制临界产量无水采气的优点是:

①无水采气是有水气藏的最佳采气方式,工艺简单,效益好;

②气流在井筒保持单相流动,压力损失小,在相同产量下,井口剩余压力大,自喷采气输气时间长,可推迟上压缩机采气或其他机械采气的时间;

③可推迟建设处理地层水设施;

④采气成本低,经济效益高。

所以,对于存在边、底水的气井,或地层水产量不大的气井,首先考虑的是提高井底压力,控制生产压差,尽量延长无水采气期。

(2)堵水采气。

对水窜型出水气井,应以堵为主,通过生产测井搞清出水层段,把出水层段封堵死。

对水锥型出水气井,先控制压差,延长出水显示阶段。在气层钻开程度较大时,封堵井底,使人工井底适当提高,把水堵在井底以下。

总体来说,在国内对气井堵水虽有一些成功的井例,但效果并不明显,还处于实验摸索阶段。

(3)排水采气。

为了消除地下水活动对气井产能的影响,可以加强排水工作,如在水活跃区打排水井或改水淹井为排水井等,减少水向主力气井流动的能力。气井排水采气的方法较多,将在下一章介绍。

各种治水措施的对比见表6-11。

表 6-11 治水措施对比

措施名称		适用条件	方法	优点	缺点
控水采气	未出水气井的控水采气	水锥型(慢型)	监视氯离子含量,控制在临界压差(产量)下生产	延长无水采气期,提高采收率等	气井能量低时受限
	已出水气井的控水采气	断裂型(快型)	生产试验确定合理压差,在合理压差下生产	可增加单位压降采气量,减少水对地面的污染	采气速度低
堵水采气	封堵水层	水窜型、异层水	把出水层段搞清堵死	可减少水影响	缺乏经验
	封堵井底已出水段	水锥型	封堵井底水侵染段,提高井底	可减少水影响	缺乏经验
带水采气	以气带水	水锥型等	控制在单井系统分析拐点前曲线的直线段生产	靠气藏自身能量,能保持在自然递减下生产	不能作拐点实验(因水要加剧侵染气层)
	放喷	水锥型等	在井口放喷	最大限度利用自身能量,净化井底	浪费气

3. 低压气藏的采气工艺

气藏通常采用衰竭式开采。因此,随天然气的不断采出,气藏压力将逐渐降低,在开采的中、后期,气藏就处于低压开采阶段。

当气藏处于低压开采阶段时,气井的井口压力较低,而一般输气压力往往较高(4~8MPa)。因此,当气井的井口压力接近输压或低于输压时,气井因受井口输压波动影响,难以维持正常生产,严重时由于井口压力低于输压而使气井被迫关井停产。这样,将使较多的、还有一定生产能力的气井过早停产,大大降低了气藏采收率。为此,需要采用一些特殊的方法,以维持气井的生产。

1) 高、低压分输工艺

由于低压气井井口压力较低,不宜进入长输干线。因此,可根据具体情况,利用现有的场站和管网加以改造和利用。例如:减少站场、管线的压力损失;改变天然气流向;使低压气就近进入低压管网或就近输给用户,而不进入高压长输管线等。这样可在井口压力不变的条件下,维持气井正常生产,提高低压气井生产能力和供气能力,延长气井的生产期。如四川川南付家庙、庙高寺等气田中的一些气井,对现有的井场管线进行改造,或减少不必要的压力损失元件,或建成高低压两套集输管网,使一大批井的低压气得以采出和利用。

2) 使用天然气喷射器助采工艺

由于气藏一般为多产层系统,气藏中存在同一气田、同一集气站既有高压气井又有低压气井这一特点。为更好地发挥高压气井能量,提高低压气井的生产能力,使之满足输气要求,可使用喷射器,利用高压气井的压力提高低压气井的压力,使其达到输送压力。

喷射器在国内外已得到广泛应用,实践证明,在气田开发的初、中、后期使用喷射器均可收到显著的经济效益。如某高压气井井口压力 11MPa，通过喷射器后将低压气井的井口回压从 3MPa 降低到 1MPa，使月产量由 $43 \times 10^4 m^3$ 提高到 $69 \times 10^4 m^3$，一个月增产的天然气价值，就可以回收研制安装喷射器的全部费用。

喷射器由高压、低压、混合等三部分组成：高压部分有高压进口管、喷嘴；低压部分有低压进口管、低压室；混合部分有混合室、扩散管等（图 6-12）。

喷射器的原理是利用高压气体引射低压气体，使低压气体压力升高而达到输送目的。高压天然气在喷嘴前以高速通过喷嘴喷出，在混合室形成一低压区，使低压气井的天然气在压力差作用下被吸入混合室。然后，低压天然气被高速流动的天然气携带到扩散管中，在扩散管内，高压天然气的部分动能传递给被输送的低压气，使低压气动能增加。同时，由于扩散管的管径不断扩大，混合气体流速减慢，把动能转换为压能，混合气压力提高，达到增压的目的。

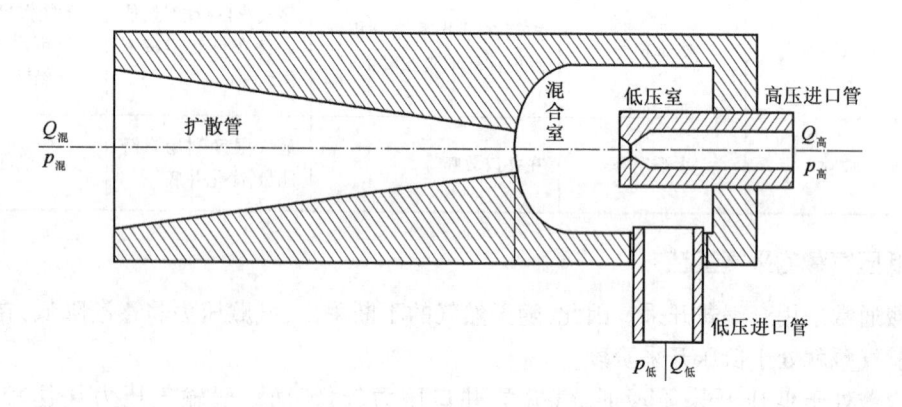

图 6-12 喷射器示意图

喷射器可在以下条件下应用：

(1) 一井多层开采。一口存在高、低压气层并同时开采的气井，设置喷射器，利用高压气层的能量把低压气采出来，是一种少打井又不增设管线的有效增压措施。

(2) 低压气井邻近有高压气井。在多井集气的气田内，压力相差悬殊的高、低压气井在同一集气站内汇集。低压气就可利用邻近高压气借助于喷射器来增压，以带出低压气。根据高、低气井的井数、产量，按照不同条件，可采取一口高压气井带一口或多口低压气井（图 6-13）；也可以多口高压气井带一口低压气井。

(3) 低压气田邻近有高压气田。在集输系统中利用邻近高压气田的高压气对低压气田气增压。

(4) 低压气井邻近有高、中压输气干线。输气干线压力比较高时，可通过喷射器把低压气井的气增压后引到配气管网中。

3) 建立压缩机站

当气田进入末期开采时，对于剩余储量较大，而又不具备上述开采条件的低压气井，可建压缩机站，将采出的低压气进行增压后进入输气干线或输往用户。这也是降低气井废弃压力、增大气井采气量、提高气井最终采收率的一项重要措施。

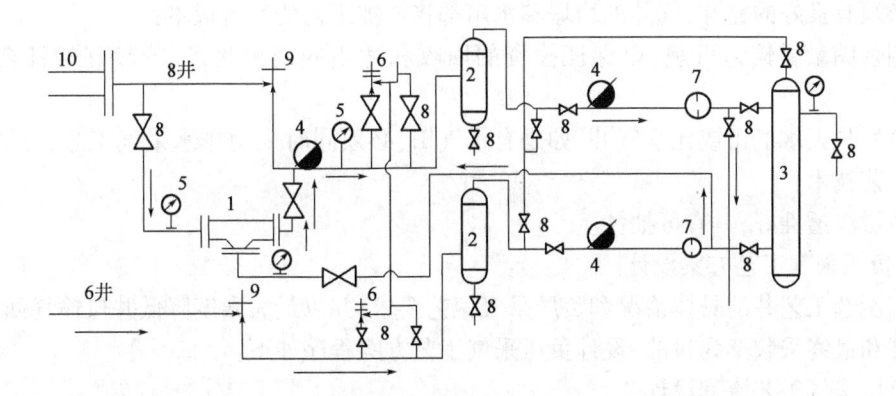

图 6-13 一口高压气井带一口低压气井的工艺流程
1—喷射器；2—分离器；3—汇气管；4—温度计；5—压力计；6—安全阀；7—节流装置；8—闸阀；9—节流器；10—换热器

(1) 区块集中增压采气。

所谓区块集中增压，即以一个增压站对全气田统一集中增压。该方式适用于产纯气或产水量小的气田或数口气井，且气井较为集中，集输管网配备良好。该方式的优点是管理及调度方便、机组利用率高、工程量少、投资省，不需建大量配套工程即可实现全气田增压等；其缺点是需建压缩机站，机组噪声污染大。

(2) 单井分散增压采气。

所谓单井分散增压采气，就是在单井直接安装低压力、小压比的小型压缩机，把各气井的天然气增压输往集气站，再由站上的大型压缩机组集中增压到用户。该方式主要适用于气井控制地质储量大、气水量较大，且受井口流动压力影响较为严重、濒临水淹的气水同产井，以及压力极低的情况下，压缩机应尽可能靠近井口。采取单井分散增压是深度强化开采的客观要求。该种增压方式的缺点是增加管理和基本建设投入，增加备用机组设置及气量匹配等技术问题。

用来给天然气增压的主要设备是压缩机、原动机、天然气净化和冷却系统。

一般说来，在选择压缩机组类型时，主要考虑以下几个方面的因素：机组可靠、耐用、操作灵活；排量调节范围大且方便，自动化程度高；燃料消耗低，操作管理人员少，造价低。

目前国内外气田上新建的压缩机站主要选用的是燃气轮驱动的离心式压缩动机组和电动机驱动的活塞式压缩机机组。

4) 负压采气工艺技术

负压采气工艺技术是当气井井口压力为负压（低于大气压）时采用的采气工艺技术。这项技术通过一定的工艺设备措施，将气井井口压力由大于或等于大气压降为负压来实现采气。应用该项技术，使采用常规采气工艺技术无法再生产的低压气井进一步利用，从而加快了低压气藏（井）的开采速度和提高最终采收率，使有限的能源得到充分利用。

(1) 负压采气技术对气井的要求。

为了运行的安全和高效性，负压采气对气井有一些特殊的要求：

①必须是低压气井（井口压力低于集输干线压力）；

②必须有良好的完井,气井的垮塌和水窜都将增加工艺的运行成本;

③剩余储量要较为可观,以保证投资的回收和适当的利润收入,或较好的社会效益为前提;

④最好是无水气田或无水气井,如是有水气田,必须同时采用排水采气工艺,方能实施负压采气工艺技术;

⑤地层渗透性好,具有可抽性。

(2)负压采气工艺方案设计。

根据所选工艺井的具体情况和负压采气工艺要求,并以最大限度降低井口输气回压、提高采气速度和最终采收率为目的,设计负压采气工艺方案程序如下:

①负压采气工艺流程设计。

从气井出来的天然气由真空泵抽吸泵入分离器,将天然气中所带凝析水、真空泵部分循环水及少量固体微粒分离干净,然后通过缓冲稳压罐进入压缩机增压并计量,输入集气干线供给用户。

②流程设备配置及作用。

负压采气设备及作用如下:

真空泵:使气井井口压力降到负压,实现负压采气;

压缩机:将真空泵输出的0.1MPa的天然气增压达到输气干线压力,以便输给用户;

缓冲稳压罐:用于真空泵和压缩机串联匹配的自动控制反应时间的调节;

分离器:分离天然气中的液体和固体杂质;

计量装置:对工艺采气的计量;

自动控制系统:用于对真空泵和压缩机串联匹配的自动控制、全套工艺设备运行数据的采集处理及运行的安全自动保护。

四、常规气井的生产动态分析与管理

实施气井生产管理的目的就是要保证气井在规定的工作制度下稳定地生产。一般来说,对于未出水的气井,主要工作就是使其稳定生产,尽量延长无水采气期。对于已出水气井,主要工作就是尽量排除和减少水对采气的影响。

气井生产动态分析是实施气井生产管理的重要手段,它是利用气井的静、动态资料,并结合井的生产史及目前生产状况,借助数理统计法、图解法、对比法、物质平衡法和渗流力学等方法,分析气井生产参数及其变化原因,提出相应的改进措施,以便充分利用地层能量,使气井保持稳产、高产,提高气藏最终采收率的一种方法。

气井生产动态分析内容包括:分析气井配产方案和工作制度是否合理;分析气井生产有无变化及其变化原因;分析各类气井的生产特征和变化规律,进一步查清气井生产能力,预测气井未来产量和压力变化、气井见水及水淹时间等;分析气井增产措施及效果;分析井下及地面采输设备的工作状况。

气井生产动态分析程序可分为收集资料、了解现状、找出问题、查明原因、提出措施等。其方法和步骤为:从地面到井筒,再到地层;从单井到井组(处于同一裂缝系统),再到全气藏;把压力和产量结合起来进行综合分析,排除干扰,抓住主要矛盾,提出解决措施。

1. 用试井资料分析气井动态

气井在生产过程中要定期进行试井。通过对试井资料进行整理分析,可以了解气井的生产状态。下面举例说明根据稳定试井法求得的指示曲线,对气井进行分析的方法。

1)正常的指示曲线

高、中、低产的正常生产气井的指示曲线一般都呈直线,如图 6-14 所示,符合二项式渗流规律。直线在纵坐标上的截距为系数 A,$\tan\theta = B$,曲线方程为

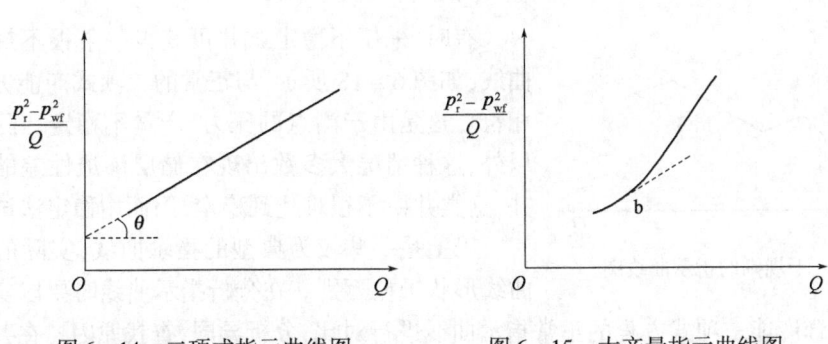

$$\frac{p_r^2 - p_{wf}^2}{q_{sc}} = A + Bq_{sc} \tag{6-5}$$

图 6-14 二项式指示曲线图　　图 6-15 大产量指示曲线图

2)大产量测点时的指示曲线

大产量测点时,指示曲线至 b 点以后上翘为弧线,如图 6-15 所示,反映了边、底水的活动。随着 $p_r^2 - p_{wf}^2$ 的增大,产量增加速度减慢,这可能是由于边、底水的锥进和舌进,使井底附近气层渗透性变坏,在相同压降下,气井产量明显下降。适宜的产量应定在 b 点以前的直线部分。

3)小产量测点时指示曲线上翘

小产量测点时前段曲线向上弯曲,c 点以后指示曲线为直线,如图 6-16 所示。c 点以前产量相同时地层压力与井底压力的平方差 $p_r^2 - p_{wf}^2$ 比正常情况大,c 点以后才转为正常线性关系。它表明在 c 点以前小产量生产时,井底附近渗滤阻力大,渗滤性能差,c 点以后渗滤性能变好。这可能是小产量测点时井底有污物堵塞或积液,随着产量的增加,井底污物被逐渐带出,c 点以后污物喷净,井底渗滤性能变好,生产稳定正常,曲线为直线。此外,在 c 点以前测算的井底流动压力 p_{wf} 比实际的偏低也会使曲线向上弯曲。

4)指示曲线向下弯曲

如图 6-17 所示,此曲线 d 点以后向下弯曲,显示井底附近渗滤性能变好,或高、低压两气层干扰。小产量测点时,主要由高压层产气,随井底压力降低,低压层气量增加,使指示曲线向下弯曲。

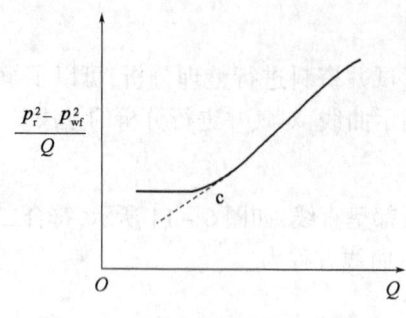

图 6-16 小产量测点指示曲线图 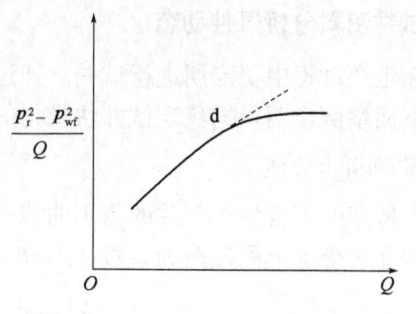　　图 6-17 向下弯曲的指示曲线图

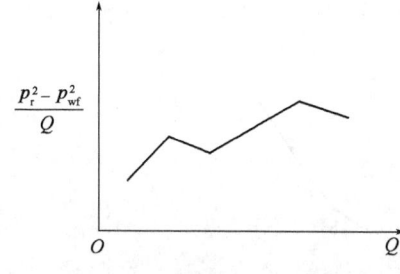

5) 指示曲线不规则

有时,采用不稳定试井可获得一条很不规则的试井曲线,如图 6-18 所示,与正常的二项式产能方程式很不相符。这是由于测点的压力、产量不稳定。除人为因素以外,这种情况大多数出现在储层渗透性差的小产量气井,这类井由于很难达到稳定,因而用稳定法试井无效。

图 6-18 不规则的指示曲线图

以上是一些较为典型的指示曲线,实际的试井指示曲线形状千差万别。在分析指示曲线时要以实测曲线与图 6-14 符合产能二项式方程的正常指示曲线进行对比,分析异同,查找原因。在判断一口生产井存在的问题时,切不可仅凭指示曲线就下结论,还应参考其他资料多方对比研究。

2. 用采气曲线分析气井动态

采气曲线是气井生产数据与生产时间关系曲线。利用它可了解气井生产是否正常、工作制度是否合理、增产措施是否有效等,是气田开发和气井生产管理的主要基础资料之一。

采气曲线一般包括日产气量、产水量、产油量、油压、套压、出砂等与生产时间的关系曲线。

1) 从采气曲线划分气井类型和特点

通过采气曲线可划分为出水气井、纯气井,如图 6-19、图 6-20 所示。

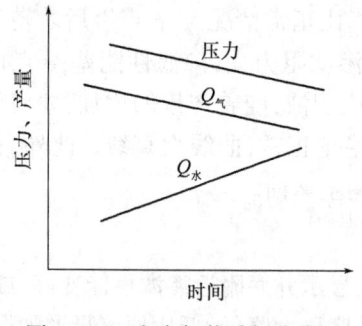

图 6-19 出水气井采气曲线图 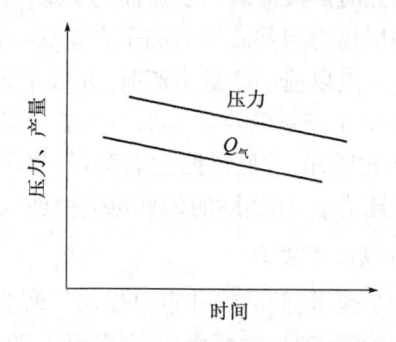　　图 6-20 纯气井采气曲线

通过采气曲线也可把气井划分成高产气井、中产气井、低产气井,如图 6-21、图 6-22、图 6-23 所示。

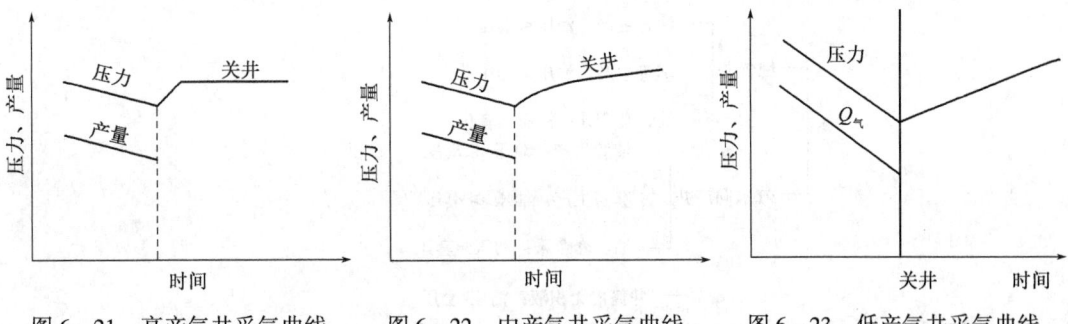

图 6-21　高产气井采气曲线　　图 6-22　中产气井采气曲线　　图 6-23　低产气井采气曲线

2) 用采气曲线判断井内情况

(1) 油管内情况：当油管内有水柱时，油压显著下降，如图 6-24 所示。产水量增加时油压下降速度相对加快。

(2) 井口附近油管断裂的采气曲线特征：产量不变，油压上升，油套压相等，如图 6-25 所示。

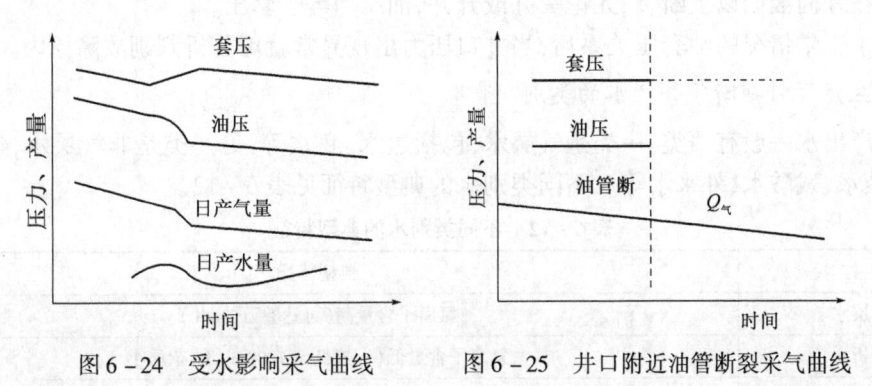

图 6-24　受水影响采气曲线　　图 6-25　井口附近油管断裂采气曲线

3) 利用采气曲线可分析气井生产规律

利用正常生产时的采气曲线，可分析如下规律：
(1) 井口压力与产气量变化规律；
(2) 地层压降与采出气量变化规律；
(3) 生产压差与产量变化规律；
(4) 水气比随压力、气量变化规律。

3. 利用气井日常生产数据分析气井动态

这里说的生产数据指气井生产过程中的一系列动态和静态资料，包括压力、产量、温度、油气水物性、气藏性质及各种测试资料。气井生产数据是气井、气藏等各种生产状态的反映，气井生产条件的变化或改变可引起气井某一项或多项生产参数的变化，而某一项生产数据的变化又往往与多种因素有关。

1) 利用油套压分析井筒情况

不同情况下气井油套压的关系如图 6-26 所示。

```
                    ┌─ 纯气井 ──┬─ 油管生产：油压＜套压
                    │          ├─ 套管生产：油压＞套压
         ┌─ 开井 ───┤          └─ 油、套合采：油压≈套压
         │          │
         │          └─ 气水同产井 ┬─ 油管生产：油压≪套压
         │                       ├─ 套管生产：油压≫套压
         │                       └─ 油、套合采：油压≈套压
         │
         │          ┌─ 井筒内无积液：油压＝套压
         └─ 关井 ───┤
           (压力稳定后) ├─ 油管内液柱高于环空液柱：油压＜套压
                      ├─ 油管内液柱与环空液柱高度相等：油压＝套压
                      └─ 油管内液柱低于环空液柱：油压＞套压
```

图 6-26 气井油套压的关系

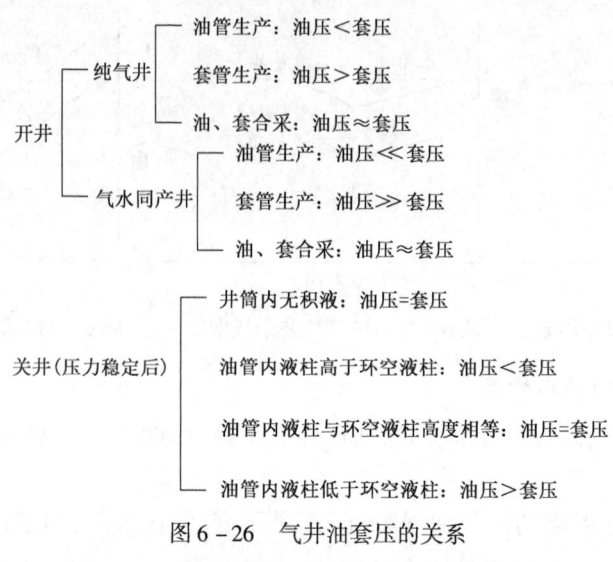

油管在井筒液面以上断裂,无论关井或开井,油压均等于套压。

掌握了正常情况的油套压关系后,当井口压力出现异常就可分析判别故障原因。

2) 由生产资料判断气井产水的类别

气井产出水一般有两类:一类是气层水,包括边水、底水等;另一类是非气层水,包括凝析水、钻井液水、残酸水、外来水等。不同类别水的典型特征见表 6-12。

表 6-12 不同类别水的典型特征

名称	典型特征
气层水	氯离子含量高(可达数万 mg/L)
凝析水	氯离子含量低(一般低于 1000mg/L)杂质小
钻井液水	浑浊,黏稠,氯离子含量不高,固体杂质多
残酸水	有酸味,pH＜7,氯根含量不同
外来水	视来源不同,水型不一致
地面水	pH≈7,氯离子含量低(一般低于 100mg/L)

3) 根据生产资料分析是否有边、底水浸入气井

由以下几种情况综合判断气井产水是否是边、底水浸入:

(1) 钻探证实气藏存在边、底水;

(2) 井身结构完好,不可能有外来水窜入;

(3) 气井产水的水性与边水一致;

(4) 采气压差增加,可能引起底水锥进,气井产水量增加;

(5) 历次试井结果对比:指示曲线上开始上翘的"偏高点"(出水点)的生产压差逐渐减小,证明水锥高度逐渐增高,单位压差下的产水量增大。

4) 根据生产资料分析是否有外来水侵入气井

(1) 经钻探知道气层上面或下面有水层;

（2）气井固井质量不合格，或套管下得浅，裸露层多，以及在采气过程中发生套管破裂，提供了外来水入井通道；

（3）水性与气藏水性不同；

（4）井底流压高于水层压力下生产时气井不出水，低于水层压力时则出水；

（5）气水比规律出现异常。

综上所述，气井出现问题的原因是多方面的。同一问题可由不同原因引起，而同一原因，又可引起多个生产数据的变化。如产量大幅度下降既可能是地面故障，也可能是井下故障，还有可能是地层压力下降和水的影响等因素造成的。在进行原因分析时，应按先地面、后井筒、再气层的顺序逐次分析、排除。如首先分析是否有多井集气干扰和输压变化影响，集气管线、阀门、设备等是否有堵塞，排除后再验证是否井筒积液、井壁垮塌或油管堵塞等。同时，还应了解邻井生产情况。在地面、井筒、邻井等原因排除后，才能集中全力分析气层。

第三节 低压低产气井的动态分析与管理

实际气藏开发生产过程中，随着地层压力的下降，气井生产能力不断降低，携液能力逐步降低，随之出现井筒积液状况。井筒积液的出现极大地影响了气井的产量和气藏的采收率。尤其是进入开发的中后期，井筒积液井不断增多，产量递减日趋严重，甚至频繁关井直至停产，严重地影响了气井的产量和进一步的开发与生产。因此，各大气藏低压、低产气井的数量与日俱增，其稳产增产措施技术研究是各个气田所面临的重大的生产问题。

低压气藏是指作用于气藏孔隙空间的流体压力低于静水压力或压力系数小于1的气藏，例如加拿大的艾伯塔盆地西部气藏、美国Hgoton负压大气田、鄂尔多斯盆地中部奥陶系顶风化壳负压气藏、渤海湾盆地东营凹陷边缘的浅层低压气藏等。

从便于对气井生产管理角度考虑，低压低产气井定义为井口压力等于或小于外输压力，而产量小于该井的临界携液流量的气井。

一、低压低产气井的一般特点

低压气藏突出的特点是气井产量低、井底流压不高、地层压力系数低，实际气井基本能够达到工业气流的标准。针对低压低产气井，一般特点包括以下几个方面。

1. 储层非均质性强

如表6–13所示，某低产气田部分井位于低孔、低渗气藏，且气藏存在层间强非均质性。单井的渗透率级差大，储层非均质性强，严重影响气田开发潜力。

表6–13 某低产区块部分气井储层非均质性评价

井号	层位	单层渗透率,$10^{-3}\mu m^2$ K_{max}	K_{min}	K_g	变异系数	突进系数	级差	非均质性评价
C_1	$J_2x_1^2$	2.807	0.048	0.248	2.92	11.32	58.48	强
	$J_2x_1^3$	19.490	0.306	1.553	4.99	12.55	63.69	强

续表

井号	层位	单层渗透率,$10^{-3} \mu m^2$			变异系数	突进系数	级差	非均质性评价
		K_{max}	K_{min}	K_g				
C_2	$J_2x_1^2$	7.779	0.065	0.221	7.02	35.20	119.68	强
C_3	$J_2x_1^2$	13.848	0.049	1.224	2.49	11.31	282.61	强
平均	$J_2x_1^2$	51.318	0.020	1.055	5.83	48.64	2565.90	强
	$J_2x_1^3$	35.996	0.172	2.993	2.23	12.03	209.28	强

2. 单井控制储量小

单井控制储量程度低,平面储量未完全控制,其开发潜力被严重制约,表6-14为某低产区块部分气井单井控制储量。

表6-14 某低产区块部分气井单井控制储量

井号	单井控制储量,$10^8 m^3$	累产气,$10^8 m^3$	采出程度,%
H1	0.15	0.002	1.0
H2	0.98	0.77	78.6
H3	1.15	0.86	74.8
H4	0.46	0.16	34.8
H5	2.31	0.77	33.3
H6	1.19	0.54	45.4
H7	0.67	0.53	79.1
H8	1.02	0.39	38.2
平均值	0.99	0.5	48.15

3. 井口压力降低快

随着地层压力下降,气井井口压力出现不同程度降低,与投产初期相比气井井口压降幅度较大。井口压力的快速下降表明储层能量减弱,气井无法稳定生产,产量降低。

4. 无阻流量降幅大

随气井开采的不断深入,地层能量不断下降,部分区块与原始地层压力相比降幅较大。无阻流量与初期无阻流量相比平均降幅大,导致气井产量骤降。表6-15为某区块气井无阻流量与地层压力变化对比统计,可见地层压力的下降将直接影响气井产能。

表6-15 某区块气井无阻流量与地层压力变化对比统计

气藏	原始地层压力 MPa	2021年地层压力 MPa	初期无阻流量 $10^4 m^3/d$	2021年无阻流量 $10^4 m^3/d$	地层压力下降程度 %	无阻流量下降程度 %
D1	44.81	31	717.5	365.8	30.82	49.0
D2	47.50	30.65	243.6	121.3	35.47	50.2
D3	39.65	25.4	271.3	136.5	35.94	49.7
D4	33.65	14.62	26.4	5.2	56.55	79.9
平均	41.4	25.4	2357.9	1367.2	39.7	42.0

5. 凝析油含量高

部分凝析气田，生产过程中气井随开采的不断深入，地层压力下降后气藏开始反凝析，储层渗流能力下降，气井产能大幅降低，产能下降幅度达地层压力下降幅度的 1.3~3.3 倍。

二、低压低产气井产量下降原因分析

1. 单井动储量

单井动储量是低压低产气井潜力评价的首要指标。动储量越大表明低压气井潜力越大。当实际气井不断开发，气井控制区域地层压力、渗透率及含气饱和度不断下降时，气井的动储量也逐渐降低，这是气井产量下降的首要原因。

2. 地层压力

地层压力是气井产能的重要参考指标。地层压力下降对气井产能存在显著影响。以常规气井二项式产能方程表达式为例进行简要说明，即

$$p_r^2 - p_{wf}^2 = Aq_{sc} + Bq_{sc}^2 \tag{6-6}$$

$$A = \frac{84.84 \times 10^{-4} \bar{\mu}_g \bar{Z} T_w p_{sc}}{KhT_{sc}} \left(\lg \frac{r_e}{r_w} + 0.434S \right) \tag{6-7}$$

$$B = \frac{1.966 \times 10^{-16} \beta \gamma_g Z T_w p_{sc}^2}{h^2 T_{sc}} \left(\frac{1}{r_w} - \frac{1}{r_e} \right) \tag{6-8}$$

$$q_{AOF} = \frac{\sqrt{A^2 + 4B(p_r^2 - 1)^2} - A}{2B} \tag{6-9}$$

式中　μ_g——地层气体黏度，mPa·s；

Z——地层气体平均偏差系数；

T_w——气藏温度，K；

h——气层有效厚度，m；

r_e——供给半径，m；

r_w——井底半径，m；

β——孔隙介质中的速度系数，m^{-1}；

S——钻井、完井和增产措施造成的表皮系数。

产能方程的二项式系数随天然气黏度和偏差系数变化，压力下降前后的二项式系数之比与偏差系数和黏度的乘积之比相等。地层压力对气井无阻流量的影响如图 6-27 所示，可见当地层压力下降时会显著影响气井产能。

3. 地层渗透率

针对产水气井产能，单一改变储层渗透率的值引起产能的变化，分析地层渗透率变化给气井产能的影响[沿用产水气井产能方程式(4-134)至式(4-136)]，结果见表 6-16。

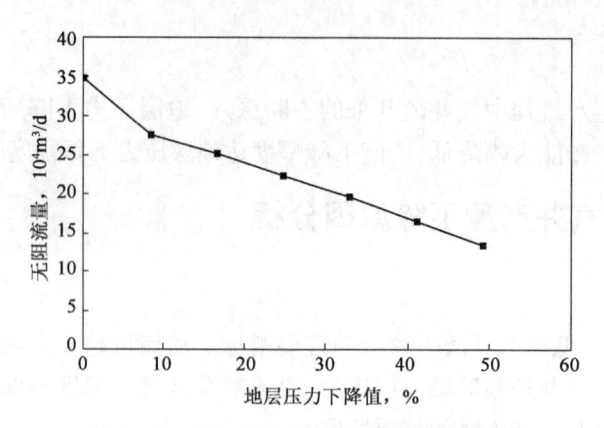

图 6-27 地层压力对气井无阻流量的影响

表 6-16 地层渗透率对低渗气井产能大小的影响

渗透率变化值	$4K_i$	$2K_i$	$1.5K_i$	K_i	$0.75K_i$	$0.5K_i$	$0.25K_i$
渗透率,$10^{-3}\mu m^2$	8.4	4.2	3.15	2.10	1.575	1.05	0.525
二项式系数 A	7.3368	14.1174	18.335	26.364	33.906	47.986	85.168
二项式系数 B	0.01386	0.0277	0.03695	0.05543	0.0739	0.11086	0.2217
无阻流量,$10^4 m^3/d$	74.658	40.975	31.989	22.6295	17.7466	12.654	7.203
AOF 改变值	3.3241	1.8177	1.4169	1	0.7826	0.5567	0.3152

注:K_i——地层原始渗透率。

可以看出,渗透率的降低会引起气井的产能下降,且按直线关系线性减小。气井地层压力不断下降、储层产水等因素造成气层渗透率急剧降低,也是气井低压低产的缘由。

4. 气井泄气半径

产能方程中,气井的控制半径既能够影响产能方程系数 A,又能够影响系数 B(r_e 表现为 $\frac{1}{r_w} - \frac{1}{r_e}$。但是当气井半径一定且供给范围内地层非均质性可忽略时,r_e 的影响很小。假设 $r_w = 0.1m, r_e = 500m, \frac{1}{r_w} - \frac{1}{r_e} = 9.998$,当 r_e 增大到 $1000m$ 时,$\frac{1}{r_w} - \frac{1}{r_e} = 9.999$,所以气井的控制半径对 B 的影响几乎为零,而对系数 A 的影响表现在 $\lg\frac{r_e}{r_w}$ 中,当气井控制半径增大即时一个数量级时,$\lg\frac{r_e}{r_w}$ 值最多增加 1,表明泄气半径对气井产能影响较小。

5. 应力敏感性

针对致密砂岩气藏气水同产直井,根据考虑气层应力敏感性、束缚水饱和度等因素下的产能计算公式,分析应力敏感性对气井产量的影响。

随着气藏的开采,地层压力下降使储层中岩石骨架发生形变,导致气藏的孔隙度和渗透率发生变化,气体的渗流能力下降,因此气井生产中应力敏感效应对产能有一定影响。

6. 气井产水

低渗气藏气井产能普遍较低,如若气井不同程度产水则会影响气井产能,进一步加大开采难度。因此分析气井产能时,必须考虑气井产水量的影响。

以某气田实际气井为例描述不同生产水气比的气井流入动态,计算结果如图 6-28 所示。可以发现,当不产水情况下气井无阻流量为 $13.10 \times 10^4 \mathrm{m}^3/\mathrm{d}$,而水气比分别为 $0.5\mathrm{m}^3/10^4\mathrm{m}^3$、$1\mathrm{m}^3/10^4\mathrm{m}^3$ 和 $1.5\mathrm{m}^3/10^4\mathrm{m}^3$ 的情况下,气井无阻流量分别下降了 17.94%、30.23% 和 38.40%。水气比对气井产能影响较为严重,水气比越大,气井产能越小。产水初期气井产能下降较快,当水气比升高到一定值后,气井产能下降程度有所减缓。由于气水两相流动不仅降低了气藏气体驱动动力,且水相占据了气体流通通道,渗流阻力增大,使得产量下降。因此气井产水是气井产量下降的一个重要原因。水气比越大气井产量降低程度越大,对于低渗透气藏其产量下降更加明显。

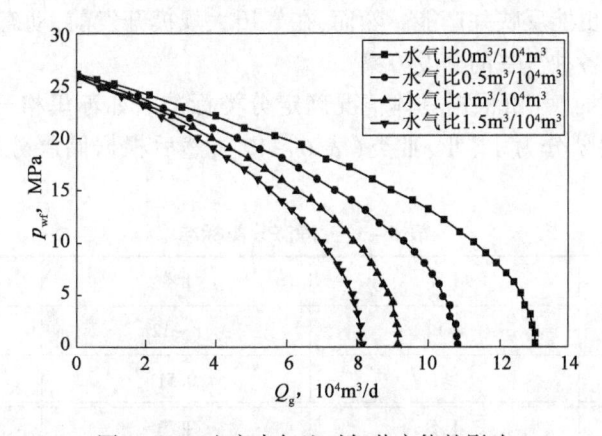

图 6-28 生产水气比对气井产能的影响

7. 气井积液

假设气井生产初期不积液,且后期积液过程中储层各项参数不变,采用气井产能方程,分析井筒中积液液柱高度对气井产能大小的影响。针对同一实际气井,分析不同地层压力气井积液情况下产能变化情况,结果如图 6-29 所示。可以明显发现,对于低压气井,一旦开始积液后,产量下降速度较中高压气井快很多,气井积液使低压气井低产效果更加显著。

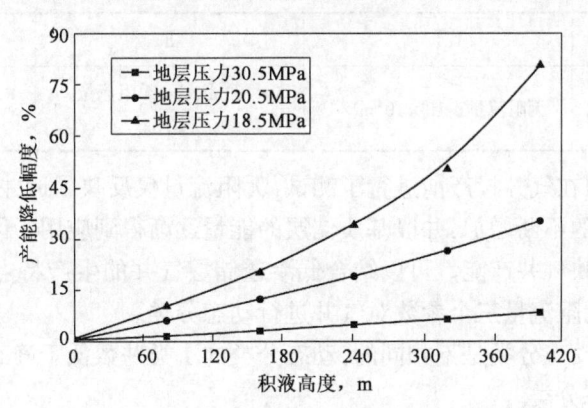

图 6-29 不同地层压力气井积液时产能下降变化图

三、低压低产气井分类与评价

低压低产气井以气井井口压力等于或低于集输压力为准则、以区块临界携液流量为依据,分区块进行低压低产气井的界定。

当气田进入生产中后期,气井产量普遍下降的情况下,针对实际气井进行有效分类,能够针对不同的气井实现有效管理、稳产增产工艺措施合理选择,最大程度利用气井有效产能。

1. 气井的静态分类方法和动态分类方法

静态分类方法是利用储层厚度、孔隙度和渗透率等储层参数进行分类。由于静态分类方法所使用的储层参数通常是通过测井资料或岩心测试获得的,不能代表井外储层条件。因此动态分类比静态分类更能反映井产能。然而,在气田大规模开发前,动态资料有限,通常采用静态分类结果来制定各种气井的开发方案。

在进行静态分类时,气田根据具体情况确定分类标准。如苏里格气田苏6井区根据孔隙度和渗透率将储层划分为Ⅰ、Ⅱ、Ⅲ类(表6-17),然后根据储层分布将气井划分为Ⅰ、Ⅱ类。

表6-17 静态分类标准

储层分类标准	Ⅰ类	Ⅱ类	Ⅲ类
孔隙度,%	≥12	8~12	5~8
渗透率,$10^{-3}\mu m^2$	≥1	0.51	0.1~0.5
井的分类标准	Ⅰ类	Ⅱ类	Ⅲ类
单层厚度,m	Ⅰ类储层≥5	Ⅰ类储层=3~5	Ⅰ类储层≤3
总厚度,m	Ⅰ类储层≥8	Ⅰ+Ⅱ类储层≥8	Ⅰ+Ⅱ类储层≤8

动态分类方法通常是利用生产数据的动态,如气井产气单位压降、压降速率和无阻流量进行分类。气井动态分类方法通常以试气得到的绝对无阻流量为基础(表6-18)。

表6-18 动态分类标准

类别	Ⅰ	Ⅱ	Ⅲ
分类标准	无阻流量>$10\times10^4 m^3/d$	$5\times10^4 m^3/d$<无阻流量<$10\times10^4 m^3/d$	无阻流量<$5\times10^4 m^3/d$

但是,苏里格气田在气井投产前进行了测试,无阻流量仅反映了近井地层诱导裂缝的流动特征。随着气井产能的不断增加,井段基质储层的能量逐渐得到应用。因此,简单的无阻流量气井分类不能正确反映气井产能。可以结合低渗透储层气井的生产特点,采用单元套管压降产气量、压降速率和无阻流量三个参数对气井进行动态分类。

发现静态分类与动态分类是不相同的,动态分类的Ⅰ类井数低于静态分类,而动态分类的Ⅱ、Ⅲ类井数高于静态分类。

2. 基于灰色关联分析的低渗气藏产水气井分类评价

针对气田的地质概况和生产特征,优选气井评价指标,基于产水气井的地质参数及生产数据,利用灰色关联分析方法,计算出各评价指标的权重系数,量化了各指标对气井生产的影响,进行气井有效分类。

灰色关联分析通过对系统指标统计数列几何关系的比较,分析各指标间的关联程度,认为指标在时间变量下所表示的曲线的几何形状越接近,指标间发展变化趋势越接近,则它们之间的关联程度越大。灰色关联分析法对统计样本的多少和规律性没有要求,计算简便且不会出现量化结果与定性分析结果不符的情况。

灰色关联分析方法计算步骤如下:

(1)构建自变量序列 $x_0(j)'$,应变量序列 $x_i(j)$,其中 $i=1,2,\cdots,M;j=1,2,\cdots,N;M$ 为应变量数值;N 为样本数量。

(2)将变量序列无量纲化为 $x_0(j)'$ 和 $x_i(j)'$,以便进行统计计算和分析比较。无量纲化常用方法有均值化法、初值化法、区间化法等。

(3)计算差序列、两级最小差、两级最大差:差序列为 $\Delta_{0i}(j) = |x_0(j)' - x_i(j)'|$;两级最小差为 $\min_j |x_0(j)' - x_i(j)'|$;两级最大差为 $\max_j |x_0(j)' - x_i(j)'|$。

(4)计算灰色关联系数:

$$\xi_{0i}(j) = \frac{\{\min_j |x_0(j)' - x_i(j)'| + \rho \cdot \max_j |x_0(j)' - x_i(j)'|\}_j}{\Delta_{0i}(j) + \rho \cdot \max_j |x_0(j)' - x_i(j)'|}$$

式中,ρ 为分辨系数,其值越大,分辨率越小,$0 < \rho < 1$,一般取 ρ 取 0.5。

(5)计算灰色关联度:

$$\gamma_{0i} = \frac{1}{N} \sum_{j=1}^{N} \xi_{0i}(j)$$

令 $\gamma_{00} = 1$,即自变量与自身的关联度为 1。

(6)归一化处理,计算各指标的权重系数:

$$\alpha_{0i} = \frac{\gamma_{0i}}{\sum_{i=0}^{M} \gamma_{0i}}$$

$i=0$ 时,γ_{00} 表示自变量与自身的灰色关联度;α_{00} 表示自变量的权重系数。

(7)计算各样本的综合权衡评价分数:

$$S = \sum_{i=0}^{M} \alpha_{0i} \cdot x_i(j)'$$

以此为基础,根据各口井的评价指标值,算得各口井的综合评价值,由评价值的大小进行分类。

例如,针对大牛地气田(气井基础数据见表 6-19),将产水气井划分为优、中、差 3 类;综合评价值大于 0.65 的为 I 类井,0.55~0.65 的为 II 类井,小于 0.55 的为 III 类井。分类结果见表 6-20(表中数据均为无量纲化处理之后的数据)。

表6-19 产水气井基础数据

井号	产气量 $10^4 m^3/d$	产水量 m^3/d	渗透率 $10^{-3} \mu m^2$	储层厚度 m	井深 m	原始地层压力 MPa	含气饱和度 %
井1	0.89	0.58	0.54	8	2528	21.49	59.50
井2	0.52	0.44	0.29	7	2553	21.66	70.52
井3	0.58	0.42	0.40	8	2556	21.72	75.60
井4	0.88	0.39	0.59	7	2567	21.82	63.40
井5	0.83	0.43	0.21	6	2578	21.91	51.80
井6	1.15	0.96	0.35	9	2415	20.99	63.21
井7	1.10	1.07	0.65	7	2421	20.58	56.50
井8	0.95	0.85	0.68	8	2417	20.55	58.20
井9	1.27	0.61	0.81	11	2672	26.22	84.43
井10	2.23	1.27	1.34	8	2670	25.98	80.00
井11	0.41	0.42	0.38	6	2674	25.52	65.00
井12	1.21	0.26	0.77	9	2650	25.08	65.10
井13	1.19	0.23	0.69	8	2700	25.25	77.00

表6-20 产水气井的分类评价综合评价值

井号	产气量	产水量	渗透率	储层厚度	井深	原始地层压力	含气饱和度	综合评价值	评价结果
井1	0.3991	0.6601	1	0.4566	0.3382	0.3954	0.4745	0.5951	II
井2	0.2332	0.4803	1	0.4911	0.349	0.393	0.3892	0.5423	III
井3	0.2601	0.5073	1	0.471	0.3706	0.4187	0.39	0.5862	II
井4	0.3946	0.5617	1	0.6228	0.3811	0.4524	0.5103	0.6183	II
井5	0.3722	0.8002	0.9167	1	0.5316	0.6155	0.8722	0.5233	III
井6	0.5157	0.9162	0.9515	0.8587	0.7434	0.8906	1	0.5618	II
井7	0.4933	0.3905	1	0.6088	0.3469	0.4255	0.5558	0.5579	II
井8	0.426	0.958	1	0.5898	0.4491	0.5336	0.6347	0.5848	II
井9	0.5695	0.944	1	0.3875	0.3938	0.3875	0.3875	0.7645	I
井10	1	0.3333	1	0.6471	0.9783	0.982	0.905	0.8262	I
井11	0.1839	0.566	1	0.6576	0.4158	0.4217	0.5084	0.5486	III
井12	0.5426	0.5326	1	0.508	0.382	0.397	0.5614	0.7323	I
井13	0.5336	0.4859	1	0.5902	0.3601	0.3802	0.4119	0.7293	I

在对气井产量进行分类的基础上,分析各种气井产量对产量的贡献率,并对典型气井的生产动态分析和低产井的处理进行研究,I类井为优良井,该类井产气量高,产水量低,地层的渗透率高,储层厚度、含气饱和度大,是储量较大、地层条件利于开采的优良井,采用常规的采气工艺开采就能取得较好的经济效益;II类井为中等井,各方面指标中等,是储量中等、地层条件一般的中等井,常规的采气工艺已不能满足开采需要,应根据气井的实际问题,采取相应措施,

如泡沫排水采气、注醇等,保证气井正常生产;Ⅲ类井为次等井,是储量偏低、地层条件不利于开采的次等井,开采难度大,应在保证经济效益的前提下,采取多种采气工艺相结合的方式,维持气井稳定生产,各类气井生产特征如下:

(1)Ⅰ类气井生产特征。砂体厚度一般都在12m以上,通常按无阻流量的1/12配产。这类气井有一个显著的特点就是气井进站压力下降缓慢,气井平均压降速率为0.007MPa/d,气井关井后压力能迅速恢复。该类气井生产特征如图6-30所示。由于井口产量较大,该类气井油套压差保持在合理范围内,井底没有积液。

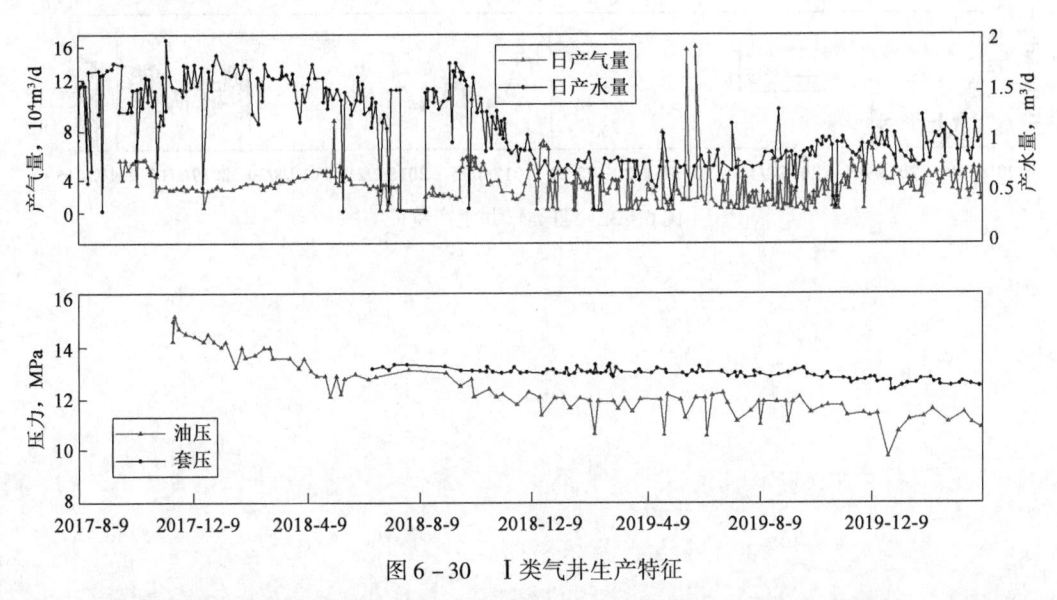

图6-30 Ⅰ类气井生产特征

(2)Ⅱ类气井生产特征。砂体厚度一般都在8~12m左右,本溪组砂体厚度一般都在8~14m左右,通常按无阻流量的1/6~1/10配产。该类气井压降速率介于0.015~0.03MPa/d。该类井生产相对平稳如图6-31所示,部分气井产量小于最小携液流量的气井,存在井底积液问题。

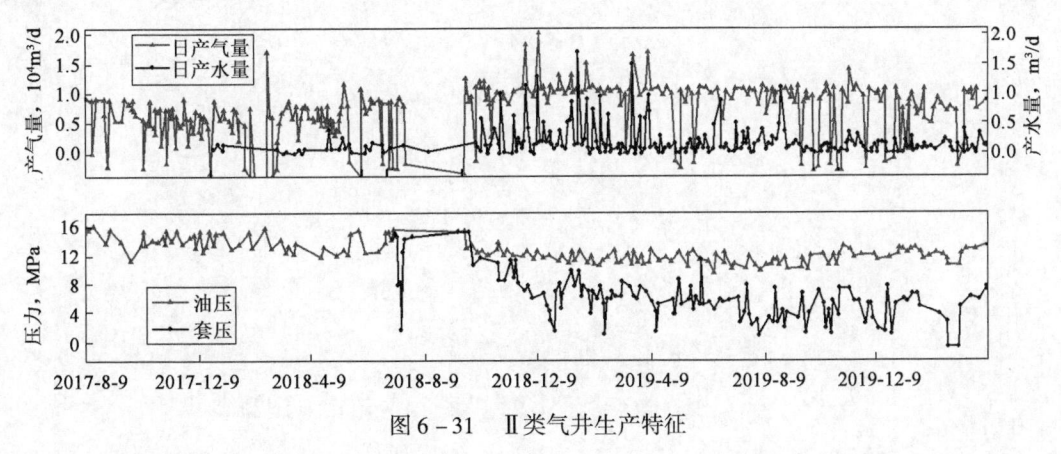

图6-31 Ⅱ类气井生产特征

(3)Ⅲ类气井生产特征。砂体厚度一般都在8m以下,本溪组砂体厚度一般都在8m以下,按无阻流量的1/5配产。气井压降速率一般大于0.03MPa/d。该类气井产水少或不产水,但不代表地层不出水。这类气井油套压差较大,如图6-32所示,显示井底有积液。在生产过程中,放大气井瞬时流量进行提喷是排出积液的有效办法之一。

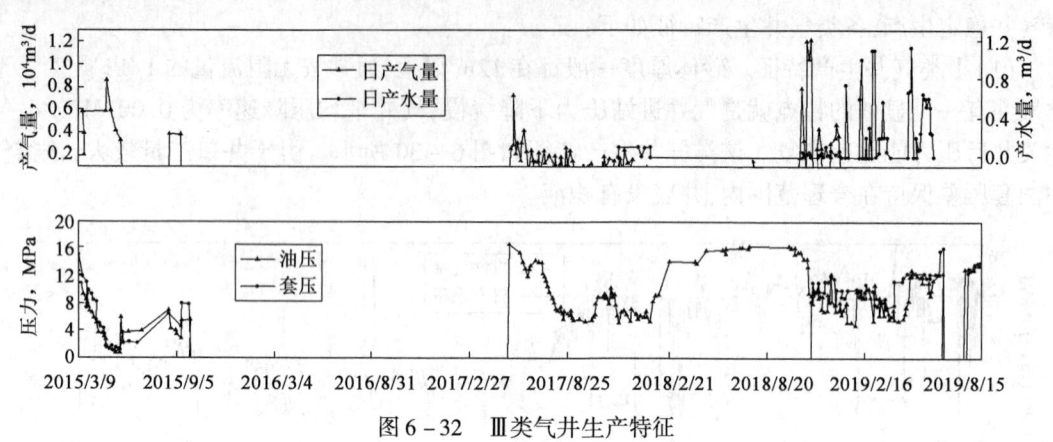

图6-32 Ⅲ类气井生产特征

第七章 气井积液分析与排水采气工艺

无论何种类型气藏,所有产水气井在一定条件下都会出现气井积液,致密储层(低渗储层)的气井更是如此。气井积液的原理是当气井能量不足时,气井中的气体不能有效携带出井底出液,而使得液相在井筒内聚集。如果气井积液没有被及时发现,液体会在井筒或近井底地带聚集,对气井或气藏造成暂时甚至永久性的伤害。若能够对生产中的气井进行及时诊断,通过采取各种排水采气工艺将液体排除,可以将气井产量的损失降至最低,延长气井生产寿命。因此,对气井进行积液分析,并及时采取合理的排水采气措施,是采气工程非常重要的工作。

第一节 气井积液原理

气井积液的根本原因,可以归结为两方面:(1)地层有液体产出;(2)生产中的气井井筒没能及时排除液体。

一、气井产出水水源

国内外气田开发实践表明,绝大部分气田的气井都有液体产出。气田产出水的水源,主要有工作液、凝析水、层内原生可动水、层内次生可动水、层间水、水层水窜,以及边、底水。

工作液主要是侵入地层的压裂液、钻井液滤液及压井液等。其特征是在气井生产初期产水量较大,随后逐渐减少直至消失。若气井在投产期便大量产水,而后产水量趋于减小,则可能就是工作液返排。随着压裂作业越来越频繁,工作液的返排也越来越常见。

在地层或者井底温度压力条件下,气体中含有部分气态的水。气体沿井筒产出,温度、压力会逐渐减小,气态的水会从气体中析出,从而使气井出水,这部分出水称为凝析水。在气藏的某个开采周期内,凝析水气比基本恒定。凝析气藏除产水外,随着压力温度的降低,当实际压力低于露点压力时,将会有凝析油析出。

由于气藏内充气不足或泥岩层的隔断,在气藏原始条件下,可动水聚集在储层构造低部位的原生层中,称作层内原生可动水。通常情况下,层内原生可动水不与井底相连通,因而不参与流动。但当层内压差达到某一临界值后,将形成一定的连通通道,层内原生可动水开始产出。若气井逐渐见水且水量不大,出水量往往伴有一定的波动,随着生产的继续,出水量下降,表明层内原生可动水将被逐渐采完。

层内次生可动水主要存在于含水饱和度比较高的砂岩或者碳酸岩气藏中。随着气藏压力逐渐下降,疏松砂岩结构发生变形,束缚水发生膨胀。当气藏压力降到一定程度后,储层岩石中部分束缚水便形成层内次生可动水,并随气一并被排出。若水源为层内次生可动水,随着开采的进行,产水量会逐渐增加;但水气比始终保持低值,有轻微波动。

层间水存在于气层之间的泥质夹层中,通常以束缚水的形式存在。当射开气层进行生产时,由于压差的存在,层间水也被一同采出。若气井突然见水且水量急剧上升,并伴随着出水量的大幅波动,可以认为水源是层间水。但开采后期出水量往往会下降,表明层间水被采完,或见水气井已出现积液问题。

对于储层岩性疏松,纵向上气水层互间的气藏,气井生产一段时间后,临近水层往往会通过水泥胶界面窜至气层,造成气井大量出水。当水量逐渐上升,水气比逐渐增加时,有可能是水层水窜的原因。来源为水层水窜的采出水由于流通通道有限,出水及水气比会大幅波动,但水量不会持续上升。

边、底水类出水对于气井的生产影响较大。这类气井出水一般都发生在气藏生产的中后期,其出水往往也带有一定的区域性,通常会伴随邻井的大量出水。由于边、底水的水源一般较为充足,其出水量波动也不明显,水量稳定持续上升。产量变化情况为早期无水,水量逐渐上升并持续上升,上升幅度与到边、底水的距离及边、底水的连通程度相关。

二、气井积液原因

气井生产过程中,只要地层压力足够高,即使从地层中产出的是纯液体,也能顺利地喷出到地面。所以可以认为,气井井筒积液的根本原因是地层能量不足。也就是说,讨论气井积液问题对应的是能量不足的气井。

气田一般都采用衰竭式开发。气井刚投产时地层能量比较充足,能够将留在近井地带的钻、完井液等工作液放喷后投入生产。随着生产的延续,地层压力不断下降。普遍来说,气井从投入生产开始,先后经历无水生产、带水生产、开始积液后的排水采气和低压低产到报废四个阶段(图7-1)。气井即将开始积液的状态称为气流临界携液状态。

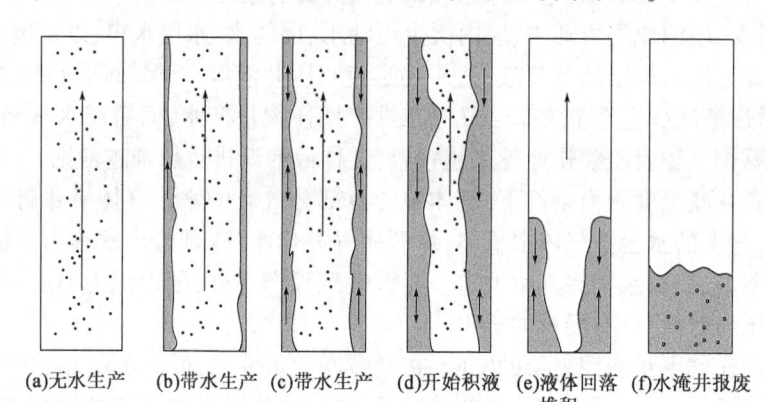

(a)无水生产　(b)带水生产　(c)带水生产　(d)开始积液　(e)液体回落堆积　(f)水淹井报废

图7-1　气井生产过程动态

气井生产过程中,由于气、液产量变化,井筒的流型也会不断变化;在同一时间井筒不同位置处流型也不同。井筒中的流动形态可以表现为雾状流、环状流、搅动流、段塞流和泡状流(图7-2)。对应于气井生产过程中的临界携液状态,在室内气流携液实验中,临界携液状态表现为气流携带的液滴或液膜处于不上不下的悬停状态。实验研究表明,气流携液的临界携液状态出现在环状流到搅动流的过渡阶段。

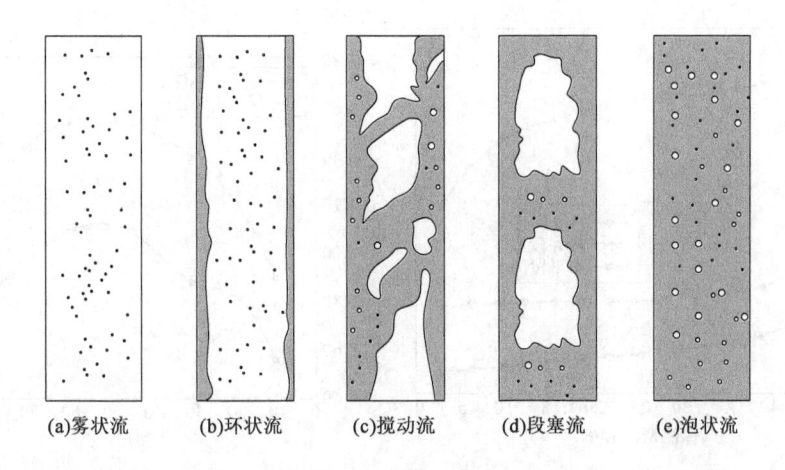

(a)雾状流　　(b)环状流　　(c)搅动流　　(d)段塞流　　(e)泡状流

图7-2　气井井筒流态

随着气井逐步开采,井筒中气体流速随时间降低。从某一井段观察流动状态,气体携带的液体速度下降,液相逐渐合并聚拢,由雾状流逐步转变为环状流后形成搅动流,再到段塞流,阻碍气流连续运移,最终液相回落至井底,形成积液。所以积液的产生,是当气井的产气量小于气相能够携带液相离开井筒的最小流量时,液体不能够被完全携带离开井筒,而滑脱回落至井底聚集造成的。

气井积液不仅与气液流量有关,与井身结构等也有关系。

以水和空气为介质,在由水平段、倾斜段和垂直段构成的全井筒实验装置中,开展气流携液实验,归纳不同井段气流携液现象,结果见表7-1。

表7-1　不同井段气流携液现象

气体流量变化 携液现象 井段	气体流量由大变小			
	1	2	3	4
垂直段	高速携液	可以携液	轻微回落	严重回落
倾斜段	高速携液	部分携液		严重回落
水平段	高速携液	有效携液	可以携液	携液

实验中可以发现,对于水平井,当直井段、水平段出现连续携液现象时,斜井段可能出现少量液体回落的现象。表明斜井段在整个过程中较难携液。

以产液量 $0.2 m^3/h$ 和不同气量条件下测试水平段、倾斜段和垂直段的压力梯度,结果如图7-3所示。

气水流动过程中斜井段压力梯度最大,表明斜井段是水平井各井段中最易积液的井段。

将不同压力、不同倾角条件下测得的临界携液气体流量作图,如图7-4所示。

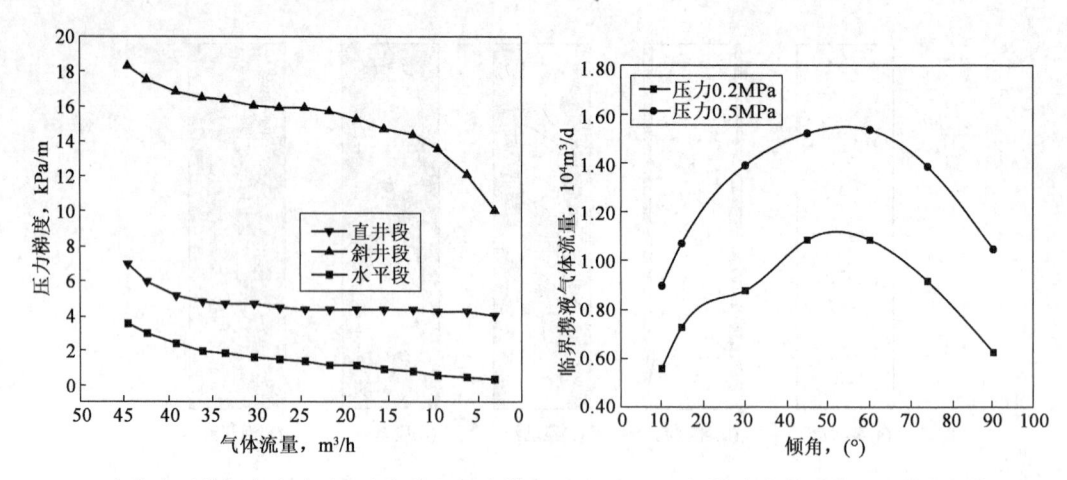

图7-3 完整水平井气水流动过程中各井段压力梯度　　图7-4 不同倾角条件下的临界携液气体流量

由图7-4可以发现,气流达到可以携液的临界状态时,在井斜角45°～60°时所需要的气体流量较其他井斜角时大,55°左右时达到最大。同时也可发现,当气井压力较大时,气流临界携液所需气体流量也较大。这是由于同一气体流量条件下,气井压力越大时气体流速越小,井筒中气体携带液体的曳力也越小。

第二节　气井积液的判断方法

气井积液会严重影响生产。因此气井开采过程中需要及时了解气井的积液动态,并采取合适措施将积液排除,以确保气井正常生产。人们在生产实践中,提出了生产数据对比分析法、实测压力梯度曲线法、试井三参数组合仪液面探测法、回声测试法及气流临界携液计算分析法等多种气井积液的判断方法。

一、生产数据对比分析法

1. 产气量递减曲线出现偏离

气井流量递减曲线的形状能够反映出井下积液现象。分析流量递减曲线随时间的变化,可以发现积液井与没有积液的正常气井曲线的区别。正常气井的日产气量曲线是一条平滑的递减曲线,而积液井的日产气量曲线是一条有剧烈波动的递减曲线。此外,积液气井递减快,分析流量递减曲线的趋势会发现,产生井底积液时流量递减曲线往往会偏离原来的曲线,形成一条斜率更陡的曲线。

2. 套压上升且油压下降,出现剪刀差现象

井底积液增加了流体对地层的回压,降低了井口油压。如果没有采用封隔器完井,井筒积液特征主要表现为:产量下降而套压升高,维持该井生产所需的压差增大。气井生产时,气体会进入油套环空,受地层压力的影响,气体压力较高,导致套压升高。因此,生产过程中,油压降低且套压升高(剪刀差现象)表明井底存在积液,如图7-5所示。

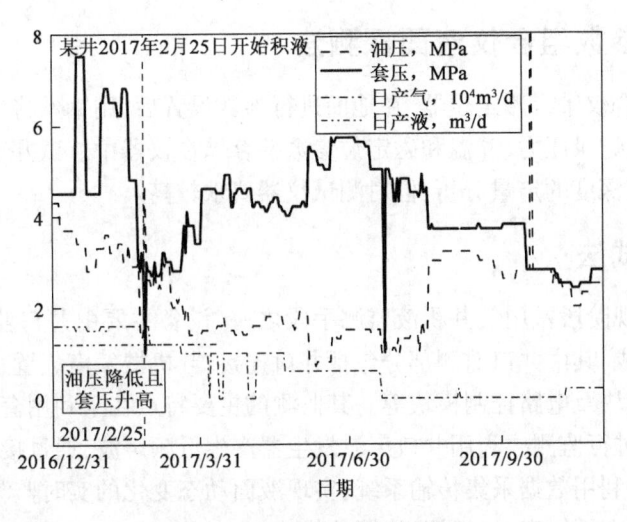

图 7-5 某井日生产数据分析

剪刀差现象是根据生产动态判断积液的常用方法之一。

二、实测压力梯度曲线法

实测压力梯度曲线法是在生产过程中,下入电子压力计到井筒进行压力剖面测试,根据测试得到的压力梯度的变化,判断井筒是否积液。由于气体的密度远远低于水和凝析油的密度,当测试工具遇到油管中的液面时,压力曲线斜率会有明显的变化(图 7-6)。

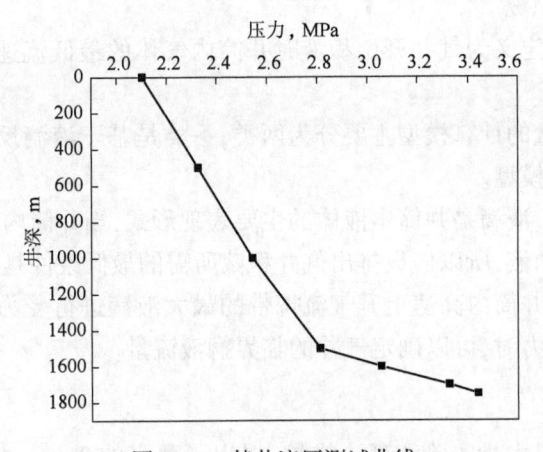

图 7-6 某井流压测试曲线

目前在用的压力测试工艺过程相对简单,一般是从井口附近位置开始测试,每隔一段距离停点测试一次,直至气层中部,测取井筒流动压力梯度的同时测取流动温度梯度。通过对气井全井筒压力、温度梯度的测试,分析井筒内流体的密度差异,从而确定井筒积液情况。

这种方法的优点是诊断准确,并能准确得到井筒中积液高度、积液量的数值,可有效指导气井后续排水采气措施的进行。其缺点是不能长期连续监测,经常存在进行监测时气井已经积液许久,不能对即将积液的气井起到预防和提示作用,并且单次测量成本较高,增加了开采成本。

三、试井三参数组合仪液面探测法

试井三参数组合仪带有磁定位器,在地面进行参数设置后,用钢丝将仪器下入测试井段上预制深度,仪器连续记录压力、井温和磁定位参数并存储在仪器中。试井三参数组合仪测试结果精准,可进行积液深度的定量分析,但对测试仪器要求较高。

四、回声测试法

回声测试法是现阶段常用气井积液监测手段之一,设备主要由井口监测、数据传输、液面监控软件三部分组成,其中井口监测部分包括井口连接器、机械发声装置、声呐传感器、电磁控制装置、信号处理模块及电路控制模块等。其监测的主要特点在于利用套管气为发声源,采用声呐回声探测原理进行监测。利用井口声波发生器产生低频声波,通过接受回波,分析确定井筒气液界面位置,并利用数据采集传输系统,实现液面动态变化的实时监测。通过回声测试法来获取液面高度,具有更加安全、经济、快捷的优势。

五、临界携液流速判断法

在井筒积液严重之前,实际上井筒中的流动是由气液两相相互作用完成的,液相通过气流运移裹挟离开井筒。

临界携液流速判断法是通过气井实际流速(产量)与临界携液流速(产量)的对比,来判断井筒中是否存在积液。当实际流速低于临界流速时,井筒存在积液;若实际流速高于临界携液流速,则井筒中可能无积液。

气井临界携液流速定义为气井开始积液时井筒内气体的最低流速,对应标况下的流量称为气井临界携液流量。

目前,临界携液流量的计算模型主要分为两类,一类是基于液滴反转的液滴模型;另一类是基于液膜反转的液膜模型。

液滴反转理论认为,液滴是井筒中液体的主要表现形式,当井筒内的气流能够连续携带液滴时,气井能实现稳定携液,所以假设排出气井积液所需的最低条件是使井筒中的最大直径液滴能连续向上运动。对井筒内高速上升气流携带的最大液滴进行受力分析,当气体对液滴的曳力等于液滴的沉降重力时,可以确定气井的临界携液流量。

1. 液滴模型

1969 年,Turner 通过大量实验和理论推导,提出了著名的 Turner 模型。该模型考虑液滴的大小、形状、密度,以及流体介质的密度和黏度的影响。假设液滴为球体,液滴在高速气体的流动下被携带至井口,气体对液滴产生拖曳力 F_D 和浮力 F_B,外加液滴本身的重力 F_G,当三者达到平衡状态时即为临界状态(图7-7)。

达到临界状态时,有

$$F_B + F_D = F_G$$

其中

$$F_B = \rho_g gV; F_D = C_D S \rho_g v_g^2/2; F_G = \rho_l Vg$$

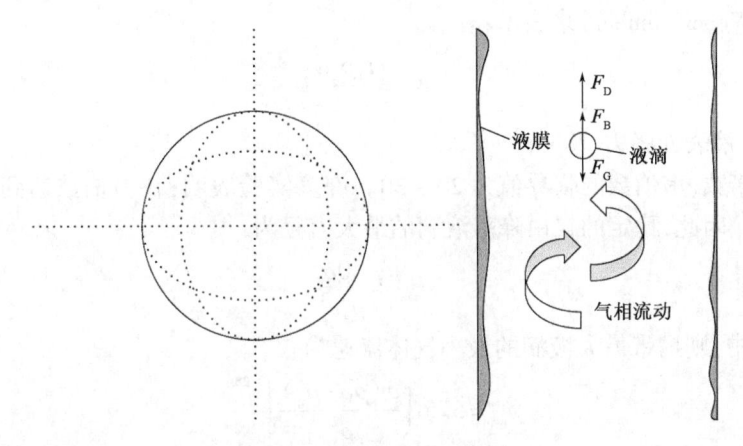

图 7-7 液滴受力示意图

可推导出临界携液流速为

$$v_{gc} = \sqrt{\frac{2(\rho_l - \rho_g)gV}{C_D S \rho_g}} \qquad (7-1)$$

式中　V——液滴的体积，m^3；
　　　S——液滴在运动方向上的投影面积，m^2；
　　　v_{gc}——气体的流速，m/s；
　　　ρ_g——气体密度，kg/m^3；
　　　ρ_l——液体密度，kg/m^3；
　　　C_D——曳力系数，与液滴的雷诺数有关，当雷诺数超过 1000 时，$C_D = 0.44$。

式(7-1)中，ρ_g、ρ_l 在气井正常生产中通过测试都可以得到。所以临界携液流速的求取主要由液滴的形状和曳力系数大小决定。

假定液滴为圆球形，则式(7-1)可以变为

$$v_{gc} = \sqrt{\frac{4d(\rho_l - \rho_g)g}{3 C_D \rho_g}} \qquad (7-2)$$

式中　d——液滴直径，m。

液滴在由下而上的运动过程中，会受到气体作用力的冲击，因而有破碎的可能性。但在气体冲击较小时，表面张力的作用会让其聚集在一起。因此，在一定流速下，液滴的大小与液滴的表面张力和所受到的冲击力大小有关。

当气流速度 v_g 等于液滴沉降的最终速度 v_t 时，直径为 d 的液滴就能被气流夹带到地面，即

$$v_g = v_t = \left[\frac{4(\rho_l - \rho_g)gd}{1.32\rho_g}\right]^{0.5} \qquad (7-3)$$

式(7-3)表明，气体中液滴的降落速度随液滴直径的增大而增大，这就存在一个自由降落液滴尺寸的上限。这个上限取决于使液滴变形的惯性力($v_g^2 \rho_g$)与阻止这种变形的表面压力(σ/d)之

比,用韦伯数(Weber number)来表示,有

$$We = \frac{v_g^2 \rho_g d}{\sigma} \tag{7-4}$$

式中 σ——气液表面张力,N/m。

类似于雷诺数,韦伯数的临界值为 20~30。许多实验表明,在韦伯数达到 30 之前,存在着稳定的液滴。因此,稳定的自由降落液滴的最大直径为

$$d_{max} = \frac{30\sigma}{\rho_g v_g^2} \tag{7-5}$$

代入式(7-3)中,则携带最大液滴的最小气体流速为

$$v_{gc} = 5.5 \left[\frac{\sigma(\rho_1 - \rho_g)}{\rho_g^2} \right]^{0.25} \tag{7-6}$$

在理论上,气井中最小携液速度等于这个最大稳定液滴的自由降落速度。但 Turner 等人的实验结果表明,前者要比后者高出 16% 左右。为安全计,Turner 等人建议取安全系数为 20%,则有

$$v_{gc} = 6.6 \left[\frac{\sigma(\rho_1 - \rho_g)}{\rho_g^2} \right]^{0.25} \tag{7-7}$$

为了矿场使用,对水可以采用如下数值:$\sigma = 60\text{N/m}, \rho_1 = 1081\text{kg/m}^3$,则

$$v_{gc水} = 18.4 \left(\frac{1081 - \rho_g}{\rho_g^2} \right)^{0.25} \tag{7-8}$$

对于凝析油:$\sigma = 20\text{N/m}, \rho_1 = 726\text{kg/m}^3$,则

$$v_{gc凝析油} = 14 \left(\frac{726 - \rho_g}{\rho_g^2} \right)^{0.25} \tag{7-9}$$

理论上,v_{gc} 可按油管任一点(井底或井口)的状态计算。但对于多数实际情况而言,临界携液流速随密度的增加而增加。在流动的气井中,最高的气体密度出现在压力最高的井底,因此,最小排液速率通常是根据井底条件加以估算的。

随着对液滴模型的进一步研究及观测手段的进步,部分研究者认为以圆球状液滴作为物理模型不够准确,认为在气体中液滴上下界面间存在一定的压差,液滴形状向着迎流面积增大的方向发生变化。总体来说,后续以液滴反转理论为基础的研究者提出的临界携液模型,基本模型都与 Turner 提出的式(7-7)相同,只是系数项 6.6 这个值有所变化,如 Coleman 模型的系数项为 4.45,李闽模型的系数项为 2.5。表 7-2 列出了不同学者研究的临界携液计算公式:

表 7-2 常用临界携液流量模型

模型名称	模型建立原理	计算公式	模型适用范围
Turner 模型	假设被高速气体携带的液滴是圆球形的前提下推出	$v = 6.6 \sqrt[4]{\dfrac{\sigma_1(\rho_1 - \rho_g)}{\rho_g^2}}$	气液比非常高、流态属雾状流的直井

续表

模型名称	模型建立原理	计算公式	模型适用范围
Coleman 模型	在 Turner 模型基础上,针对低压气井推导出的临界流速公式	$v = 4.45 \sqrt[4]{\dfrac{\sigma_1(\rho_1 - \rho_g)}{\rho_g^2}}$	适用于井口压力小于 3.4475MPa 的低压直井
LiMin 模型	与 Turner 模型类似,假定液滴为椭球体	$v_c = 2.5 \sqrt[4]{\dfrac{\sigma_1(\rho_1 - \rho_g)}{\rho_g^2}}$	在低压低产气的直井中效果良好
廖锐全团队模型	在潘杰模型基础上,依据大量实验数据修正得出	$v_c = 2.8 \left[\dfrac{\sigma_1(\rho_1 - \rho_g)}{\rho_g^2}\right]^{0.25} \dfrac{[\sin(1.75\theta)]^{0.38} - 0.15}{0.36}$	直井、斜井或水平井

注:θ 为管段的倾斜角。

西潘汉德和哈格顿两个气田的低压井的开采经验证明,清除井内的烃类液体的速度至少要保持在 1.52~3.28m/s(5~10 英尺/秒),而清除水则需 3.05~6.10m/s(10~20 英尺/秒)的速度。

2. 液膜模型

液膜模型认为,积液的主要原因在于液膜的回流,而不是液滴的沉降。

Belfroid 在研究中认为,气井井筒内的流动稳定性取决于压力降和液膜上的力学平衡关系。他发现临界携液流速与井斜角、流态转换、产物均有关,尤其是井斜角的影响。井斜角不同,其液膜上流的主要因素便会发生变化。Belfroid 认为井斜角在 40°~60°之间井筒的临界流速要求最高。其原因是在井斜角低于 40°时,随着井斜角的变大,井筒下方的液膜厚度会逐渐变大,导致液体被举升至井口的难度增加;当井斜角超过 60°时,液膜的重力被管壁支撑力抵消,因此导致重力的影响逐渐减小,从而使得液体更加容易被举升。

Belfroid 给出的临界携液流速公式为

$$v_{gc} = 5.5 \left[\dfrac{\sigma(\rho_1 - \rho_g)}{\rho_g^2}\right]^{\frac{1}{4}} \dfrac{\sin[1.7(90 - \theta)]^{0.38}}{0.74} \qquad (7-10)$$

式中 θ——管段的倾斜角,(°)。

【例 7-1】 应用 Turner 方程计算临界携液流速,已知井口压力为 2.78MPa、井口流动温度为 49℃,产出液是水,其密度为 1073.37kg/m³。界面张力为 60dyn/cm,气相相对密度为 0.6、气体偏差系数为 0.7,生产管柱为 50mm 的油管。

由 Turner 方程计算临界携液流速,得

$$\rho_g = 19.86 \text{kg/m}^3 ; v_{gc} = 3.44 \text{m/s}$$

由上述论述可以发现,液滴模型或液膜模型建立的标准是仅仅考虑液滴反转或液膜反转,但通过室内实验观察可以发现,临界携液状态并非仅有液膜或液滴。显而易见的是,在气液两相管流过程中,液膜与液滴是长期同时存在的。仅考虑液膜反转,或考虑液滴反转是不够全面的。

第三节　积液高度计算方法

井筒中的积液高度是气井动态分析和排水采气方案设计等所需要的重要参数。积液高度可以通过压力梯度测试、回声测试等方法测试得到。在没有测试值的情况下，可以通过计算得出。

传统的气井积液高度的计算方法往往将积液段视为静止不动的液柱，而积液面以上的井筒视为气液两相流动区域。实际上，在生产的气井中，井筒中的积液段仍会有一部分气体从积液段中运移离开，若忽略此部分气体作用，会导致积液高度的计算精度下降。廖锐全团队将这种液体不流动而不断有气体穿越通过的状态称为"零静液流"，认为此时液体无速度而液体中存在不断上升的气泡。

在积液段中，液相不流动，而气相从充满液相的管道中穿过。在已知井口油压及产气量 Q_g 的情况下，通过气相流量与压力的关系，算出井底压力条件下的井口产气量 Q_{wg}。根据气体状态方程可得

$$Q_{wg} = \frac{T_w p_t}{p_w T_t} Q_g \tag{7-11}$$

式中　Q_{wg}——井口产气量，m^3/s；

T_t, T_w——井口、井底温度，K；

p_t, p_w——井口、井底压力，MPa。

井底的持液率可以表示为

$$H_l = 1 - \frac{v_{sg}}{v_g} \tag{7-12}$$

气流速度可以表示为

$$v_g = 1.2(v_{sg} + v_{sl}) + v_s \tag{7-13}$$

其中

$$v_s = 1.53 \left(g\sigma \frac{\rho_l - \rho_g}{\rho_g^2} \right)^{0.25} H_l^{0.5} \tag{7-14}$$

式中　v_{sg}, v_{sl}——液体、气体的表观速度，m/s。

在零静液流状态下，$v_{sl} = 0$，$v_{sg} = \frac{Q_{wg}}{A}$，其中 A 为井筒截面积。

井底持液率为

$$H_l = 1 - \frac{Q_{wg}}{1.2 Q_{wg} + A v_s} \tag{7-15}$$

由于计算 v_s 时需要用到 H_l，因此，用式（7-15）求 H_l 时，需要迭代计算。可在此基础上建立积液段压降模型：

$$\frac{\mathrm{d}p}{\mathrm{d}z} = \rho_m g\sin\theta = [\rho_l H_l + \rho_g(1-H_l)]g\sin\theta \tag{7-16}$$

采用井口油压及产气产液量数据,运用上文中的气液两相管流压降计算模型,从井口开始计算全井筒气液两相流压力分布。再运用零静液流理论导出的压降计算公式,从井底开始计算全井筒积液情况下压力分布曲线,两曲线的交点即为积液位置所在高度(图 7-8)。

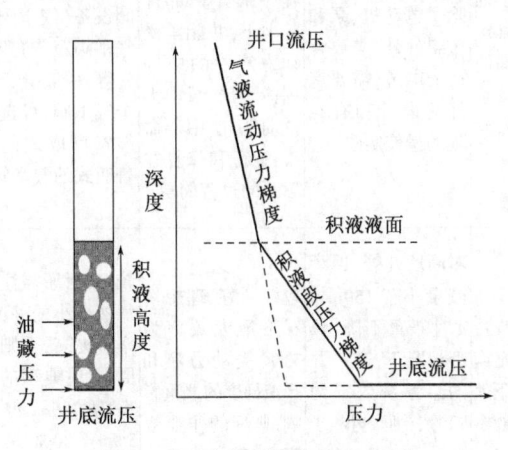

图 7-8 确定积液高度示意图

第四节 排水采气工艺技术

气田在开采过程中,由于地层压力下降及边、底水侵入等原因,进入生产层段的水会随天然气流入井筒内,且在地层能量不足以将其带出地面的情况下,在井底和井筒内产生积液。若不排出积液,液柱与地层压力则可能达到静态平衡,地层中的天然气将停止进入井内,使生产条件恶化、产气量降低,逐步导致气井水淹停产。为延长开采周期和提高采收率,必须及时排出井中积液。

在准确判断井筒积液后,需要针对性地选择排液采气措施。正确的排液采气措施能够有效节约开采成本,提升气井开采效率。目前国内外较为成熟的排水采气工艺有优选管柱、泡沫排水、气举、有杆泵、电潜泵、射流泵等多项排水采气工艺及其复合工艺。表 7-3 给出了排水采气方法设计要素综合对比。

表 7-3 排水采气方法设计要素综合对比表

方法 指标	泡沫排水	有杆泵	电潜泵	射流泵	连续气举	间歇气举	柱塞气举
基建 费用	低,但随着排量的增加而升高	低到中等;随着深度和设备规格的增加而提高	如有现成电力可用,基建费用较低;随着功率加大费用也提高	可与机抽竞争;日排液量超过238m³/d时,费用较低;随着功率增加费用提高	地面气举气增压费用较高,规模应用压缩机系统可减少每口井的总费用	与连续气举相同	如不需压缩机,则很低

续表

方法 指标	泡沫排水	有杆泵	电潜泵	射流泵	连续气举	间歇气举	柱塞气举
井下设备	和常规生产井一样	需要有很好的杆柱设计和操作经验;对抽油杆和泵需要有很好的选择、操作和维修	除了电动机、泵和密封件外,需要合适的电缆,需要有好的设计和有经验的操作实践	要有计算机设计程序来计算部件的大小,并能承受动力液中的中等固体颗粒,泵内无活动件,使用寿命长;运行和修复井下泵的过程简单	需要有好的气举阀设备(气举阀和气举阀短节)费用中等,一般少于10个气举阀,可选择绳索可取式的或普通式的气举阀	可用气举阀卸载到井底对于低井底压力井可考虑采用箱式装置	为使工作最佳,每口井都需制定特定的操作制度;可能出现柱塞被卡现象
作业效率(水力功率/输入功率)	不需要专业作业	总的系统效率特别好;当泵充满时,典型情况下效率为50%~60%	对高产井好,但产液量小于159m³/d时严重下降;典型情况下,高产井的总系统效率约50%,但小于159m³/d时,效率则小于40%	较好到好,理想情况下最大效率为30%,受动力液和产液梯度的严重影响;典型的作业效率为10%~20%	较好;对所需注入气液比小的井,效率可提高,否则就要降低;典型的效率为20%,但在5%~30%之间变化	较差;正常情况下,需要较高的注气量;典型的举升效率为5%~10%,用柱塞则可改善	对自喷井特好;由于利用井本身能量,无须输入能量
机动性	很好;可随需要改变工作制度	好;可改变冲次、冲程、柱塞尺寸和工作时间以控制产量	差;因速度固定,需要谨慎设计,变速驱动可提供较好的机动性	好到特好;动力液排量和压力可调节产量和升举能力(从无流动到泵的全部设计能力);选择喉管和喷嘴的尺寸可扩大产量及升举能力的范围	特好;改变注气量以改变产量,需正确选定油管尺寸	好;必须调节注气时间和循环效率	对低产井好;可调节注气时间和频率
其他问题	一般只适合集气站连续实施该工艺,必须满足电源保障供给	防喷盒漏失污染环境(可采用抗污染防喷盒)	需要很可靠的电力系统,该电力系统对井下情况或流体特性的变化非常敏感	动力液中可允许25μm的固体颗粒在200mg/L以内,如果需要,可加入稀释剂、水动力液,无论是淡水、地层水或海水都是可用的	95%的可靠压缩机;气体必须要较好地脱水,以避免气体结冰	为保持好的协调需加强管理,否则动态变差,维护稳定的气流量常常引起注气问题	柱塞上卡是主要问题
操作费用	很低,主要是注泡设备和电费	低产(产液量小于64m³/d)的浅到中等深度(小于2100m)的陆上井,操作费用低	可变的;如果功率高,则电费高;特别在海上作业中,由于运行寿命短造成起下作业费用高,修理费用也高	由于功率需要造成动力费用高,对于喉管和喷嘴尺寸合理,运转寿命长的泵来说,维修费用低	井的费用低;压缩费用取决于燃料费用和压缩机维修费用	与连续气举相同	除了柱塞问题以外,一般很低

续表

方法 指标	泡沫排水	有杆泵	电潜泵	射流泵	连续气举	间歇气举	柱塞气举
可靠性	高;只受注泡装置影响	特好;如果抽油杆一直使用良好,工作时效可超过95%	可变的;在理想升举条件下特好;在有问题的条件下较差(对工作温度和电故障非常敏感)	使用合理的喉管和喷嘴尺寸工作时,好;必须避免泵吸入压力过低使喷射泵喉管处于气穴范围下工作;假如工作压力大于28MPa,问题更多	如压缩系统设计和维护合适,特好	如注入气供应充足,且注入气的低压储存体积足够大,特好	如井生产稳定,好
残损价值	较差,无多大利用价值	特好;易搬动,用过的设备有好的市场	较好;有一定价额的贸易,露天市价较差	对易搬迁的系统来说,好;对有一定价额的贸易来说,较好;三缸泵市场较好	较好;对使用得好的压缩机,气举阀和气举阀工作筒有一些市场	与连续气举相同	较好,有一定价值的贸易,露天市场较差
总系统	安装和操作简单,可多口井同时实施	设计方法是简单和基本的,安装和操作可遵循规范,每口井是一个独立的系统	设计较简单,但需要好的产量数据,需要有特好的操作实践;设计、试验和操作遵循规范,使用共同的电力系统时每口井是一个独立的系统	有现成的计算机应用设计程序;井下泵和井场设备的操作方法都是基本的;自由式泵易于起出在井场修理或更换,常用试凑法使井下喷射达到最优条件	在全过程中都需要有足量的、高压的、干的、无腐蚀性的和净化的供气源,系统不宜过于分散,低的回压有利;需要好的数据进行气举阀设计和布置,需遵循规范	与连续气举相同	单井或系统;设计、安装和操作简单
应用现状和前景	应用效果显著,为较好的后续接替工艺	特好;这是一种常规的标准人工升举法	是高产人工升举井的特好方法,最适用于井温小于94℃和排液量超过159m³/d的井	能很好地适合于需要灵活操作、较宽深度范围、高温、高腐蚀性、高气液比和大砂量的高产井,有时用于海上非自喷的试验井	对于高井底压力的井来说,是一种好的、灵活和高产量的人工升举系统。很像自喷井	常用于代替抽机井,也可用于连续气举中井底压力低的井	是产液量小、气液比高的一种重要的升举法,可用于延长自喷期和提高效率,为了能成功操作,需有充足的气量和压力

  气举、有杆泵、电潜泵、射流泵等用于气井进行排水采气的工作原理和工艺设计,与将其用于油井进行抽油时的工作原理和工艺设计类似,只是需要特别注意气井井筒中流动的气、液物性及气液流量比与油井不同;同时,在进行工艺参数设计时,气井一般都要求将井筒内的液体全部排出。本节重点介绍目前气田普遍采用的优选管柱、泡沫排水和柱塞气举等排水采气工艺。

一、优选管柱排水采气

  气井生产时,井筒中的压力损失和气流携液能力与油管直径大小密切相关。优选管柱排水采气,就是对产液气井及时优选和调整管柱,改善气液在油管内的流动状态,避免气井积液,使气井维持合理产量自喷生产的一种排水采气工艺。

1. 基本原理

气井在产气量一定的条件下,气流速度与产气管柱直径成反比,即产气管柱直径越小,气流速度越大。大的气流速度一方面有利于液体的排出,而另一方面则会加大气流在管柱流动过程中的压力损失。因此,产气管柱直径的选择,既要考虑气流的连续排液要求,又要考虑尽量减少井筒内的压力损失,以保证井口有足够的压能将天然气输送进集气管网和用户。

针对产水气田的实际生产情况,优选合理管柱有两个方面:对流速高、排液能力较好、产气量大的气井,可相应增大管径生产,以达到减少阻力损失、提高井口压力、增加产气量之目的;对于生产到了中后期的气井,因井底压力和产气量均较低,排水能力差,则应更换较小直径的油管,即采用小油管生产,以提高气流带液能力,排除井底积液,使气井正常生产、延长气井的自喷采气期。

2. 技术特点

工艺成熟、可靠,施工管理方便,设备配套简单,投资少。

3. 应用条件

优选管柱适用于有一定自喷能力的小产液量气井。一般情况下,排液量不超过 $100\text{m}^3/\text{d}$,最大井深由选用生产管柱的材质决定。选用适宜防腐蚀方法也可用于含腐蚀性介质(如 H_2S、CO_2)的产液气井。

在选井应用时,考虑如下技术参数:

(1)产水气井的水气比不超过 $40\text{m}^3/10^4\text{m}^3$;

(2)气流的对比参数 v_r(油管鞋处气流的无量纲对比流速)、q_r(气井的无量纲对比流量)小于1,井底有积液;

(3)井场能进行修井作业;

(4)气井产出气水必须就地分离,并有相应的低压输气系统与水的出路;

(5)井深适宜,符合下入油管的强度校核要求;

(6)产层的压力系数小于1,以确保用清水、活性水或油气井保护液就能压井或满足不压井进行更换油管的作业条件。

4. 工艺设计

优选管柱是一种自喷工艺,它施工简单到只需更换一次油管,而不需要人为地提供任何能量。

气流沿着产气管柱举升高度增加,其速度也增加。为确保连续排除流入井筒的全部地层水,在井底产气管鞋处的气流流速必须达到连续排液的临界流速。显然,如果这个速度能满足连续排液条件,那么在举升的整个过程中,气流的连续排液都将得到保证。

实际工作中,用日产气量 u_{gc} 比流速方便。如按井底条件计算,则日需气量为

$$q_{gc} = 1.98 \times 10^4 \frac{d_i^2 p_{wf} u_{gc}}{Z T_{wf}} \tag{7-17}$$

式中 q_{gc}——标准状态下气体携带液滴所需的最小流量，$10^4 m^3/d$；

p_{wf}——油管鞋处井底流动压力，MPa；

T_{wf}——油管鞋处井底流动温度，K；

z——气体偏差系数；

d_i——产气管柱直径，m。

对于一口产气量为 q_{sc} 的气井，为达到临界流量而需要的管柱直径可以采用下式计算：

$$d_i = 7.1 \times 10^{-3} \sqrt{\frac{q_{sc} Z T_{wf}}{u_{gc} p_{wf}}} \quad (7-18)$$

实际应用中，常采用无量纲对比流速 u_r 和无量纲对比流量 q_r 的概念，定义式如下：

$$u_r = \frac{u_{sc}}{u_{gc}} \quad (7-19)$$

$$q_r = \frac{q_{sc}}{q_{gc}} \quad (7-20)$$

式中 q_{sc}——气井实际生产气体在标准状况下的体积流量，$10^4 m^3/d$；

u_{sc}——油管鞋处的气流速度，m/s；

q_r, u_r——气井的无量纲对比流量、油管鞋处气流的无量纲对比流速。

将以上公式运用于实际气井，就可确定气井连续排液的临界流动参数，正确判断气流排液能力大小，选择相适宜的新产气管柱，使气层和油管的工作重新建立协调关系。

应用携液临界参数的计算公式，即可进行出水气井连续排液优选管柱的设计计算。设计计算步骤如下：

(1) 根据气井实际的 d_i、q_{sc}、p_{wf}、γ_g 等值，利用式(7-17)和式(7-20)，求出气井连续排液所必需的临界流量 q_{sc} 与对比参数 q_r 值，对气井工作制度及排液能力进行判断。

(2) 当 $q_r \geq 1$ 时，气井能够连续排液，并能在不改变产气管柱的情况下，依靠自身能量，实现压力、产量、气水比相对稳定的"三稳定"工作制度，正常生产；当 $q_r < 1$ 时，气井不能连续排液，可利用式(7-17)重新优选产气管柱直径 d_i，并重复程序(1)，确保 $q_r \geq 1$，使气井在新产气管柱直径 d_i 情况下，实现正常生产。

(3) 从考虑井内可能的最大压力（$\Delta p = p_{wf} - p_{wh}$）出发，检验采用求出的自喷管柱工作时，井口压力 p_{wh} 能否大于输压，以确保能将天然气输送给用户或集气管网。如井口压力满足输压条件，则计算求出的直径 d_i 可以采用；否则，应重新再按程序(2)选择大一级的油管进行生产。

与选择合适的产气管尺寸同样重要的是确定产气管柱底部的位置。为了有效地排除一口井内生产层段的水，必须将产气管下到产气层的底部。假如有一口产气管直径为 0.062m、套管直径为 0.126m 的低产井，如果产气管下到生产层以上几百米处，那么产气井内就有可能装满液体。这里，最低流速将取决于升举 0.126m 套管内的液体所需的速度。

优选管柱工艺与泡排、气举等工艺组合应用，可增强工艺的排水增产效果和延长工艺的推广应用期。在选择管柱直径时，需要考虑后续工艺对管柱直径的需求。

二、泡沫排水采气

泡沫排水采气是在出水气井中加入起泡剂的一项助喷工艺。它具有设备简单、施工容易、见效快、成本低等优点。在出水气井排水采气中得到广泛应用。

1. 基本原理

能显著降低水的表面张力或界面张力的物质称为表面活性剂,也称为起泡剂。泡沫排水采气是向井内注入某种能够遇水产生大量泡沫的表面活性剂,当表面活性剂与井底积水接触后,大大降低了水的表面张力。借助于天然气流的搅动,表面活性剂与井底积水充分接触,把水分散并生成大量较稳定的低密度的含水泡沫,从而改变了井筒内气水流态。在地层能量不变的情况下,提高了出水气井的带水能力,将井底积水携带到地面,从而达到排水采气的目的。

起泡剂的助排作用是通过以下效应来实现的:

(1)泡沫效应。起泡剂具有强的起泡能力。它只需要在气井水中添加100~200mg/L,就能使气水两相流动状态发生显著变化,使气水两相介质在流动过程中高度泡沫化。其结果是使井内流体密度几乎降低至原来的1/10。如果不加起泡剂时气流举水至少需要3m/s的井底气流速度的话,加起泡剂后只需要0.1m/s的气流速度就可能将井底积液以泡沫的形式带出井口。

(2)分散效应。在气水同产井中,无论什么流态,都不同程度地有大大小小的液滴分散在气流中。这种分散能力,取决于气流对液相的搅动、冲击程度。搅动越猛烈,分散程度越高,液滴越小,就越易被气流带至地面。气流对液相的分散作用,是一个克服表面张力做功的过程,分散得越小,比表面就越大,需做的功就越多。而起泡剂是一种表面活性剂,它只需在水中下入30~50mg/L,就可将表面张力从30~60mN/m降低到16~30mN/m。由于表面张力大幅度下降,达到同一分散程度所做的功将大大减少。或者说,在同一气流冲击下,水相在气流中的分散大大提高。这就是起泡剂的分散效应。

(3)减阻效应。减阻的概念起源于"在流体中添加少量添加剂,流体可输性的增加"。Savins等人捕捉到这一现象的实际意义,命名为"减阻"。减阻剂主要是一些不溶的固体纤维、可溶的长链高分子聚合物及缔合胶体,而且主要应用于湍流领域里。天然气开采过程中,天然气流对井底及井筒里液相的剧烈冲击和搅动,所形成的正是一种湍流混合物,既有利于泡沫的生成,也符合减阻助剂的动力学条件。

(4)洗涤效应。泡排剂通常也是一种洗涤剂。它对井底附近地层孔隙和井壁的清洗,包含着酸化、吸附、润湿、乳化、渗透等作用。特别是大量泡沫的生成,有利于将不溶性污垢包裹在泡沫中带出井口,这将解除堵塞,疏通流道,改善气井的生产能力。

2. 泡沫排水起泡剂及其性能要求

1)起泡剂的性能

如上所述,起泡剂实际上也是一种表面活性剂。但起泡剂除具有表面活性剂的一般性能外,还要求具有以下特殊性能。

(1)起泡能力强。只要在井底矿化水中加入少量起泡剂(100~500mg/L),就能在天然气流的搅动下,形成大量含水泡沫,使气、液两相空间分布发生显著变化,水柱变成泡沫,密度下降至原来的几十分之一。因此,原来无力携水的气流,加起泡剂后可以将低密度的含水泡沫带到地面,从而实现排水采气的目的。

(2)泡沫携液量大。起泡剂遇到水后,立即在每个气泡的气水界面定向排列。当气泡周围吸附的起泡剂分子达到一定浓度时,气泡壁就形成一层牢固的膜。泡沫的水膜越厚,单位体积泡沫含水量越高,表示泡沫的携水能力越强。

(3)泡沫的稳定性适中。采用泡沫排水,从井底到井口行程数千米,如果泡沫的稳定性差,有可能中途破裂而使水分落失,达不到将水携带到地面的目的。但是,如果泡沫的稳定性过强,则泡沫进入分离器后又会带来消泡及气水分离的困难。

(4)在含凝析油和高矿化水中有较强的起泡能力。凝析油和高矿化水都具有一定的消泡能力。因此,起泡剂应具有一定的抗油性能和抗高矿化度性能,以保证一定的起泡能力和泡沫携液量。

此外,由于气水井的复杂性,要求下井的起泡剂要满足不同井况对起泡剂的特殊要求。

2)起泡剂类型及其评价

(1)起泡剂类型。

泡沫排水中采用的起泡剂有离子型(主要是阴离子型)、非离子型、两性表面活性剂和高分子聚合物表面活性剂等。表7-4介绍了国内外起泡剂的主要类型。

表7-4 国内外起泡剂主要类型

序号	起泡剂名称	类型	气井条件
1	烷基磺酸盐或烷基苯磺酸盐	阴离子型	气水井
2	烷基酚聚氧乙烯醚	非离子型	含矿化水气井
3	有机硅化合物 酒精厂发酵后残液(主要含甜菜碱)	两性	含矿化水和凝析油气井
4	丙烯酰胺和乙酰丙酮丙烯酰胺共聚物	高分子聚合物	含矿化水和凝析油气井
5	起泡剂:如磺酸盐类、硫酸醇酯、烷基聚氧乙烯醇酯等 稳定剂:如羧甲基纤维素、环烷皂等	复合物	含矿化水和凝析油气井
6	固体起泡剂(组分如聚氧乙烯烷基醚、聚乙二醇、尿素)	复合物	含矿化水和凝析油气井

(2)起泡剂的评价。

选用一种起泡剂或新开发一种起泡剂,必须评价其性能,获得起泡剂的起泡能力、携液量和稳定性等参数。目前对起泡剂的实验评价普遍采用以下两种方法。

①气流法。此法用于测定起泡剂溶液在气流搅拌下,产生泡沫的能力和泡沫含水量。其装置如图7-9所示。起泡剂溶液盛于发泡器内,空气在一定压力下通过分散器进入发泡器,搅动起泡剂溶液,产生泡沫。在发泡器中,每升气流通过后形成连续泡沫柱的高度,表示起泡剂溶液生成泡沫的能力。实验中产生的泡沫,用泡沫收集器收集。加入消泡剂消泡后,测定每升泡沫的含水量,用以表示泡沫的携水能力。则

$$起泡能力 = 泡高(cm)/单位气体体积(L)$$

或

$$起泡能力 = 泡沫体积(L)/单位气体体积(L)$$

②罗氏米尔法。实验规定,测定200mL起泡剂溶液从罗氏管口流至罗氏管底时管中形成的泡沫高度,开始时和3min(或5min)分别测两个高度。起始泡沫高度反映了起泡剂溶液的起泡能力,其差值表示泡沫的稳定性。

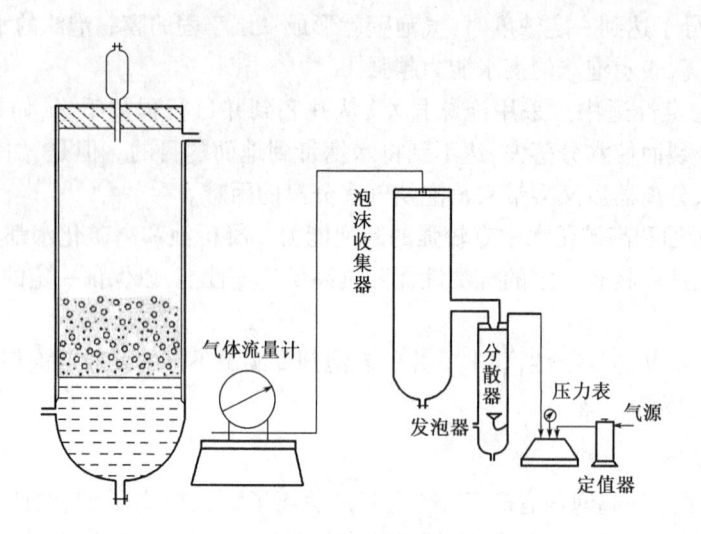

图 7-9 起泡剂泡沫效应评价装置流程

用气流法和罗氏法测量无患子、空泡剂的起泡性能,数据见表 7-5。

表 7-5 起泡剂的泡沫性能

起泡剂	水质矿化度 g/L	泡沫含水量 通气量 L	泡沫含水量 含水量 mL(水)/L(泡沫)	气流法 通气量 L	气流法 起泡体积 L	罗氏法泡高 cm 开始时	罗氏法泡高 cm 5min 后
无患子	60.8	1.06	10.67	1	0.877	8.0	2.0
空泡剂	60.8	1.53	11.97	1	0.654	7.5	6.3

注:起泡剂浓度为 1g/L。

3) 起泡剂的选择

起泡剂可根据以下几个方面选择:

(1) 井温。例如,无患子和空泡剂的起泡性能易受温度的影响(表 7-6),温度升高时起泡能力下降。无患子不宜用于井底温度高于 90℃ 的气井,空泡剂在 70℃ 时几乎丧失起泡能力。

表 7-6 温度对起泡剂能力的影响

起泡剂	水矿化度,g/L	温度,℃	罗氏法泡高,cm 开始时	罗氏法泡高,cm 5min 后
无患子	60.8	12	7.8	3.0
无患子	60.8	40	8.0	2.0
无患子	60.8	60	6.5	2.0
空泡剂	60.8	12	5.0	1.0
空泡剂	60.8	40	7.5	0.3
空泡剂	60.8	60	1.5	0.0

注:起泡剂浓度为 1g/L。

(2)凝析油、H_2S、CO_2含量。起泡剂CT_{5-2}和缓蚀剂CT_{2-11}可用于这类气井,其性能见表7-7所示。

表7-7 起泡剂CT_{5-2}的泡沫性能

试验条件			罗氏法泡高,cm		携液量,mL/15min
温度,℃	凝析油含量,%	水矿化度,g/L	开始时	3min后	
60	0	59.08	10.6	3.8	50.0
60	20	59.08	6.9	1.0	48.0
90	30	80.48	5.2	0.6	57.0
90	50	80.48	4.8	0.5	61.0

注:起泡剂浓度为0.5g/L。

(3)水矿化度。矿化度增高,水的表面张力增加,泡排效果降低。

(4)亲憎平衡值(HLB)。在排水采气中,一般要求亲憎平衡值在9~15,其值越大,水溶性越高。

(5)表面张力。表面张力会影响润湿、起泡、乳化和分散。所选起泡剂能使表面张力下降越低越好,这样才能改善气液两相流动中的流态。

(6)临界胶束浓度(C.M.C)。胶束是指两亲性分子在水或非水溶液中趋向于聚集(缔合或相变)。所有性质在临界胶束浓度以上都存在转折。起泡剂的临界胶束浓度一般应大于6.0×10^{-5}。临界胶束浓度越大,其带水能力越好,起泡性能越高。

(7)稳定性。泡沫的稳定时间长,易将地层水从井底带至地面。但稳定时间过长又会给地面的分离、集输、计量等带来困难。根据现场的使用情况,认为泡沫的稳定时间一般为1~2h,泡沫高度为泡沫始高的2/3为好。

3. 泡沫排水采气工艺适用范围及工艺设计

泡沫排水采气适用于弱喷及间喷产水井的排水,最大排水量120m³/d,最大井深3500m。可用于低含硫气井。

1)泡沫排水采气工艺选井

对泡沫排水采气工艺而言,选井的好坏将直接影响泡沫工艺质量以及能否获得成功。经现场理论分析与实践,属下列条件之一的气水井不宜选作泡沫排水采气井。

(1)油管下得太浅的产水气井:如果油管鞋没有下到气层中部,泡沫剂不易流到井底,在油管鞋末就被气流所带走,难以达到消除井底积液的目的。

(2)气井油套管互不连通或油管串不严密的产水气井:如果油套管本身不连通,起泡剂无法流入井底,不能消除井底或井筒积液。当油管串不严密或密封不好,将发生泡沫剂短路而流不到井底,达不到泡沫排水的目的。对这类气井应进行修井作业后方可进行泡沫排水工艺。

(3)水淹停产气井:由于泡排工艺只是一种助喷工艺,本身不能增加气井能量。因此,要对这类气井进行泡排工艺,必须先进行辅助工艺开展复合排水采气工艺(如气举、液氮举升等排水方法)。

(4)水气比大的产水气井:当气井WGR过大($>60m^3/10^4m^3$)时,气井举水所要求能量也大,可能使带水失败。因此,对水气比大的气水井最好不采用泡沫排水工艺。

2) 气流速度控制及最佳泡排流态

(1) 优选泡排气速。图 7-10 表示气流速度对排水量的影响。可见,气流速度在 1~3m/s 时,泡沫带水能力小,不利于泡排。当气流速度 <1m/s 或 >3m/s 时,有利于带水。因此,现场施工时,应对气井进行生产动态分析,通过选择油管尺寸,控制井口压力,并根据生产情况进行必要的调整,避开最不利排液的流速,以获得合理的气流速度。

(2) 最宜泡排的流态。

泡沫排水中只考虑气流速度还不足以概括气井带水能力,还应分析油管中气水两相流动状态。这种流态不仅取决于两相流体的热力学参数、动力学参数,而且与许多不稳定因素有关。室内及现场试验表明:对于过渡流以上的环雾流,由于自身能量充足,带水生产稳定,不需要采用助喷措施。因此,泡沫排水的主要对象是环雾流以下的气泡、段塞、过渡流态,其中尤以段塞流态助采效果最佳(图 7-11)。对于实际生产井,可根据气水流态、压降梯度及气水产量波动程度来判断。

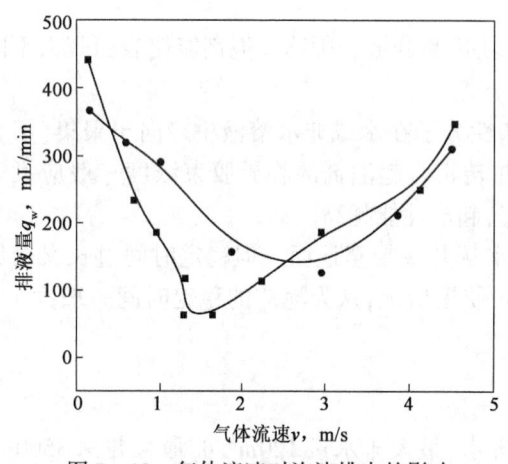

图 7-10　气体流速对泡沫排水的影响

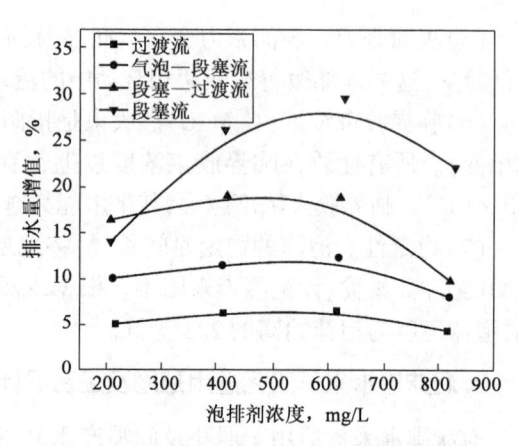

图 7-11　流态和浓度与排水量增值的关系

3) 起泡剂最佳注入浓度和注入量

(1) 最佳注入浓度。

起泡剂注入浓度必须根据其性能和气井本身的条件来确定。注入浓度过低,达不到改善井筒气水两相流流态的目的;注入浓度过高,井筒压降反而回升,而且地面消泡困难,分离器也会产生较高的回压。

在泡沫排水采气中,起泡剂浓度加入不当,可导致工艺失败。起泡剂注入浓度一般应小于其临界胶束浓度,从而降低起泡剂的浪费,避免给气井、地面集输及气水分离等带来不必要的危害。对正在生产的气井,开始试验时,建议按其临界胶束浓度的 70% 加入,再视其带水的情况酌情加减。而对停产井,初始加入起泡剂宜稍过量,以达到既能正常带水又不影响地面气水分离的目的。但实际上影响浓度的因素较多,要视气流速度、分离条件、井温和有无凝析油而定。一般来说,不管什么类型药剂和流态,浓度在 400~600mg/L 时,带水能力最好。

(2) 起泡剂注入量。

根据起泡剂注入浓度和气井产水量,直接计算起泡剂注入量。同时,还要考虑起泡剂的类型、气井带水生产平稳状况、温度和不溶物等物性参数,但主要应以气井带水稳定连续为宜。

起泡剂注入需不间断地进行。起泡剂在产水气井上的加入周期越短、越均匀,越好,最好是连续注入。尤其是对大水量气井,连续注入的效果更加明显。但实际上因涉及工作量问题,一般每日加 2~3 次即可维持气井的正常生产。

4)起泡剂注入方式

起泡剂注入方式有泵注法、平衡罐注法、泡排车注法和投注法。

(1)泵注法。该方法是将起泡剂溶液过滤后,从井口套管或油管泵入井内。它适用于有人看守或距井站较近而又需要连续注入起泡剂的气井,气井日产水量大于 $30m^3$;也可用于间歇注入起泡剂的气井。

(2)平衡罐注法。该方法是将起泡剂溶液过滤后,倒入平衡罐内。在压差的作用下,将平衡罐内的起泡剂从井口套管或油管注入井内。它主要用于无动力电源或需间隙式注入起泡剂的气井,气井日产水量小于 $30m^3$。

(3)泡排车注法。该方法与泵注法相同,只是注入起泡剂的动力不是来自高压电源,而是由汽车供给动力。它主要用于边远又无人看守或间隙注入起泡剂的气井,气井日产水量小于 $20m^3$。

(4)投注法。投注法是将棒状固体起泡剂从井口油管投入井内,在重力的作用下落入井底。它主要用于间隙生产或间隙加注起泡剂,以及无人看守的边远小产量气井,产水量小于 $80m^3/d$,液体在井筒内的流速不宜过高。

5)消泡剂注入浓度和注入量

由于在泡沫排水采气中使用的是高效起泡剂,其泡沫再生能量很强,它们的水溶液经气流带至地面管线、分离设备时,受到气流反复不断的搅动,或多或少有泡沫在分离设备积聚。特别是起泡剂用量过剩或泡沫过于稳定时,这种现象尤为严重。其结果将使大量泡沫被带到集输管线,产生二次起泡,引起阻塞,导致输压升高。因此,针对特定的起泡剂筛选相应的消泡剂势在必行。

不同类型的消泡剂使用的浓度不同,应根据配方确定,注入量必须根据起泡剂的用量、气井产水量、井温等参数来确定。同时,还应根据分离后液体中泡沫的多少酌情加减消泡剂用量。通常采用间歇注入,以分离器出水中不积泡为原则。

消泡剂的注入可采用泵注法或平衡罐注法。注入位置选在分离器前两级针形阀之间,这样能提高消泡能力,使气水通过分离器的分离效果更好。

三、柱塞气举排水采气

柱塞气举的原理与现阶段现场常见的关井憋压后再生产的原理类似,均是利用储层能量来携液的举升方法。柱塞是一个与油管相匹配的可在油管里自由活动的活塞。它依靠井的压力上升,并在自身重力作用下落到井底。柱塞气举相当于是一种长冲程的泵举工艺。如图 7-12 所示,是典型的柱塞气举装置示意图。

柱塞气举是间歇气举的一种特殊形式。柱塞作为一种固体的密封界面,将被举升的液段与举升气体分开,减少气体窜流和液体回落,以提高气举的效率。

1. 柱塞气举工作原理

柱塞气举的能量主要来源于地层气。这就要求气液比相当高,通常大于 534.3~890.5m³/m³。但当地层气能量不足时,也可以向井内注入一定的高压气。这些气体将柱塞及其上部的液体从井底推向井口,排除井底积液,增大生产压差,延长气井的生产期。靠气井自身能量进行举升的称为常规柱塞气举,需要额外注入气体的称为组合式柱塞气举。

柱塞气举适用于小产水量间歇自喷井的排水,最大排水量 50m³/d,最大举升高度 2800m;装置设计、安装和管理简便;耐硫化氢腐蚀性较好,经济投入较低;但对斜井或弯曲井受限。

柱塞气举系统相对简单,设备包括以下组件:
(1)井底减震器弹簧,通过钢缆下入井底,目的是使柱塞可以平缓地到达井底;
(2)可以在整个油管内自由运行的柱塞;

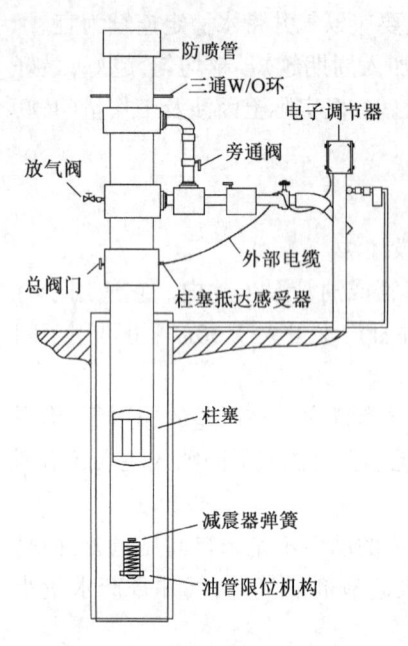

图 7-12 柱塞气举装置示意图

(3)井口装置要保证可以捕获柱塞,并且允许液体从柱塞周围流过;
(4)可控电动阀,可以打开和关闭生产管线;
(5)安装在油管上的传感器,可以感应到柱塞的到达;
(6)有逻辑功能的电子控制器,可以调节周期内的产量和关井时间,以达到最大产量。

随着交替开井和关井,柱塞气举完成一个生产周期。

在关井期间,随着柱塞向底部移动,环空中气体压力开始恢复。与此同时油管底部开始积液,柱塞穿过液体到达减震器弹簧,这时处于压力恢复期间。环空气体压力的大小取决于关井时间、油藏压力和渗透率等因素。当环空压力增大到一定值时,井口电动阀打开,允许井流体产出。同时,环空里的气体进入油管,并借助于产出气体的能量举升柱塞和液体到达地面。

储层可以一直持续生产到产量降低至某个临界产量值附近和井底开始积液时为止。关井后,柱塞依次通过气体和积液下落到减震器弹簧上。

柱塞气举的工艺原理是依靠柱塞的往复运动,把井筒内流体顶替到地面,柱塞作为液柱和举升气体间的固体界面,防止气体窜流和液体滑脱。柱塞的往复运动依靠的是地层能量及自身的重力。

2. 柱塞气举工艺设计

柱塞气举单循环参数是柱塞举升的特征参数,也是进行工艺设计的基础。

根据 Foss 等人得到的经验方法,在柱塞气举工艺实施前,对柱塞气举的优化设计主要就是对其工作参数的优化设计。工作参数包括最小套压、最大套压、单循环举升液量、柱塞循环次数等。其中,最小套压和最大套压等参数可以通过经验公式进行求解。柱塞气举设计具体流程图如图 7-13 所示,计算方法分别如下。

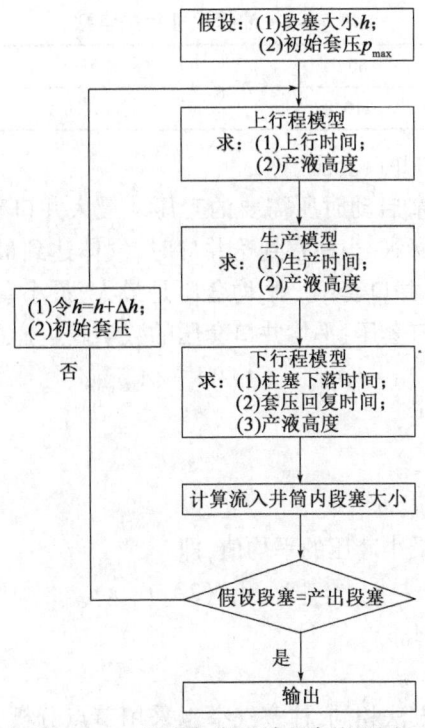

图 7 – 13　柱塞气举设计程序流程图

（1）最小井口套压。

在开井后，当柱塞推动其上部的液体段塞刚好到达井口时，油管压力和套管压力处于平衡状态，此时从油管口折算至井底的压力跟从套管口折算至井底的压力相等。同时相对于油管而言，油套环空的体积较大，且开井后环空中的气体为膨胀运动，因此气体的流速很低，产生的摩阻可以忽略不计。柱塞长度相对于液体段塞长度而言极小，因此柱塞运动产生的摩阻也可忽略不计，则有以下等式成立：

$$p_{cmin} = [p_p + p_{tmin} + p_a + (p_{LH} + p_{LF})q_L]\left(1 + \frac{H_k}{K}\right) \tag{7-21}$$

对于大斜度井或水平井来说，具有一定的倾角改变，所以上式不再适用于大斜度井或水平井，但是公式中具有角度影响的值为 p_{LF}，因此对该值引入角度，变为

$$p_{LF} = \rho g h \sin\theta \tag{7-22}$$

式中　p_{cmin}——最小井口套压，即柱塞到达井口时的套压，MPa；

p_p——举升柱塞本身所需压力（柱塞重量/柱塞截面积），MPa；

p_{tmin}——柱塞到达井口后的油压，MPa；

p_a——当地大气压力，MPa；

p_{LH}——举升 $1m^3$ 液体所需压力，MPa/m^3；

p_{LF}——举升 $1m^3$ 液体产生的摩阻，MPa/m^3；

H_k——井下限位器位置（垂深），m；

K——与油管尺寸相关的常数，见表 7 – 8；

θ——井筒井斜角，（°）。

表7-8 油管尺寸相关常数

油管直径,mm	60	73	89
K	10210.8	13716	17556.48

(2)最大井口套压及平均井口套压。

最大井口套压是井下柱塞启动时所需要的套压。最大井口套压与最小井口套压直接相关。环空储气气体在油管内膨胀,当柱塞到达井口时,气体达到最大膨胀体积,即出现最大压力降,此时井口套压即为最小井口套压。平均套压是最大、最小套压的平均值,是柱塞气举的基本参数指标。计算最大井口套压、平均井口套压的数学表达公式为

$$p_{cmax} = (A_t + A_a)/A_a p_{cmin} \tag{7-23}$$

式中 p_{cmax}——最大套压,MPa;
A_t——油管截面积,m²;
A_a——油套环空截面积,m²。

平均套压为最大套压和最小套压的平均值,即

$$p_{cavg} = [1 + A_t/(2A_a)] \times p_{cmin} \tag{7-24}$$

式中 p_{cavg}——平均套压,MPa。

(3)柱塞气举举升液量。

与所有采油方式的设计方法相同,柱塞气举也采用节点分析方法进行设计。其计算节点为井口,节点参数为井口套压。井流入动态公式常采用 Vogel 方程进行计算,其数学表达式为

$$\frac{Q}{Q_{max}} = 1 - 0.2\frac{p_{wf}}{p_r} - 0.8\left(\frac{p_{wf}}{p_r}\right)^2 \tag{7-25}$$

其中井底流压 p_{wf} 需要根据平均套压计算得出,平均井底流压计算公式为

$$p_{wf} = p_{cavg}(1+f) + \rho g(H - H_k)\sin\theta/1000 \tag{7-26}$$

式中 p_{wf}——井底流压,MPa;
p_r——地层平均压力,MPa;
ρ——产出混合液体密度(常采用加权平均法计算),10³kg/m³;
H——油藏中深,m;
g——重力加速度,9.8kg·m/s²;
f——油气井产出气柱压力系数;
Q——对应井底流压条件下的油井产量,m³/d;
Q_{max}——油井最大无阻流量,m³/d。

(4)单循环举升所需气量及气液比。

单循环举升需气量是举升柱塞到达井口时所消耗的气量,其理论基础是引起环空压力下降的那部分气量损耗,即每循环有环空进入油管的气量,其计算式为

$$q_{gcyc} = CH_k P_{cavg} \tag{7-27}$$

式中 q_{gcyc}——单循环举升所需气量,m³;
C——与油管尺寸有关的常数,见表7-9。

表7-9 油管尺寸相关常数

油管直径,mm	60	73	89
C	0.026073407	0.039034403	0.058645565

单循环所需气液比是单循环需气量与单循环举升液量的比值,其表达式为

$$GLR_{cyc} = q_{gcyc}/q_{lcyc} \tag{7-28}$$

式中 GLR_{cyc}——单循环所需气液比,m^3/m^3;

q_{gcyc}——单循环所需气量,m^3;

q_{lcyc}——单循环液量,m^3。

(5)柱塞日循环次数。

柱塞气举工艺完成一个工作循环所需的时间由开井时间和关井时间组成。开井时间包括柱塞上行的时间和柱塞上部液段在井口续流生产的时间;关井时间包括柱塞的下行时间和柱塞在井底停留等待压力恢复的时间。所以柱塞运行的日循环次数为

$$n_p = \frac{1440}{t_{up} + t_{xl} + t_{dg} + t_{dl} + t_{gj}} \tag{7-29}$$

$$H_{tl} = \sum_1^n (h_{tl} \sin\theta) \tag{7-30}$$

$$t_{dg} = \frac{H_{tl}}{v_{dg}} \tag{7-31}$$

$$v_{dg} = v_{dg,1} + v_{dg,2} + \cdots + v_{dg,n} = \frac{1}{n}\sum_i^n (v\sin\theta) \tag{7-32}$$

$$t_{dl} = \frac{H_k - H_{tl}}{v_{dl}} \tag{7-33}$$

$$v_{dl} = v_{dl,1} + v_{dl,2} + \cdots + v_{dl,n} = \frac{1}{n}\sum_i^n (v\sin\theta) \tag{7-34}$$

$$v_{up} = v_{up,1} + v_{up,2} + \cdots + v_{up,n} = \frac{1}{n}\sum_i^n (v\sin\theta) \tag{7-35}$$

$$t_{up} = \frac{H_k}{v_{up}} \tag{7-36}$$

$$t_{gj} = \frac{1440 q_{gcyc}}{Q_g} - t_{dg} - t_{dl} \tag{7-37}$$

式中 n_p——柱塞日循环次数,次/d;

t_{up}——柱塞上行时间,min;

t_{xl}——柱塞续流生产的时间,min;

t_{dg}——柱塞在气体中下落的时间,min;

t_{dl}——柱塞在液体中下落的时间,min;

t_{gj}——柱塞关井恢复压力的时间,min;

H_{tl}——关井时液面恢复的高度,m;

v_{dg}——柱塞在气体中下落的速度,m/min,经验值60~150m/min;

v_{dl}——柱塞在液体中下落的速度,m/min,经验值15~40m/min;

v_{up}——柱塞平均上升速度,m/min,经验值 150~300m/min;
h_{ul}——单元液体长度,m。

柱塞续流生产时间需根据井口液量排出后井口油压降低到 p_{tmin} 所需时间确定。

(6)单循环举升液量:

$$q_L = \frac{Q}{n_p} \tag{7-38}$$

$$GLR = \frac{q_{gcyc}}{q_L} \tag{7-39}$$

式中 q_L——单循环举升液量,m^3;
GLR——生产气液比,m^3/m^3。

第八章　天然气井场工艺

与采油井场工艺相比,采气的井场工艺要复杂一些。本章主要针对气田常用的几个重要集气工艺流程、节流调压、气液分离技术、天然气计量作简单介绍,同时介绍天然气水合物的形成条件和防治措施。考虑到天然气脱水是气体长输、轻烃回收等工艺不可少的预处理工序,所以也将在本章讲述。最后对气田开发的安全环保技术进行介绍。

第一节　天然气集气工艺流程

从气井采出的天然气经节流调压后,在分离器中脱除游离水、凝析油及固体机械杂质,计量后输入集气管线,再进入集气站。在集气站对天然气进行节流、调压、分离、计量,然后输入集气总站或天然气净化厂。在天然气净化厂进行脱除硫化氢、二氧化碳、凝析油、水分,使天然气达到国家规定的外输天然气气质标准——《天然气》(GB 17820—2018)。

处理天然气的方式不同,天然气的集气具有不同的工艺流程,一般分为井场流程和集气站流程。与油田集输系统类似,气田集气系统的功能为:收集各气井流体,并进行必要的净化、加工处理使其成为商品天然气及气田副产品(液化石油气、稳定轻烃、硫磺等)。同时,集气系统还提供气藏动态基础信息,如各井的压力、温度、天然气和凝析液产量、气体组分变化等,使气藏地质师能适时调整气田开发方案和各气井的生产制度。

图 8-1、图 8-2、图 8-3 为气田集气系统示意图,集气系统主要由气井井场、集气站、天然气处理厂及其相连的管线组成,井场与集气站的管网连接形状有放射状、树枝状和环状。

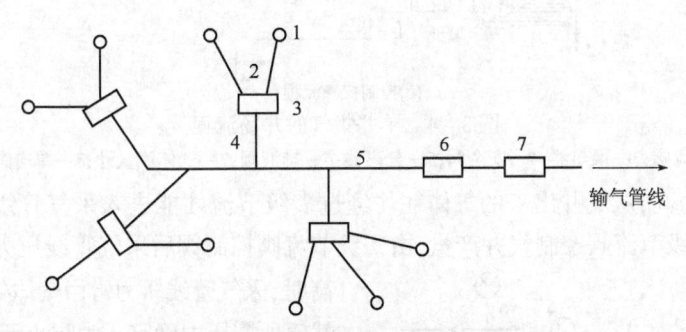

图 8-1　放射状管网集气系统
1—井场;2—采气管线;3—集气站;4—集气支线;5—集气干线;6—集气总站;7—天然气处理厂

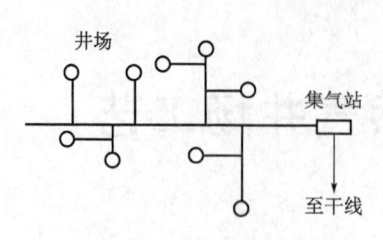

图8-2 树枝状管网集气系统 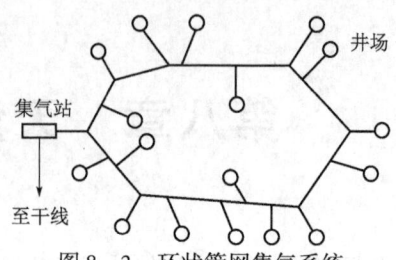　　图8-3 环状管网集气系统

一、井场装置及流程

井场最主要的装置是采气树,它是由闸阀、四通(或三通)等部件构成的一套管汇。在节流阀之后,接有控制阀和测量流量、压力及温度的仪表,以及用于处理气体中凝析液及机械杂质的设备。井场装置具备三种作用:调节气井产量;调控天然气的输送压力;防止天然气水合物。以上井场设备构成一套井场流程,如图8-4所示。在该流程中,所有用于调节气井工作、分离和计量气体中的杂质、计量气量和凝析油量、防止天然气水合物形成等的设备和仪表,都布置和安装在距井口不远的地方。

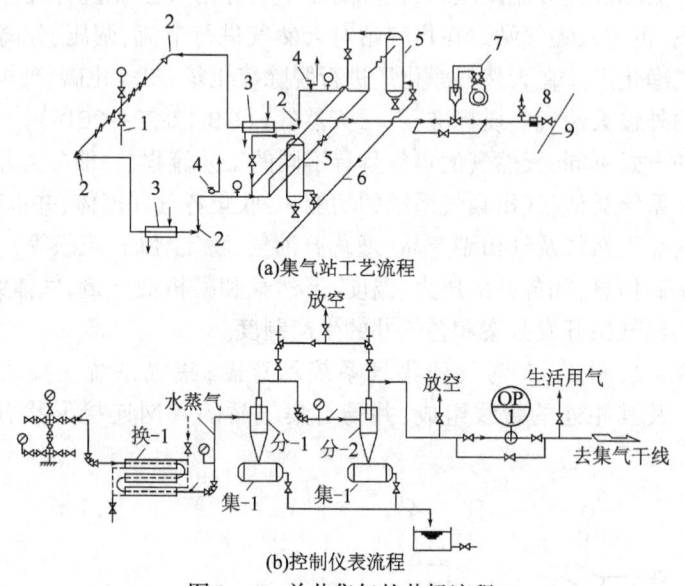

(a)集气站工艺流程

(b)控制仪表流程

图8-4 单井集气的井场流程

1—采气树;2—节流阀;3—换热器;4—安全阀;5—分离器;6—排液阀;7—气体流量计;8—单向阀;9—集气管道

由于气井压力高,从气井出来的气体往往经过多级节流才能进入采气管线。气体先经采气树节流阀,再经一级节流阀控制气井产量,由二级节流阀控制阀后采气管线压力。在气藏压力较高时,采气管线压力常由气体处理厂外输商品天然气所需压力确定。为防止天然气水合物形成,在节流阀间设有加热炉使气体升温,或在采气树节流阀后注入天然气水合物抑制剂(图8-5)。

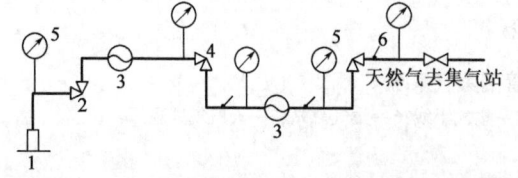

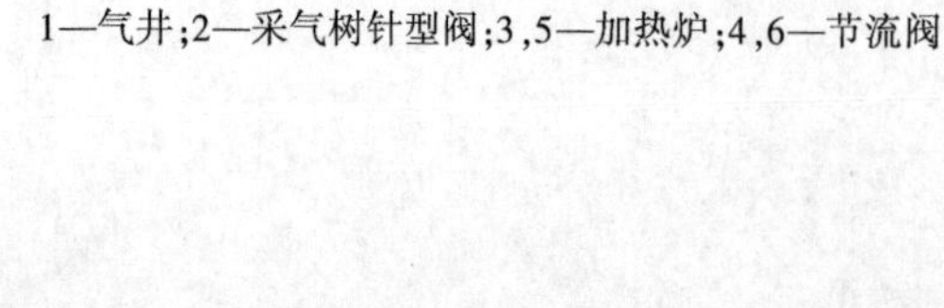

图8-5 加热防止天然气水合物生成的井场装置流程示意图

1—气井;2—采气树针型阀;3,5—加热炉;4,6—节流阀

天然气自井中采出经针型阀节流降压、水套炉加热,再经二级节流降压后进入分离器,

在分离器中分离游离水、凝析油和机械杂质,气体通过计量后进入集气干线。从分离器分出的液体经计量、油水分离后,水可回注入地层,液烃输至处理厂进行处理。

井场单井常温分离流程一般适用于气田建设初期气井少、气井分散、压力不高、用户少、供气量小、气体不含硫(或甚微)的单井气处理。该流程的缺点是井口必须有人值守,造成定员多、管理分散、污水不便于集中处理等困难。但对于井间距离远、采气管线长的边远井,这种集气方式仍是适宜的。

二、集气站流程

当多口井的天然气集中在某一处进行集中处理时,常把该站称为集气站。集气站流程有常温分离的集气站流程和低温分离的集气站流程。

1. 常温分离的集气站流程

对于凝析油含量不多的天然气,只需在矿场集气站内进行节流调压和分离计量等操作就可以了。在这种情况下,可以采用常温分离的集气站流程,以实现各气井来的天然气的节流调压和分离计量等操作。下面介绍常用的常温分离流程:

(1)适用于气体基本上不含固体杂质和游离水情况下的常温分离流程。如图8-6所示,该流程适用于气体基本上不含固体杂质和游离水(或者是在井场已对气体进行初步处理)的情况,其特点是二级节流、一级加热、一级分离。该流程是8口井的集输站流程。从图上可以看出,各个气井都是放射状集气管网到集气站集中的。任何一口井的天然气到集输站,首先经过一级节流,把压力调到一定的压力值(以不形成天然气水合物为准),再经过换热器加热天然气使其温度提高到预定的温度,然后进行二级节流,把压力调到规定的压力值。尽管天然气中饱和着水汽,但由于换热器的加热提高了天然气的温度,所以节流后不会形成天然气水合物而影响生产。经过节流降压后的天然气,再通过分离器将天然气中所含的固体颗粒、水滴和少量的凝析油脱出后,经孔板流量计测得其流量,通过管汇送入输气管线。然后从分离器下部将液体引入计量罐,分别量得水和凝析油数量后,再将水和凝析油分别送至水池和油罐。

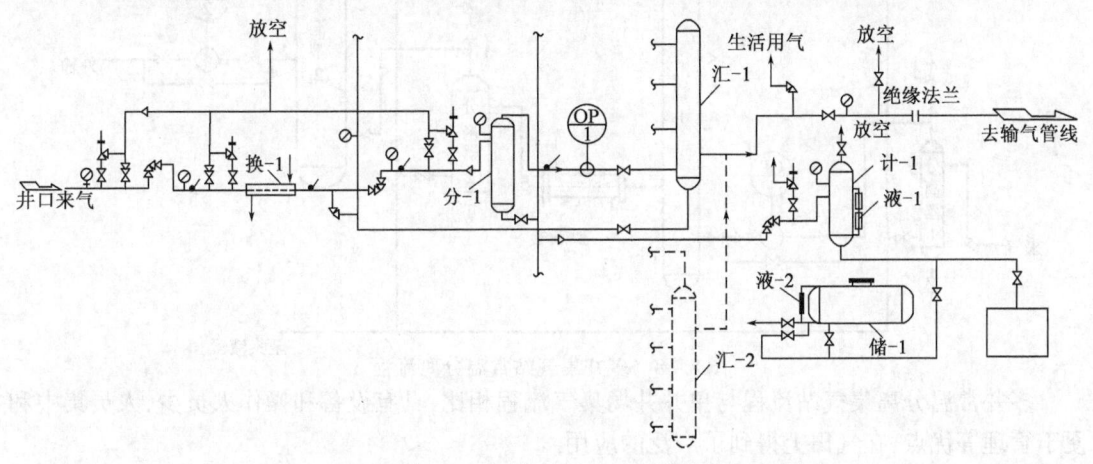

图8-6 多井(8口井)集气站工艺及控制仪表流程图
液-1、液-2—透光式玻璃板液位计;分-1—分离器;换-1—换热器;汇-1、汇-2—汇管;计-1—计量罐;罐-1—储罐

(2)适用于气体中含油固体杂质的游离水较多情况下的常温分离流程。如图8-7

和图8-8所示,该流程适用于气体中含油固体杂质和游离水较多的情况。其特点是二级节流、一级加热、二级分离。从气井来的天然气经一级节流降压后进入一级分离器,将气体中含有的游离水和固体杂质分离掉,以免堵塞换热器和增加热负荷。气体经换热器把温度提高到预定的值后,再进行二级节流,降到规定的压力值,然后进入二级分离器,将天然气中含有的凝析液和机械杂质分离。最后,气体经过流量计到汇管集中,再输入输气管线,从分离器下部分出的液体(水和凝析油)引入计量罐,分别测得其数量后,再将水和凝析油引至水池和油罐。

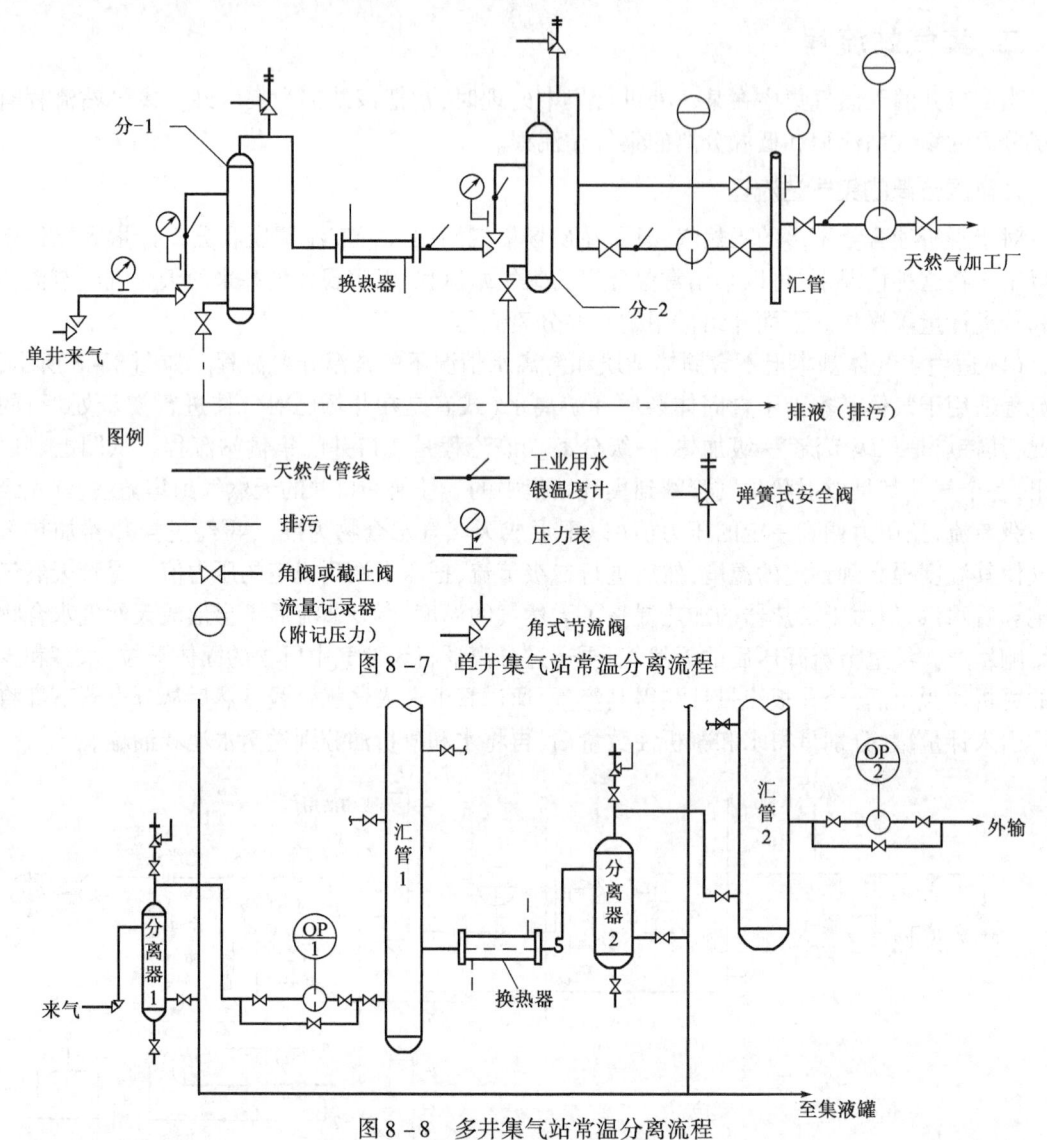

图8-7 单井集气站常温分离流程

图8-8 多井集气站常温分离流程

多井常温分离集气站流程与单井井场集气流程相比,具有设备和操作人员少、人员集中和便于管理等优点,在气田上得到了广泛的应用。

随着集输水平的不断提高,天然气常温分离集气站工艺流程已逐渐趋于标准化、设备系列化、安装定型化、布局规格化。分离计量、水套加热炉、缓蚀剂罐等均可采用撬装式,可缩短工程项目设计和施工时间、降低工程费用、提高工程质量。

2. 低温分离的集气站流程

对于压力高、凝析油含量大的气井，采用低温分离可以分离和回收天然气中的凝析油，使管输天然气的烃露点达到管输标准要求，防止轻烃液析出影响管输能力。对含硫天然气而言，脱除凝析油还能避免天然气净化过程中的溶液污染。

比较典型的两种低温分离集气站流程分别如图 8-9 和图 8-10 所示。

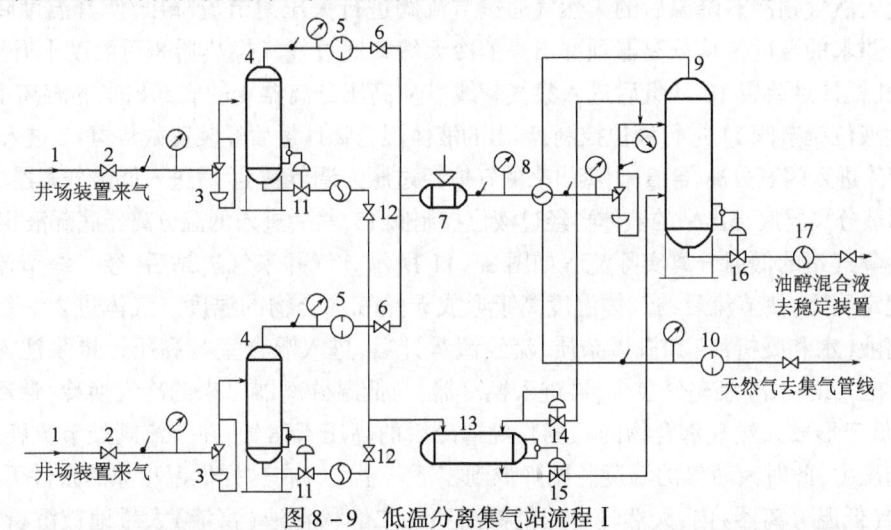

图 8-9 低温分离集气站流程 I
1—采气管线；2—进站截断阀；3—节流阀；4—高压分离器；5—孔板计量装置；6—装置截断阀；7—抑制剂注入器；
8—气气换热器；9—低温分离器；10—孔板计量装置；11—液位调节阀；12—装置截断阀；
13—闪蒸分离器；14—压力调节阀；15—液位控制阀；16—液位控制阀；17—流量计

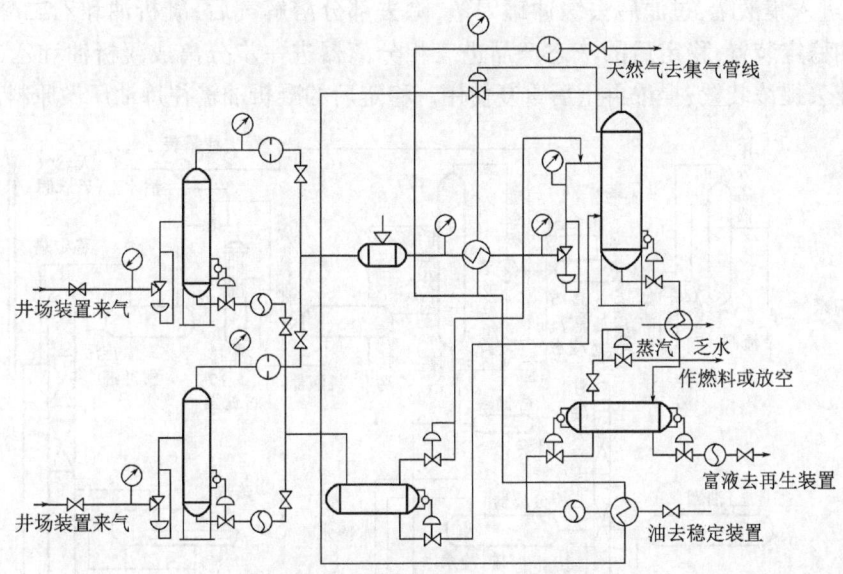

图 8-10 低温分离集气站流程 II

图 8-9 流程的特点是从低温分离器底部出来的液烃和抑制剂富液混合物在站内未进行分离，图 8-10 流程的特点是从低温分离器底部出来的混合液在站内进行分离。前者是以混合液的形式直接送至液烃稳定装置去处理，后者是将液烃和抑制剂富液分别送至液烃稳定装

置和富液再生装置去处理。

图8-9流程如下:采气管线1输来的气体经过进站截断阀2进入低温站。天然气经过节流阀3进行压力调节以符合高压分离器4的操作压力要求。脱除液体的天然气经过孔板计量装置5进行计量后,再通过装置截断阀6进入汇气管。各气井的天然气汇集后进入抑制剂注入器7,与注入的雾状抑制剂相混合,部分水汽被吸收,使天然气水露点降低,然后进入气气换热器8使天然气预冷。降温后的天然气通过节流阀进行大压差节流降压,使其温度降至低温分离器所要求的温度。从分离器顶部出来的冷天然气通过气气换热器8后温度上升至0℃以上,经过孔板计量装置10计量后进入集气管线。从高压分离器4的底部出来的游离水和少量液烃通过液位调节阀11进行液位控制,流出的液体混合物计量后经装置截断阀12进入汇液管。汇集的液体进入闪蒸分离器13,闪蒸出来的气体经过压力调节阀14后进入低温分离器9的气相段。从闪蒸分离器底部出来的液体再经过液位控制阀15,然后进入低温分离器底部液相段。

多井集气站的低温分离实际流程如图8-11所示。气井来气进站后,经一级节流阀节流调压至规定压力,使节流后的气体温度高于形成天然气水合物的温度。气体进入一级分离器脱除游离液(水和凝析油)和机械杂质,流经流量计后,进入混合室与高压计量泵注入的浓度为80%的乙二醇水溶液充分混合,再进入换冷器,与低温分离器出来的冷气换冷,遇冷到规定的温度(低于形成天然气水合物的温度),经遇冷后的高压天然气,在节流阀处节流膨胀,降压到规定的压力,此时天然气的温度急剧降低到零下若干度。在这样低温冷冻的条件下,在第二级分离器(低温分离器)内,天然气中的凝析油和乙二醇稀释液(富液)大量地被沉析下来,脱除了水和凝析油的冷天然气从分离器顶部引出,作为冷源在换热器中换热后,在常温下计量后输往脱硫厂进行硫化氢和二氧化硫的脱除。从低温分离器底部出来的冷冻液(未稳定的凝析油和富液)进入集液罐,过滤后去缓冲罐闪蒸,除去部分溶解气后,凝析油和乙二醇水溶液一起去凝析油稳定装置,稳定后的液态产品进三相分离器进一步分离成凝析油和乙二醇富液。乙二醇富液去提浓装置,提浓再生后重复使用。稳定后的凝析油输往炼油厂做原料。

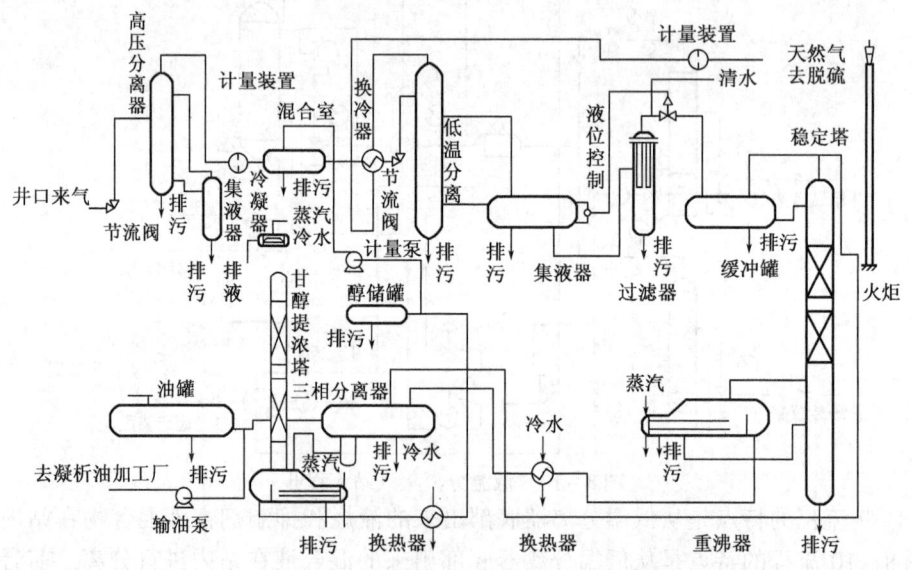

图8-11 多井集气站的低温分离实际流程

第二节 节流调压

天然气在管道中流动,通过骤然缩小的孔道,例如孔板或针型阀的孔眼,摩擦耗能使气压显著下降,这种现象称为节流。利用节流,可以达到降压或调节流量的目的。针型阀是井场及低温、常温集气站的主要节流手段。节流有一次节流和多级节流之分,根据井口压力大小和安全生产的需要加以选择。

天然气经过针型阀节流,具有一般气体节流的特点。天然气通过孔眼,在孔眼附近的气流也会发生扰动,因此节流是不可逆过程。通过孔眼时流速很高,在孔眼附近的气流和外界的热交换一般很小,可以忽略不计,节流过程可视为绝热过程。实际气体的焓值是温度和压力的函数,所以节流后的温度将发生变化,这一现象称为节流效应或称为焦尔—汤姆逊效应。

一、微分节流效应

节流时,微小压力变化所引起的温度变化称为微分节流效应,用微分节流效应系数 α_H 表示为

$$\alpha_H = \left(\frac{\partial T}{\partial p}\right)_H \tag{8-1}$$

由热力学基本关系式,可导出表示微分节流效应系数 α_H 与节流前气体状态参数 p、V、T 之间关系的一般表达式为

$$\alpha_H = \frac{T\left(\frac{\partial T}{\partial p}\right)_p - V}{c_p} \tag{8-2}$$

式中 c_p——气体的比定压热容,kJ/(kg·K)。

对于理想气体,由于 $pV = RT$,$\left(\frac{\partial T}{\partial p}\right)_p = \frac{R}{p} = \frac{V}{T}$,由式(8-2)得 $\alpha_H = 0$,指理想气体节流时温度不发生变化。

对于实际气体,节流后温度的变化取决于式(8-2)中的分子 $T\left(\frac{\partial T}{\partial p}\right)_p - V$ 的正负(因 $c_p > 0$)。可能有3种情况:

(1) $T\left(\frac{\partial T}{\partial p}\right)_p > V$ 时,$\alpha_H > 0$,节流后温度降低;

(2) $T\left(\frac{\partial T}{\partial p}\right)_p = V$ 时,$\alpha_H = 0$,节流后温度不变;

(3) $T\left(\frac{\partial T}{\partial p}\right)_p < V$ 时,$\alpha_H < 0$,节流后温度升高。

为解释天然气节流后温度降低的物理实质,将式(8-2)用另外一种形式表达。在热力学上,从马克斯韦尔关系式导出的焓的普遍式,可以得出

$$\left(\frac{\partial H}{\partial p}\right)_T = V - \left(\frac{\partial V}{\partial T}\right)_p \tag{8-3}$$

利用式(8-3)和焓的定义式($H = E + pV$),可以得出

$$\alpha_H = -\frac{1}{c_p}\left(\frac{\partial E}{\partial p}\right)_T - \frac{1}{c_p}\left[\frac{\partial(pV)}{\partial(p)}\right]_T \tag{8-4}$$

式中 E——内能,kJ/kg;
pV——移动功,kJ/kg。

式(8-4)说明 α_H 主要由动能和移动功两部分能量组成。

(1)由于天然气在绝热膨胀过程中,压力降低、比热容增大,此时必须消耗功来克服分子间的吸引力。但是由于外界无能量供给气体,分子间位能的增加只能来自分子动能的减少,因此产生使气体温度降低的效应,即

$$\left(\frac{\partial E}{\partial p}\right)_T < 0 \text{ 或 } -\frac{1}{c_p}\left(\frac{\partial E}{\partial p}\right)_T > 0$$

(2)对于天然气节流,其移动功随压力降低而增加,即

$$\frac{1}{c_p}\left[\frac{\partial(pV)}{\partial(p)}\right]_T < 0 \text{ 或 } -\frac{1}{c_p}\left[\frac{\partial(pV)}{\partial(p)}\right]_T > 0$$

综合动能和移动功的变化,得出 $\alpha_H > 0$ 的结论,说明天然气节流后温度会降低。

二、积分节流效应

实际节流时,压力变化为一个有限值,有限压力变化所引起的温度变化,称为积分效应,用符号 ΔT_i 表示为

$$\Delta T_i = T_2 - T_1 = \int_{p_1}^{p_2} \alpha_H \mathrm{d}p \tag{8-5}$$

式中 T_1, T_2——气体节流前、后的温度,K;
p_1, p_2——气体节流前、后的压力,MPa。

由于积分符号内的 α_H 不仅是压力的函数,而且还是温度的函数,因此式(8-5)不能积分,ΔT_i 不可能有精确的解析解。

近似计算时有

$$\Delta T_i = \sum_{p_1}^{p_2} \overline{\alpha}_H \Delta p \tag{8-6}$$

其中

$$\overline{\alpha}_H = \sum_{p_1}^{p_2} y_i \alpha_H \tag{8-7}$$

式中 $\overline{\alpha}_H$——在 Δp 范围内 α_H 的平均值。

最终温度 T_2 可由下式近似求得:

$$\frac{1}{T_2} - \frac{1}{T_1} = \frac{3.57\overline{p}_r^{\frac{1}{4}}}{\overline{c}_p T_{r1}}\left[0.005 \times 10^{-3}\ln\frac{p_1}{p_2} + 0.29 \times 10^{-7}(p_1 - p_2) - 209 \times 10^{-7}(p_1 - p_2)\right]$$

其中

$$\overline{p}_r = \frac{p_1 + p_2}{2p_c}; T_{r1} = \frac{T_1}{T_c}; \overline{c}_p = \overline{c}_p(\overline{p}_r, T_{r1})$$

c_p 可查图或用下式近似求得:

$$c_p = 3.15 + 0.022T - 0.149 \times 10^{-4}T^2 + \frac{0.238M \cdot p^{1.124}}{(T/100)^{5.08}}$$

式中 p_c, p——气体临界压力和气体压力,MPa;
T_c, T——气体临界温度和气体温度,K;
M——气体平均分子量。

第三节 气液分离

一、概述

从井中采出的天然气或多或少都带有一部分液体(凝析油、矿化水)和固体杂质(岩屑、砂粒),这些液体和固体杂质会堵塞管线和磨损设备。因此,在井场和集气站都安装有分离器,对气液、气固进行初步分离。

气液分离包括相平衡分离和机械分离。相平衡分离是在一定的分离条件下,将液相物料送进分离器进行闪蒸(闪急蒸馏),或是将气相物料送进分离器进行部分冷凝,两者都可能分离出气、液两相产品。机械分离主要是靠重力作用,通过分离器及其部件,实现气、液两相的重力分离,分离出气、液产品。气液分离应是相平衡分离与机械分离的统一。物料经过相平衡分离获得不同数量和质量的气液两相,而机械分离按两相密度差异将它们分开。

机械分离的主要设备是分离器,包括常用的油气分离器和气水分离器、输气干线上的分水器、进压缩机前的除尘器等。分离器的类型有立式分离器、卧式单筒分离器、卧式双筒分离器和卧式三相分离器等类型。立式分离器中又有重力式和离心式之分,后者为20世纪50年代从俄罗斯引进。

无论其名称和类型如何,就分离气井产出的流体来说,分离器应具有以下功能:

(1)实现液相和气相的初次分离。例如,气水井产出的流体包括天然气和自由水,初次分离实现气、水分开。

(2)改善初次分离效果,将气相中夹带的雾状液滴分离。

(3)进一步将液相中夹带的气体分离。

(4)在确信气体中无液滴、液体中无气体的情况下,连续地将气体和液体分别排出分离器。

为实现上述功能,分离器的内部结构都具有某些共同之处:

(1)气液的初次分离段,一般通过离心式入口装置实现。

(2)足够长(对于卧式分离器)或高(对于立式分离器)的沉降段,使液滴能从气体中沉降到分离器底部。

(3)分离器气体出口处都装有除雾器,捕捉气流中不能靠自身重力沉降的微小液滴。

(4)分离器配有控制阀件及仪表,如液位控制器、薄膜控制阀、出油阀、安全阀、气体回流阀、压力表和温度计等附件。

二、多级分离

逐级降低分离器压力,经过两级或两级以上的闪蒸或部分冷凝,将气井所产的流体分离成气、液两相的工艺方法称为多级分离。多级分离器流程如图8-12所示。

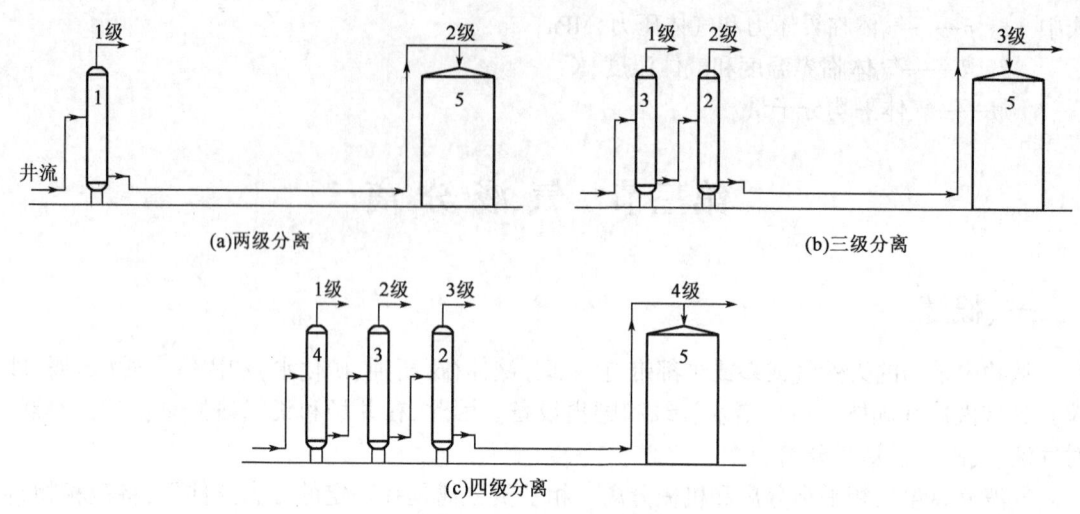

图 8-12 多级分离流程图

(a)两级分离　(b)三级分离　(c)四级分离

理论和实践都表明多级分离不仅能获得较多的液体量,而且液相中含易挥发组分少,其原因可以从相平衡理论的分离机理来解释。一定油气混合物在一定温度下处于气液平衡状态时,其液相和气相的组分是一定的,体系的总压(体系的饱和蒸气压)也是一定的,体系的总压是其中各组分的分压之和。在温度一定时,影响各组分的分压的因素主要有两个,一是该组分在液相中的含量,二是该组分的挥发能力。当降低多组分体系的压力时,原有的平衡被破坏,汽化开始进行,如果此时体系中轻组分的含量仍高于某个临界值,则轻组分的汽化速率仍高于重组分。这样随着汽化的进行,液相中轻组分的含量将不断减少,液相中分子间的束缚作用将不断增加,液相的挥发能力将不断下降,在达到新的平衡状态时,体系的总压下降。需要指出的是,重组分在液相中受到的束缚作用随轻组分含量的减少增加得更快,因而,在新的平衡状态下,它在气相中的含量更低。

从上述意义来说,由于及时排除气体有利于尽快减少液相中轻组分的含量,有利于减轻所谓的携带效应,从而可得到更多液体(原油)。所以,分离级数越多,液体的收获量越多。但多级分离并不意味着分离器用得越多越好。两级分离的液烃收率比一级分离略增 2% ~ 12%。影响液烃收率的因素不仅是分离级数,还包括气井所产流体的组成、分离温度和压力等。从经济效益上看,两级以上分离,多增加一台分离器的成本,可能超过这台分离器多回收液烃增加的收入。因此,对于凝析气田地面分离流程,由两台分离器和一个油罐组成的三级分离流程一般认为较合理、经济。

第一级分离器(高压分离器)的分离压力取决于井口流压和进干线所需压力,其压力范围为 4 ~ 8MPa。根据第一级压力,利用下面的公式可以确定能获得较高液相收率的后面几级的分离压力:

$$R = \left(\frac{p_1}{p_2}\right)^{\frac{1}{n}} \tag{8-8}$$

$$p_2 = \frac{p_1}{R} = p_s R^{n-1} \tag{8-9}$$

$$p_3 = \frac{p_2}{R} = p_s R^{n-2} \tag{8-10}$$

式中 R——压力比；

n——指数，其值为分离器级数 -1；

p_s——油罐内的压力；

p_1, p_2, p_3——第一级、第二级、第三级分离压力。

【例 8-1】 已知 $p_1 = 6\mathrm{MPa}, p_s = 0.101\mathrm{MPa}$。求三级分离器各级压力、四级分离器各级压力。

解：(1) 求三级分离各级压力：

$$R = \left(\frac{p_1}{p_2}\right)^{\frac{1}{n}} = \left(\frac{6}{0.101}\right)^{\frac{1}{2}} = 7.7$$

$$p_2 = \frac{p_1}{R} = \frac{6}{7.7} = 0.8(\mathrm{MPa})$$

(2) 求四级分离各级压力：

$$R = \left(\frac{p_1}{p_2}\right)^{\frac{1}{n}} = \left(\frac{6}{0.101}\right)^{\frac{1}{3}} \approx 4$$

$$p_2 = \frac{p_1}{R} = \frac{6}{4} = 1.5(\mathrm{MPa})$$

$$p_3 = \frac{p_2}{R} = \frac{1.5}{4} = 0.4(\mathrm{MPa})$$

三、分离器的类型

1. 重力分离器

重力分离器有各种各样的结构形式，按其外形可分为卧式分离器和立式分离器，按功能可分为油气两相分离器、油气水三相分离器等，但其主要分离作用都是利用天然气和被分离物质的密度差来实现的，因而称为重力分离器。除温度、压力等参数外，最大处理量是设计分离器的一个主要参数，只要实际处理量在最大设计处理量的范围内，重力分离器就能适应较大的负荷波动。在集输系统中，由于单井产量的递减、新井投产及配气要求等原因，气体处理量变化较大，因而集输系统中，重力分离器的应用比其他类型分离器的应用更为广泛。

1) 立式重力分离器

立式重力分离器的主体为一立式圆筒体，气流一般从该筒体的中段进入，顶部为气流出口，底部为液体出口，结构与分离原理如 8-13 所示。

(1) 初级分离段：气体入口处，气体进入筒体后，由

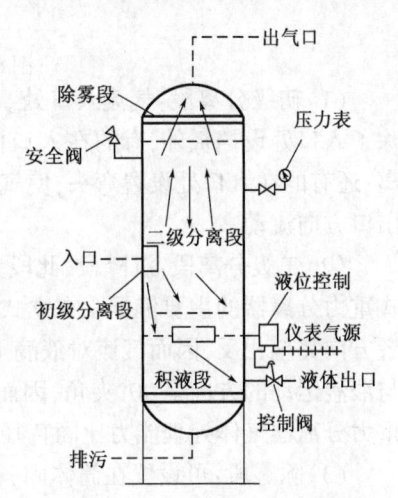

图 8-13 立式重力分离器结构图

于速度突然降低,成股状的液体或大的液滴由于重力作用被分离出来直接沉降到积液段。为了提高初级分离的效果,常在气流入口处增设入口挡板或采用切线入口方式。

(2)二级分离段:沉降段,经初级分离后的天然气流携带着较小的液滴向气流出口以较低的流速向上流动。此时,由于重力作用,液滴向下沉降与气流分离。本段的分离效率取决于气体和液体的特性、液滴尺寸及气流的平均流速与扰动程度。在分离器设计计算过程中,本分离段的各种流动参数是决定分离器计算直径的关键因素,也是分离器工艺计算的立足点。

(3)积液段:主要收集液体。在设计中,本段还具有减少流动气体对已沉降液体扰动的功能。一般积液段还应有足够的容积,以保证溶解在液体中的气体能脱离液体而进入气相。对三相分离而言,积液段也是油水分段。分离器的液体排放控制系统也是积液段的主要组成部分。为了防止排液时的气体旋涡,除了保留一段液封外,也常在排液口上方设置挡板类的破旋装置。

(4)除雾段:通常设在气体的出口附近,由金属丝网等元件组成,用于捕集沉降段未能分离出来的较小液滴(直径10~100μm)。微小液滴在金属丝网上发生碰撞、凝聚,最后结合成较大液滴下沉至积液段。

立式重力分离器占地面积小,易于清除筒体内污物,便于实现排污与液位自动控制,适用于处理较大含液量的气体。

2)卧式重力分离器

卧式重力分离器的主体为一卧式圆筒体,气流从一端进入,另一端流出,其作用原理与立式重力分离器大致相同,结构与分离原理如图8-14所示。

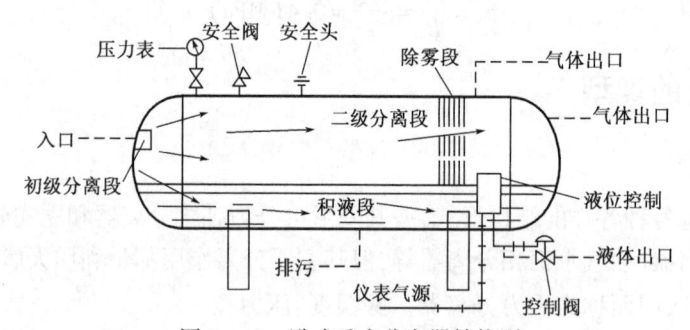

图8-14 卧式重力分离器结构图

(1)初级分离段:气流入口处。气流的入口形式有多种,其作用是对气体进行初级分离,除了入口处设挡板外,有的在入口内增设一个小内旋器,即在入口处对气液进行一次旋风分离;还有的在入口处设置弯头,使气流进入分离器后先向相反方向流动,撞击挡板后再折反向出口方向流动。

(2)二级分离段:沉降段,此段是气体与液滴实现重力分离的主体,其各种参数为设计卧式重力分离器的主要依据。在立式重力分离器的沉降段内,气流向上流动,液滴向下沉降,两者方向完全相反,因而气流对液滴下降阻力较大;而卧式重力分离器沉降段内,气流水平流动与液滴运动的方向呈90°夹角,因而对液滴下降阻力小于立式重力分离器,通过计算可知卧式重力分离器气体处理能力比同直径的立式重力分离器的气体处理能力大。

(3)除雾段:可设置在筒体内,也可设置在筒体上部紧接气流出口处。除雾段除设置纤维或金属丝网外,也可采用专门的除雾芯子。

(4)液体储存段:即积液段,此段设计需考虑液体必须在分离器内的停留时间,一般储存高度按筒径的一半考虑。

(5)泥沙储存段:在积液段下部,由于在水平筒体的底部,泥沙等污物有45°~60°的静止角,因此排污比立式重力分离器困难。有时此段需增设两个以上的排污口。

卧式重力分离器和立式重力分离器相比,具有处理能力大、安装方便和单位处理量成本低等优点;但也有占地面积大、液位控制比较困难和不易排污等缺点。

3) 卧式双筒重力分离器

卧式双筒重力分离器(图8-15)也是利用被分离物质的密度差来实现的,它与卧式重力分离器的区别在于:它的气室和液室是分开的,即它的积液段是用连通管相连的另一个小筒体。经初级分离、二级分离(沉降)和除雾分离后的液滴,经连通管进入液室(下筒体),而溶解在液体中的气体则在液室二次析出并经连通管进入气室(上筒体)。由于积液和气流是隔开的,避免了气体在液体上方流过时使液体重新汽化和液体表面的泡沫被气体带走的可能性。但由于其结构比较复杂,制造费用较高,因而应用并不广泛。

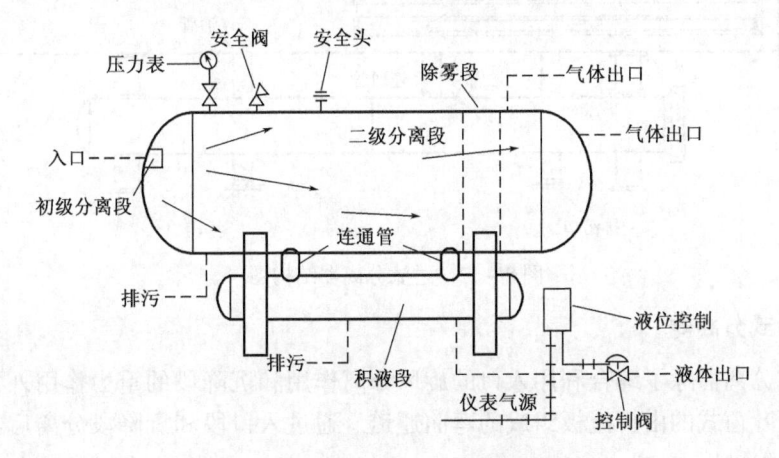

图8-15 卧式双筒重力分离器结构图

2. 旋风分离器

旋风分离器的主体由筒体与中心管组成,如图8-16所示,气体进口管线与外筒体的连接成切线方向,气体出口管线在顶部与中心管连接。气体从切线方向进入外筒体与中心管之间的环形空间后作旋转运动或圆周运动,由于气、液质量的不同,所产生的离心力也不同。由于液滴的相对密度远大于气体,故液滴首先被抛向分离器外筒体的外壁,并集聚成较大的液团,在重力的作用下流向积液段。在分离器下部,由于气流中心管折反向上,气液旋转速度降低,为了维持较大的离心力,故将筒体下部设计成圆锥形,以减小回转半径。

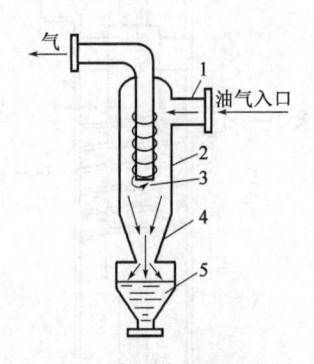

图8-16 旋风分离器原理图
1—入口短管;2—分离器圆筒;
3—气体出口;4—分离器锥体部分;
5—集液部分

旋风分离器的离心力产生的分离力比重力产生的分离力要大得多。例如,一台直径为0.5m的旋风分离器,当气流井口的线速度为 15m/s 时，其离心加速度为 900m/s²，而重力加速度才 9.81m/s²，相差近百倍。因此旋风分离器是一种处理能力大、分离效率高、结构简单的分离设备，可基本除去 5μm 以上液滴。但它的分离效果对流速很敏感，一般要求处理负荷应相对稳定，这就限制了它在集输系统中的应用。

3. 过滤分离器

过滤分离器（图 8-17）的主要特点是在气体分离的气流通道上增加了过滤介质或过滤元件，当含微量液体的气流通过过滤介质或过滤元件时，其雾状液滴会聚结成较大的液滴并和入口分离室里的液体汇合流入储液罐内。过滤分离器可以脱除 100% 的直径大于 2μm 的液滴和 99% 的直径 0.5μm 以上的液滴，通常用于对气体净化要求较高的场合，如气体处理装置、压缩机站进口管路或涡轮流量计等较紧密的仪表之前。

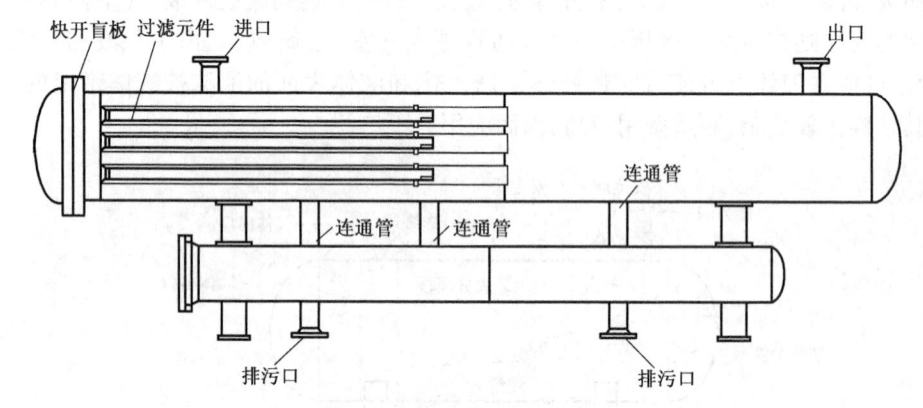

图 8-17 过滤分离器结构图

4. 百叶窗式分离器

百叶窗式分离器除了综合利用入口的旋风分离作用和沉降段的重力作用外，在气流通道上还增加了百叶窗式的由折流板组成的弯曲通道。通过入口段和沉降段分离后的较小液滴，在百叶窗的弯曲通道内碰撞折流板，并因液滴的表面张力作用凝聚成较大的液滴而被分离出来。这类分离器虽分离效果好，但因其内部结构复杂、制造成本高，故大多只用于凝析油气田的凝液回收和压缩机站内的气液分离。

5. 螺旋片式分离器

螺旋片式分离器是一种新型高效的并且结构简单的旋流分离器，结构如图 8-18 所示。这类分离器通常应用于地面气液分离或者井下开采天然气时的气液分离，还可应用于开采石油时的油气分离及石油污水处理等。螺旋片式分离器的分离原理是：密度不同的混合流体从进料口进入，流体随着分离器中螺旋片结构从上而下旋转流动，由于离心力的作用，密度比较小的流体部分向分

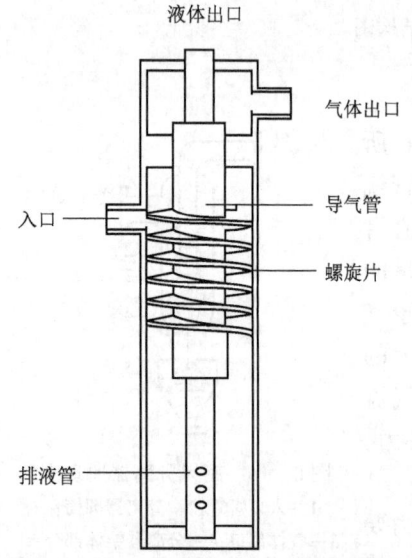

图 8-18 螺旋片式分离器结构图

离腔体的中心移动,密度比较大的流体部分向分离腔体的外壁移动。同时由于存在重力作用,密度比较大的流体部分向下流动从底流口分离出来,密度比较小的流体部分向上流动从溢流口分离出来,从而完成了混合流体的分离工作。螺旋片式分离器的工作性能取决于螺旋的螺距、直径和长度,以及流量和气液比等因素。

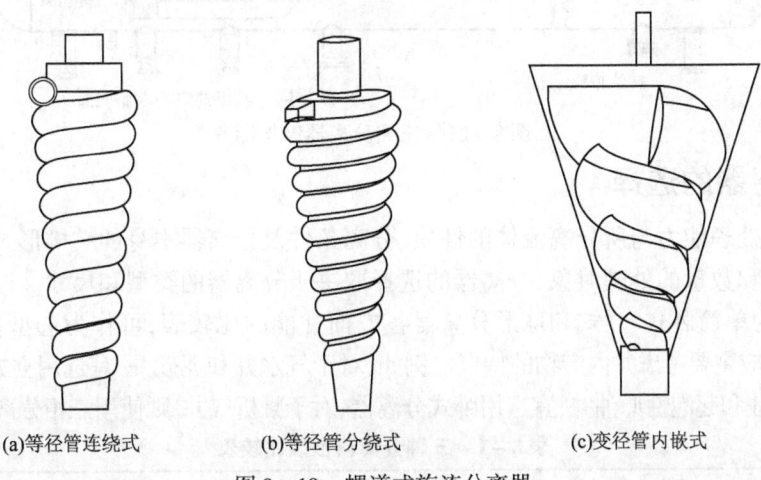

6. 螺道式旋流分离器

螺道式旋流分离器是将螺旋结构设计成螺道式结构,从结构上分为等径管旋转构成的螺道式旋流分离器和非等径管旋转构成的螺道式旋流分离器。等径管旋转构成的螺道式旋流分离器分为连绕式和分绕式两种;非等径管旋转构成的螺道式旋流分离器分为内嵌式与非内嵌式,结构如图 8-19 所示。这种螺道式的螺旋结构对流体有造旋的作用,减少了混合流体在旋流腔内部流动时的速度衰减,还可大大削弱混合流体流动时与壁面摩擦产生的能量损耗,对混合流体的分离产生了积极的作用。

(a)等径管连绕式　　(b)等径管分绕式　　(c)变径管内嵌式

图 8-19　螺道式旋流分离器

7. 多管式旋风分离器

如图 8-20 所示,多管式旋风分离器(多管干式除尘器)由筒体、进口管、出口管、灰斗和旋风子等部件组成。当天然气的处理量很大,且天然气中杂质主要是粉尘类固体杂质,或者气量变化范围大,单个旋风分离器达不到净化要求时,可采用多管式旋风分离器,以提高气体的净化程度和满足处理量变化的要求。当处理量变化时,可以调节分离器内旋风子开、闭个数,使其满足净化要求。多管式旋风分离器也是利用离心分离的原理进行工作的。天然气进入分离器后,向下经多根除尘管分流,每根除尘管下端均设有旋风子,气流经过旋风子时产生旋转运动,利用离心力作用将气流中的固体颗粒与气体分离。对 $10\mu m$ 和 $10\mu m$ 以上的固体颗粒,除尘效率达 94%。其优点为处理量大、噪声低、外壳不受磨损、工作安全可靠等。

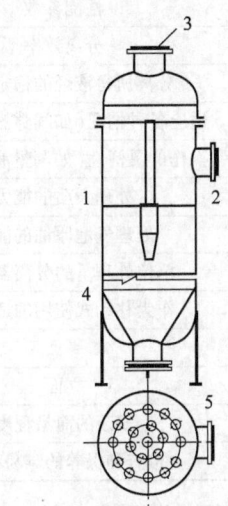

图 8-20　多管式旋风分离器结构图
1—筒体;2—进口管;3—出口管;
4—灰斗;5—旋风子

8. 三相分离器

三相分离器(图 8 – 21)与卧式两相分离器的结构和分离原理大致相同,油、气、水混合物由进口进入来料腔,经稳流器稳流后进入重力分离段,利用气体和油水密度差将气体分离出来,再经分离元件进一步将气体中夹带的油、水蒸气分离。油水混合物进入污水腔,密度较小的油经溢流板进入油腔,从而达到油水分离的目的。

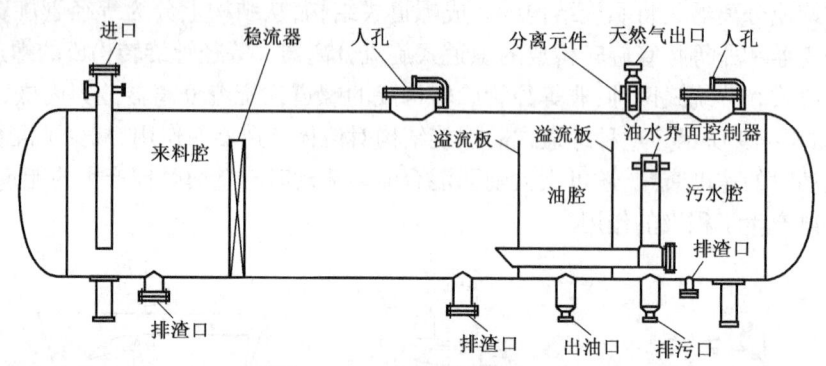

图 8 – 21 三相分离器结构图

四、分离器的选择

分离器的处理能力与所分离流体的性质、分离条件及分离器本身的结构形式和尺寸有关。对于一定性质和数量的处理对象,分离器的选择取决于分离器的类型和尺寸。

表 8 – 1 为单筒卧式、立式和球形分离器各方面性能的比较表,可作为选型参考。选择分离器的类型时应主要考虑井内产物的特点。例如,对于气水井和泥砂井,宜选用立式油气分离器;对于泡沫排水井和起泡性原油井,宜选用卧式分离器;对于凝析气井,则使用三相分离器较为理想。

表 8 – 1 三种分离器性能比较表

性能参数	卧式(单筒)	立式	球形
分离效率	优	中	差
分离所得液烃的稳定程度	优	中	差
适应各种情况(如间隙流)的能力	优	中	差
操作的灵活性(如调整液面高度)	中	优	差
处理杂质的能力	差	优	中
处理气泡原油的能力	优	中	差
单位处理量的分离器价格		中	低
作为移动式使用的适应性	优	差	
平面	大	小	中
立面	高	低	中
安装的简易程度	中	难	易
检查和保养的难易程度	易	繁	中

对于某一类型分离器,铭牌上都标有工作压力、温度、直径、高度和日处理量等参数,应根据这些参数选择分离器。其他参数已定,主要计算气液处理量是否满足要求。

分离器气液处理量确定方法有查图表法和计算方法。在国外,经常通过查图表来确定分

离器的处理量。气液处理量的计算方法很多,下面介绍一种较简单、实用的计算气体通过能力的计算式:

$$v = K\left(\frac{\rho_l - \rho_g}{\rho_g}\right)^{0.5} \quad (8-11)$$

$$A = \frac{q}{v} \quad (8-12)$$

式中　v——根据分离器横截面积计算的气体表观速度,m/s;
　　　A——分离器的横截面积,m²;
　　　q——在分离条件下的气体处理量,m³/s;
　　　ρ_l——在分离条件下的液体密度,kg/m³;
　　　ρ_g——在分离条件下的气体密度,kg/m³;
　　　K——经验常数(对于立式分离器 $K=0.018\sim0.107$,平均取 0.064,对于卧式分离器 $K=0.122\sim0.152$,平均取 0.137)。

对式(8-11)和式(8-12)进行必要的状态和实用单位换算,日处理气体能力为

$$q_{sc} = \frac{1.97 \times 10^4 D^2 pK}{ZT}\left(\frac{\rho_l - \rho_g}{\rho_g}\right)^{0.5} \quad (8-13)$$

式中　q_{sc}——分离器处理气量,10^4m³/d;
　　　D——分离器内径,m;
　　　p——分离器工作压力,MPa;
　　　T——分离器工作温度,K;
　　　Z——在 p、T 条件下的偏差系数。

液体通过能力取决于液体在分离器中停留的时间。对于凝析气井,停留时间应保证在分离条件下气液两相建立相平衡;对于泡沫排水井,停留时间应考虑泡沫的需要。可通过下式计算停留时间:

$$t = \frac{1440V}{W} \quad (8-14)$$

式中　W——分离器处理液量,m³/d;
　　　V——液体停留体积,m³;
　　　t——液体停留时间,min。

根据大量现场试验,提出了以下数据作为液体停留时间的设计标准:
油气分离:　　　　　　1min;
高压油气水分离:　　　2~5min;
低压油气水分离:　　　5~10min(38℃及以上),10~15min(32℃),15~20min(27℃),
　　　　　　　　　　　20~25min(21℃),25~30min(16℃)。

第四节　天然气计量

一、天然气计量方式及标准状态

气体和液体都具有流动性和相似的流动规律,常称为流体。单位时间内流过管道横截面

或明渠横断面的流体量称为流量。流体流动通过管道横截面或明渠横断面计量流量,而气体只能在带压和具有压力差的条件下通过管道横截面计量流量。因此,气体的流量可定义为单位时间流过输送管道横截面的气体量。流量是由质量、长度、温度和时间等几个基本量的综合导出量,是在流动过程中通过测量得出的。

1. 计量方式

流体流量可根据流体流动原理,运用各种不同计量技术,设计、制造不同原理和结构形式的流量计进行计量。目前已有数十个品种上百个规格流量计问世。就流量大小、多少的表达方式而言,有体积流量和质量流量。对于天然气而言,用户更关心的是 $1m^3$ 天然气或 $1kg$ 天然气发出的热量是多少。近几年,能量计量已成为人们关注的问题。

1) 体积流量计量方式

在流体流量计量技术中,体积流量计量技术发展历史悠久,应用也最为广泛,目前仍占主导地位。体积流量的计量方法是流量计量技术中典型的间接计量法。因为流体密度受压力、温度变化的影响而有所变化。在大气压力下,如果温度每变化10℃,对液体体积流量影响较小,其误差在±1%以下,而对气体体积流量的影响却很大。假设温度每变化10℃,即计量参比温度由20℃下降到10℃,气体操作温度由15℃上升到25℃,则会给体积流量带来3.3%左右的误差。一般情况下,压力对体积流量计量准确度的影响对液体来说可以不予考虑,但对气体就不能不考虑。在气体体积流量计量中,气流压力、温度是除准确计量主参数之外,必须准确计量的两个主要辅助参数。

气体体积流量是在各种不同的操作条件(压力、温度)下测得的,一定量的气体在不同状态条件下的气体体积量是不同的。因此,在气体体积流量单位后一定要注明其所处的状态条件(压力、温度)。为了使用气体体积流量进行交换和贸易,用标准(或合同)规定一个参比条件(压力、温度),在此条件下一定量的气体才有相同的体积流量。气体体积流量单位用 m^3/s (压力、温度)或 m^3/h (压力、温度)表示。

2) 质量流量计量方式

为了消除气体的体积流量受压力、温度变化的影响,人们采用多种措施进行压力、温度补偿,但往往仍然达不到较高的体积流量计量的准确度要求。而物质的质量却不受状态条件、地理位置的影响。因此,计量流体物质的质量流量有其独特的优越性。近几十年来,人们不懈努力于质量流量计量的研究,已研究出多种多样的质量流量计量方法。这些质量流量计可分为直接式质量流量计和推导式质量流量计两大类型。

直接式质量流量计除直接称量式外,还有科里奥利式、陀螺式和量热式质量流量计。目前,在气体计量中比较具有代表性的产品有科里奥利流量计和量热式质量流量计等。

气体质量流量单位用 kg/s 或 kg/h 表示。当用气体质量流量计测得气体质量流量后需要气体体积流量交接和贸易时,可用气体密度计或气相色谱仪测量出标准参比条件下的气体密度(kg/m^3),二者相除即得出在标准参比条件下的气体体积流量。

3) 能量计量方式

所谓能量,是指天然气燃烧时所发出的热能。因此,能量是体积流量(标准参比条件下)

与单位体积发热量(标准参比条件下)的乘积;或者是质量流量与单位质量发热量(标准参比条件下)的乘积。能量计量是能量流量与计量时间段的积分,或者是计量时间段的体积总量(标准参比条件下)与单位体积发热量(标准参比条件下)的乘积,或质量总量与单位质量发热量(标准参比条件下)的乘积。

能量流量的单位是 J/s 或 J/h。能量计量往往是计量某一时间段内通过输气管道某一横断面的能量。因此,能量计量的单位为 J(焦耳)。由于能量单位 J 很小,在贸易计量中常用 kJ 或 MJ 作为能量计量单位。英制能量计量单位是 Btu,1Btu = 1055.06J。

天然气能量计量是在体积计量或质量计量基础上增加发热量计量,进而将两者计量值综合计算出天然气的能量。目前计量天然气单位体积(或质量)发热量基于两种不同技术,它大致分为直接计量和间接计量,直接计量时使用一种可记录式发热量测定仪;间接计量是采用气相色谱分析仪分析出天然气的组成并按《天然气、发热量、密度、相对密度和沃泊指数的计算方法》(GB/T 11062—2020)中的相关公式计算天然气单位体积(或质量)发热量。

2. 计量的标准状态

一定量的气体,在不同压力、温度条件下,有不同的体积值。为了统一,用标准或合同规定一个特定的参比状态(压力、温度),这种状态通称标准状态或标准参比状态,目前普遍称为标准条件或标准参比条件。国际标准化组织制定了天然气标准参比条件 ISO/DIS13443 标准,规定压力为 101.325kPa,温度为 288.15K。各国计量使用的标注参比压力都相同,均为 101.325kPa,但参比温度不同,见表 8-2。

表 8-2 世界部分国家或地区计量使用的标准参比温度

国家或地区	发热计量温度,℃	体积计量温度,℃	国家或地区	发热计量温度,℃	体积计量温度,℃
阿根廷		15	印度尼西亚		0
澳大利亚	15	15	伊朗		15
奥地利	25	0	爱尔兰	15	15
比利时	25	0	意大利	25	0
巴西			日本	0	
加拿大	15	15	荷兰	25	0
中国	20	20	新西兰		15
捷克	25	20 和 0	挪威		15
丹麦	25	0	巴基斯坦		15
埃及		15	罗马尼亚	25	15 和 0
芬兰		15	俄罗斯	25	20 和 0
法国		0	西班牙	0	0
德国	0		瑞典		
匈牙利		0	英国	15	15
印度		0	美国	15	15

从表 8-2 可以看出,各个国家或地区规定的计量标准参比温度各不相同。气体体积流量计计量的标准参比温度都有规定,而发热量计量的标准参比温度有部分国家或地区还没有规定。目前利用气体状态方程进行换算以修正各国和地区所使用的不同的标准参比温度,从而达到计量的量值在误差范围内的统一和一致。

二、天然气计量分级和仪器配备

1. 天然气计量分级

(1)一级计量:油田外输干气的交接计量。
(2)二级计量:油田内部干气的生产计量。
(3)三级计量:油田内部湿气的生产计量。

2. 天然气计量仪器配备

(1)一级计量。油田外输气为干气,排量大,推荐选用标准节流装置(准确度 ±1%)。在有条件的地方应选用高级孔板易换装置(也称高级孔板阀),可以带压更换孔板。所选孔板必须由不锈钢制造,并必须由检定单位按要求检定,获合格证书后方可安装使用。选用准确度为 ±5% 的压力及温度变送器。在直管段前安装过滤器。目前,我国对天然气输量的一级计量的综合计量误差要求是 ±3%,标准孔板可以满足要求。

(2)二级计量。二级计量的介质为干气,所以选用孔板节流装置比较适合(准确度应不低于 ±1.5%)。由于高级孔板易换装置造价高,为保证检测方便,推荐选用普通孔板易换装置(又称普通孔板阀)或简易孔板易换装置(又称简易孔板阀)。可选用准确度为 ±1% 的压力及温度变送器,二级计量的综合计量误差应在 ±5% 以内。

(3)三级计量。三级计量的介质为湿气,不适合选用孔板计量,可选用气体腰轮流量计、涡轮流量计等。仪表的准确度应不低于 ±1.5%,一般离线检定,应保证拆装方便,流量计前应配过滤器。三级计量的综合计量误差应在 ±7% 以内。

三、天然气的计量仪表

流量计种类繁多,用于计量天然气的主要有两类:容积式流量计、速度式流量计。

(1)容积式流量计。容积式流量计是使气体充满一定容积的空间来测量流量。这类流量计有腰轮流量计(罗茨流量计)、湿式流量计和皮囊式流量计等。

(2)速度式流量计。速度式流量计是利用气体流通断面一定时,气体的体积流量与速度相关,可用测量气体速度的方法计量气体流量。这类流量计有多种,孔板差压流量计就是其中之一,现场试气常用的临界速度流量计也属这一类。

新一代气体流量计的开发研究从未中断过。质量流量计是世界各国发展的重点,这种流量计不受温度、压力和气体偏差系数的影响,具有直读瞬时和累计流量的特点,无须像孔板差压流量计那样进行复杂计算。此外,电磁流量计、超声波流量计、涡轮流量计、靶式流量计都是国内外竞相开发的新型流量计。我国正在研究的有质量流量计、涡轮流量计和靶式流量计等。

当前,天然气工业中使用的流量计仍以孔板差压流量计为主。流量计量本身是已达学科,其涉及知识面广,下面仅对孔板差压流量计、涡轮流量计和超声波流量计作简单介绍。

1. 孔板差压流量计

孔板差压流量计由标准孔板、测量管、导压管和差压计等组成,如图 8-22 所示。标准孔板是一块金属板,具有与测量管轴线同心的圆形开孔,其入口直角边缘加工非常尖锐,安装时孔板开孔与测量管应在同一轴线上。气体通过标准孔板时,由于截面积突然缩小,流束将在孔板开孔处形成局部收缩,流速加快,在开孔前后产生压差。流量越大,压差越大。通过测量压差可计量流量。由孔板产生的压差是随不同取压位置而变化的。标准孔板的取压方式有角接取压和法兰取压两种。在本节中,仅讲述角接取压一种。角接取压是在标准孔板与测量管壁的夹角处测取孔板上下游的压力。

标准孔板所产生的压差,通过导压管将压差信号传送给差压计,并由差压计显示出来。差压计的类型也很多,目前气田上常用的是双波纹管差压计,占所有差压计的 95% 以上。

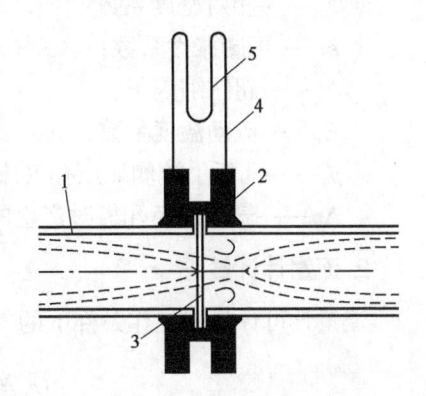

图 8-22 孔板差压流量计示意图
1—测量管;2—夹持孔板的部件;
3—标准孔板;4—导压管;5—差压计

2. 涡轮流量计

涡轮流量计也是一种主要的气体流量检测仪器,是继孔板流量计之后的一种流动检测仪器,颇受欧盟和美洲的青睐。置于气体中的涡轮,其旋转的角速度与被测气体的瞬时流量成正比。涡轮的转动经过减速,由磁性耦合系统驱动计数器。计数器直接显示被测气体的体积值。其优点在于精度高、重现性高、应用范围广阔、结构紧凑。

3. 超声波流量计

超声波流量计属于非接触式检测仪器,工作原理是依靠超声波转换器将能量转化为超声传感器能量,由接收机受理到的超声检测技术信息,供显示器或积算仪表示和积算,从而进行对流速的检测与表示。其优势在于计量准确、使用范围广、无压损、不移动部件、装置使用成本低,主要在 20 世纪 90 年代受使用者青睐,应用较多。如今在国际贸易结算中的法定测量仪表正是超声波流量计,受美国、荷兰、英国等十二个国家政府组织的认可,也是继前两种流量计量仪表后的第三种应用,属于高压、大孔径、更精密的流量计。

四、气量计算

1. 标准孔板计量

标准孔板流量可按式(8-15)计算:

$$q_{sc} = A_s C E d^2 F_G \varepsilon F_Z F_T \sqrt{p_1 \Delta p} \tag{8-15}$$

式中 q_{sc}——标准条件下气体的体积流量,m^3/s;

A_s——秒计量系数,当采用 SI 制计量单位,参比条件采用标准条件 0.101325MPa、

293.15K，并采用 m^3/s 计量时，$A_s = 3.1794 \times 10^6$；

C——流出系数；
E——渐近速度系数；
d——工作温度下孔板开孔直径，mm；
F_G——相对密度系数；
ε——可膨胀性系数；
F_Z——超压缩因子；
F_T——流动温度系数；
p_1——孔板上游侧取压孔气流绝对静压，MPa；
Δp——气流流经孔板时产生的压差，Pa。

2. 流量计计量

流量计可计量出工作条件下的气体体积，而要得到标准体积，必须进行温度、压力修正，即

$$Q_n = \frac{293.15(p + p_a)}{0.103125(273.15 + T)} Q \tag{8-16}$$

式中 p——工作状态下的气体表压力，MPa；
p_a——当地大气压力，MPa；
T——工作状态下的气体温度，℃；
Q——流量计指示值，m^3。

第五节 天然气水合物防治

天然气水合物是在一定的温度和压力下天然气中的某些组分与液态水形成的冰雪状复合物，发现于19世纪初。因其外观像冰，遇火即燃，因此也被称为"可燃冰"、"固体瓦斯"和"气冰"。

在石油和天然气开采、加工和运输过程中也可能形成天然气水合物，天然气水合物能堵塞井筒、管线、阀门等设备，从而影响天然气的开采、集输和加工的正常运转。例如，我国的陕北气田在试采中就在井筒中出现不同程度的天然气水合物堵塞，直接影响了陕北气田的试采和开发。又如四川气田，天然气水合物也是一个多年来困扰生产的问题。尤其近年来，随着海洋石油天然气的开发，又发现天然气水合物可在钻杆和防喷器之间形成环状封堵，堵塞防喷器、节流管线和压井管线，所以天然气水合物也成为海洋石油天然气开发中的一个突出问题。

一、天然气水合物的生成条件

天然气水合物的生产除与天然气的组分、组成和游离水含量有关外，还需要一定的热力学条件，即一定的温度和压力。可用如下方程表示出水合物自发生成的条件：

$$M + nH_2O(固 \cdot 液) = [M \cdot nH_2O](水合物) \tag{8-17}$$

因此，生成水合物的第一个条件为

$$p_{\text{分解}}^{\text{水合物}} < p_M^{\text{系统}} < p_M^{\text{饱和}} \tag{8-18}$$

也就是说,只有系统中气体压力大于它的水合物分解压力时,才可能由被水蒸气饱和的气体 M 自发地生成水合物。严格地讲,式(8-18)应用逸度表示为

$$f_{\text{分解}}^{\text{水合物}} < f_{M}^{\text{系统}} < f_{M}^{\text{饱和}} \tag{8-19}$$

生成水合物的第二个条件为

$$p_{H_2O,g}^{\text{水合物}} < f_{H_2O,g}^{\text{系统}} < f_{H_2O,g}^{\text{饱和}} \tag{8-20}$$

由第二个条件可以看出,从热力学观点看,水合物的自发生成绝不是必须使气体 M 被水蒸气饱和,只要系统中的蒸气压大于水合物晶格表面水的蒸气压就足够了。

概括起来讲,天然气水合物的主要生成条件有:
(1)有自由水存在,天然气的温度必须等于或低于天然气中水的露点;
(2)低温,体系温度必须达到天然气水合物的生成温度;
(3)高压。

除此之外,下列因素也可生成或加速水合物的生成,如高速流、压力波动、气体扰动、H_2S 和 CO_2 等酸性气体的存在和微小水合物晶核的诱导等。在同一温度下,当气体蒸气压升高时,形成水合物的先后次序分别是硫化氢→异丁烷→丙烷→乙烷→二氧化碳→甲烷→氮气。在确定岩石孔隙中水合物生产条件时,必须考虑多孔介质中毛细管现象的影响。间隙水生成水合物比自由接触时需要较低的温度或较高的压力。

二、水合物的相态

图 8-23 是典型的纯气体组分所生成的水合物 $p-T$ 相图,图中实线是三相轨迹线。AB 线代表水合物(H)、纯气体烃(G)和冰(I)间的相平衡,BC 线代表水合物(H)、纯气体烃(G)和富水相(L_1)间的相平衡,CD 线则代表水合物(H)、液烃(L_2)相和富水相(L_1)间的相平衡。

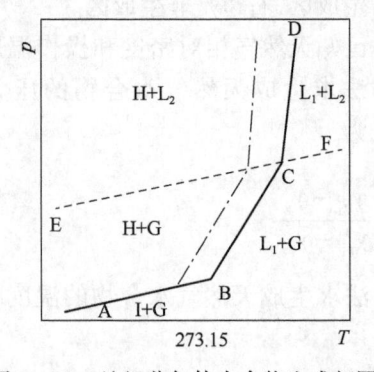

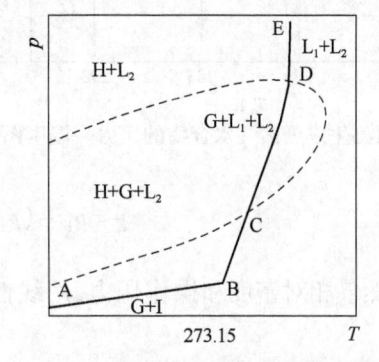

图 8-23 纯组分气体水合物生成相图　　图 8-24 混合气体水合物生成相图

如果水合物生成气是一混合气体,情况会变得稍微复杂一些,这是由于水合物生成曲线可能与气体混合的相包络线相交。图 8-24 表明了这种情况。图中 AB、BC 和 DE 曲线对应图 8-23 中的 AB、BC 和 CD 线,而在图 8-24 中的 CD 线上,则表示水合物(H)、气体烃(G)、富烃液体(L_2)和富水(L_1)呈平衡。

气体水合物生成相图($p-T$ 相图)不仅具有理论意义,且有一定的实际意义。例如,若已

知测井资料所提供的地温梯度与压力梯度，便可将水合物生成温度—压力平衡曲线转变为温度—深度曲线，再叠加于地壳内部的温度—深度曲线上，从而得到自然界中可能的水合物生成区段的分布。这为发现蕴藏于自然界中的气体水合物矿藏的前景区域提供了热力学分析的理论依据。

三、天然气水合物生成条件的预测

目前，有很多可供选择的确定天然气水合物生成压力和温度的方法，大致可以分为图解法、统计热力学计算法、气—固相平衡计算法和经验公式法四大类。目前应用广泛的是图解法。

1. 图解法

图解法是矿场实际应用中非常方便和有效的一种方法，可根据密度曲线和节流曲线进行天然气水合物生成条件的预测。

1) 密度曲线法

天然气从井底至井口，从井口至某集气站，又从某集气站到用户，管线沿程的压力和温度是逐渐降低的。确定在沿程上哪一点的压力和温度下可能生成天然气水合物，利用图 8-25 最为方便。图中给出了甲烷和相对密度分别为 0.6、0.7、0.8、0.9、1.0 的五种天然气预测生成天然气水合物的压力和温度曲线。曲线上每一个点相应的温度，就是该点压力条件下的天然气水合物生成温度。每条线的左边是天然气水合物生成区，右边是非生成区。

已知天然气相对密度和操作温度，用线性内插法求生成天然气水合物的压力时，内插公式为

$$p = p_1 - (p_1 - p_2)\frac{\gamma_{g_1} - \gamma_g}{\gamma_{g_1} - \gamma_{g_2}} \tag{8-21}$$

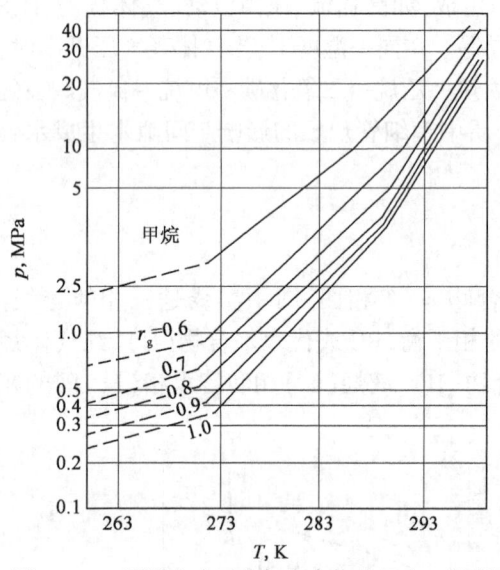

图 8-25 预测生成天然气水合物的压力—温度图

已知天然气相对密度和操作压力，用线性内插法求生成天然气水合物的温度时，内插公式为

$$T = T_1 + (T_1 - T_2)\frac{\gamma_{g_1} - \gamma_g}{\gamma_{g_1} - \gamma_{g_2}} \tag{8-22}$$

式中 γ_g——天然气相对密度，$\gamma_{g_1} < \gamma_g < \gamma_{g_2}$；

p_1, p_2——相对密度为 γ_{g_1} 和 γ_{g_2} 的天然气，在操作温度下生成天然气水合物的压力，MPa；

T_1, T_2——相对密度为 γ_{g_1} 和 γ_{g_2} 的天然气，在操作压力下生成天然气水合物的温度，K。

【例8-2】 已知气体相对密度为0.6,有自由水。求:
(1)在压力为6.895MPa时,温度可以降到多少而不会生成水合物;
(2)在温度为10℃时,压力最低可以降到多少就会生成水合物。

解:(1)查图8-25相对密度为0.6的曲线,在压力为6.895MPa时的天然气水合物生成温度为16.11℃;

(2)同一曲线上,在温度为10℃时压力降至3.379MPa,就会生成天然气水合物。

为了便于计算机运算,有人将密度在$0.5 \sim 1\text{g/cm}^3$之间的天然气水合物p—T相图回归成公式:

$$p = 10^{-3} \times 10^{p^*} \tag{8-23}$$

式中,p^*为参考压力,分别由以下回归公式给出:

$\gamma_g = 0.5539$ 时:
$$p^* = 3.419517 + 5.202743 \times 10^{-2}T - 5.307049 \times 10^{-5}T^2 + 3.98805 \times 10^{-6}T^3 \tag{8-24}$$

$\gamma_g = 0.6$ 时:
$$p^* = 3.009796 + 5.284026 \times 10^{-2}T - 2.252739 \times 10^{-4}T^2 + 1.511213 \times 10^{-5}T^3 \tag{8-25}$$

$\gamma_g = 0.7$ 时:
$$p^* = 2.814824 + 5.019608 \times 10^{-2}T + 3.722427 \times 10^{-4}T^2 + 3.781786 \times 10^{-6}T^3 \tag{8-26}$$

$\gamma_g = 0.8$ 时:
$$p^* = 2.70442 + 5.82964 \times 10^{-2}T - 6.639789 \times 10^{-4}T^2 + 4.008056 \times 10^{-5}T^3 \tag{8-27}$$

$\gamma_g = 0.9$ 时:
$$p^* = 2.613081 + 5.715702 \times 10^{-2}T - 1.871161 \times 10^{-4}T^2 + 1.93562 \times 10^{-5}T^3 \tag{8-28}$$

$\gamma_g = 1.0$ 时:
$$p^* = 2.527849 + 0.0625T - 5.781353 \times 10^{-4}T^2 + 3.069745 \times 10^{-5}T^3 \tag{8-29}$$

如已知温度求生成天然气水合物的压力,可直接由式(8-23)至式(8-29)选择合适的公式计算。公式中,p的单位为MPa,T的单位为℃。

【例8-3】 已知天然气的相对密度为0.6,用式(8-19)计算10℃时生成天然气水合物的压力。

解:选用$\gamma_g = 0.6$的公式:
$p^* = 3.009796 + 5.284026 \times 10^{-2}T - 2.252739 \times 10^{-4}T^2 + 1.511213 \times 10^{-5}T^3$
$= 3.009796 + 5.284026 \times 10^{-2} \times 10 - 2.252739 \times 10^{-4} \times 10^2 + 1.511213 \times 10^{-5} \times 10^3$
$= 3.5308(\text{MPa})$

$$p = 10^{-3} \times 10^{p^*} = 10^{-3} \times 10^{3.5308} = 3.395(\text{MPa})$$

2)节流曲线法

天然气通过针型阀、孔板等节流元件时产生急剧的压降和膨胀,温度也骤然降低,可能导致天然气水合物生成。采气关心的是节流到什么压力和温度不至于生成天然气水合物。换言之,在不生成天然气水合物的条件下,允许节流膨胀到什么压力或温度。类似于这样的问题,利用图8-26至图8-29最为方便,图8-26至图8-29给出了天然气相对密度0.6、0.7、0.8、0.9四种条件下天然气节流不生成天然气水合物允许达到膨胀程度的压力和温度曲线。

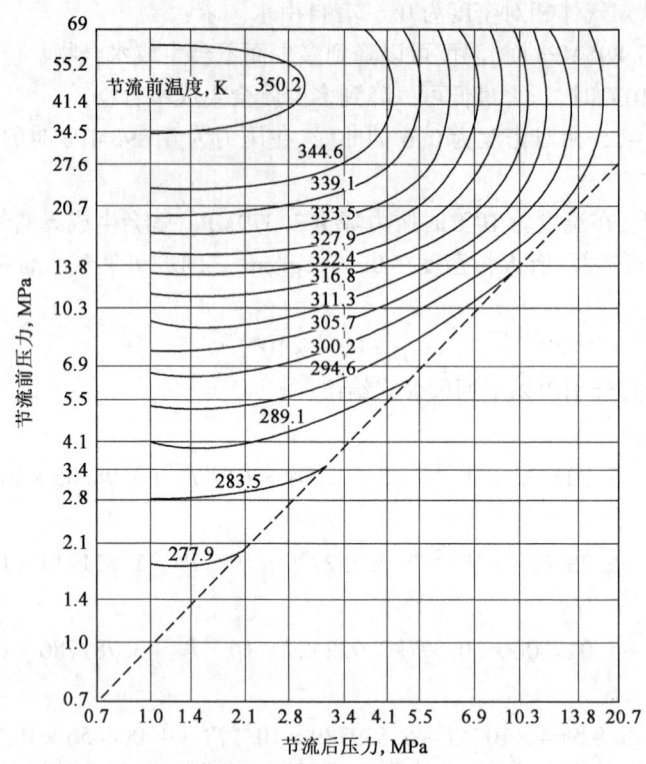

图 8-26 相对密度为 0.6 的天然气在不形成天然气水合物条件下允许达到的膨胀程度

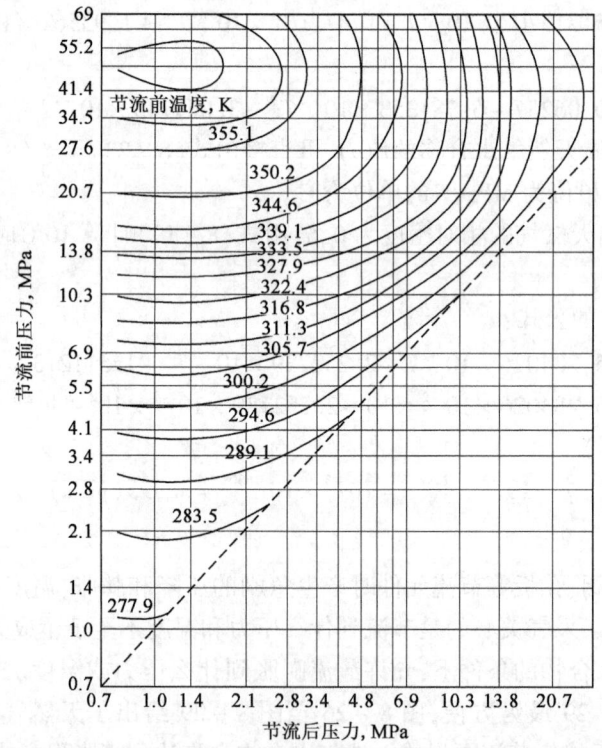

图 8-27 相对密度为 0.7 的天然气在不形成天然气水合物条件下允许达到的膨胀程度

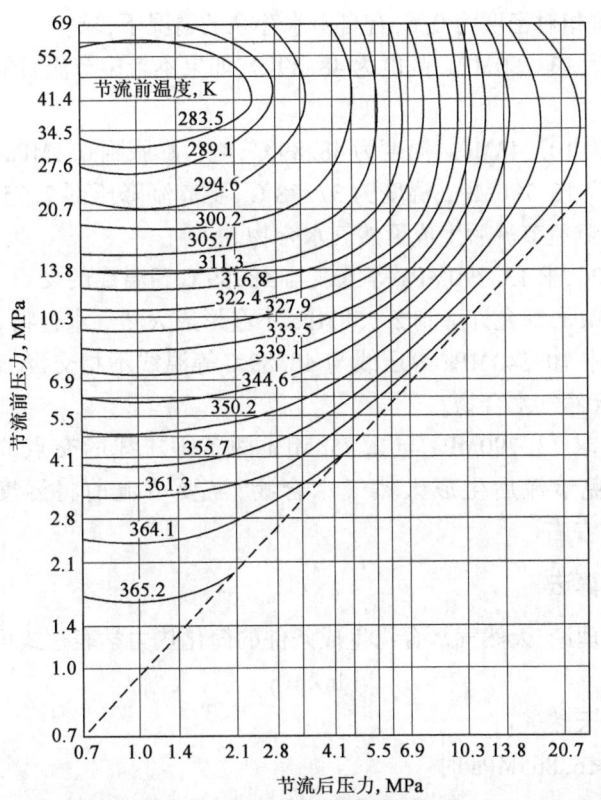

图 8-28 相对密度为 0.8 的天然气在不形成天然气水合物条件下允许达到的膨胀程度

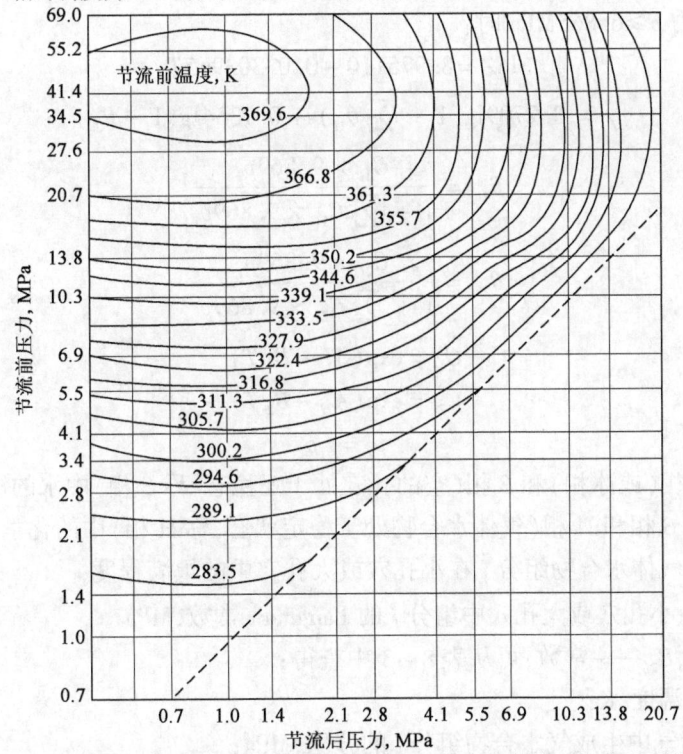

图 8-29 相对密度为 0.9 的天然气在不形成天然气水合物条件下允许达到的膨胀程度

【例 8–4】 气体相对密度为 0.6,有自由水存在的情况下,求:

(1)节流前压力为 13.790MPa、温度为 48.89℃,如果不希望节流后形成天然气水合物,允许压力降低多少;

(2)节流前压力为 10.343MPa、温度为 48.89℃,能否膨胀到 0.1MPa;

(3)节流前压力为 13.790MPa、温度为 37.78℃,要节流降压到 2.758MPa,节流前是否需要提高天然气温度以避免节流后生成天然气水合物。

解:(1)查图 8–26,求 13.790MPa 等压线与 48.89℃ 等温线的交点。过交点向下作垂线与横轴相交于 2.758MPa,即允许降到 2.758MPa 不会形成天然气水合物。

(2)查图 8–26 中 10.343MPa 等压线与 48.89℃ 等温线不相交,没有交点即说明膨胀到 0.1MPa 也不会生成天然气水合物。

(3)查图 8–26,求 13.790MPa 与 2.758MPa 两条等压线的交点。过交点的等温线为 48.89℃,因此,为避免节流后生成天然气水合物,需要节流前将温度从 37.78℃ 提高到 48.89℃,即提高 11℃ 左右。

2. 统计热力学计算法

根据统计热力学理论,天然气水合物生成条件的简化热力学表达式可以写为

$$\ln Z = \gamma \tag{8-30}$$

对于不含 H_2S 的天然气:

当天然气压力 $p < 6.865$MPa 时:

$$\ln Z = 3.5151705 - 0.01436065T \tag{8-31}$$

当天然气压力 $p \geq 6.865$MPa 时:

$$\ln Z = 8.975110 - 0.03303965T \tag{8-32}$$

$$\gamma = 0.2709 \lg(1 - \sum \theta_{1i}) + 0.1354 \lg(1 - \theta_{2i}) \tag{8-33}$$

$$\theta_{1i} = \frac{C_{1i} \times 9.869 p_i}{1 + \sum C_{1i} \times 9.869 p_i} \tag{8-34}$$

$$\theta_{2i} = \frac{C_{2i} \times 9.869 p_i}{1 + \sum C_{2i} \times 9.869 p_i} \tag{8-35}$$

$$C_{1i} = \exp(A_{1i} - B_{1i}T) \tag{8-36}$$

$$C_{2i} = \exp(A_{2i} - B_{2i}T) \tag{8-37}$$

其中

$$p_i = y_i p$$

式中　$\ln Z$——水相(或冰相)和 β 相(空的孔穴处于亚稳态,称 β 相)中水的饱和蒸气压之比;

γ——水在 β 相和 H 相(气体水合物处于稳定状态,称 H 相)中的化学位差;

θ_{1i}, θ_{2i}——气体水合物组分 i 在小孔穴或大孔穴中的填满程度;

C_{1i}, C_{2i}——小孔穴或大孔穴中组分 i 的 Langmuir 常数,MPa^{-1};

$A_{1i}, A_{2i}, B_{1i}, B_{2i}$——常数,可从表 8–3 中查得;

T——体系温度,K;

p_i——天然气中生成气水合物组分 i 的分压,MPa;

p——总压,MPa；

y_i——组分 i 的摩尔分数；

i——水合物孔穴,$i=1,2$($i=1$ 表示小孔穴,$i=2$ 表示大孔穴)。

表 8-3 Langmuir 常数

组分	小孔穴		大孔穴	
	A_{1i}	B_{1i}	A_{2i}	B_{2i}
CH_4	6.0499	0.02844	6.2957	0.02845
C_2H_6	9.4892	0.04058	11.9410	0.04180
C_3H_8	-43.6700	0	18.2760	0.046613
C_4H_{10}	-43.6700	0	13.6942	0.02773
N_2	3.2485	0.02622	7.5590	0.024475
CO_2	23.0350	0.09037	25.2710	0.09781
H_2S	4.9258	0.00934	2.4030	0.00633

对于一定组成的天然气,欲求某一压力下生成天然气水合物的温度,可利用以上公式,采用牛顿迭代法求解。下面给出牛顿迭代法所需公式。

牛顿迭代格式为

$$T^{(n+1)} = T^{(n)} - \frac{F(T)}{F'(T)} \quad (8-38)$$

当 $p < 6.865$ MPa 时:

$$F(T) = 3.5151705 - 0.01436065T + 0.117660901 \times \ln(1 + \sum C_{1i} \times 9.869p) + 0.05883045 \times \ln(1 + \sum C_{2i} \times 9.869p) \quad (8-39)$$

当 p 为定值时,式(8-39)仅对 T 求导,得

$$F'(T) = -0.01436065 - 0.117660901 \times \frac{9.869p}{1 + \sum C_{1i} \times 9.869p} \times \sum B_{1i}C_{1i}y_{1i}$$

$$- 0.05883045 \times \frac{9.869p}{1 + \sum C_{2i} \times 9.869p} \times \sum B_{2i}C_{2i}y_{2i} \quad (8-40)$$

当 $p > 6.865$ MPa 时:

$$F(T) = 8.975110 - 0.03303965T + 0.117660901 \times \ln(1 + \sum C_{1i} \times 9.869p)$$

$$+ 0.05883045 \times \ln(1 + \sum C_{2i} \times 9.869p) \quad (8-41)$$

$$F'(T) = -0.03303965 - 0.117660901 \times \frac{9.869p}{1 + \sum C_{1i} \times 9.869p} \times \sum B_{1i}C_{1i}y_{1i}$$

$$- 0.05883045 \times \frac{9.869p}{1 + \sum C_{2i} \times 9.869p} \times \sum B_{2i}C_{2i}y_{2i} \quad (8-42)$$

初值可用下式估算:

$$T = 6.38\ln 9.869 \times p + 262 \quad (8-43)$$

如天然气中含有 H_2S,式(8-31)和式(8-32)用下式代替

$$\ln Z = -5.40694 + 0.02133T \tag{8-44}$$

3. 气—固相平衡计算法

在天然气水合物分解过程中,气体的相对密度逐渐增加,类似固体溶液。因此,利用气—固平衡计算法,可以确定天然气水合物的压力或温度。1941 年 Katz 提出了应用相平衡常数来计算天然气水合物的形成条件,气—固相平衡常数定义为

$$K_{V-S} = \frac{y}{x_s} \tag{8-45}$$

式中 K_{V-S}——气—固相平衡常数,且温度和压力的函数;
y——气相中烃组分的摩尔分数;
x_s——固相中(水合物)烃组分的摩尔分数。

Katz 等人测定了各种组分的天然气与水合物的气—固相平衡常数,分别得到甲烷、乙烷、丙烷、丁烷、二氧化碳、硫化氢、氮气的水合物气—固相平衡常数图,如图 8-30 所示。

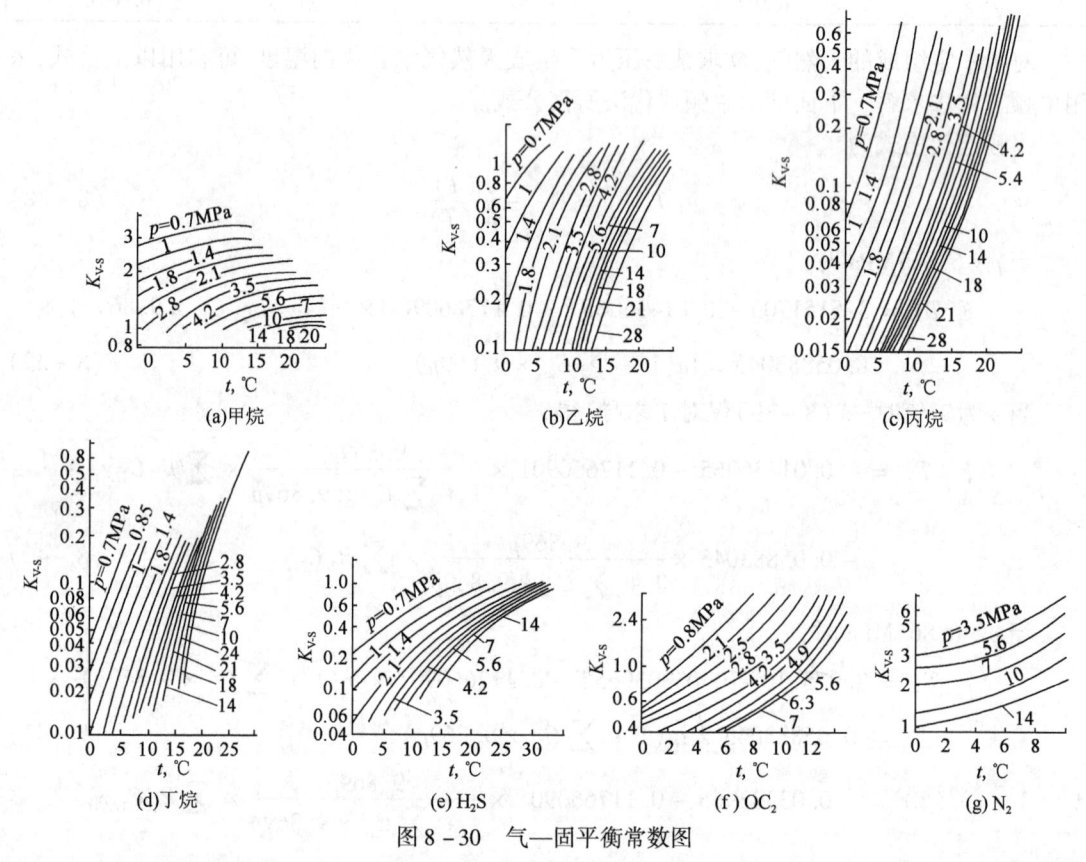

图 8-30 气—固平衡常数图
(a)甲烷 (b)乙烷 (c)丙烷 (d)丁烷 (e)H₂S (f)CO₂ (g)N₂

对于比丁烷重的烃类,由于它们的分子太大,不能形成水合物,所以将它们的相平衡常数可取为无限大。

水合物生成条件用以下公式预测:

$$\sum \frac{y}{K_{V-S}} = 1.0 \tag{8-46}$$

式(8-46)是形成水合物的条件式。如果 $\sum \dfrac{y}{K_{V-S}} > 1$,形成水合物,并能保持固相存在;如果 $\sum \dfrac{y}{K_{V-S}} < 1$,则不能形成水合物。

如果压力已知,欲求水合物生成温度,可先假设一个温度(相当于给温度赋初值),查图 8-30 得出天然气中各组分的气—固相平衡常数 K_{V-S},按式(8-39)计算。如果 $\sum \dfrac{y}{K_{V-S}} = 1$,则假设的温度即为所求;否则,需要重新假设一个温度,并重复上述计算,直到满足 $\sum \dfrac{y}{K_{V-S}} = 1$ 为止。

如果温度已知,欲求生成水合物的压力,可先假设一个压力,按上述思路试算到满足式(8-40)为止。

【例 8-5】 天然气组分见表 8-4 第 1、2 栏,预测温度在 10℃时生成水合物的压力。

解:(1)首先假设一个压力 $p^{(0)} = 2.0$ MPa;

(2)在各组分的气—固平衡图上查 $T = 10℃$,$p^{(0)} = 2.0$ MPa 条件下的 K_{V-S},列入第 4 栏;

(3)按式(8-40)检查是否满足条件 $\sum \dfrac{y}{K_{V-S}} = 0.8996 \neq 1.0$;

(4)查图 8-27 中 $T = 10℃$,$p^{(1)} = 2.5$ MPa 条件下的 K_{V-S};

(5) $\sum \dfrac{y}{K_{V-S}} = 1.1529 \neq 1.0$

手算时,可用线性内插法求得:当 $p = 2.198$ MPa,$\sum \dfrac{y}{K_{V-S}} = 1.0$。

预测的压力为 2.198MPa。

本气样在 10℃恒温下观察,生成水合物的压力为 2.240MPa。

表 8-4 计算 10℃时生成水合物的压力

组分	气体中的摩尔分数	$p^{(0)} = 2.0$ MPa		$p^{(1)} = 2.5$ MPa	
		K_{V-S}	y/K_{V-S}	K_{V-S}	y/K_{V-S}
甲烷	0.784	2.04	0.384	1.75	0.448
乙烷	0.060	0.82	0.073	0.61	0.098
丙烷	0.036	0.116	0.310	0.087	0.414
异丁烷	0.005	0.046	0.109	0.031	0.161
正丁烷	0.019	0.82	0.023	0.61	0.031
氮	0.094	无限大	0.0	无限大	0.0
二氧化碳	0.002	3.0	0.0006	2.2	0.0009
合计	1.000		0.8996		1.1529

4. 经验公式法

1)波诺马列夫法

波诺马列夫对大量试验数据进行回归整理,得出不同密度的天然气水合物生成条件方程,

当 $T > 273.1\text{K}$ 时：
$$\lg p = -1.0055 + 0.0541(B + T - 273.1) \tag{8-47}$$
当 $T \leq 273.1\text{K}$ 时：
$$\lg p = -1.0055 + 0.0171(B_1 - T + 273.1) \tag{8-48}$$

式中　p——压力，kPa；
　　　T——天然气水合物平衡温度，K；
　　　B,B_1——与天然气密度有关的参数，见表 8 - 5。

表 8 - 5　B 和 B_1 系数表

γ_g	0.56	0.60	0.64	0.66	0.68	0.70	0.75	0.80	0.85	0.90	0.95	1.00
B	24.25	17.67	15.47	14.76	14.34	14.00	13.32	12.74	12.18	11.66	11.17	10.77
B_1	77.40	64.20	48.60	46.90	45.60	44.40	42.00	39.90	37.90	36.20	34.50	33.10

2）其他经验公式

下面几个天然气水合物的预测公式是针对原苏联不同气田提出来的，对我们有一些借鉴作用，温度适用范围为 0～25℃。

舍别林斯基气田：　　　$\lg p = 0.085 + 0.0497(T + 0.00505T)^2$ 　　　(8-49)
奥伦堡气田：　　　　　$\lg p = 0.891 + 0.0577T$ 　　　(8-50)
乌连戈伊气田：　　　　$\lg p = 1.4914 + 0.0381(T + 0.01841T)^2$ 　　　(8-51)
法国拉克气田：　　　　$\lg p = 0.602 + 0.0477T$ 　　　(8-52)
乌连戈伊气田：　　　　$T = 14.7\lg p - 11.1$ 　　　(8-53)

3）天然气水合物生成条件预测的二次多项式

天然气相对密度为 0.6～1.1 的多种天然气在压力低于 30MPa 时，生成天然气水合物的条件方程为
$$\lg p = \alpha[(T - 273.1) + K(T - 273.1)^2] + \beta \tag{8-54}$$

式中　α——在 $T = 273.1\text{K}$ 时生成天然气水合物的平衡压力，kPa；
　　　K,β——与天然气密度相关的系数，见表 8 - 6。

表 8 - 6　系数 K 和 β

γ_g	0.56	0.60	0.70	0.80	0.90	1.00	1.00
K	0.014	0.005	0.0075	0.01	0.0127	0.0127	0.02
β	1.12	1.00	0.82	0.70	0.61	0.54	0.46

四、防止天然气水合物生成的措施

天然气水合物若在井底、井口针型阀、场站设备或集气管线中生成，会降低气井产能，严重影响气井正常生产，甚至造成停产事故。因此，防止天然气水合物的生成是采气工艺中应该特别研究的问题。

到目前为止，工业上为防止天然气水合物生成的常用措施主要有以下四种：

（1）把压力降低到低于给定温度下天然气水合物的生成压力；

(2) 保持气流温度高于给定压力下天然气水合物的生成温度;
(3) 气体脱水,把气体中的水蒸气露点降低到操作温度以下;
(4) 加入各种不同的防止天然气水合物生成的抑制剂,以降低天然气水合物的生成温度。

1. 限制天然气在集输中的温度降

1) 水套炉加热

寒冷地区的天然气集输管线可以采用水套炉间接加热保温的方法来防止天然气水合物生成。通常管线 5~8km 间需要设中间加热炉。天然气场站应有从脱硫厂来的净化气作为加热和仪表用气。可以通过有关公式估算出管线经过一定输送距离后天然气的温度变化情况。确定中间加热点的位置,以保证天然气在输送过程中温度始终高于天然气水合物形成温度。

2) 热水管线跟踪伴热

保持管线中天然气温度的另外一种加热方式是热水管线跟踪伴热。在天然气集输管线附近埋设低压热水管线,热水循环使用。与水套炉加热相比,具有以下优点:
(1) 可以预热地层,避免了在开工期间注入大量化学药剂;
(2) 在延长停工期间天然气管线不需要卸压;
(3) 热量能够传递到上游位置;
(4) 由于系统在低压下循环热水,操作方便。

热水管线跟踪伴热的缺点是设备费和操作费比水套炉加热方法高 20%~30%,用泵循环热水,则更耗电。为了保证循环水在短期停工期间不结冰,需要在循环水中加入约 20% 的乙二醇及适量缓蚀剂。为防止传热短路,热水管线与天然气管之间应该有 3~7cm 的距离,回程冷水管线应在热水管线对面。

2. 注入抑制剂防止天然气水合物生成

向天然气中加入能降低天然气水合物生成温度的天然气水合物抑制剂,是工业中经常采用的方法。石油天然气工业中常用的天然气水合物抑制剂有甲醇、乙二醇、二甘醇、三甘醇和四甘醇。

甲醇可用于任何温度的操作场合,但由于沸点低,更适合于温度低的场合。注入井场节流设备或管线的甲醇,其挥发而进入气相的部分不再回收,进入液相的部分可蒸馏后循环使用,甲醇具有中等毒性,会通过呼吸道、食道侵入人体,故使用甲醇抑制剂时应采用必要的安全措施。乙二醇无毒,沸点比甲醇高得多,蒸发损失量小,一般也可以重复使用,适用于天然气处理量大的场站。除乙二醇外,有时也用二甘醇和三甘醇。

除上述有机抑制剂外,在勘探井试井时也用无机盐水溶液,包括 $CaCl_2$、$NaCl$、$MgCl_2$ 和 $LiCl$ 等,应用最多的是 30% 的 $CaCl_2$ 水溶液。

对天然气水合物抑制剂的基本要求如下:

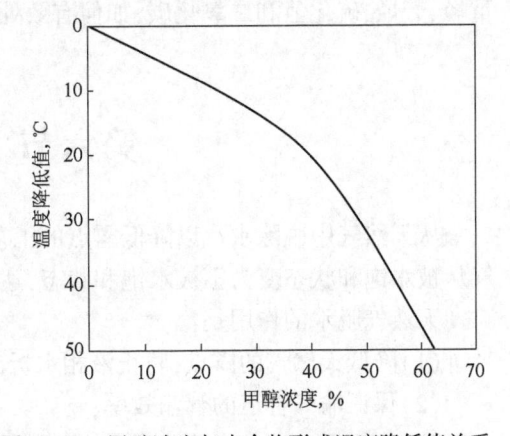

图 8-31 甲醇浓度与水合物形成温度降低值关系

(1)尽可能大地降低天然气水合物生成的温度；
(2)不与气、液物流组分发生化学反应，且无固体沉淀出现；
(3)不增加天然气及其燃料产物的毒性；
(4)完全溶解于水，并易于再生；
(5)冰点低。

应用抑制剂防止天然气水合物生成要解决两个实际问题：其一是加入一定浓度的抑制剂后如何确定天然气水合物生成温度的下降，其二是确定所需抑制剂的用量。

哈默斯密特(Hammerschmidt)第一次提出了抑制剂作用下天然气水合物生成温度降 ΔT 与抑制剂水溶液的质量浓度 ω 的半经验关系：

$$\Delta T = \frac{K_W}{M(10-\omega)} \quad (8-55)$$

式中 M——抑制剂的分子量；
ω——抑制剂溶液质量浓度，%；
ΔT——天然气水合物生成温度降；
K_W——与抑制剂种类有关的经验常数(对甲醇、乙醇、异丙醇、氨等取1228；对氯化钙取1220；对二甘醇取2425)。

抑制剂用量计算根据抑制剂的种类不同而异。具体计算参考有关文献，这里不再赘述。

3. 脱水防止天然气水合物形成

当酸性天然气必须通过长距离输送到脱硫厂时，采用加热的方法存在建设费用及操作成本高的问题，这种情况下可以采用井场脱水的方法来防止天然气水合物生成。经过井场脱水后可以保证在后续集输管线中不会析出游离水，也不会生成天然气水合物。天然气经过脱水后不仅可防止水合物堵塞问题，也大大减轻了管线腐蚀程度。脱水方法有采用硅胶或分子筛作脱水剂的固体吸附法，或采用三甘醇作脱水剂的三甘醇脱水法，井场三甘醇脱水工艺在川渝低含硫天然气开采中得到了越来越多的应用。脱除1kg水需要20~30L三甘醇，三甘醇的纯度、循环量、吸收塔压力和温度、吸收塔板数等因素都影响脱水效果，由于存在三甘醇发泡和变质导致三甘醇损耗较大的可能性，甘醇脱水法运行费用较高；而且甘醇在脱水的同时，也吸收重烃、芳烃、硫化氢和二氧化碳，如何有效处理再生塔排出废气是一个问题。

第六节 天然气脱水

从天然气中脱除水汽以降低露点的工艺，称为天然气脱水。天然气脱水实质就是使天然气从被水饱和状态变为不被水饱和状态，达到天然气净化或管输标准。

天然气脱水的作用是：
(1)降低天然气的露点，防止液相水析出；
(2)保证输气管道的管输效率；
(3)防止 H_2S、CO_2 对管道造成腐蚀损失；

(4)防止天然气水合物的生成。

天然气脱水方法有液体吸收法、固体吸附法和冷却法。

一、天然气含水量表征及确定方法

1. 湿含量

天然气的饱和湿含量取决于天然气的温度、压力和气体组成等条件。天然气湿含量可用湿度和露点温度来表示。

1）绝对湿含量(e)

标准状态下 $1m^3$ 天然气所含水汽的质量称为天然气的绝对湿含量或绝对湿度：

$$e = \frac{G}{V} \tag{8-56}$$

式中　e——天然气的绝对湿含量，g/m^3；

　　　G——天然气中水汽质量，g；

　　　V——天然气的体积，m^3。

2）饱和湿含量(e_s)

一定状态下天然气与液相水达到相平衡时，天然气中的含水量称为饱和湿含量，以 $g(水)/m^3$ 为单位。

3）相对湿含量(φ)

相对湿含量是指天然气中所含水汽与其饱和水汽之比：

$$\varphi = \frac{e}{e_s} \tag{8-57}$$

式中　φ——天然气的相对湿含量，%；

　　　e——天然气的绝对湿含量，g/m^3；

　　　e_s——天然气的饱和湿含量，g/m^3。

4）天然气的露点和露点降

天然气的露点是指在一定的压力条件下，天然气中开始出现第一滴水珠时的温度。

天然气露点降是在压力不变条件下，温度从一个露点降至另一个露点时产生的温降值。通常要求埋地输气管线所输送天然气露点温度比输气管道埋深处土壤温度低5℃左右。

2. 其他特征值

1）露点——饱和温度

天然气的露点温度实际是处于饱和状态下的温度，即饱和温度。

2）饱和——相对湿度最大值

所谓饱和，是指在一定状态下天然气与液相水达到相平衡时天然气中的含水量，由此看出饱和所对应的相对湿度为最大值，即相对湿度的值为1。

3) 露点降——干燥程度高低、相对湿度大小

天然气露点降实质反映了在压力不变条件下湿天然气干燥程度的高低,反映了天然气相对湿度从1降至小于1的过程。

3. 天然气含水量的确定

天然气的含水量与天然气的压力、温度、分子量(或相对密度)及含盐量等因素有关。天然气中的水汽含量随温度的升高而升高,随压力的增加而减少,随天然气分子量(或相对密度)的增加而增加,随水中含盐量的增加而减少;二氧化碳或硫化氢的存在使其增加,而含有一定量的氮气和氦气则使含水量降低。

确定某一条件下天然气中含水量,常可直接查阅有关图表,如天然气的饱和含水量图(Mcketta,Boyd 和 Reid 编)、天然气的露点图(Mcketta 和 Wehe 编)等。图8-32是天然气饱和含水量图(图中附有含盐量、气体相对密度对含水量的校正图)。

二、天然气脱水的方法

1. 溶剂吸收法

溶剂吸收法是目前天然气工业中使用较为普遍的脱水方法,虽然有多种溶剂(或溶液)可以选用,但绝大多数装置都用甘醇类溶剂,在天然气脱水中最常用的液体吸收剂(干燥剂)有四种:乙二醇(EG)、二甘醇(DEG)、三甘醇(TEG)和四甘醇(T_4EG)。

当要求脱水后的气体露点降低到 -40℃ ~ -20℃时,通常选用甘醇脱水。

几十年的天然气工业生产实践证明,由于使用乙二醇和二甘醇时甘醇的损失较大,而三甘醇以它可以获得更大的露点降、技术上的可靠性和经济上的合理性在天然气脱水中使用最为普遍。

三甘醇成功地用于含硫和不含硫天然气的脱水,在以下范围内都可以运转:露点降 22 ~ 78℃;气体压力 0.172 ~ 17.2MPa;气体温度 4 ~ 71℃。

三甘醇脱水原理流程较简单。含水天然气经分离器预分离油水后,从底部进入吸收塔,被三甘醇贫液将水吸收脱除,从塔顶排出干燥气体输往用户。经过再生的甘醇贫液用泵送到吸收塔顶部塔板上。含水的甘醇富液从吸收塔底部排出,经过过滤器、缓冲—换热器再进入再生塔。在再生塔中,用加热的方法在常压下从甘醇中将所吸收水脱除。再生后的甘醇贫液,经过缓冲—换热器进行冷却,然后用泵送入吸收塔循环使用。

溶剂吸收法脱水具有设备投资和操作费用较低的优点,较适合大流量高压天然气的脱水。但其脱水深度有限,露点降一般不超过45℃,对于诸如天然气液化等需要原料气深度脱水的工艺过程,则必须采用固体吸附法脱水。

2. 固体吸附法脱水

吸附是用多孔性的固体吸附剂处理气体混合物,使其中所含的一种或数种组分吸附于固体表面上以达到分离的操作。吸附作用有两种情况:一种是固体和气体间的相互作用并不是很强,类似于凝缩,引起这种吸附所涉及的力同引起凝缩作用的范德华分子凝聚力相同,称为物理吸附;另一种是化学吸附,这一类吸附需要活化能。物理吸附是可逆过程,而化学吸附是

不可逆的,被吸附的气体往往需要在很高的温度下才能逐出,且所释出的气体往往发生化学变化。

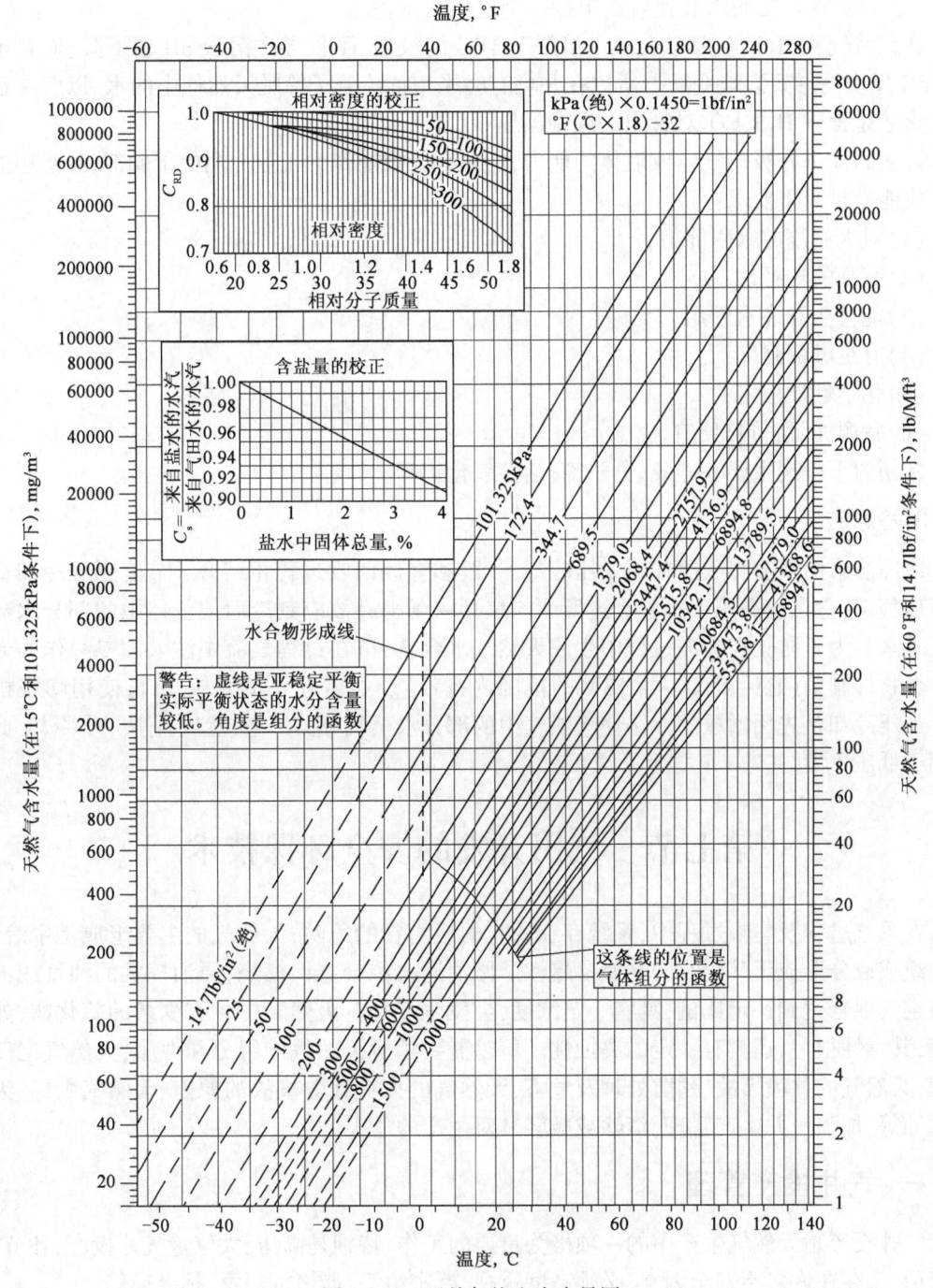

图8-32 天然气饱和含水量图

由于天然气脱水的大多数固体吸附剂是可以再生的吸附剂,因此可以进行多次吸附和再生循环。用这类方法脱水后的干气,含水量可低于 $1mL/m^3$,露点可低于 $-50℃$,而且装置对原料气的微波荡漾、压力和流量变化不太敏感,也不存在严重的腐蚀和发泡问题。因此,尽管固体吸附法在天然气工业上的应用不及 TEG 那样广泛,但在露点降要求超过44℃时就应考虑采用,至少在 TEG 法脱水装置后面串接一个这样的设备。

在天然气含 H_2S 量较高时,H_2S 溶解于 TEG 溶液后,不仅导致溶液 pH 值下降,而且也会与 TEG 反应而导致溶液变质。所以在井场有时采用抗硫分子筛脱天然气中的水,以解决在天然气集输过程中 H_2S、CO_2 对管道的腐蚀问题。

许多固体都有吸附气体或液体的能力,但只有少数能作为工业上用的干燥剂,脱水用的干燥剂应能满足以下要求:

(1)对水有高的吸附能力;
(2)有高的选择性;
(3)能再生和多次使用;
(4)有足够的强度;
(5)化学性质稳定;
(6)货源充足,价格便宜。

常用的干燥剂主要有硅胶、分子筛、活性氧化铝等。

3. 冷冻法

冷冻法采用节流膨胀冷却或加压冷却,一般和轻烃回收过程相结合。节流膨胀冷却适用于高压气田,它是使高压天然气经过所谓的焦耳—汤姆逊效应制冷而使气体中的部分水蒸气冷凝下来。为了防止在冷冻过程中生成天然气水合物,可在过程气流中注入乙二醇作为天然气水合物抑制剂(在 -40℃ ~ -18℃ 的范围内有效)。如需进一步冷却,可再使用膨胀机制冷。加压冷却是先用增压的方法使天然气中的部分水蒸气分离出来,然后再进一步冷却,此法适用于低压气田。

第七节 气田开发的安全环保技术

在采气过程及集输过程中,系统存在固有的或潜在的危险,天然气的主要组成是甲烷,它们的组成成分形成了其固有的易燃易爆性。原油遇火源会立即燃烧,原油挥发的油气或天然气与空气混合达到一定比例,具有一定浓度,会发生爆炸。天然气中含有少量的硫化物,如硫化氢,其毒性很大,还具有一定的腐蚀性。所以需要了解天然气的组分和性质、天然气尾气的处理、天然气的井喷事故、预防处理及危害、天然气的火灾爆炸事故的原因、天然气中毒、天然气腐蚀等,加强气井生产管理,消除或减轻其对生产的危害。

一、气井投产管理

气井投产是天然气生产中的一项极为重要的工作,特别是高压、大气量气井投产,环节多,涉及面广,存在许多不安全因素,必须高度重视,严密组织,严格按规章、标准操作。

1. 气井投产准备

鉴于天然气投产的特殊性,必须做好充分准备工作。

1) 做好场站及集输管线竣工验收

(1) 按设计要求进行吹扫试压。吹扫(清管)试压是施工方和使用方竣工验收的一个重要环节,采气队长、工程师、维修班和采气班班长要亲自参加。吹扫(清管)、强度试压和气密封性试压按规定执行。

(2) 做好竣工资料交接。为了加强生产管理,做到心中有数,确保平稳供气,要重视场站管线竣工资料交接,包括:

①设计和施工资料;

②锅炉、受压容器资料;

③计量仪器仪表资料;

④吹扫(清管)试压资料。

2) 搞好劳动组织

(1) 选配好采气班长及各岗位人员;

(2) 新井投产之初要选派有经验的操作、维修人员值班;

(3) 一线管理和技术人才要亲临现场值班。

3) 认真对设备、仪表进行检查、保养

现场竣工后,在投产前还必须对设备、仪表仔细检查、保养。

(1) 对设备、仪表检查、保养,其重点为:对井口装置、阀件清洗,加润滑油、加密封填料,使其开关灵活;调准各级安全阀开启压力。

(2) 仪表工对压力表、流量计进行调校。

(3) 对整个流程要全面检查,发现问题,认真整改,确保无遗漏、无隐患。

(4) 锅炉、水套炉的试运行。

(5) 各类机泵试运转。

(6) 安装好各级计量仪表,检查量程、精度等级、校核时间等。

(7) 相关资料准备。

(8) 检查放空管和排污管有无堵塞、固定是否牢固。

(9) 其他准备:通信、消防、急救。

4) 准备足够的条件

新井投产初期会发生一些意想不到的问题,必须准备足够的易损件:

(1) 仪表。高压大产量井要多次节流,引起设备振动,会使压力表失灵,气量的波动也可能刺坏孔板,冲坏差压计等。

(2) 阀件。气井投产初期可能出砂,返出钻井液,这些东西会刺坏井口闸阀和针型阀及各级节流阀。

5) 辅助设施齐全完好

新井投产前,辅助设施如供水、供电、通信等要齐全完好,特别是通信必须保证24h通畅。

2. 气井投产程序

(1) 编制投产方案。

(2) 投产方案交底。投产前对值班人员进行方案交底,特别要对该井地质情况、井身结构、场站试压情况、井口及各级控制压力、产量、安全措施要交代清楚,并要求工人记牢。

(3) 人员上岗。各岗位人员要明确自己的岗位职责。要安排有经验的工人控制井口、各级节流阀和仪表等关键部位;同时安排一定机动人员协助处理紧急情况。

(4) 含硫气井加注缓蚀剂。

(5) 再次检查流程。投产前要再一次检查流程,除井口节流调节阀处于关闭状态外,打开 2~3 级针型阀和气流通路上的所有阀门,确保设备完好,气路畅通,各级安全阀开启压力合适,灵敏可靠。

(6) 检查仪表。各级压力表量程合适,表阀处于开启状态;差压计上下游阀处于关闭状态,平衡阀处于开启状态。

(7) 加热炉点火升温。高压气井为防天然气水合物堵塞,需加热。新井投产前加热炉要按操作规程先点火升温,若用锅炉则要达到规定的蒸汽压力。

(8) 与调度室和用户联系。及时与调度室联系,告知投产时间及产量,若为直供用户或对某些用户影响较大,还要与其取得联系,做好记录。

(9) 测油压、套压。按要求测取油压、套压并做好记录。

(10) 开井:
①缓缓打开井口角式节流阀,要先小后大,平稳操作。
②调节控制各级压力。逐渐调节各级角式节流阀,直到各级压力升至投产方案规定的压力。
③启动流量计,计算气井产气量。各级压力平稳后,启动流量计,先开上流阀,再开下流阀,最后开平衡阀,初算天然气瞬时流量。
④及时计量、排放分离器分出的油水。

3. 气井投产安全注意事项

气井投产前必须做好防憋压、防火防爆、防天然气水合物及防中毒等工作,编制好 HSE 安全预案。

二、天然气安全生产隐患及安全生产技术

1. 天然气安全生产隐患

鉴于天然气的特性和天然气生产的特点,在采气工程中往往存在如下安全生产隐患:

1) 采气井口故障

采气井口故障采气井口,特别是高压井口,工作条件很恶劣,易发生阀门泄漏、阀门开关失灵等问题,对安全生产构成很大威胁。

2) 管线憋飞

管线憋飞主要存在三种情况:放喷管线、排污管线、集输管线。

(1) 放喷管线:高压大产量气井在放喷口形成高速气流,产生很大震动和反作用力,特别是气流不均匀时破坏隐患更大。若放喷管线安装不当或管线固定不牢,管线可能失去控制,往

往伴随失火,造成重大事故。

(2)排污管线:排污管线若安装不当,固定不牢,操作过猛也可能憋飞。

(3)集输管线:输气管线,特别是明管,若发生爆炸、断脱,由于管线压力高,天然气短时间内释放大量压能,瞬时流量又很大,管线一般未固定,极易憋飞。

3)管线及设备爆破

天然气黏度低,流速快,管道设备被脏物或天然气水合物堵塞,或阀门操作错误,极易发生憋压,造成管线、分离器、换热器等设备破坏。

(1)管线爆破:管线压力超过其允许强度发生爆破;天然气中含有 H_2S 时,管线选材不当,会产生氢脆,使钢材强度降低,造成管线爆破;管线因内腐蚀,管壁减薄,导致爆破。四川盆地气田沙泸威线就因腐蚀减薄而多次爆破。

(2)分离器爆破:分离器是矿场的重要受压容器之一。分离器内压力升高,由于容器直径大,其钢材的应力迅速增加,是井场设备的薄弱环节。

(3)换热器的爆破:采气工艺上使用的水套炉是按常压设计的,若发生放空阀堵塞或操作失误,可造成水套炉产生蒸汽而带压工作,极易发生爆破。

(4)其他设备爆破:采气中常使用锅炉,若水质不合格,排污不当,锅炉产生水垢和内腐蚀、缺水烧干锅、超压等均可造成锅炉爆破。油罐、氧气瓶、乙炔气瓶使用不当都会发生爆炸。

4)天然气火灾、爆炸

燃烧必须具备三个条件:一是要有可燃物;二是要有助燃剂(氧化剂);三是要有足够高的温度。天然气是碳氢化合物的混合物,其主要成分是甲烷、乙烷,都是易燃物,又极易与空气混合,点燃温度也很低,是一种易燃烧气体。

在常温常压下,气体正常燃烧,燃烧波传播速度为 0.3~2.4m/s。可燃气体与空气混合达到一定浓度时,遇火源就迅速燃烧。此时,燃烧波的传播速度可高达 900~3000m/s,产生局部高压,放出大量热量而产生爆炸。

可燃气体与空气混合发生爆炸的浓度范围称为爆炸极限。最低的浓度为爆炸下限,低于这个浓度混合气体不燃烧也不爆炸;最高浓度称为爆炸上限,高于这个浓度气体只燃烧,不爆炸。气体与空气混合浓度在爆炸上下限之内就有爆炸危险。爆炸下限越低,上下限范围越大,就越危险,爆炸往往引起火灾。常见可燃气体和液体爆炸极限见表8-7。

表8-7 常见可燃气体、液体爆炸极限

物质名称	引燃温度,℃	爆炸极限,%	
		下限	上限
甲烷	>537	5.00	15.00
乙烷	>515	2.90	13.00
丙烷	>466	2.10	9.50
丁烷	365	1.80	8.40
戊烷	285	1.40	8.30
己烷	233	1.20	7.80
庚烷	215	1.10	6.70

续表

物质名称	引燃温度,℃	爆炸极限,%	
		下限	上限
异辛烷	410	1.00	6.00
硫化氢	260	4.30	45.50
一氧化碳	605	12.50	74.00
甲醇	455	7.30	36.50
乙醇	422	3.50	19.00
氢气		4.10	74.20
汽油	280	1.40	7.60
乙炔	305	1.50	82.00

5)中毒

天然气生产过程中,会有甲醇、硫化氢、汞、铅等有毒物,处理不好易发生中毒。

(1)甲醇中毒。采气过程中使用的防冻剂甲醇具有中等程度的毒性,可通过呼吸道、食道及皮肤侵入人体。食用时其中毒量为 5~10mL,致死量为 30mL。空气中甲醇含量达到 39~65mg/m³ 时,人在 30~60min 内就会出现中毒反应。甲醇很易透过含脂肪组织,中毒后可引起严重精神系统及视觉方面的症状。

(2)H_2S 中毒。H_2S 是剧毒气体,当在空气中的体积浓度为 1.0×10^{-6}mg/L 时,即可被人嗅到,工作环境允许的 H_2S 在空气中的浓度不大于 1.0×10^{-6}mg/L。空气中 H_2S 含量为 7.0~140.0mg/m³ 就能引起慢性中毒,1500mg/m³ 就会引起重度中毒。轻度中毒主要症状是畏光、流泪、眼刺痛、流涕、咽干、咳嗽、轻度头痛、头晕、乏力恶心。中度中毒症状是明显头痛、头昏、全身乏力、恶心、呕吐、短暂的意识障碍等中枢神经系统症状及明显的眼、呼吸道黏膜刺激,表现为畏光、流泪、眼刺痛、视物模糊、咳嗽、胸闷。重度中毒症状为心悸、呕吐、呼吸困难、紫绀、倒地、失去知觉,剧烈抽搐,瞬间呼吸停止,数分钟后可因心跳停止而死亡。

6)其他隐患

(1)雷击。厂房和生产设施,防雷装置不合格和防雷接地电阻过大或失效都可能发生雷击,造成人员伤亡和火灾。

(2)触电。机电设备漏电,接地保护失灵;电话线、广播线与供电裸线接触,使电话线、广播线带电;供电线绝缘老化、磨损使其与其他导电体接触而带电;供电线断脱掉地;高压线与电话线、广播线、地面距离不够,等等,都可能发生触电事故,造成人员触电伤亡。

(3)电器火灾。电器或电路绝缘老化、短路、过载均能引起设备线路过热而发生火灾。

(4)静电事故。化纤在干燥环境摩擦会产生静电;汽油、柴油、苯等易燃液体具有较大电阻,互相摩擦或流动时都会产生静电。静电聚集到一定高的电压时就可能放电,产生电火花而引起火灾。

2. 天然气生产安全技术

天然气生产中有些安全技术,如机电设备安全、受压容器安全与其他行业相同。这里主要针对采气中的特殊事故隐患,总结经验教训,介绍经长期实践形成的一些安全技术。

1)防止管线憋飞

防止管线憋飞要按规定设计、选材、安装及操作。

(1)放喷排污管安装要求:

①放喷管安装要平,尽量避免上坡下坎等大的起伏。

②放喷管安装要直,尽量少拐弯,禁止90°转弯。

③固定牢固。放喷管线按一定间隔用地脚螺栓固定牢,放喷口要加大地脚螺栓水泥基墩,确保管线振动不会把地脚螺栓拔起。

④在天然气中含有硫化氢时,放喷管材要选抗硫管材。

⑤放喷管线不得焊接。

(2)放喷排污操作要求:放喷排污操作要求平稳,操作不平稳会产生很大震动;排污时不得把大量天然气排入大气中。

(3)人员远离放喷和排污口。

(4)放喷天然气要烧掉,含 H_2S 的天然气一定要烧掉,以免污染大气。

2)预防设备爆破

(1)设计:锅炉、分离器、场站管线等设备,要由有资质的单位按设计规范设计;材料和强度要保证使用要求。

(2)安装:要由有资质的专业队伍安装,焊口要探伤和照片并取样做金相分析;完工后要经试压验收,合格后方能投入使用。

(3)操作管理:

①操作人员要持证上岗,做到"三懂四会",即懂设备原理、懂设备性能、懂设备结构,会操作、会检查、会维护保养、会排除故障。

②按规定时间和内容对设备维护保养。做好清洁、润滑、调整、扭紧、防腐"十字作业",做到无脏、松、漏、缺和无跑、冒、漏。

③对分离器、锅炉要严格执行压力容器安全技术监察规程。

④严禁压力容器、管线超压,严禁设备超负荷运行。

3)防火防爆

(1)易发生天然气火灾和爆炸的情况。

①先开气后点燃:在生产和生活用气中,由于无知或疏忽,先打开控制阀供气,然后点火,若控制不好,天然气与空气混合浓度达到爆炸极限,就会引起爆炸。

②停气后火灭而未关控制阀:民用和生产用气因故停气,火自然灭掉,操作管理人员未关闭控制阀,恢复供气后天然气漏入大气。若天然气与空气混合达到爆炸极限,操作人员开灯、开电扇或盲目点火,都会引起爆炸。

③炉膛内有余火:炉灶熄灭后,由于控制阀内漏,炉膛内聚集天然气,若不通风置换余气就点火,也极易发生天然气爆炸。

④人走未灭火:民用气烤火,人离开未灭火,后因压力升高,火苗增大或软管冲掉而发生火灾。

⑤管线阀件泄漏:有些埋地管线微漏,往往不易发现,天然气经地下通道渗流到生产和生活场所,一遇火源就发生火灾或爆炸。

⑥烘烤无人看管:烘烤无人看管,衣物干后飘落到火上引起火灾。

⑦置换空气太快:管道用天然气吹扫,置换空气速度太快,易引起爆炸。

⑧硫化物自燃:输送含 H_2S 天然气,管内有硫化物,检修后,管道内有空气,恢复供气,操作不当,可由硫化物自燃引起爆炸。

(2)防火防爆措施。

①气田建设严格执行防火规定:气田建设的设计、施工要严格执行防火规定,认真进行竣工验收,合格后方可投入使用。

②加强上岗前培训:安全技术既有知识管理,也有技术管理,对职工进行这两方面的培训至关重要。务必使职工对本岗位的事故隐患有深刻的认识,经严格理论和操作考察,合格者持证上岗。

③加强防火防爆安全教育:采气工程工作对象是易燃易爆的天然气和其他易燃液体。井口装置、集配气站、低温站、增压站、输气管道都是易燃易爆场所。因此,天然气生产安全技术的重点是防火防爆。要对职工进行这方面的系统教育,对防火防爆高度重视,认真执行防火防爆规章制度。

④搞好"三标班组"建设:生产的基础是班组,班组安全生产搞好了,安全生产就有了保证,我国安全部门推行的"标准岗位、标准现场、标准班组"建设是工矿企业安全工作的宝贵经验,应大力推广。

⑤加强设备管理,杜绝气、液泄漏:采气生产中使用的设备,有很多是通用机电设备,这些设备都有其使用管理制度,认真贯彻执行,就大大减少了火灾和爆炸的危险。

⑥易燃易爆场所不准带火种:易燃易爆场所不准带火种(火柴、打火机等)是防火防爆的硬措施,必须坚决执行。到油库罐区不得穿钉子鞋和化纤衣服。

⑦易燃易爆场所不得有明火:易燃易爆场所无明火,若因生产工艺需要明火,则必须有足够的防火间距,配备足够的灭火设施。

⑧易燃易爆场所必须使用防爆电器:易燃易爆场所的照明、机电设备,必须使用防爆电器,以免电火花引起火灾或爆炸。

⑨易燃易爆场所防静电:易燃易爆场所电器、机电设备、分离器、油罐等金属容器必须接地,接地电阻小于10Ω,以防静电放电造成火灾或爆炸。

⑩配备甲烷监测仪:易燃易爆场所配备甲烷监测仪,随时监测大气中甲烷浓度,若有危险,立即采取措施,这是防火防爆的一项重要措施。

⑪易燃易爆场所严格执行动火管理:易燃易爆场所维修动焊要由技安部门发动火证,要专人监测用火场所甲烷浓度。维修油罐等装过易燃易爆气体或液体的容器,要洗净并用空气或惰性气体置换干净,经仪器监测合格方能动焊。现场阀件挂开关牌,未经现场技安人员许可,不得动火操作。

4)防中毒

(1)防甲醇中毒。采气工程使用甲醇虽然不多,但还是要留意尽量不直接接触甲醇,作业场所要通风,操作人员位于上风,以免吸入甲醇蒸气。戴防毒面具操作。

(2)防铅中毒。日常生活接触的物质中,很多是含铅的,采气工程中常与含铅汽油、油漆、小炼厂的四乙基铅、铅印、蓄电池接触,尤其是四乙基铅有剧毒。作业时要带好劳动保护,避免与它们直接接触。有铅车间通风良好。车间铅烟浓度小于 0.03mg/m^3,铅尘小于 0.05mg/m^3,四乙基铅在空气中浓度小于 0.005mg/m^3。

(3)防 H_2S 中毒。在有 H_2S 危险场所作业,要做到:
①操作人员位于上风口;
②佩戴安全面罩或自给式正压空气呼吸器;
③用专用仪器检测硫化氢浓度;
④排空硫化氢的油、气要烧掉;
⑤对设备勤检验,防止硫化氢油气泄漏;
⑥救护车和医务人员现场值班;
⑦含 H_2S 天然气放空,必须点燃。

三、采气工程环境保护技术

防止污染,保护环境,是我国可持续发展的基本国策之一。"三废"排放是环境污染的根源,采气工程也存在"三废"排放。随着国家对环境保护措施的加强,我们也应积极治理"三废",保护环境,保证职工健康。

1. 采气工程的环境污染因素

1)大气污染

(1)采气过程中放空、排污。天然气进入大气造成空气污染,特别是天然气中含有 H_2S,污染就更加严重。

(2)设备泄漏,油气进入大气。

(3)设备和输气管道爆破,大量天然气进入大气。

(4)加热炉、锅炉、尾气处理装置内的蒸气排入大气。

2)水污染

天然气生产过程中,有的地层会产出水、原油或凝析油,这些液体排入周围环境就可能造成水污染。

地层水是一种废水,它含有多种无机盐,特别是 Na^+、Ca^{2+}、Ba^{2+}、Cl^-、CO_3^{2-}、HCO_3^-、SO_4^{2-} 等,都会对水源造成污染。

有些地层水中含有 H_2S,未经处理排入水域对水域造成严重污染。

有些气藏为凝析气藏,若排污处理不当会有烃类排入水域造成污染,特别是有的凝析油中含有 H_2S 和有机硫(硫醇和硫醚),这是剧毒物质,排到周围环境,会造成严重污染。

有些地层水含有砷等有害重金属离子。

3)噪声污染

我国规定,新厂噪声要小于 85dB,老厂要小于 90dB。采气生产一般都在野外,噪声不会影响城市居民,但会影响生产现场附近住户和生产职工的正常生活,要高度重视,积极治理。

(1)分离器啸叫:高压大产量气井生产时,气体流经阀门、调压器、引射器、喷嘴、分离器时压力降低,流速增加,气流扰动,会发出刺耳的啸叫,在 10~15m 内噪声可达 100dB 以上。

(2)压缩机噪声:天然气压缩机,特别是大排量、高压缩比多级天然气压缩机,工作时可产生很强的噪声,10~15m 内可达 100dB 以上。

(3)天然气发动机噪声:天然气生产过程中,常使用天然气发动机,大马力天然气发动机,不但噪声强度大,而且是低频噪声,使人特别难受。

(4)高压大排量多缸柱塞泵噪声:高压大排量多缸柱塞泵也会产生很大的噪声。

2. 采气过程中的环境污染防治

采气过程中可能产生大气污染、水污染和噪声污染,而水污染和大气污染是主要的污染。天然气生产企业要重视环保工作,做到预防和治理并重,尽量减少环境污染。

1)大气污染防治

(1)减少天然气放空:在天然气生产过程中,有时迫不得已要放空,但只要搞好场站管线设计,大管线沿线合理设计截断阀,使每次放空量少;放空前把管线余气输往低压系统或低压用气户,把管线压力降低,以减少放空气量。

(2)减少排污跑气:站场排污、管线防水器放水和通球清管作业应平稳操作,尽量减少排污过程中天然气放入大气。

(3)减少设备管线泄漏:搞好设备维护保养,加强输气干线监控,发现泄漏及时处理,减少设备管线泄漏。

(4)放空天然气要烧掉。

2)水污染防治

气田产出水处置不当是采气中的主要污染之一。气水井点多,高度分散,生产条件差,每个点的产水量不同,不同构造、不同层位地层水的有害物成分和浓度也不相同。因此应区分不同情况,因地制宜地制订产出水处理方案,力求处理方法合理、处理设备简单可靠、耗能低、操作方便、效率高、成本低。

综合利用、回注和清除有害物后达标排放是防治气田水污染的 3 个途径。

(1)综合利用。

气田水的矿化度从几千到几十万毫克每升,对于矿化度高达 100000mg/L 以上,且其中含有钠、钾、硼、溴、碘等元素者,可考虑综合利用。

气田水综合利用的工艺方案之一是先制盐,后用制盐余下的母液提取化工产品。另一种方案是用空气吹除—离子交换提取化工产品,然后再制盐。

①先制盐后提取化工产品方案。气田水制盐,最初是用原始的平锅制盐,后改进为扩容蒸发浓缩气田水,提高其矿化度后制盐,最后发展到较先进的真空制盐。真空制盐与平锅制盐相比具有单耗小、成本低、经济效益好的明显优点。制盐后的母液通过浮选、过滤得到氯化钾和粗硼;余下的料液再通过氯气氧化、蒸馏分离出精溴;提溴后的母液再提氯化钡;然后母液经过中和、沉淀、过滤,最后得到碳酸锂。采用此方法,化工产品收率低,一般只有 30%~40%。

②空气吹除—离子交换方案。该工艺流程为气田水经酸化、脱硫,用氯气把溴离子氧化成溴,然后用空气吹除,用氨碱液吸收得到氯化钠;吸溴后的气田水加入芒硝除钡;然后进入树脂

柱进行离子交换,经洗脱、浓缩、分离、沉淀、烘干得碳酸锂,剩下的母液送去真空制盐。该方案产品收率见表8–8。

表8–8 空气吹除—离子交换方案化工产品收率表

产品名称	方法	
	离子交换收率,%	熬盐母液收率,%
KCl	62.22	39.07
Br		32.56
NaBr	80.95	
Li$_2$CO$_3$	82.0	18.63

如果气田水矿化度低,含有用化工元素少,综合利用就不经济了。

(2)回注。

气田水回注是解决气田水污染的好办法。回注的关键是选好回注层,选择回注层的原则为:地层有足够的容积;地层封闭性好,能耐一定压力;注入的气田水与原地层水和地层岩石不发生化学反应。

①钻浅井回注。四川盆地气田出水早期,曾打浅井回注气田水,四川盆地川南气田选的回注层为重二,威远气田选的回注层为雷口坡。钻浅井投资不大,注水成本低,但浅井回注有污染地下淡水层和气田水返出地面的危险,应慎重应用。

②射开漏失层回注。钻井过程中发现一些漏失层,人们自然想到选为回注层,并寄予很大的希望,但实施起来却碰到了很多难题:一是射开漏失层作业费用高;二是多数井射开后漏失量远小于钻井过程中漏失量;三是若地层封闭良好,由于水不可压缩,注水泵压高,总注水量小,若地层封闭不好,可能有露头和地面供水区连通,有二次污染危险。所以这种方式也渐渐被否定。

③枯竭井回注。采枯竭的气井回注是一种有效的方式。这种井地层有一定容积,地层封闭良好,地层能耐压,往往可以采用自流回注。四川盆地气田大多为多产层、多裂缝系统,可有计划地把一些井提高采气速度开采,采枯竭后作为临近气井的废水回注井。如川N8井,井深2210.09m,产层茅口,原始地层压力21.82MPa,原始储量 0.42×10^8m,地层容积 173×10^8m^3。1975年改为回注井,回注压力0.36MPa,基本上是自流回注,总注水量 16.23×10^4m^3。

(3)达标排放。

气田水无综合利用价值,又没有回注条件的就除去其中的有害成分,达标排放。《污水综合排放标准》(GB 8978—1996)规定的气田水排放标准见表8–9。

表8–9 气田水一级标准一般有害物排放标准

项目	最高允许排放值
pH值	6~9
石油类,mg/L	5
悬浮物,mg/L	70
硫化物,mg/L	1.0
化学需氧量(COD),mg/L	60
挥发性酚,mg/L	0.5

①悬浮物。

气田水中都含有岩屑、钻井液和钢材腐蚀生成的微小颗粒,在脱硫和降低 COD 的过程中也会产生悬浮物。这些悬浮物不溶于水,又因很轻而浮在水面上或悬于水中。除去悬浮物一般采用化学混凝法,就是在气田水中加入一定量的絮凝剂,充分搅拌,絮凝剂在水中形成络合物,吸附固体颗粒迅速下沉,达到清除悬浮物的目的。在自来水厂和废水处理中广泛使用混凝剂,它不但能除去悬浮物,还有去油和 COD、脱色等作用。

②石油类。

气田水中一般不含油类,少数凝析气田水含浓度较低的轻质油。低浓度浮在水面上的轻质油用简单的隔油池或化学混凝剂清除。对于高含油气田水,可用萃取法除油(图 8 – 33)和超过滤法除油。萃取法就是使油溶于萃取剂中。萃取剂是一种有机溶剂,它与气田水充分混合,石油类就溶于萃取剂中并因其密度大而下沉与水分离,达到除油目的。为了回收油和萃取剂,还需对溶有油的萃取剂蒸馏分离。另外也可用超过滤处理含油气田水。

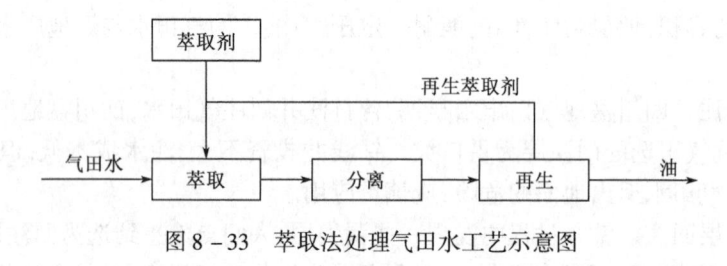

图 8 – 33 萃取法处理气田水工艺示意图

③硫化物。

清除硫化物基本上使用氧化法。气田水中硫化物浓度不同,使用氧化剂种类和浓度也不同。

曝气法:用空气压缩机向气田水中注入空气,使空气中的氧气氧化二价硫离子。其反应为

$$2H_2S + O_2 + H_2O \longrightarrow 3H_2O + 2S\downarrow \tag{8-58}$$

这种方法简单、适用、费用低,能把硫化物浓度低于 60.0mg/L 的气田水处理达标。

强氧化剂氧化法:用高锰酸钾、过氧化氢和漂白粉等强氧化剂处理低含硫气田水。其化学反应式为

$$2KMnO_4 + 3H_2O \longrightarrow 2MnO_2 + 2KOH + 2H_2O + 3S\downarrow \tag{8-59}$$

$$4KMnO_4 + 3H_2O \longrightarrow 2K_2SO_4 + S\downarrow + 3MnO + MnO_2 + 3H_2O \tag{8-60}$$

$$H_2O_2 + H_2S \longrightarrow 2H_2O + S\downarrow \tag{8-61}$$

$$Ca(ClO)_2 + 2H_2S \longrightarrow CaCl_2 + 2H_2O + 2S\downarrow \tag{8-62}$$

这三种氧化剂都能把含硫小于 20.0mg/L 的气田水处理达标,但 $Ca(ClO)_2$ 使用更方便,价格更便宜,使用更广。自来水厂用它来脱硫、杀菌和脱色。

次氯酸钠氧化法:对于高含硫气田水可采用次氯酸钠脱硫,其反应式为

$$NaClO_2 + 2H_2S \longrightarrow NaCl + 2S\downarrow + 2H_2O \tag{8-63}$$

这种方法是将含硫气田水直接加到次氯酸钠发生器(一种电解槽),电解气田水中的氯化钠产生次氯酸钠来氧化气田水中二价硫离子。硫化物浓度高达 1000mg/L 的气田水都可用此方法处理达标,硫化氢浓度越高,电解时间越长。

以上几种脱硫方法都要产生元素硫和其他杂质,使水的浊度增加,为此需要加入絮凝剂除去悬浮物,使水变清。

还可以用超过滤法、氧化生化法脱硫。

④化学耗氧量。

化学耗氧量是气田水中易受强氧化剂氧化的还原物质在氧化时所需的氧量,气田水中还原物质包括有机物、亚铁盐、硫化物等。气田水中COD一般都不太高。

用化学混凝法处理悬浮物和油类时,COD的浓度也会下降。特别是用氧化剂脱硫时,COD会大大减少而达标。

3)噪声污染防治

(1)设计采输系统时充分考虑噪声影响。

①调压器、分离器、压缩机等产生噪声的设备应尽量远离民房和工人住宅区。

②控制天然气流速。噪声随天然气流速增加而增加,因此用管径和压降大小来控制采输系统流速。一般低压管线流速不大于 5m/s,配气管网 15m/s,中压管线 20m/s。

③管线埋地。土壤能吸收噪声,环境噪声会大大下降。

④调压器和输气管线间采用钢丝橡胶管或弹性橡胶垫等柔性连接,可减少震动,降低噪声。

(2)使用隔离罩或隔声套。这些东西用吸音性好的材料制成,能大大降低环境噪声。

(3)建隔声墙。有的产生噪声的设备不便使用隔声罩和隔声套,可用吸音性好的矿渣空心砖砌围墙降低环境噪声。

(4)设备置于地下。把分离器、调压器、压缩机、发动机、高压多缸柱塞泵安装在地下会大大降低环境噪声。

(5)个人保护。操作工人必须操作管理高噪声设备时,要使用耳塞、护耳器、专用隔声头盔等个人防护用具。

第九章 其他特殊类型气藏的开发

按照气藏的特征、开采特点和方式，可将其大体分为常规气藏和特殊气藏。常规气藏一般是指以气体状态储存于储层、比较纯净的天然气气藏；而特殊气藏主要是指储层比较特殊，如页岩气藏、煤层气藏等，或者是天然气性质比较特殊，如凝析气藏、含硫气藏等。特殊气藏由于储层或天然气性质比较特殊，在开采这类气藏时需要采取一些特殊的工艺措施。

本章主要介绍页岩气藏、煤层气藏、疏松砂岩气藏、含硫气藏、凝析气藏，以及天然气水合物开采的特点和开采过程中需要考虑的特殊工艺技术。

第一节 页岩气藏的开发

页岩气是指主要以游离和吸附方式赋存于富有机质泥页岩及其他岩性夹层中的天然气。我国页岩气资源丰富，分布广泛，地质资源量 $134.42 \times 10^{12} \mathrm{m}^3$。从 2010 年开始，经历了借鉴探索、引进吸收、自主创新、完善提高四个阶段，在涪陵、长宁—威远和昭通等国家级示范区实现页岩气规模化商业开发，在储层评价、体积压裂、配套工具与装备、"井工厂"作业等多方面形成了技术体系。2023 年，页岩气全年产量近 $250 \times 10^8 \mathrm{m}^3$，占全国天然气产量的 11%。

一、页岩气储层特征

1. 储层地质特征

页岩是一种广泛分布于地壳中的沉积岩，富含有机质泥页岩发育是页岩气形成的物质基础。在安静、缺氧的水下环境中通常具有生物供给的充足条件，经过相对长时间的稳定沉积，易于形成富含有机质的暗色泥页岩；泥页岩中富含的有机质为页岩气的形成提供了必备的物质基础，泥页岩为页岩气的赋存和储集提供了空间和吸附条件，海相、海陆过渡相及陆相都具有形成富含有机质泥页岩的基本条件。

页岩气主体以游离态和吸附态存在于泥页岩层段中，游离态主要赋存于页岩孔隙和裂缝中，吸附态主要赋存于有机质、干酪根、黏土矿物及孔隙表面上；此外，还有少量天然气以溶解态存在于泥页岩的干酪根、沥青质、液态原油及残留水等介质中；其吸附态天然气可占页岩气赋存总量的 20%~85%，相对比例主要取决于有机质类型及成熟度、裂缝及孔隙发育程度、埋藏深度及保存条件等。泥页岩孔隙度非常小，属于典型的致密储层，它既是源岩又是储层，为典型的"自生自储"成藏模式。

2. 储层物理特征

页岩储层基质孔渗性非常低，孔隙度一般为 4%~6%，渗透率小于 $0.001 \times 10^{-3} \mathrm{\mu m}^2$，裂

缝的存在可大大增加页岩的孔渗性,游离态页岩气主要储集在页岩基质孔隙和裂缝等空间中,因而裂缝的发育程度控制着页岩中气的富集程度。页岩孔隙与微裂缝越发育,页岩气富集程度就越高;控制页岩气产能的主要地质因素为裂缝的密度及其走向的分散性,裂缝条数越多,走向越分散,连通性就越好,页岩气产量就越高。除了页岩地层中的自生裂缝系统以外,构造裂缝系统的规模性发育也为页岩气丰度的提高提供了条件保证。

泥页岩具有页理状结构、块状结构、粉砂泥状结构、鲕粒或豆粒结构和生物泥状结构等,泥页岩的矿物成分较复杂,矿物组成主要包括黏土矿物、石英、长石和碳酸盐等。黏土矿物通常具有较多的微孔隙和较大的比表面积,对页岩气有较强的吸附能力;石英和碳酸盐矿物含量的增加可提高岩石的脆性,有利于天然裂缝的形成,为游离气提供了储集空间,提高了泥页岩的储集和渗流性能,矿物组成的分层性和脆性为实施工程压裂提供了有利条件。

二、页岩气目标区评价

全球页岩气资源十分丰富,由于页岩的基质渗透率低、开发难度大,很多区域不能投入商业性开发,因此页岩气目标区(也被称为"甜点"区)评价技术成为页岩气开发关键技术之一。

1. 国外评价方法

国外各大石油公司根据自身经营情况、所在区域页岩油气地质条件和开采技术的不同,采用不同的评价指标体系。以 BP 公司为代表的综合风险分析法,主要考虑构造格局和盆地演化、有机相、厚度、原始总有机碳、镜质组反射率、脆性矿物含量、现今深度和构造、地温梯度、温度 9 个参数;以埃克森美孚为代表的边界网络节点法,主要以气井的经济极限产量为目标函数,以影响目标函数的各层次展开的控制参数为边界函数,利用节点网络分析方法进行预测分析;以雪佛龙公司为代表的地质参数图件综合分析法,主要考虑地质因素、钻井因素、环境因素三大类十多个参数。

2. 国内评价方法

《全国页岩气资源潜力调查评价及有利区优选》,将页岩气分布区划分为远景区、有利区和目标区(表 9-1)。

表 9-1 页岩气选区参考标准

选区	主要参数	海相	海陆过渡相或陆相
远景区	TOC	\multicolumn{2}{c}{≥0.5%}	
	R_o	≥1.1%	≥0.4%
	埋深	\multicolumn{2}{c}{100~4500m}	
	地表条件	\multicolumn{2}{c}{平原、丘陵、山区、高原、沙漠、戈壁等}	
	保存条件	\multicolumn{2}{c}{现今未严重腐蚀}	
有利区	泥页岩面积下限	有可能在其中发现目标(核心)区的最小面积,在稳定区或改造区都可能分布。根据地表条件及资源分布等多因素考虑,面积下限为 200~500km²	

续表

选区	主要参数	海相	海陆过渡相或陆相
有利区	泥页岩厚度	厚度稳定,单层厚度≥10m	单层泥页岩厚度≥10m;或有效泥页岩与地层厚度比值>60%,单层泥岩厚度>6m且连续厚度≥30m
	TOC	平均≥1.5%	
	R_o	Ⅰ型干酪根≥1.2%;Ⅱ型干酪根≥0.7%;Ⅲ型干酪根≥0.5%	
	埋深	300~4500m	
	地表条件	地形高差较小,如平原、丘陵、低山、中山、沙漠等	
	总含气量	≥0.5m³/t	
	保存条件	中等—好	
目标区	泥页岩面积下限	有可能在其中形成开发井网并获得工业产量的最小面积,根据地表条件及资源分布等多因素考虑,面积下限为50~100km²	
	泥页岩厚度	稳定单层厚度≥30m	单层厚度≥30m;或有效泥页岩与地层厚度比值>80%,连续厚度≥40m
	TOC	不小于2.0%	
	R_o	Ⅰ型干酪根≥1.2%;Ⅱ型干酪根≥0.7%;Ⅲ型干酪根≥0.5%	
	埋深	500~4000m	
	总含气量	一般不小于1m³/t	
	可压裂性	适合压裂	
	地表条件	地形高差小且有一定的勘探开发纵深	
	保存条件	好	

注:TOC——总有机碳含量;R_o——镜质组反射率。

页岩气目标区("甜点"区)是依据泥页岩发育规模、深度、地球化学指标、含气量等参数确定,在自然条件下或经过储层改造后能够具有页岩油气商业开发价值的区域,是在基本掌握了泥页岩的空间展布、地化特征、储层物性(含裂缝)、含气量及开发条件等参数,有一定数量的探井控制并已见到了良好的页岩油气显示或产出的基础上,采用地质类比、多因素叠加及综合地质分析技术,优选出的能够获得工业气流或具有工业开发价值的地区。

三、页岩气水平井分段压裂

为了提高页岩储层渗流能力及增大其泄气面积,对水平井分段压裂改造,是目前唯一能高效开发页岩气藏的关键技术,又称为体积压裂技术。体积压裂是指通过压裂将有效储层"打碎",形成网络裂缝(图9-1),使裂缝壁与储层基质的接触面积最大,流体可以在任意方向从基质到裂缝渗流距离最短,可极大提高储层整体渗透率,实现对储层在长宽高三维方向的立体改造,最终能够最大限度地增大泄气体积,提高单井产量。

1. 页岩气开发井网部署

目前页岩气开发主要采用地面集中的丛式井组布井,每个井组3~8口单支水平井;"井工厂"作业模式是页岩气产业化的重要经验之一,即在同一个井场完成多口井的钻井、完井、压裂和生产,所有井筒作业采用批量化的作业模式(图9-2)。

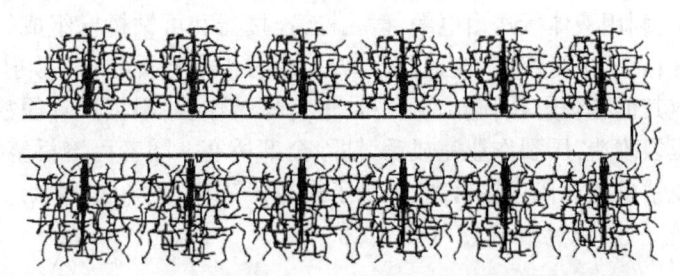

图9-1 页岩气水平井分段压裂后形成的复杂网络裂缝示意图

图9-2 典型的"井工厂"作业井场图

开发井网部署综合考虑储层展布形态、发育特点、物性变化、有机碳含量分布、裂缝、断层及地应力分布等地质因素,遵循以下原则:

(1)井距合理,力求最大限度地控制地质储量,提高储量动用程度、单井产量及采收率,达到经济评价要求。

(2)水平井方向尽可能垂直于最大主应力方向,使井筒穿过尽可能多的裂缝带。

(3)水平段长度合理,要根据页岩气的地质特点、储层改造效果等因素,采用类比法、数值模拟方法,结合经济评价,优化确定,目前多为1500m左右。

(4)利用最小的地面井场使开发井网覆盖区域最大化,为后期的"井工厂"钻完井作业、压裂施工、生产管理奠定基础,地面工程也得到简化。

(5)在多层组页岩气藏中,应根据储层性质、压力系统、隔层条件、压裂工艺技术,合理划分和组合层系,尽可能用最少的井数开发最多的层系。

2.水平井分段压裂技术

根据水平井分段压裂工具的不同,页岩气水平井分段压裂技术主要有"多簇射孔+桥塞分段"(PNP)压裂技术、多级套管滑套分段压裂技术和水力喷射多段压裂技术。

1)PNP分段压裂技术

该技术已经成为岩气水平井分段压裂的主体工艺技术,适用于套管完井的水平井,工具主要由多簇射孔枪和桥塞组成;优势是适用于大排量、大液量、长水平井段连续压裂施工作业,多簇射孔有利于诱导储层多点起裂,有利于形成复杂缝网和体积裂缝。

其工艺原理是:利用液体投送由电缆、射孔枪、连接器和可钻桥塞组成的井下分段压裂管柱至预定坐封位置;点火坐封桥塞,连接器分离,上提射孔枪至预定第一簇射孔位置并射孔,拖动射孔枪依次完成其他各簇射孔;起出射孔枪,进行压裂作业;根据设计段数,用同样方式,依次完成其他各段压裂改造;压裂作业完成后,钻除全部桥塞。随着可溶桥塞技术的突破,目前已用完全可溶的免钻桥塞替代可钻桥塞,减少了最后的钻塞工序(图9-3)。

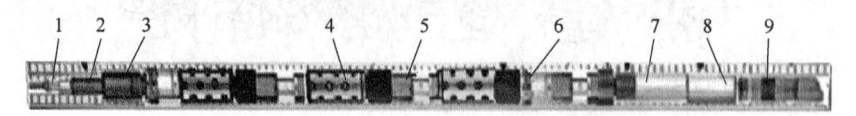

图9-3 免钻桥塞PNP分段压裂管柱示意图
1—电缆绳帽;2—磁定位仪;3—快换接头;4—射孔枪;5—隔离短节;6—滚轮短节;
7—坐封工具;8—推筒;9—可溶桥塞

2)多级套管滑套分段压裂技术

该技术是在固井技术的基础上、结合开关式固井滑套而形成的分段改造完井技术,适用于套管固井完井水平井的定点和精确分段,可以实现无限级分段压裂。针对井径变化较大、不规则的裸眼井,采用此工艺可以有效解决增产改造作业中封隔器失封、窜层的问题。国外公司此技术较为成熟,国内总体应用较少。

其工艺原理是:根据气藏产层情况,将滑套与套管连接并一趟下井内,实施常规固井,再通过下入开关工具、投入憋压球或飞镖,逐级将各段滑套打开,进行分段压裂;压裂完成后进行冲砂返排(图9-4)。

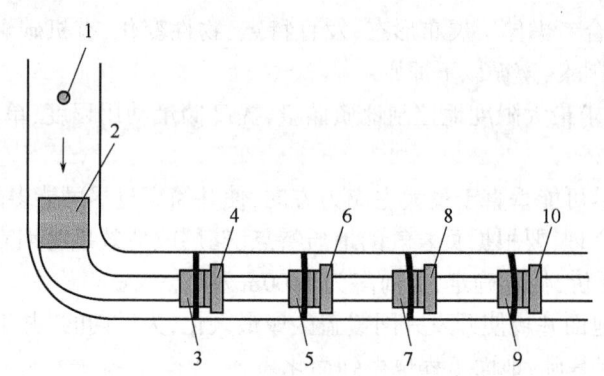

图9-4 多级套管滑套分段压裂完井管柱图
1—可钻球;2—悬挂封隔器;3、5、7—投球滑套;4、6、8、10—裸眼封隔器;9—压差滑套

3)水力喷射多段压裂技术

该技术是集射孔、压裂、隔离一体化的增产措施,专用喷射工具产生高速流体穿透套管和岩石,形成孔眼,孔眼底部流体压力增高,超过破裂压力,造出人工裂缝。该技术不需要井下封隔器,降低井下作业风险;降低地层破裂压力,有助于裂缝的形成和延伸;不受完井方式的限制,可以实现无限级多段压裂;各段通过调整水力喷嘴的数量,能够实现多簇水力喷射压裂;但对套管的伤害较大。

其工艺原理是：油管内流体加压后，经喷嘴喷射而出的高速射流，穿透套管和水泥环，在地层中射流成缝眼，并通过环空注液使得井底压力控制在裂缝延伸压力以下，而射流出口周围流体流速最高，压力最低，环空泵注的液体在压差下进入射流区，并与喷嘴喷出的液体一起被吸入地层，同时由于射流的影响，缝内压力大于地层延伸压力驱使裂缝向前延伸。水力喷射多段压裂管柱结构组成包括连续油管安全接头、扶正器、水力喷射工具、平衡阀/反循环接头、封隔器、锚定装置、机械式接箍定位器等(图9-5)。

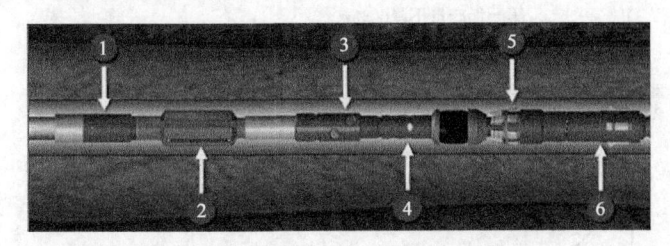

图9-5 水力喷射多段压裂管柱结构示意图
1—连续油管安全接头；2—扶正器；3—水力喷射工具；4—平衡阀/反循环接头；
5—封隔器和锚定装置；6—机械式接箍定位器

四、页岩气井生产特征

页岩气开发伴随着体积压裂工艺，在压裂投产初期一年内产气量高、递减快，此后递减率逐渐下降，最后进入漫长的低压低产阶段，页岩气井全生命周期均伴随压裂返排液采出。

1. 页岩气流动机理

页岩气储层因分段压裂，形成的人工裂缝和天然微裂缝缝网结构，具有复杂的空间多尺度性：纳米级有机质粒内孔隙、纳米至微米级无机质粒间孔隙、微米至毫米级天然微裂缝、毫米至厘米级水力裂缝。整个裂缝网络系统构成相互连通的流动空间，不同的流动空间遵循不同的流动规律，气体流动是一个在微孔隙、微裂缝、宏观裂缝与水力裂缝等渗流通道中连续耦合的过程。

页岩气井生产时，页岩气从气藏流入生产井筒大致可分为4个阶段：(1)在压降作用下，基质表面吸附的页岩气发生解吸，进入基质孔隙系统；(2)解吸的吸附气与基质孔隙系统内原本存在的游离气混合，共同在基质孔隙系统内流动；(3)在浓度差作用下，基质岩块中的气体由基质岩块扩散进入裂缝系统；(4)在地层流动势影响下，裂缝系统内的气体流入生产井筒。

页岩储层中流体的运移机理非常复杂，目前国内外对页岩气储层多场耦合非线性流动机理和规律的研究虽有进展，但仍面临诸多难题，许多方面的认识不清楚，例如页岩气在纳米级孔隙及微裂隙中流动机理、有机质中气体运移规律、开发过程中的解吸—扩散规律、多尺度下的流固耦合流动机理及流动模拟、气水两相流动规律、温度变化引起的热效应等多个方面，都需要进一步研究。

2. 页岩气井动态特征

页岩气井压裂投产后，生产初期的产气量主要来自裂隙和裂缝网络内的游离气；随着裂缝压力的降低，基质孔隙内的游离气开始在压差作用下向裂缝运移；当地层压力下降到临界解吸压力之后,吸附气开始解吸并通过扩散和渗流方式进入微孔隙和裂缝系统;随着压力的降低,裂缝闭合,导致整体裂缝系统导流能力下降。由于气体从裂缝网络产出的速度比气体从裂缝网络基质中解吸到裂缝网络要快,这将引起初期产量的快速递减(图9-6)。

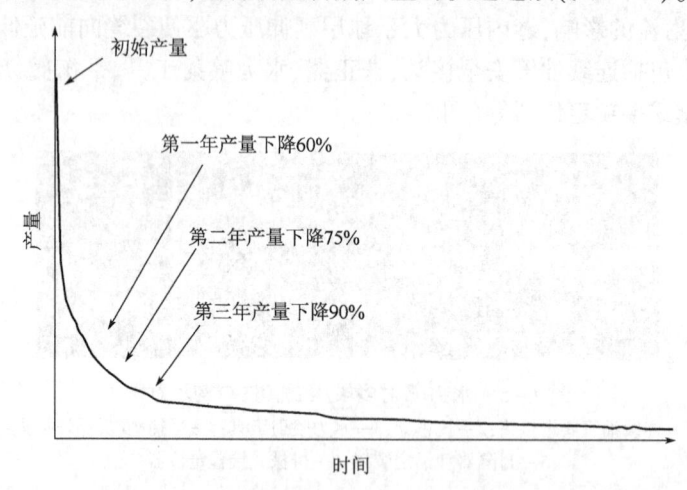

图9-6 页岩气单井产气量—时间变化示意图

随着页岩气伴随压裂返排液采出,页岩气储层能量降低,气井产量、压力逐渐降低;当产量达不到临界携液流量时,油管内的液体(压裂返排液)会在重力作用下滑脱,不断积聚增多形成积液,页岩气井进入排水采气阶段。页岩气井排水采气工艺,总体上沿用常规水平气井的排水采气工艺。

3. 影响页岩气井产量的因素

页岩气渗流机理和开发方式复杂,气井产能受地质条件和压裂改造效果共同影响。研究表明,影响页岩气井产能的关键因素包括天然裂缝发育状况、压裂改造体积(SRV)、总有机碳含量与热成熟度、含气量、脆性矿物含量等。

(1)天然裂缝发育状况。天然裂缝在储层压裂时有助于形成体积裂缝,改善储层的导流能力,而异常裂缝和断层可能会使压裂液进入无效通道,影响压裂改造效果。

(2)压裂改造体积(SRV)。在页岩气储层中,水平井压裂会形成大规模的交叉裂缝群,增大裂缝与基质接触的总面积及改造体积,提高单井产能及累计产量。研究表明,压裂改造体积(SRV)越大,初始产量越大,累计产量越高。

(3)总有机质含量与热成熟度。总有机碳含量和热成熟度直接决定页岩储层的生烃能力;总有机质碳含量一般在1%~3%之间,以大于2%为好;有机质成熟度一般在0.7%~2.5%之间,以1.4%~2.5%相对较好。

(4)含气量。含气量是页岩气井产能的资源基础,含气量越高,游离气占比例越高,单井产能及累计产量越高。

(5)脆性矿物含量。页岩储层中脆性矿物含量越高,对压裂液的要求越简单,使用的支撑剂数量及压裂级数越少,更容易形成复杂裂缝系统,储层压裂改造效果越好,单井初始产量越大,页岩储层采收率越高。

第二节　煤层气藏的开发

随着世界能源供需的不断紧张及传统能源对环境污染的日益加重,煤层气作为洁净能源的重要战略价值以及煤层气对采煤和环保的重要促进作用已经受到越来越多能源生产国的高度重视。煤层气工业是20世纪70年代在国外兴起的新兴能源工业。美国20世纪70年代起步、80年代大力发展、至90年代煤层气工业逐渐发展成一门新兴的能源工业。美国煤层气资源的商业化开发利用的成功,在全世界产生了积极的示范作用,澳大利亚、俄罗斯、波兰、加拿大等竞相对煤层气资源进行开发研究,引进美国的地面钻井开采技术,在煤层气资源的勘探、钻井、采气和地面集气处理等技术领域均取得了重要进展,促进了世界煤层气工业的迅速发展。我国煤层气资源丰富,资源量巨大,近年来也比较重视煤层气的开发,2023年,煤层气全年产量 $110 \times 10^8 m^3$,占全国天然气产量的4.7%。

现阶段常依据煤层气井的开发深度将煤层气划分为浅层煤层气、中层煤层气和深层煤层气三种。具体划分界限为:

(1)浅层煤层气:煤层埋藏深度在500m以下,常见于矿井附近较浅的区域。

(2)中层煤层气:煤层埋藏深度在500~1500m之间,这一深度范围内煤层气的储量大,开采难度与风险也较高。

(3)深层煤层气:煤层埋藏深度在1500m以上,储量较大,但开采难度更大,需采用更先进的开采技术。

一、煤层气的基本特征

1.煤层气的地质特征

煤这种沉积岩,其中除了本身固有的水分之外,质量上50%以上、体积上70%以上是由碳、氢等元素组成的有机物质,同时煤也产生了很多的烃类和非烃类组分。产出的气主要以甲烷为主,但是实际产出的气则是 C_1、C_2、少量的 C_3 以及稍重的 N_2、CO_2 混合物。组成煤层气的物质可以大致分为以下两种:

(1)"易挥发的"低分子量组分,这些组分可以在压力降低、缓慢加热或者溶解开采中释放出来。

(2)另一种组分则是在易挥发组分分离后仍然留在固体物质中。

煤化作用可分为未变质阶段、低变质阶段、中等变质阶段和高变质阶段。其中中等变质阶段是煤层甲烷的主要生成阶段。最大的特点是油、气和重烃兼生并存,烃气属于湿气。在高变质阶段,由于重烃裂解,在贫煤阶段再次出现一个甲烷增量的相对高峰。煤化作用的过程及甲烷的生成见表9-2。

表9-2　煤化作用及甲烷生成

变质程度	煤阶	镜煤反射率 R_o	甲烷生成特征	
未变质	泥煤		生物降解	生物气
低变质	褐煤	<0.5		

续表

变质程度	煤阶		镜煤反射率 R_o	甲烷生成特征	
中变质	长焰煤		0.5~0.7	热解	贫气
	气煤		0.7~0.9		
	肥煤		0.9~1.2		大量生气
	焦煤		1.2~1.7		
	瘦煤		1.7~1.9		
高变质	贫煤		1.9~2.5		
	无烟煤	无烟煤Ⅲ	2.5~6		
		无烟煤Ⅱ			
		无烟煤Ⅰ			
	半石墨及石墨		>6	变生	裂解

煤层气主要是通过生物降解作用和热解作用形成的。在煤未变质阶段到低变质阶段,煤层生成气由生物降解作用生成,生成量占总生成量的10%。随煤化作用不断加深,热降解生成甲烷的过程开始,当 R_o 为1.30%时,已生成的气量可达热成因甲烷总量的76%。在煤化过程中生成的气体仅有10%左右可以保留在煤层中,绝大部分逸散到相邻的煤层中,煤层气是煤层生成气经运移、扩散后在煤层中的剩余量。

2. 煤层的结构特征和含气特征

煤层的储层特征很复杂,因为它们一般为具有两种不同孔隙系统的裂缝性储层,即双重孔隙系统。

(1)原生孔隙系统:在这些储层中,原生的孔隙系统由非常细小的孔组成,这些微孔具有极低的渗透率,但是具有很大的内表面积,其中吸附了大量的气体。由于如此低的渗透率,原生孔隙对水和气都是无法渗透的,然而解吸的气体能够通过扩散过程在原生孔隙系统中传播。在煤中微孔占据了大部分的体积。

(2)次生孔隙系统:煤层中的次生孔隙系统(大孔)主要由存在于所有煤中的裂缝网络组成。这些大孔隙也就是割理,它们嵌入到原生孔隙中去,为流体流动提供渗透性,如图9-7所示,它们可以作为流向生产井的通道,割理主要有以下两种:

①面割理:连续贯穿于整个储层并且能够泄流很大的面积。

②端割理:连接储层中更小的区域,因此,限制了泄流能力。

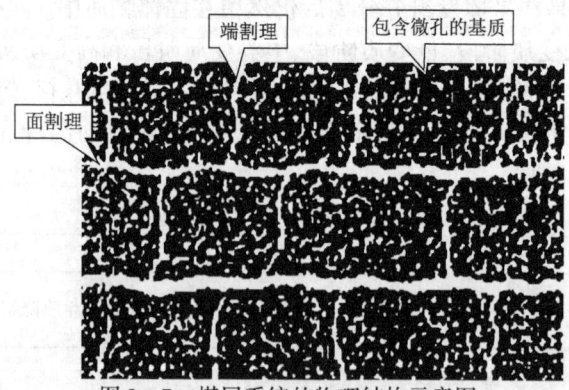

图9-7 煤层系统的物理结构示意图

通过对煤层结构特征和含气特征的基本了解,可知煤层气主要赋存在煤层基质中,即原生孔隙系统中,割理则是作为一种气体运移和扩散的通道。煤储层的孔隙发育特征决定了煤层气藏纵向和横向上渗透率非均质性的存在,地层水常沿高渗透率性割理和裂缝窜入生产井中,导致开发过程中可能有大量水的产生,严重影响了气体的产出。

二、煤层气的开采机理

煤储层为双重介质,由基质和割理组成,与常规天然气藏不同,煤层气主要以吸附状态储集在基质微孔隙中,裂隙中一般不含或含少量气体,而水主要富集在裂隙或割理中,基质孔隙中不含水。

煤层甲烷的产出情况可分为三个阶段,如图 9-8 所示。

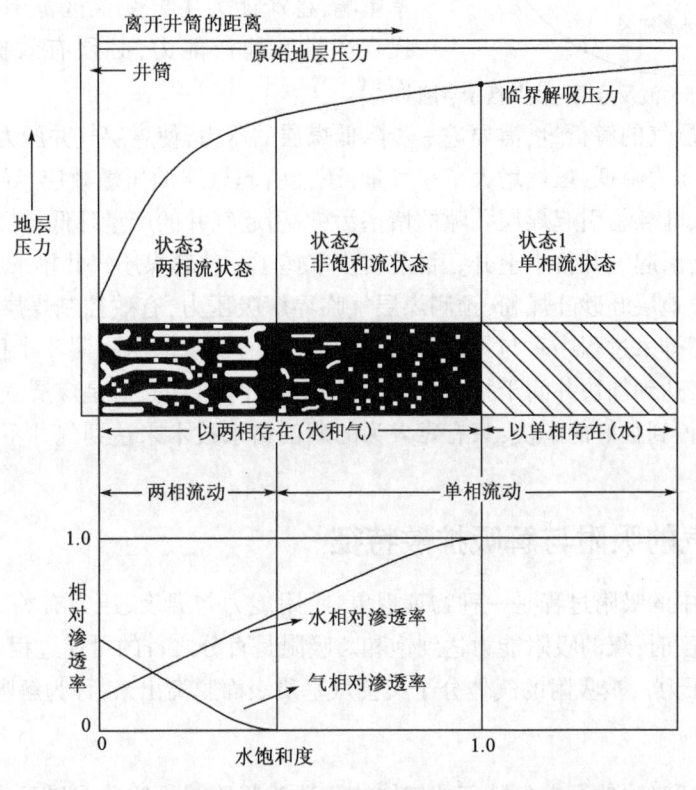

图 9-8 煤层气井周围气水分布及流动状态径向剖面示意图

第一阶段:多数井为欠饱和,随着井筒附近地层压力的下降,只有水产出,这一阶段地层压力下降不多,井筒附近只有单相流动。当储层压力进一步下降,井筒附近开始进入第二阶段。

第二阶段:随着井筒附近压力的进一步下降,这时有一定数量的甲烷从煤的表面解吸,开始形成气泡,阻碍水的流动,水的相对渗透率下降,但气也不能流动,为非饱和水单相流动阶段。虽然出现气水两相,但是水相是可以流动的。当储层压力进一步下降,有更多的气解吸出来时,井筒附近进入第三阶段。

第三阶段:含气饱和度超过临界流动饱和度,气泡互相连通形成连续的流线,形成气水两相流。随着压力下降和水饱和度的降低,气的相对渗透率逐渐上升,产气量也逐渐增加。在这一个阶段,割理系统中形成气水两相达西流动。

这三个阶段是连续的过程,随着时间的延长,由井筒沿径向逐渐向周围的煤层中推进,在井筒周围形成三个区域(图9-9),最外层区域为单相水渗流区,其波及范围主要受煤层对水单相渗透率(K_w)影响,在一定时间内,K_w越大,波及范围越大。中间区为有效解吸区,地层压力降到临界解吸压力之下,气体开始解吸,但含气饱和度小于临界流动饱和度,流动相仍为水相,此时水相渗透率已有所下降,区域范围受K_w、K_{rw}影响。内层区域为两相渗流区,为有效供气区,气、水产量大小主要受相对渗透率影响,稳产能力主要受该区范围大小的影响。为提高产量和稳产能力,必须有效扩大两相渗流区面积。

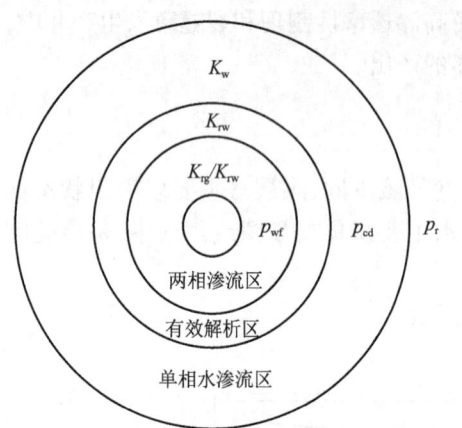

图9-9 煤层气井压力波及范围与供气区示意图

为了加大煤层气的解析量,需要进一步降低煤层的压力,使煤层气井压力波及范围尽可能大。然而煤层的压力降低,虽然增大了采气量,还会引起煤层的压敏效应,导致煤层渗透率降低以及地层吐砂、吐煤粉引起煤层孔隙的堵塞污染,引起气井的产量降低;另外,还会促使远处水层的水的推进,引起气井含水上升。目前初步掌握了一整套煤层气井排采工艺技术,通过控制排采强度,防止地层吐砂吐煤粉,预测煤层气临界解吸压力,有效控制煤层气储层连续稳定生产;初步研究了排采过程中水与气之间的互动关系,通过求取压降漏斗半径,确定合理排采强度和排采方案,达到加快井间干扰、提高煤层气采收率的目的,但是煤层气井或多或少含水的状况一直没有得到很好的解决,只有靠人为的调剖堵水技术来达到气井不含水或者少含水的目的。

三、煤层气的吸附与解吸扩散特征

气体在基质中的吸附过程是一种物理现象,吸附能力与温度、压力有关。当温度一定时,压力达到一定程度时,煤的吸附能力达到饱和。吸附是百分之百的可逆过程,在一定的条件下(达到临界解吸压力),被吸附的气体分子又会从基质表面脱离出来,称为解吸。

1. 吸附特征

单位质量煤所吸附的标准条件下的气体体积称为吸附量。吸附量随压力的增大而增加,随温度的升高而减小。在等温条件下,吸附量与压力的关系曲线称为吸附等温线。煤层气的吸附等温线是评价煤层气吸附饱和度的重要特征曲线。吸附等温线是从实验获得的,通过它可以:

(1) 确定煤层原始状态下煤层气的最大含量,即理论的含气量;
(2) 确定开采过程中煤层产气量随地层压力的变化;
(3) 确定临界解吸压力,即甲烷开始从煤层表面解吸出来时的压力。

煤层气的等温吸附曲线的影响因素主要是煤阶、压力(深度)、温度、煤质。等温吸附模型大致有三类,即吉布斯模型、势差理论模型和Langmuir模型,后者是根据汽化和凝聚的动力学平衡原理建立起来的,目前得到广泛的应用。Langmuir 模型又有几种不同的表示方法,分别是 Langmuir 方程、Freudlich 方程和混合型方程,其中最常用的是 Langmuir 方程,为

$$V = V_m \frac{bp}{1+bp} \tag{9-1}$$

式中　V——压力为 p 时的吸附气体的体积,m^3/t;

V_m——Langmuir 吸附常数,m^3/t;

b——Langmuir 压力常数,MPa^{-1};

p——压力,MPa。

2. 解吸扩散特征

解吸是吸附的逆过程,处于运动状态的气体分子因温度、压力等条件的变化,热运动动能增加而克服气体分子和煤基质之间的引力作用,从煤的内表面脱离成为游离态,即发生了解吸。煤层气的开采正是利用这一原理,人为排水降压,打破能量平衡而使甲烷分子解吸成为游离的煤层气。

解吸是一个动态过程,它包括微观和宏观两种意义。在原始状态下,煤基质表面上或微孔隙中的吸附态煤层气与裂隙系统中的煤层气处于动态平衡;当外界压力改变时,这一平衡被打破。当外界压力低于煤层气的临界解析压力时,吸附态煤层气开始解吸。首先是煤基质表面或微孔内表面上的吸附态发生脱附(即微观解吸);随后在浓度差作用下,已经脱附的气体分子经基质向裂隙中扩散(即宏观解吸);最后在压力差作用下,扩散至裂隙中的自由态气体继续做渗流运动。这三个过程是一个有机统一的工程,相互促进,相互制约。

3. 煤层气的敏感性特征

在油气田开发过程中,孔隙压力不断降低,使地层有效压力增加,导致地应力分布不均、岩石变形,使储层的孔隙度和渗透率等物性发生变化。储层的应力敏感性就是指当有效压力增大时,岩石的孔隙度、渗透率等物性参数值降低的现象。对于煤层气藏,由于其渗透率本身很低,当排水降压时地层压力下降引起岩石的强烈变形,会对渗透率产生很大影响,其渗透率随着有效压力的增加而减少,从而导致气井产能下降,最终影响整个煤层气田的开发效果。另外,煤层气藏含水后,更具有较强的应力敏感性,因此有必要研究在煤层气藏开采过程中储层渗透率特征到底受到了多大的影响,在此基础上采取应对措施,指导煤层气藏的开发。

四、影响煤层气单井产能的因素

煤层气单井产能主要受到地质因素、工程因素的影响。其中,地质因素主要有煤层厚度、含气量、吸附常数、煤层压力、渗透率、孔隙度、相对渗透率、临界解吸压力 8 个因素。工程因素主要有钻井与完井技术、增产措施与压裂技术和排采工艺与排水采气三个方面。

1. 地质因素

以下 8 个参数为煤层的固有属性,是煤层气开发选区时需要重点评价的参数,特别是渗透率和含气量两个参数,需要在选区时重点评价,优选高渗、高含气量区进行开发。

(1)煤层厚度。煤层厚度是煤层气储量与产量的基础,煤层越厚,供气能力越强,产量越

大。美国主要开采煤层气盆地单井累计厚度 6~91m,2~40 层,单层厚 1.8~60m。我国刘家区煤层赋存层数多,共含煤 41 层,最大可采厚度 98.91m,平均 42.96m;煤层间距最大 59m,最小 0.06m,一般 3~10m。

(2)含气量。含气量是煤层气开发选区最重要的评价指标之一。含气量决定煤层吸附饱和程度,含气量越高,临界解吸压力越高,有效泄气面积越大,单井产量越高。

(3)吸附常数。吸附常数决定了煤层气解吸的路径,当 p_L(Langmuir 压力)一定时,V_m(Langmuir 吸附常数)越大,解吸越困难,产量越低;当 V_m 一定时,p_L 越大,则低压区吸附曲线越接近线性,压力下降早期解吸量大,产量高。

(4)煤层压力。在含气量和吸附等温线确定的条件下,煤层压力越接近临界解吸压力,解吸越容易,产量越高。刘家区经试井测得孙家湾煤层、中间煤层、太平煤层储层压力分别为 6.74MPa、6.75MPa 和 8.24MPa;计算储层压力梯度分别为孙家湾煤层 0.907MPa/100m、中间煤层 0.82MPa/100m、太平煤层 0.98MPa/100m,属负压地层。经实测得刘家区煤层临界解吸压力,孙家湾煤层临界解吸压力为 5.0MPa,中间煤层临界解吸压力为 6.0MPa,太平煤层临界解吸压力为 6.6MPa。临界解吸压力如此之高尚属国内少见,这对煤层气开采极为有利。

(5)渗透率。煤层气的渗透率是决定煤层气单井产量的关键因素之一,也是煤层气开发选区的重要指标之一。渗透率越大,压降漏斗波及范围越大,则有效渗流区越大,同时渗流越容易,产量也越高。

(6)孔隙度。煤层孔隙度决定水体积大小,孔隙度大,则水体积大,产水量则大,排水降压周期将较长。煤层孔隙度一般为 2%~15%,如吐哈沙尔湖侏罗系煤层属于气肥煤,孔隙度为 8%~15%,平均孔隙度为 12.5%。

(7)相对渗透率。在有效解吸区和两相渗流区,流体渗流受相对渗透率制约,气相相对渗透率高则气产量高,水相相对渗透率高则水产量高。

(8)临界解吸压力。在含气量和吸附等温线确定的条件下,临界解吸压力与煤层压力越接近,解吸时间越早,有效解吸区域越大,则产量越高。

2. 工程因素

(1)钻井与完井技术。钻井设计和完井方式是煤层气开发的关键环节。钻井设计主要包括井位选择、井身结构、钻井液选择等。完井方式主要包括套管类型、固井材料和完井液选择等,需根据煤层地质条件和开采条件进行优化。钻井设计和完井方式都直接影响煤层气的单井产量。

美国针对不同煤阶和渗透率,形成了低煤阶高渗区空气钻井 + 裸眼洞穴完井技术(粉河盆地开发模式)、中煤阶中渗区直井 + 水力压裂开发技术(黑勇士盆地开发模式)、中高煤阶低渗区直井压裂 + 羽状水平井开发技术,这种开发技术在实践中取得了理想的开采效果。

(2)增产措施与压裂技术。煤层气的增产措施主要有压裂、酸化、注气驱替、分支水平井等技术手段。但实际措施的使用需要根据储层地质条件而定。压裂技术主要有水力压裂、气压裂、复合射孔压裂等。其中水力压裂是煤层气增产的首选方法,美国 90% 以上的煤层气井是由水力压裂改造的,我国产气量在 1000m³/d 以上的煤层气井几乎都是通过水力压裂改造而获得的。

(3)排采工艺与排水采气技术。排采工艺的制定基于排采过程中渗透率的动态变化规律。一般而言,煤层渗透性好的地区以丛式井开发为主;煤层渗透性相对较低、地应力高的地区以 U 形水平井、L 形水平井和丛式井联合开发为主。

五、煤层气的开采特征

与常规气藏相比,煤层气藏开采具有三个方面的特点:一是煤层气在煤中以吸附状态附着在煤的表面;二是在进行大量开采之前,必须降低平均储层压力;三是储层中一般都有水,在采气的同时,必须进行排水。

1. 煤层气井的生产特征

与常规天然气田相比,煤层气的储层和开发机理都有很大的不同,主要区别见表 9 – 3,这些特点也表现出煤层气井的生产特有特征。

表 9 – 3 煤层气储层与常规气储层的特性比较

常规气储层	煤层气储层
气体向井筒的流动符合达西定律	气体在微孔隙内为扩散,裂缝中的流动符合达西定律
气体存储于宏观孔隙中	气体以吸附的形式存储于微孔隙表面
产量符合递减曲线	初始产量增加,后期递减
通过测井可解释气层含量	通过现场解吸可确定煤层气含量
气水比随时间递减	开采后期,气水比随时间递增
无机储集岩	有机储集岩
可能需要通过水力压裂作业提高产量	必须进行水力压裂作业,渗透率取决于裂缝
宏观孔隙尺寸 $1\mu m \sim 1mm$	微孔隙尺寸 $1 \times 10^{-4} \mu m \sim 50 \times 10^{-4} \mu m$
储集岩与源岩不同	储集岩与源岩同层
渗透率与应力关系相对较小	渗透率与应力有很大关系
井间干扰对生产有害	井间干扰对生产有利

图 9 – 10 是一个典型的煤层气井生产曲线。不难看出,开采初期有大量的水被排出,随着储层压力的降低,产水量下降。何时开始产气,与煤层气含量、储层压力和吸附等温线三者密切相关。产气量对储层特性极其敏感。

为了能够降低储层压力,促使气体从煤体上解吸附,必须不间断地进行排水。降低含水饱和度也可以提高储层的气相相对渗透率,从而提高吸附气通过天然裂缝(割理)流向井眼的能力。近井地带较高的含水饱和度可以影响产气量。根据对一组煤层气井的观测,当一口井在煤层截面处

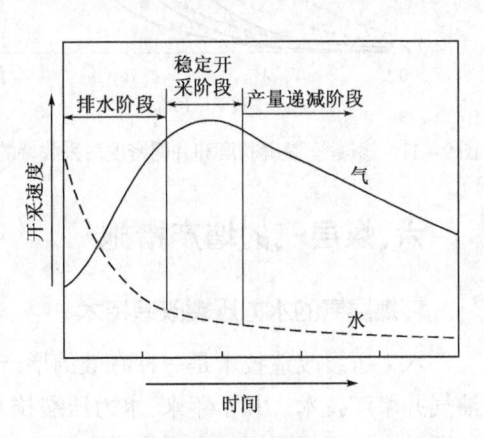

图 9 – 10 典型的煤层气井生产曲线

排水采气时,煤层上的水要积聚1m多深,影响产气量。而降低泵挂深度使液面始终低于煤层,则产气量增加。由此可以得出结论:降低近井地带的含水饱和度,可以提高煤层气的产量。

为了提高煤层气的产量和最终采收率,煤层气的生产设备必须设计成能够在低压条件下采气。在这方面黑勇士盆地的迪尔利克克里克煤田就是一个例子,当井口压力由520kPa降低到100kPa时,产气量增加25%,经济效益大为提高。

2. 煤层气井的布井和泄气面积

如果邻近煤层气井之间的压力干扰有利于地层水的排泄,那么对煤层气井的生产将产生正面影响。因此,了解煤层的渗透率、裂缝长度,在此基础上合理布井对煤层气的开采尤为重要。

由于渗透率对煤层泄压有很大影响,低渗透率的煤层通常采用较小的布井井距,提高煤层泄压效果,增加煤层气的产量,当然,煤层气的布井方式还要考虑渗透率的各向异性。

裂缝的长度也是影响煤层气气井井网密度的因素,在渗透率为$(1\sim100)\times10^{-3}\mu m^2$的煤层,如果裂缝较长,井网密度可大大减小,如果渗透率为小于$1\times10^{-3}\mu m^2$或者极高,那么裂缝长度的影响不大。

Apafford针对黑勇士盆地的迪尔利克克里克(Rock Creek)气田进行了历史拟合,并建立了煤层气采收率、渗透率、裂缝长度和井网密度之间的关系,如图9-11所示。Sawer对圣湖安盆地的模拟研究也说明布井密度对煤层气产量的影响,如图9-12所示,可以看出,布井密度越小,产气量的高峰来得越早。应该注意的是,减小布井井距只能加速开采速度,并不能增加煤层气的最终可采储量。

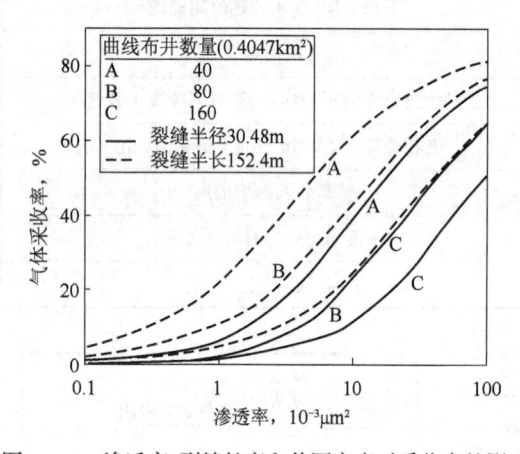

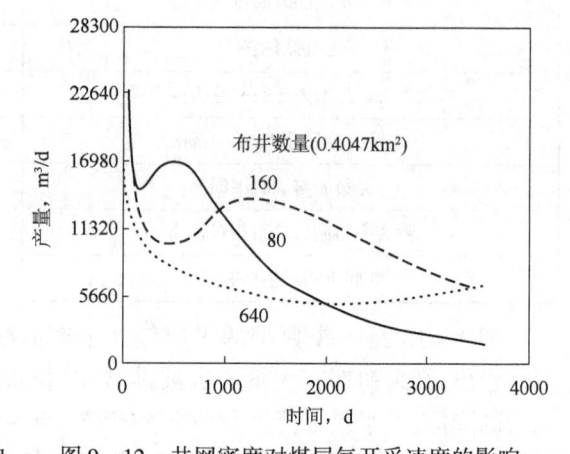

图9-11 渗透率、裂缝长度和井网密度对采收率的影响　　图9-12 井网密度对煤层气开采速度的影响

六、煤层气的增产措施

1. 煤层气的水力压裂改造技术

水力压裂改造技术是一种有效的增产方法,这项技术是20世纪40年代发展起来的一种油气井增产技术。几十年来,水力压裂技术已经发展为一项相当成熟的开采工艺技术。煤层气开采之初就将压裂技术引入煤层气的开采中。施工设计时一般套用常规油气藏的压裂设计

方法。水力压裂技术应用于煤层气增产的主要机理是使高压驱动水流挤入煤中原有的和压裂后出现的裂缝内,扩宽并伸展这些裂缝,进而在煤中产生更多的次生裂缝与裂隙,增加了煤层的透气性。但是煤层气藏与普通油气藏的储层特点存在较大的区别。煤层气藏具有以下特点:(1)煤层的杨氏模量比一般的砂岩或石灰岩储层低(一般小一个数量级),而压缩系数高;(2)气水共存;(3)气藏压力低;(4)气层易伤害;(5)天然气裂缝发育。

由于这些特点,美国天然气研究所(GRI)认为,对煤层进行水力压裂,主要是可以产生较高导流能力的通道,可有效连通井筒和储层。因为开采煤层气需要很快地降低整个产层的储层压力,才能有利于加快排水,所以裂缝的高导流能力在低渗透煤层中特别重要。

现场试验结果还表明水力压裂还可以补救钻井过程中对煤层的任何地层伤害,因为这种地层伤害急剧降低储层内部的压降速度,使排水过程变得缓慢,推迟甲烷气的排放。用压裂方法就可以及早地生产煤层气并加速开发。

但是压裂技术在煤层气生产实践中也存在一些问题。煤层是具有很强吸附能力的介质,吸附压裂液后会引起煤层孔隙的堵塞和基质的膨胀。煤层总的割理孔隙度仅为1%~2%,即使压裂液的吸附导致基质轻微膨胀,也会使割理孔隙度及渗透率相对大地下降。而且这种基质的膨胀是不可逆的。因此,国内外在开始时大量使用清水代替交联压裂液。但是相应的造缝效果就受到了一定影响。煤岩是易破碎的,在压裂施工中由于压裂液的水力冲蚀作用及与煤岩表面的剪切和磨损作用,煤岩破碎产生大量的煤粉及大小不一的煤碎屑,由于它们是疏水性的,不易分散于水或水基溶液(如压裂液),从而极易聚集起来阻塞压裂裂缝的前缘,改变裂缝的方向,导致压裂处理压力过高。尽管形成的裂缝成为很好的渗流通道,但是裂缝前缘的压力却形成了一个阻力屏障。

从我国煤层气试验井来看,先后试验了多种水基压裂液压裂、CO_2泡沫压裂、裸眼洞穴增产技术。对各向异性的煤层气藏压裂的水力裂缝方位研究表明,水力裂缝通常沿面割理(煤层主应力和渗透率方向平行)方向延伸,不能充分进入煤层深部,加上煤层机械强度低、易压缩、易产生煤粉阻塞裂缝,压裂裂缝难以控制,支撑剂易嵌入煤岩,使其对煤层的支撑效果大大降低,并有可能在裂缝周围形成一个屏障区。实施的8口裸眼洞穴完井也未达到改善近井地带渗透率的效果。从国外的开采经验来看,高渗区(煤层渗透率大于$5 \times 10^{-3} \mu m^2$)的裸眼洞穴完井技术能够大幅提高单井产量,但对渗透率低的煤层,增产效果不明显。总之,国内现有增产技术都有本身无法解决的不足及其增产机理相对于中国煤层具有不完善的特点。

从目前的实际应用情况看,水力压裂技术的适用条件是那些相对坚硬的裂缝性储层,而对于较软的孔隙裂隙储层,在应用水力压裂这种方法的时候需要采取对压裂液的特殊处理等有效的措施,新型压裂材料的技术是压裂技术的关键,是今后发展的一个重要方向。

2. 煤中多元气体驱替技术

注气增产法最初应用在石油和天然气的开采中,用来提高石油和天然气的采出率及开采速率,被认为是一种具有发展前途的新措施,在低渗透油气田开采中得到广泛的研究和应用,美国 Amoco 公司目前正在将该法推广应用到低渗透煤层气田的开发中,以提高煤层气采收率和开采速率。

煤中吸附的气体并不是纯甲烷,还含有一定数量的N_2、CO_2和重烃,同时可能含有微量的惰性气体。这些气体的数量虽然不大,但它们对甲烷的吸附和解吸行为会产生明显的影响。在煤层中注入 N_2 和 CO_2 进行驱替排采时,了解多元气体在煤中的相互作用与替代机理是很重要的。国内外众多学者在这方面进行了研究。HallFE、Greaves、Harpalani 及 ArriLE 和 YeeD 等分别对 $CH_4—N_2$ 和 $CH_4—CO_2$ 混合气体进行了吸附测试,结果表明煤对不同气体的吸附能力不同,而且每种气体不是独立吸附的,而是多元气体竞争相同的吸附位,而且吸附和解吸遵循不同的等温吸附曲线。由此认为,在注入 N_2 或 CO_2 进行煤层气排采过程中,N_2、CO_2 与甲烷竞争吸附,可破坏原先煤层中甲烷的吸附平衡状态,使甲烷解吸出来。张力、唐书恒、吴世跃等通过实验和研究得出结论:将 N_2、CO_2、烟道气注入煤层后,注入气体要向煤粒中吸附扩散,打破了原来的平衡和稳定,煤层中的吸附甲烷含量会降低,解吸扩散速率会增大,从而会提高流动速率和采收率。

注气驱替煤层气被认为是一种具有发展前途的新措施,所以目前该方法受到各方面的广泛关注。储层模拟和先导试验也已经表明,在煤层中注入非烃气体可以促进解吸,提高煤层气的单井产量和采收率。

另外,发展注气增产的其中一个关键在气源,在煤层气开采的现场试验中主要采用的注入气体为 N_2 和 CO_2 两种,因此,还要重视寻找天然 CO_2 气源,探索和发展制 N_2、注 N_2、脱 N_2 和制 CO_2 等技术。地下产出的天然高压 CO_2 气,如果运输距离不远,则是最廉价的气源。工业 CO_2 气也可作为提高煤层甲烷气采收率的注入剂。空气中 78% 为氮气,是氮气的主要来源,目前从空气中分离氮气基本上采用两种方法,一是利用冷却技术,二是利用先进的分子膜技术。此外,还可利用化学方法生成氮气,但是大多工艺复杂、成本高、生成量小,应用范围仅限于部分特殊需求。

3. 定向羽状水平钻井技术

定向羽状水平钻井技术是美国 CDX 公司的专利技术。定向羽状水平井是在常规水平井和分支井的基础上发展起来的,是指在一个主水平井眼的两侧再钻出多个分支井眼作为泄气通道。为了降低成本和满足不同需要,有时在一个井场朝对称的三个或四个方向各布一组水平井眼,有时还利用上下两套分支同时开发两层煤层。

定向羽状水平井的分支井筒能够穿越更多的煤层裂缝系统,最大限度地沟通裂隙通道,增大泄气面积和地层渗透率,从而提高单井产量。理论与实践也证明如果储层的纵横渗透率的比值大于 0.1,水平井的产量可以达到直井的 3~10 倍。煤层就符合这个条件。而且该技术应用于煤层气的开发还可以大大减少常规钻井的井数,减少占地面积、钻井工作量和钻井液用量,节约管线等的费用,从而综合提高经济效益,应用前景广阔。由此可见,煤层气储层具有钻定向羽状水平井的有利条件。

美国 CDX 公司首次将定向羽状水平井用于西弗吉尼亚进行煤层气开发,单井控制面积为 $4km^2$,日产量达 $2.8 \times 10^4 m^3$。随后又相继在西弗吉尼亚、阿拉巴马、阿巴拉契亚等地区广泛采用定向羽状水平井,单井日产气 $(3.4~5.7) \times 10^4 m^3$,5 年采出程度达到 85%,说明该技术具有良好的推广应用前景。我国第一口煤层气羽状分支水平井是中国石油天然气股份有限公司煤层气勘探项目经理部引进 CDX 国际公司的钻井专利技术在樊庄高煤阶区取得的试验成功。该井每个井组由 4 口定向羽状水平井和 4 口直井组成,定向羽状水平井穿过煤层段长达

1200m,在煤层沿水平段左、右可分若干分支井眼,一个井组可控制面积 5.8km² 以上,3 年内煤层气采出程度达 70%。

综合国内外关于羽状分支水平井的发展及中外学者对羽状分支水平井的研究可以看出,这项技术适用于较厚且分布稳定、结构完整的煤层,且需要煤阶较高、煤质较硬的地质条件。对缺乏背斜等顶部构造、山区煤层或渗透率较低等不适于直井方式开采的煤层,开采效果更好。

4. 煤层气的调剖堵水技术

气体在原生孔隙中的传输是一个解吸和扩散的过程,也是气体与岩石不断发生作用的过程。煤层气藏在开采过程中受多种因素的影响,特别是吸附和解吸。为了加大煤层气的解析量,需要进一步降低煤层的压力,使煤层气井压力波及范围尽可能大。但是,煤层的压力降低,虽然增大了采气量,也会引起煤层的压敏效应,导致煤层渗透率降低以及地层吐砂、吐煤粉引起煤层孔隙的堵塞污染,使气井的产量降低,另外,还会促使远处水层的水锥进,引起气井含水上升。煤层气井或多或少含水的状况一直没有得到很好的解决,只有靠人为的调剖堵水技术来达到气井不含水或者少含水的目的。

国内外从 20 世纪 70 年代开始就对气藏进行了大量的常规堵水和选择性堵水试验研究工作,但只有少数取得了暂时的效果。到目前该技术只在非均质砂岩气藏上取得一定成功,对于非均质裂缝性碳酸盐气藏,气井堵水的成功率并不高,主要原因是即使井底封堵质量很高也不能阻止大面积的层间裂缝水窜。另外一个原因就是人们受到油井堵水认识上的影响,认为堵水剂强度越大越好,导致的结果是水和气体的渗透率都大幅度减小,气井中气的通道也完全被堵死。因此,国内外研究较多的就是堵水剂的选择。目前国内外研究较多的是采用改进的聚合物交联技术、聚合物桥键吸附技术等。

改进的聚合物交联技术是在凝胶形成的过程中形成一些气的通道,在井底附近重新建立气的渗透率。首先注入含水 99% 的聚合物,将水从近井地带驱走,然后就地成胶,使原来的可动水饱和区被含气通道的不可动聚合物凝胶代替,这些聚合物降低了井底附近的有效残余水饱和度,提高了气的相对渗透率。一般有三种产生气通道的方法,分别为:酸产生气通道法、就地产生气通道法和外部产生气通道法。

聚合物桥键吸附技术主要是通过聚合物在地层孔喉中的桥键吸附来选择性地大幅度降低水相相对渗透率而较小幅度降低气相相对渗透率,达到选择堵水不堵气的目的。它主要是利用了聚合物吸附层的就地舒展特性,既能提高传统堵水方法的效果,又不至于胶联作用而降低气井的产能,并根据地层的不同条件,选用不同类型的聚合物,研究相适应的不同处理方法。

除一般的聚合物凝胶、聚合物处理方法外,国外其他学者还应用了各种形式的泡沫凝胶或三元共聚物等进行了气井堵水技术研究。

5. 采煤采气一体化技术

采煤采气一体化将煤层气开发与煤炭开采紧密结合在一起,煤层开采引起岩层移动,使其上部、下部的煤层和岩层产生变形或断裂并出现卸压。这种动态的应力释放场为煤层气产出提供了足够的通道和驱动能量,极大地提高了煤储层的渗透性。此项技术工艺简单、技术难度小,既降低了煤层气生产成本,又充分调动了煤层气开发的积极性,且大大改善了煤矿安全生产条件,是一项值得倡导的增产技术。但同时它也要求煤层气开采与煤炭开发相互协调、加强统一规划,找到利益的平衡点。

采煤采气一体化技术大幅度提高渗透性,致使采动影响区内地面井的单井产量很高。在短期内就可以采出气藏内大部分的煤层气资源,加快资金回收速度,促进煤层气产业的发展;且无须采用压裂等措施,对煤层伤害小;由于它对煤层的渗透率无要求,从而打破了层气开发的局限性,扩大了煤层气开采范围,是提高煤层气产量的有效途径。

七、深层煤层气的开发

1. 深层煤层气的基本特征

1) 地质特征

我国深层煤层气主要发育石炭—二叠系海陆过渡相和侏罗—白垩系河流—湖泊相煤层。其中,石炭—二叠系海陆过渡相煤层以鄂尔多斯、四川、渤海湾等盆地为代表,为海相、海陆过渡相沉积环境,分布面积广;侏罗—白垩系煤层以准噶尔、吐哈、塔里木盆地为代表,属河流—湖泊相沉积环境,局部富集。其中,缓慢稳定海侵背景下形成的煤层单层厚度大、煤质较好;持续快速海侵背景下形成的煤层单层厚度小、层数多、煤质好;滨湖沉积背景下形成的煤层单层厚度大、煤质一般。

深层煤岩相较于浅层煤岩地质条件更复杂,储层具有高地应力、高流体压力及高地层温度的"三高"特点。地应力和地层温度是深层煤层气成藏的主要控制因素,含气量、渗透率、储层能量、可改造性等根源在于主控因素相互耦合,体现为深层煤层气的成藏效应。高压力条件对煤层吸附性乃至含气性的影响呈现出两种截然不同的效应。(1)正效应,地层压力加大,煤吸附能力增强,导致吸附气量升高;(2)负效应,地层温度升高,煤层气自由能增大,煤吸附能力减弱,造成吸附气量降低。当两种效应在特定埋深下相近或相等时,在煤层吸附气含量—埋深关系中会出现拐点,表现为临界深度。在该深度以深,煤层的吸附气含量低于浅层煤层(图9-13)。临界深度大小与地质条件息息相关。

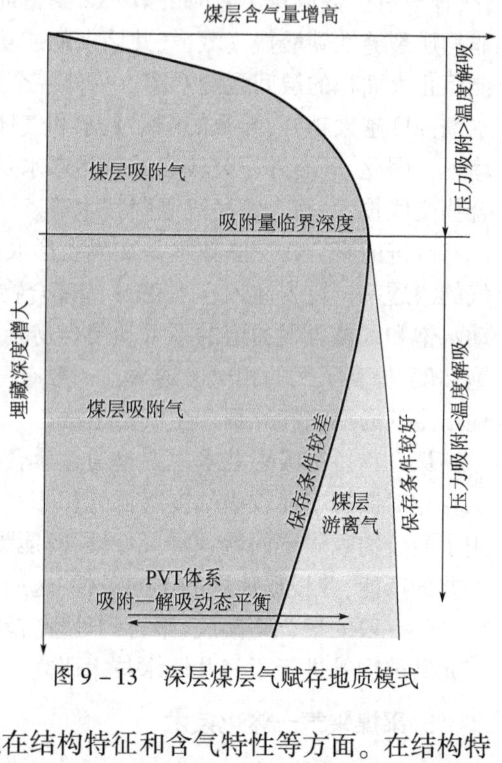

图9-13 深层煤层气赋存地质模式

2) 结构特征和含气特征

深层煤层的特殊性,除了地质特征之外,还体现在结构特征和含气特性等方面。在结构特征方面,煤岩在生烃演化过程中,孔隙大小和数量处于动态变化过程中。在煤化作用过程中总体以微孔(<2nm)和介孔(2~50nm)的增加为主,同时发育割理和裂缝。因此,深层煤岩储层发育为典型的多重孔—缝系统,具有极强的非均质性,且不同变质程度煤岩储层的孔、缝发育差异较大。因此,深层煤岩储层孔隙主要由微孔、介孔和微裂隙组成。微裂隙主要为内生裂隙

（割理），裂缝体积主要由直径 > 100μm 的裂缝提供。大尺度微裂隙构成了煤岩储层裂缝系统。微孔、介孔为深层煤层气提供了大量的吸附点位和赋存空间，是煤层气解吸和扩散的重要通道。微裂隙是控制煤层气产出的主要渗流通道。

在含气特征方面，相比于中—浅层煤层气以吸附气为主，深层煤层气以含气量高且吸附气与游离气共存为特征。吸附气和游离气分布特征如图 9-14 所示。受构造演化和保存条件差异影响，深层煤层气存在过饱和干煤系统、饱和—近饱和湿煤系统及欠饱和湿煤系统。干煤系统游离气含量高，且在深煤层中呈压缩状态，在储层压力 > 10MPa 条件游离气含量可以达到并超过吸附气，易形成高产。湿煤系统中煤岩裂隙或者大孔隙中饱和地层水，需要排水降压解吸产气。

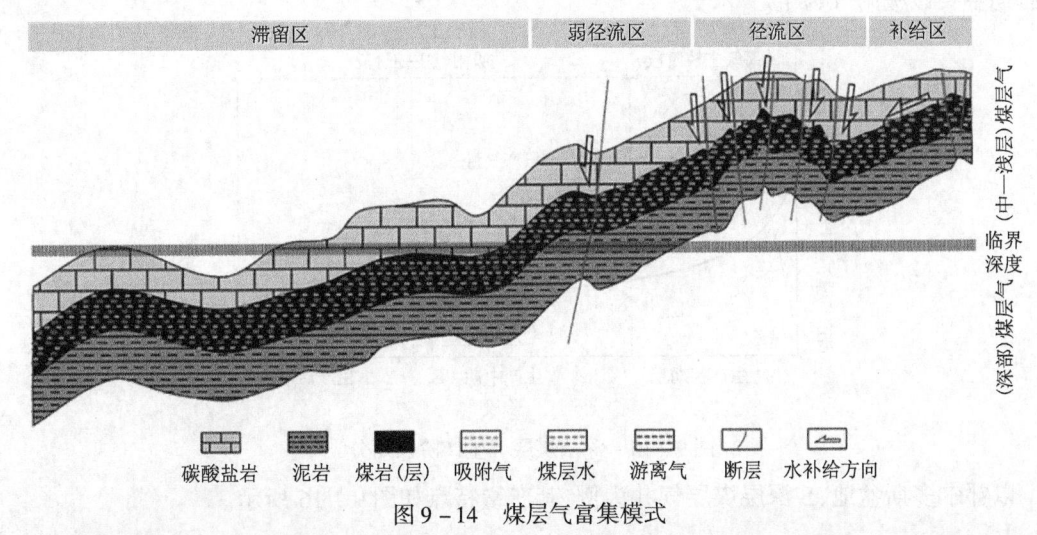

图 9-14 煤层气富集模式

2. 深层煤层气的开采机理

受储层特征及气体赋存状态影响，深层煤层气与中—浅层煤层气产气机理存在较大差异。中—浅层煤层气藏一般为不饱和煤层气藏，实际吸附气量小于饱和吸附量，孔隙裂缝中赋存地层水，产出特征为排水—降压—解吸—产气，即排水降压至解吸压力时，吸附气解吸，随着压降漏斗扩展，产气量不断上升，达到渗流边界后稳产，储层供气能力不足后产气量递减。深层煤层气实际赋存气量大于饱和吸附气量，部分气体以游离气形式存在，并占据孔隙裂隙空间，储层含水饱和度相对较低。游离气产出依赖地层弹性能量，渗流通道建立后游离气大量产出，地层压力随之降低，产量逐渐递减，直至地层能量衰竭开发结束。吸附气产出依赖于地层压力降低，游离气产出后储层压力下降，为吸附气解吸提供先决条件。通过降压解吸，吸附气转化为自由气，补给游离气产出造成的亏空。这在一定程度上对地层能量有维持作用。同时，游离气的存在降低了含水饱和度，避免了水对吸附气解吸的阻碍作用，即游离气与吸附气的产出二者相互促进。

从深层煤岩到中—浅层煤岩，煤岩储层经历了"排气"和"吸水—排气"两个阶段性变化。储层含气量持续降低，含水量逐渐上升，深层煤层气与中—浅层煤层气的主要区别是地层回返抬升过程中保存条件的巨大差异。深层煤岩储—盖组合的完整性更好，水动力条件更弱，并且处于临界深度以下，含气性优势明显。深层煤层气井生产过程中游离气产出依赖地层弹性能量，吸附气产出依赖于地层压力降低。因此深层煤层气产气特点为早期产量便于快速提升，具有早期产量高、递减快的特征。深层煤层气开采理论总体上遵循"扩散—解吸—扩散—渗流"理论和"排气排水—降压—采气"技术流程。

3. 深层煤层气的生产特征

针对深层煤岩储层埋深大、压力高、含气量高、含气饱和度高、渗透率低，以及生产过程中见气早、气液比高、产出液矿化度高等特点，通常将煤层气排采阶段划分为三个阶段：生产初期、生产中期、生产后期，如图9-15所示。其中，生产初期主要以游离气为主，生产中期和生产后期主要以吸附气为主。

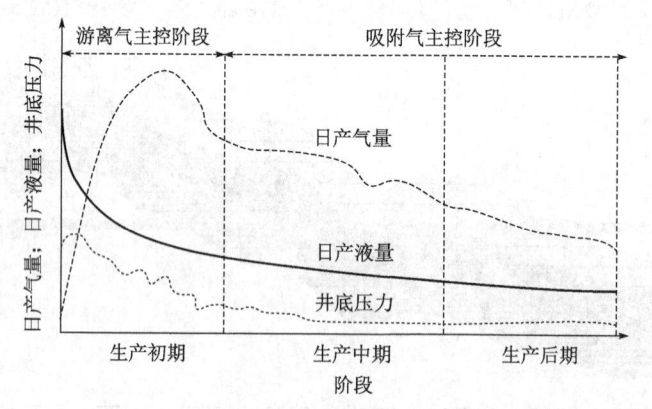

图9-15 深层煤层气生产阶段划分

以鄂尔多斯盆地JS深层煤层气井为例，其产量特点如图9-16所示。

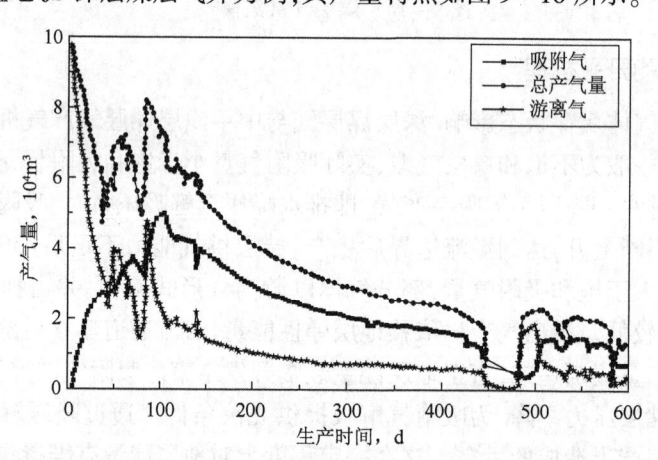

图9-16 鄂尔多斯盆地JS深层煤层气井产气构成

JS深层煤层气井生产可分为三个阶段：阶段Ⅰ为生产初期游离气主导阶段，产气以游离气为主，游离气占比大于75%；阶段Ⅱ为生产中期相对稳产阶段，吸附气产量持续上升、游离气产量下降，总产量保持相对稳产，游离气占比约为40%；阶段Ⅲ为生产后期递减阶段，吸附气、游离气产量同时下降，总产量递减，该阶段游离气占比小于30%。

第三节 疏松砂岩气藏的开发

疏松砂岩气藏属于全球范围内比较典型的一类难开采资源,具有岩性疏松、易出砂、易出水、产量递减快、储量动用程度不均衡等开发技术难题,可借鉴的开发经验少。我国的疏松砂岩气藏主要分布在柴达木盆地、松辽盆地和渤海湾地区,其中柴达木盆地发现的涩北气田系长井段多层疏松砂岩气藏,探明天然气地质储量为 $2768.56 \times 10^8 \mathrm{m}^3$,储层渗透性好,自然产能高,但因岩石疏松、易出砂,严重限制了储层自然产能的发挥。本节重点介绍疏松砂岩气藏的特征和开采工艺。

一、疏松砂岩气藏的主要地质特征及渗流特征

从我国已开发的涩北气田等气田来看,疏松砂岩在储层结构和向井渗流等方面有明显的特征。

1. 疏松砂岩气藏的主要地质特征

(1)东部松辽盆地和渤海湾地区疏松砂岩气藏主要为受储层断裂控制的正常温压岩性或构造气藏;西部柴达木疏松砂岩气藏主要为第四系形成的正常温压同沉积背斜构造气藏。

(2)储层沉积类型为河流相及滨浅湖和浅湖相沉积。

(3)储层主要以粉砂岩和泥质粉砂岩为主,夹层多、胶结疏松,岩石压实作用差。东部渤海湾地区疏松砂岩气藏平均孔隙度为 20% ~30%,渗透率为 $(300 \sim 900) \times 10^{-3} \mu m^2$;西部柴达木盆地疏松砂岩气藏平均孔隙度为 25% ~34%,渗透率为 $(23 \sim 154) \times 10^{-3} \mu m^2$。

(4)大多数气藏有边、底水,气水关系复杂,气水活动性一般。

(5)天然气组分以甲烷为主,多数含量为 95% ~99%,含少量的乙烷、丙烷和氮气,基本不含 H_2S 等有毒气体。

2. 疏松砂岩气藏的主要渗流特征

(1)岩性疏松易出砂:疏松砂岩的典型岩石主要由伊利石、伊/蒙混层、绿泥石、高岭石晶等组成。伊利石吸水后膨胀、分散,易产生速敏和水敏;伊/蒙混层属于蒙脱石向伊利石转变的中间产物,极易分散;高岭石晶格结合力较弱,易发生颗粒迁移而产生速敏。疏松砂岩的这种岩石组成特征导致了其岩性疏松,出砂临界流速低,而且出水降低砂岩强度,加剧出砂。

(2)应力敏感:疏松砂岩具有较强的应力敏感特征。岩心覆压实验数据显示,当净上覆压力从 3MPa 升高到 8MPa 时,岩心渗透率平均下降 56%(图 9 – 17),无阻流量下降 78%。在做开发方案和动态预测时,必须考虑疏松砂岩的应力敏感特征,否则对开发效益的评价将会出现较大的偏差。

(3)气水关系复杂:多期大规模水进水退的沉积历程造成了涩北气田砂、泥岩的频繁薄互层,储层纵向和平面的非均质性较强。如涩北气田小层的气水关系复杂,同一个小层内同时存在气层、差气层、干层、气水同层、含气水层和水层。这种储集特征使得产层的连通性异常复杂,气井普遍出水,产量和出水量波动。

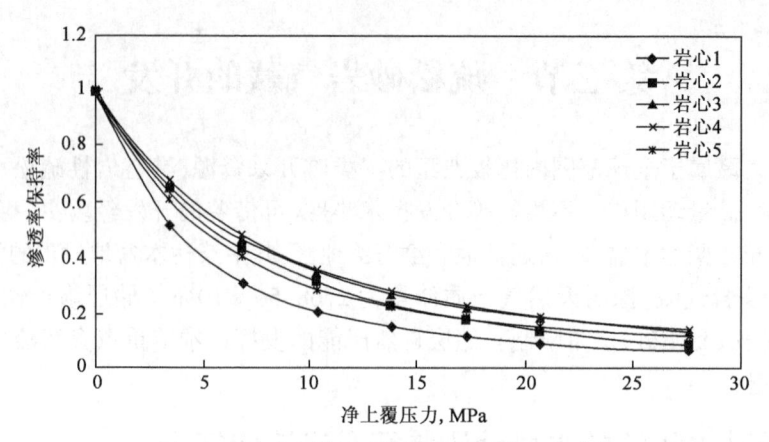

图 9-17 岩心渗透率随净上覆压力变化曲线

(4)气水流动性差异大:储层的束缚水饱和度高,两相共流区窄,气的流动能力易受水的影响。

(5)气水分布的多样化:对于疏松砂岩气藏,储层内水的分布有多种形态,包括储层内的凝析水,层内被泥质条带分割的零星水体,储层内束缚水,泥岩夹层束缚水,储层内可动水,层间独立的水层水、边、底水和工作液侵入水等。

由于气水分布的多样化,气井出水的来源有多种,不同井之间、同井的不同开采阶段,其水源都可能各不相同,水源的鉴别和出水规律分析难度较大。

二、疏松砂岩气藏的主要开采特征

疏松砂岩气藏与常规气驱气藏的开采具有基本相同的特征,但由于疏松砂岩储层胶结疏松,气井产量受临界出砂影响较大。与常规气藏开采最主要的区别是疏松砂岩气藏开采过程中易出砂、出水,必须采用防砂、治水措施才能提高开采工艺技术的效率和效益。

(1)气井普遍出水。如柴达木盆地涩北气田气井普遍出水,部分井出水造成了产量明显递减,个别井出水甚至造成了气井的关井停产。

(2)产量递减严重。开发早期个别主力井的大量出水造成了整体产量的波动和递减,出水是产量递减的主要原因。

(3)气井普遍出砂。由于岩性疏松,气井普遍出砂,部分气层被砂埋。生产测试统计数据显示,沉砂高度越大的井累计产气量也越低,对应累计出水量也越大。产水会加剧出砂。

(4)储量动用难度大。由于非均质性强,好差储层间互、储层与非储层间互,造成储量动用程度不高,各个层组普遍出水,见水小层的比例高,降低了气藏的采出程度,并且导致了层系采出程度不均衡。

三、疏松砂岩气藏开采的主要配套工艺技术

1. 开发井的钻井与完井

(1)因地层欠压实、岩性疏松、成岩性差等,砂岩段破裂压力小,应防止井漏、井壁坍塌。

(2)地层泥质含量高,见水易膨胀,应调配适宜密度的钻井液,采用近平衡钻井的原则。

(3)泥岩隔层薄、储层非均质性严重、气水关系复杂等,应保证较高的固井质量,防止气井水窜。

(4)因气层易出砂,为防止砂埋应在钻达目的层底界后,加深钻进70~100m,留足口袋,采用射孔完井技术。

2. 合理单井配产

常规气藏气井的配产方法是:首先根据气井的产能测试,计算气井的无阻流量,然后根据单井控制储量及与边、底水的距离,结合方案推荐的合理采气速度,按照无阻流量的比例进行单井配产。

疏松砂岩气藏具有气水分布复杂、易出水、岩性疏松易出砂等特点,在配产时,除了要根据气井的无阻流量,考虑边、底水等因素外,还要考虑应力敏感、出砂等。

出水水源的多样性给产水规律的分析带来了难度,出水预测具有较大的不确定性。因此,在进行合理配产时,必须适应出水量具有较大波动范围的情况,确保气井携液。

1) 出砂临界井底流压的计算

疏松砂岩易出砂,在进行配产时要避免高于临界出砂流速,控制地层压力梯度和流速,防止剪切和拉伸破坏。

实际应用中,可以根据测井曲线计算相关岩石力学参数,并由莫尔—库仑破坏准则计算出砂的临界井底流压。

(1)地层岩石强度计算:根据波动理论,利用纵波时差(AC)、密度(DEN)、伽马测井曲线的泥质含量(V_{SH})计算岩石强度、内摩擦角。

纵波波速:
$$v_p = \frac{1000}{AC}(\text{km/s}) \tag{9-2}$$

横波波速:
$$v_s = \frac{3000 + 0.1745 v_p - 862.9 DEN - 1.955 V_{SH}}{1000}(\text{km/s}) \tag{9-3}$$

杨氏模量:
$$E = DEN \times v_s^2 \frac{3v_p^2 - 4v_s^2}{v_p^2 - v_s^2} \times 1000 (\text{MPa}) \tag{9-4}$$

泊松比:
$$\nu = \frac{\frac{1}{2}\left(\frac{v_p}{v_s}\right)^2 - 1}{\left(\frac{v_p}{v_s}\right)^2 - 1} \tag{9-5}$$

体积模量:
$$K_b = \frac{E}{3(1-2\nu)}(\text{MPa}) \tag{9-6}$$

内聚力强度:
$$C = 3.626 \times 10^{-6} \times SC \times K_b (\text{MPa}) \tag{9-7}$$

$$SC = (0.0045 + 0.0035 \times V_{SH}) \times E \tag{9-8}$$

内摩擦角:
$$\varphi = 57.8 - 1.05 V_{SH} \times 100(°) \tag{9-9}$$

剪切强度:
$$S = 0.544 \times \cos\varphi \times v_p^2 (\text{MPa}) \tag{9-10}$$

体积压缩系数:
$$C_b = \frac{1}{K_b} \tag{9-11}$$

Biot 常数:
$$\alpha = 1 - 1 \times 10^{-5}/C_b \tag{9-12}$$

上覆岩石压力： $$p_0 = p_1 + DEN \times \Delta H/100 (\text{MPa}) \tag{9-13}$$
孔隙压力： $$p_p = 1.17H/100(\text{MPa}) \tag{9-14}$$

(2)确定出砂生产压差。

根据莫尔圆分析方法,得到疏松砂岩气藏气井开井生产过程中,岩层受剪切破坏出现坍塌或出砂时最低井底流压为

$$p_{wf} = \frac{0.5\nu}{1-\nu}p_0 + \frac{1-1.5\nu}{1-\nu}\alpha p_p - 0.866S \tag{9-15}$$

2)考虑气井携液

气井生产过程中,如果天然气没有充足的能量把地层水举升出地面,随着时间的推移将在井眼中形成积液。积液会增加井底回压,从而降低气井产能。在某些情况下,积液甚至会完全压死气井。因此,气井配产时考虑满足携液生产是非常必要的。

3. 防砂

疏松砂岩气田开发过程中,防止气井出砂是一个非常重要的生产技术。

1)出砂机理

油气井出砂通常是由井底附近地带的岩层结构遭受破坏引起的,其中弱胶结或者中等胶结地层的出砂现象较为严重。由于这类岩石胶结性差、强度低,一般在较大的生产压差时,就容易造成井底周围地层发生破坏而出砂。地层中出的砂包括地层砂和骨架砂两种。地层砂指充填于颗粒孔隙间的黏土矿物或者岩屑,这些颗粒胶结弱,当地层孔隙中存在流体流动时,由于流体的拖拽作用很容易从地层中脱落随流体一起产出。不少人认为地层砂的适当产出,有利于疏通地层中的渗流通道,起到提高地层渗透率的效果。骨架砂是指岩石中的骨架颗粒,地层遭到剪切破坏之后,骨架颗粒之间失去岩石的内聚力,颗粒很容易在流体的冲蚀作用下脱离骨架表面。骨架砂的产出对地层有很多不利的影响,由于骨架颗粒较大,在随流体运移的过程中容易引起喉道的堵塞;大量的骨架砂出来之后将会引起地层的坍塌,从而破坏地层的生产能力。

(1)渗流砂的流动:疏松砂岩气藏在开发过程中,因地层本身胶结弱,储层中存在大量细小、弱胶结微粒,这部分微粒的最大特点是易于启动,即使产量很低的情况下也难以抑制它们在储层中产生的运移,这种原始地层微粒称为"渗流砂"。不同类型岩石中"渗流砂"颗粒的含量不同,泥质粉砂岩和细砂岩中含量相对高些。主要原因是这类岩石中不仅杂基含量高,而且物性好,为颗粒启动提供了足够的空间;相反,其他类型的岩石中尽管有足够的杂基颗粒含量,但是由于泥质含量过高,黏土间相互作用,易于呈集合状产状,且单个孔隙体积小,不利于颗粒的启动。对于"渗流砂"而言,在气藏开发过程中应该采取让其逐渐排出的措施。采取过快排除的方式容易造成架桥堵塞孔喉,降低产层渗透率。

(2)弱胶结附着颗粒的产出:这部分颗粒绝大多数属于填隙物,包括杂基和胶结物,产状呈分散状和粒间充填;另外还有弱胶结的骨架颗粒。这类疏松的填隙颗粒在孔隙中连续分布,当填隙颗粒从骨架表面脱落,随流体产出之后,地层中将形成"蛆蝴"洞,同时地层骨架颗粒的稳定性降低。疏松填隙物对储层伤害的机理为速敏,通过控制气层的产量可以防止其对储层的伤害和出砂。

(3)岩石骨架出砂:剪切和拉伸破坏是造成岩石骨架出砂的主要机理。造成剪切破坏的力学机理是近井地层岩石所受到的剪切应力超过了岩石固有的抗剪切强度。形成破坏的主要因素是油气藏压力的衰减或生产压差过大。如果油气藏能量得不到及时补充或生产压差超过岩石强度,都会造成地层应力平衡失稳,形成剪切破坏。井筒及射孔孔眼附近岩石所受到的周围应力及径向应力差过大,造成岩石剪切破坏,离井筒或射孔孔眼的距离不同,产生破坏的程度也不相同,从炮眼向外依次可以分为:颗粒压碎区、岩石重塑区、塑性受损区,以及变化较小的未受损区。炮眼及井眼周围的岩石所受的应力超过了岩石本身的强度,使地层产生剪切破坏,从而产生了破裂面;破裂面降低了岩石的承载能力,使岩石进一步破碎和向外扩张;产出流体的拖拽力,将破裂面上的砂携带出来。剪切破坏的机理和严重程度,与生产压差的高低密切相关。拉伸破坏是地层出砂的另一个机理。在油气藏的开采过程中,流体由油气藏渗流至井筒,在流体流经地层的过程中与地层颗粒产生摩擦,流速越大,摩擦力越大,施加在岩石颗粒表面的拖拽力越大,即岩石颗粒前后的压力梯度越大。在井筒周围压力梯度及流体的摩擦携带作用下,岩石承受拉伸应力。当此力超过岩石抗拉强度时,岩石发生拉伸破坏。

2)出砂的影响因素

一般来说,地层应力超过地层强度就可能出砂。地层强度取决于胶结物的胶结力、流体的黏着力、地层颗粒之间的摩擦力及地层颗粒本身的重力。地层应力包括地层结构应力、上覆压力、流体流动对地层颗粒的推力,还有地层孔隙压力和生产压差形成的作用力。因此,地层出砂是由多种因素决定的。

(1)岩石强度低。一般认为单轴抗压强度低于 7.0MPa 的岩石为弱固结岩石,有可能出砂。胶结物的种类性质和数量,对岩石的强度起着至关重要的作用。地层岩石遭到破坏而出砂,其本质是胶结物被破坏,形成分散的砂粒。胶结物除了因剪切和拉伸等机械力的作用而破坏外,还受到液体的溶蚀、电化学作用的伤害,有些本来不出砂的井在酸化或产水后出砂,就是这个道理。

(2)地层压力的衰减。地层压力的衰减相对增大了岩石的有效应力。

(3)生产压差或生产速度过大。

(4)地层流体黏度大易出砂。

(5)随着气井含水量的增长,出砂的可能性增大,一般气井产层段砂岩,当岩石含水后,其强度降低 80%~95%。

(6)不适当的增产措施(酸化和压裂)。

(7)操作管理措施不当,例如造成井下过大的压力激动等。

3)防砂工艺技术

对于出砂严重,通过调整生产机制和工作制度依然无法达到防砂目的的井,必须采取具体的防砂工艺措施。尤其对于处于开发中后期的油气井,迫于产量需要,很多情况必须采取合适的防砂措施。防砂工艺措施的防砂原理分为两种:一是通过井底挡砂手段将地层产出砂阻挡在地层或井底,阻止地层砂随流体进入生产管柱;二是通过化学等手段改善近井地带的地层胶结条件,提高固结强度,从而避免生产中出砂。

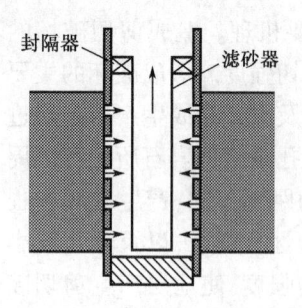

(1) 机械防砂。

①机械滤砂管防砂。

机械滤砂管防砂是指将经过特殊工艺制成的具有滤砂功能的滤砂器用管柱和辅助工具直接悬挂在井内出砂层位,如图9-18所示。这种滤砂器具有较高的渗透性,允许地层流体通过但可以阻挡地层砂。地层产出液必须流经滤砂器才能进入井筒流到地面。目前通常使用的滤砂器有绕丝筛管、割缝衬管、双层预充填砾石绕丝筛管、各种滤砂管以及其他新型滤砂工具等。各类滤砂器不仅可以阻止直径大于滤砂器缝隙宽度(或孔隙、网孔直径),而且可利用"桥梁"作用阻止小于滤砂器缝隙宽度的部分地层砂流入井筒。

图9-18 滤砂器类防砂示意图

②机械滤砂管+砾石填充防砂。

机械滤砂管+砾石填充防砂也称砾石填充防砂或筛管砾石填充防砂方法。砾石充填防砂方法是应用较早的防砂方法。由于近年来理论、工艺及设备的不断完善,被认为是目前防砂效果最好的方法之一。

筛管砾石充填防砂方法是指将绕丝筛管或割缝衬管下入井内防砂层段处,用一定质量的流体携带地面选好的具有一定粒度的砾石,充填于筛管和油气层或套管之间,形成一定厚度的砾石层,以阻止油气层砂粒流入井内的防砂方法。砾石粒径根据油气层砂的粒度进行选择,预期将油气层流体携带的砂粒阻挡于砾石层之外,通过自然选择在砾石层外形成一个由粗到细的砂拱,既有良好的流通能力,又能有效地阻止油气层出砂。常用的砾石充填方式有两种,即用于裸眼完井的先期裸眼绕丝筛管砾石充填[图9-19(a)]和用于射孔完井的套管内筛管砾石充填[图9-19(b)]。

(a) 裸眼砾石充填　　　(b) 套管内砾石充填

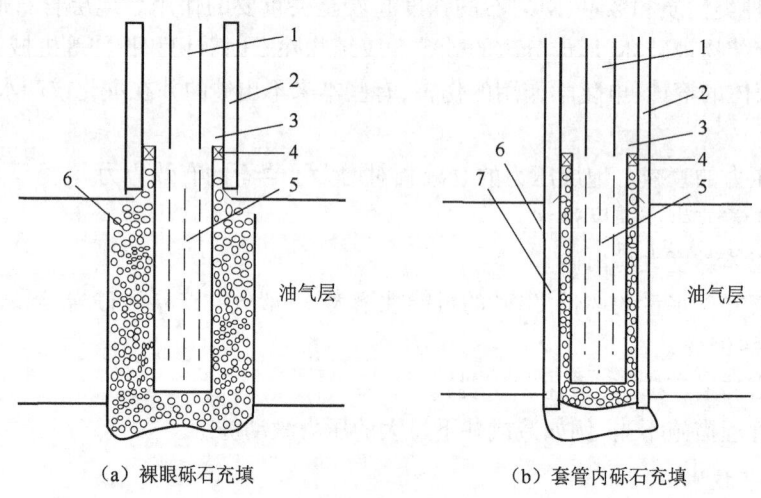

图9-19 筛管砾石充填防砂示意图

1—油管;2—水泥环;3—套管;4—封隔器;5—衬管;6—砾石;7—射孔孔眼

先期完成裸眼绕丝筛管砾石充填防砂完井程序是在下完表层套管并固井后,用9⅝in或8½in(浅油层)钻头钻到预计的油气层顶部下入7in技术套管,管外用水泥加30%石英粉的耐温水泥返至地面。然后用优质完井液第三次开钻,用6in钻头将油气层钻穿。一般钻入油气层以下 4~5m,电测证实已钻完油气层。再用扩孔钻头将套管鞋 0.5~1.0m 以下的油气层段井眼扩大到 12in。下 7in 套管刮管器刮去套管内壁滤饼并冲洗干净。然后下入 5in 绕丝筛管柱,筛管外充填砾石,再砸固铅封完井。

裸眼砾石充填的渗滤面积大,砾石层厚,防砂效果较好,对油气层产能的影响小。但其常用于油气井先期防砂,工艺较复杂,且对油气层结构要求有一定的强度,对油气层条件要求高(如单一气层、厚度大等)。

套管井筛管砾石充填防砂是在先期裸眼绕丝筛管砾石充填方法基础上发展起来的。它适用于套管完成井。首先在井筒内下入绕丝筛管或割缝衬管,正对油气层。然后用携砂液将砾石充填在筛管与套管的环形空间内,形成滤砂层,这样筛管支撑砾石层,而砾石层则起到挡砂作用。既控制油气层出砂,又保持较高的渗流能力,使油气井正常生产。这种方式通常称为套管内砾石充填。

与套管内砾石充填相对应,还有一种充填方式称为管外充填。对于一些出砂的老井,套管外井筒附近由于长期出砂,形成的地层亏空较严重。这种情况下,为了提高防砂效果,通常在进行套管内砾石充填之前,先对管外地层进行挤压充填,即将砾石通过射孔孔眼挤压充填到管外地层亏空区域,这一过程称为管外充填。管外充填之后,再进行管内充填,可得到较好的防砂效果。

(2)化学防砂。

①化学剂固砂。

化学剂固砂是指通过使用化学固结剂提高近井地带的地层固结强度从而达到阻止地层出砂的防砂方法。化学剂固砂防砂工艺具有如下特点:

(a)适用于出砂不严重的薄层防砂;

(b)为了获得较好的固结效果,化学剂对地层温度要求苛刻;

(c)化学剂固结区域的地层渗透率会明显下降,影响产量;

(d)有效期短,受高含水影响较大。

化学固砂剂防砂分为如下几种工艺:

a)酚醛树脂胶结砂层:酚醛树脂胶结砂层是以苯酚、甲醛为主料,以碱性物质为催化剂,按比例混合,经加温熬制成甲阶段树脂(黏度控制在 300mPa·s 左右),将此树脂溶液挤入砂岩油层,以柴油增孔,再挤入盐酸作固化剂,在气层温度下反应固化,将疏松砂岩胶结,防止气井出砂的方法。该方法适用于气井早期防砂,胶结后砂岩抗折强度 0.8MPa 左右,渗透率可保持原来的 50% 左右,耐温 100℃,耐水、油、盐酸等介质,不耐土酸侵蚀,施工较易掌握,但成本较高,施工作业时间长。

b)酚醛溶液地下合成防砂:酚醛溶液地下合成防砂是将加有催化剂的苯酚与甲醛,按比例配料搅拌均匀,并以柴油为增孔剂。酚醛溶液挤入出砂层后,在气层温度下逐渐形成树脂并沉积于砂粒表面,固化后将气层砂胶结牢固,而柴油不参加反应为连续相充满孔隙,使胶结后的砂岩保持良好的渗透性,从而起到提高砂岩的胶结强度,防止油气层出砂。该方法为气井先期和早期防砂方法,适用于温度高于 60℃,黏土含量较低的中、细砂岩气层。平均有效期二年以上,施工较为简单,对气层已大量出砂或出水后防砂效果差,不宜选用。

②人工井壁防砂方法。

(a)预涂层砾石人工井壁。预涂层砾石人工井壁是指在石英砂外表面,通过物理化学方法均匀涂敷一层树脂。在常温下干固,形成不发生黏连的稳定颗粒。将这种预涂层砾石使用携砂液携带至气井的出砂层位,在一定的条件下(挤入团化剂和受温度的作用)砾石表面的树脂软化黏连并胶结,形成具有良好渗透性和强度的人工井壁,以防止油气层出砂的方法。该方法适用于吸收能力较大,温度高于60℃的油气层防砂。施工简单,成功率高,胶结后的砾石抗折强度可达5MPa左右,是目前较好的化学防砂方法。

(b)水泥砂浆人工井壁。水泥砂浆人工井壁是以水泥为胶结剂、石英砂为支撑剂,按比例混合均匀,拌以适量的水,用油携至井下,挤入套管外,堆积于出砂部位,凝固后形成具有一定强度和渗透性的人工井壁,防止油气层出砂的方法。该方法是油气井后期防砂方法,渗透率较高,原材料来源广泛,施工简单,但用油量较大,胶结后抗折强度小于1MPa,有效期较短。

(c)树脂核桃壳人工井壁。树脂核桃壳人工井壁是以酚醛树脂为胶结剂,粉碎成一定颗粒的核桃壳为支撑剂,按一定比例拌合均匀,使每个核桃壳颗粒表面都涂有一层树脂,并加入少量柴油浸润,然后用油或活性水携至井下,挤入射孔层段套管外堆积于出砂层位,在固化剂的作用下经一定时间的反应树脂固结,形成具有一定强度和渗透性的人工井壁,防止油气层出砂的方法。该方法适用于气井早期防砂,胶结后人工井壁渗透率较高,强度较大,具有较好的防砂效果,但原材料来源困难。

(d)树脂砂浆人工井壁。树脂砂浆人工井壁是以树脂为胶结剂,石英砂为支撑剂,按比例混合均匀,使石英砂表面涂敷一层均匀的树脂薄膜,并加入少量的柴油浸润,然后用油携至井下挤入套管外出砂层位,凝固后形成具有一定强度和渗透性的人工井壁,防止油气层出砂的方法。该方法是油气井后期防砂方法,适用于吸收能力较高的油气层,其适应性较强,不受井深限制,但施工中现场拌合劳动量大,加携砂液困难。

(3)复合防砂。

复合防砂利用机械防砂和化学防砂的优点相互补充,一方面能在近井地带形成一个渗透性较好的人工井壁,另一方面利用机械防砂管柱形成二次挡砂屏障,起到很好的防砂效果。复合防砂效果好,有效期长。复合防砂通常使用的机械防砂管柱为滤砂管和绕丝筛管,与之配合使用的化学方法常为化学剂和涂料砂。

复合防砂的适应性广,几乎可以用于任何复杂条件下的防砂措施。但复合防砂工艺复杂,成本高,因此一般在单种防砂方法效果不好时使用,尤其用于粉细砂岩、渗透性差的地层,也用于地层亏空严重的老井防砂。

①常规机械—化学复合方法。

最常见的复合防砂方法是上述机械防砂管柱与化学固砂剂相结合使用。

图9-20(a)为绕丝筛管+涂层砾石(涂敷砂)复合防砂示意图。首先进行管外涂敷砂挤压充填,固结后钻塞,然后下入绕丝筛管。图9-20(b)为化学剂固砂+双层预充填绕丝筛管复合防砂示意图,地层用化学剂固结后再下入双层预充填绕丝筛管。

②高渗压裂充填防砂。

高渗压裂充填防砂是20世纪90年代迅速发展起来的一种新的复合防砂技术,对高渗的疏松砂岩地层既进行水力压裂,又进行砾石充填,将两种工艺有机地结合在一起,达到传统工艺所不能达到的使油气井既高产又控制出砂的最佳效果。

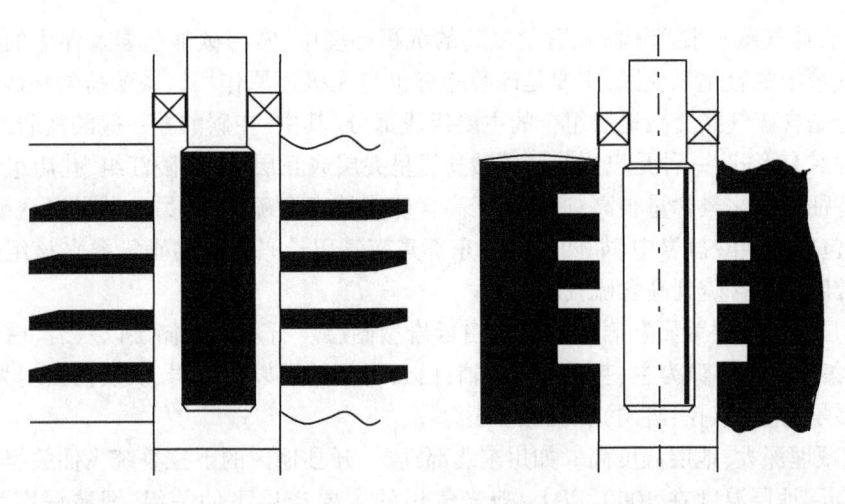

(a)绕丝筛管+涂层砾石复合防砂　　　　(b)化学固砂+双层预充填绕丝筛管复合防砂

图9-20　复合防砂示意图

高渗压裂充填防砂的核心工艺是端部脱砂。对于高渗透油气藏,增大缝宽比增大缝长更有助于提高产量。因此对于高渗透地层压裂,从增产目的以及控制成本的角度考虑,其核心问题是如何控制裂缝长度的延伸而增大缝宽。要达到这一目的就要使用端部脱砂手段。所谓端部脱砂是指在前置液造缝并在裂缝长度达到设计要求后,使用大排量低砂比,使得支撑剂不会在裂缝底部沉积而被携带到裂缝端即扩展前沿然后沉积,即所谓的脱砂,随即裂缝长度方向的延伸停止或减缓;之后裂缝主要在宽度方向增长,最终形成短而宽的填砂裂缝。

第四节　含硫气藏的开发

根据天然气组分中 H_2S 含量的大小,可将气藏划分为:无硫气藏(H_2S 含量低于0.0014%)、低硫气藏(H_2S 含量介于0.0014~0.3%)、含硫气藏(H_2S 含量介于0.3~1.0%)、中含硫气藏(H_2S 含量介于1.0~5.0%)和高含硫气藏(H_2S 含量介于高于5.0%)。

目前在我国西部的长庆、四川等气田中,部分气藏是含硫气藏。例如四川的卧龙河气田 H_2S 含量为5.0%~7.28%;中坝气田 H_2S 含量为6.75%~13.3%;渡口河气田飞仙关组气藏 H_2S 含量为12.83%~17.06%;普光气田 H_2S 含量为12.31%~17.05%;而冀中坳陷赵兰庄气田的 H_2S 含量为92%,属世界高含硫气藏之一,含硫量名列世界第四位。已知 H_2S 含量最高的气藏是美国南得克萨斯气田奥陶系石灰岩气藏,H_2S 含量为98%。

世界已开发的高含硫的碳酸盐岩气藏中,著名的有法国的拉克气田,H_2S 含量为15.2%,加拿大贝尔伯里气田,H_2S 含量为90%,原苏联滨海盆地的阿斯特拉罕气田,H_2S 含量为21%。

一、含硫气藏的主要特点

天然气中硫化氢含量的高低与气藏储层类型、硫化氢成因有密切的关系。根据我国硫化氢发育气藏所在地层的认识和研究,含硫气藏储层具有以下特征:

(1)高含硫气藏一般产于海相含盐度高的沉积环境中,常与碳酸盐岩及伴生的硫酸盐沉积有关。气藏中的硫化氢成因,主要是硫酸盐有机与无机还原作用。碳酸盐岩和碳酸盐—硫酸盐岩组合是含硫气藏所在地层组合的主要组成部分,其中,在碳酸盐—硫酸盐岩组合中,硫酸盐有两种赋存形式:一种是以层状与碳酸盐岩呈夹层或互层(如嘉陵江组、孔店组气藏),该组合类型特征是硫化氢含量很高,通常属于高含硫或特高含硫气藏;另一种是以透镜状、团块状、星散状包容于碳酸盐岩中(如四川盆地东部建南气田长兴组生物礁气藏),该组合类型特征气藏通常属于低含硫到高含硫气藏。

(2)储层类型主要为石灰岩型储层和白云岩型储层。石灰岩型储层以灰岩、白云质灰岩为主体,储集空间以裂隙为主、基质孔隙为辅;白云岩型储层以白云岩、灰质白云岩为主体,储集空间主要是孔隙(溶孔、溶洞)和孔隙—裂缝。

(3)气藏埋深大,地层温度高。如川东北部宣汉、开县地区的下三叠统飞仙关组气藏埋深3000~4500m,地层温度在100℃以上;普光气田的主要产层飞仙关组,埋藏深度为4900~5800m,地层温度在120℃以上。

(4)储层物性条件较差。储层物性表现为低孔、低渗或特低孔、特低渗的特征。如建南气田长二段北高点储层礁相岩心孔隙度最大17.4%,最小0.11%,平均1.35%,渗透率最大$16.39 \times 10^{-3} \mu m^2$,最小$0.001 \times 10^{-3} \mu m^2$,平均$0.266 \times 10^{-3} \mu m^2$;长二段南高点生物滩相储层孔隙度最大4.6%,最小0.26%,平均0.82%,渗透率最高$7.3 \times 10^{-3} \mu m^2$,最小$0.002 \times 10^{-3} \mu m^2$,平均$0.253 \times 10^{-3} \mu m^2$。普光气田长兴组—飞仙关组礁滩相储层取心样品的孔隙度为0.4%~28.9%,平均8.8%;渗透率为$(0.001 \sim 186.80) \times 10^{-3} \mu m^2$,平均$0.960 \times 10^{-3} \mu m^2$。

二、含硫天然气的危害性

含硫天然气是生产硫磺的重要原料之一,而硫磺是硫磺工业、造纸工业、合成纤维工业、橡胶工业、医药工业和军火工业的重要化工原料和战略物资。因此,含硫天然气的开采和硫磺回收,对国家经济建设十分重要,必须积极对待。但含硫气藏中,天然气中含有单质硫及H_2S、多硫化氢H_2S_{x+1}等硫化物等,这些硫化物对人畜及生产开发、运输、储存等都带来了极大的安全隐患。

首先,硫化氢的毒性级别为高毒至剧毒,其毒性比一氧化碳更大、更危险。有的研究者甚至将其毒性与氰化物相提并论。硫化氢对人畜的毒害程度与其在空气中的浓度高低有关。通常状态下硫化氢为无色、有臭鸡蛋味的气体,密度比空气大,同体积的硫化氢是空气质量的1.19倍。我国工业企业设计卫生标准规定:车间或工作场所空气中硫化氢的最高允许浓度为$10mg/m^3$。当浓度达到$4mg/m^3$时,人就能闻到有臭鸡蛋味;当浓度达到$30 \sim 40mg/m^3$时,臭味比较强烈;当浓度达到$760mg/m^3$时,人接触后产生流泪、头昏、眼花、举步不稳和恶心呕吐等症状;当浓度达到$1000mg/m^3$时,人接触后可在数秒内发生中毒,出现头晕、目眩、痉挛、腿软等症状,如不迅速脱离环境,很快就会失去知觉,抢救不及时可导致死亡。2003年12月,重庆市开县发生特大井喷事故,富含硫化氢的天然气泄漏到空气中,导致243人中毒死亡、2142人因硫化氢中毒住院治疗、65000人被紧急疏散安置,这次事故也成为世界石油天然气开采史上伤亡最惨重的事故。

其次,高含硫气藏一次采气的采收率并不高,这主要是因为在开采过程中一般都会发生元素硫的沉积。尤其是当硫在地层中沉积时,往往使得地层孔隙有效流动空间变小,地层渗透率降低,流动阻力增大,影响了气井的产能;甚至在一定情况下,地层发生严重的硫堵,井筒周围的流动通道被堵死,造成气井停产、报废。所以,硫在地层中的沉积对气井产能危害巨大。

最后,硫化氢具有腐蚀性。含硫天然气会对其所经过的油管、运输管线等造成一定的腐蚀性,如果腐蚀严重,还有可能发生泄漏等生产事故。另外,由于硫化氢的腐蚀性,一些需要下到井下工作的设备(比如井底压力计)就会受到腐蚀,或者设备不能应用于含硫气井,影响了正常的生产开发。

三、硫化氢腐蚀和元素硫的沉积机理

1. 硫化氢的腐蚀机理

硫化氢对钢材有强烈的腐蚀作用,包括硫化氢应力破裂、疲劳腐蚀、斑点锈蚀及腐蚀物与硫磺沉淀物的阻塞等,特别是对于高强度的钢材(屈服强度大于686MPa),硫化物应力破裂和内部氢脆更易发生。硫化氢对金属是一种强烈的腐蚀剂,特别是天然气中同时含有水汽、CO_2和O_2时,腐蚀更加严重。

硫化氢腐蚀性主要表现在两方面:含硫气体对环境中金属的电化学失重腐蚀和硫化物引起的金属应力开裂。

1) 电化学失重腐蚀

在油田的酸性溶液中,常见的硫化氢水溶液是弱酸,对钢铁的电化学腐蚀过程是:

在阳极: $$Fe \longrightarrow Fe^{2+} + 2e \text{(氧化反应)}$$

在阴极: $$H_2S \longrightarrow 2H^+ + S^{2-}$$

$$2H^+ + 2e \longrightarrow H_2 \uparrow \text{(还原反应)}$$

所以 $$H_2S + 2e \longrightarrow H_2 \uparrow + S^{2-}$$

电池反应为

$$Fe + H_2S \longrightarrow H_2 \uparrow + FeS$$

随着溶液中H_2S浓度的变化,电池反应生成FeS的组成及结构不同,对腐蚀起着不同的影响。低浓度的H_2S能生成致密的硫化铁膜,主要由硫化铁和二硫化铁组成,这种膜能阻止铁离子通过,因而起保护金属的作用,可以降低H_2S对金属的腐蚀,甚至使金属接近钝化状态。随着浓度的增加,生成的硫化铁膜呈黑色疏松层状或粉末状,主要由八硫九铁(Fe_9S_8)组成,不但不能阻止铁离子通过,相反,这种疏松的硫化铁与钢铁接触后所形成的电池,硫化铁是阴极,钢铁是阳极,从而加速了金属的腐蚀。

实际上,由于不同的硫化氢浓度,还存在着许多中间反应,且反应的化学机理很复杂,生成许多不同的硫化铁腐蚀产物,可能形成不同的晶体结构。除此之外,天然气中的O_2和CO_2与硫化氢同时作用,会使金属的电化学腐蚀变得更加严重。其中O_2与硫化氢结合引起的腐蚀最为严重,比两种气体单独腐蚀要严重得多。硫化氢与氧气发生化学反应,生成元素硫与水,反应式为

$$2H_2S + O_2 \Longleftrightarrow 2H_2O + 2S \downarrow$$

这个反应在室温下相对较慢,但是它可以被溶液中的铁、锰、钴等阳离子催化,从而生成硫

元素,钢在湿的硫元素中腐蚀速度很快。另外,当 H_2S、CO_2 和 O_2 同时存在于含有水汽的天然气中,金属的电化学腐蚀将更加严重。

这类腐蚀造成的破坏一般历时较长,管线或设备破坏前有明显的壁厚减薄现象,只要做到定期测厚,及时对腐蚀严重部位进行修补或更换,电化学失重腐蚀的恶性事故是完全可以预防的。

2)金属应力开裂

硫化氢引起的金属应力开裂主要表现为两种:一种是硫化氢腐蚀钢铁的特有现象——氢脆;另一种为硫化物应力腐蚀破裂。

(1)氢脆是硫化氢腐蚀破坏钢铁的特有现象。所谓氢脆,即由于氢离子深入金属内部,致使金属发生变形或破裂的过程。这是由于硫化氢阻止氢化合生成 H_2,使得氢元素游离,进入金属内部,从而影响金属的晶格间距离,导致金属开裂。如何解释氢脆现象,目前公认的是压力理论。硫化氢在水中电化学反应产生的氢离子,在 HS^- 的影响下深入金属内部。在向钢材扩散的过程中,氢离子在有缺陷的晶格间聚集,结合成氢分子。其体积增大 20 多倍,产生几十兆帕的巨大压力。对于强度和硬度较低的钢材,发生所谓的氢鼓泡;而对于强度和硬度较高的钢材,由于材质本身不允许大的塑性变形,促使钢材内产生阶梯式微裂纹,称为氢诱发裂纹(HIC)。氢鼓泡和氢诱发裂纹均导致钢材的应力集中而破裂,称为氢脆。

(2)硫化物应力腐蚀破裂(SSCC),是指钢材在外加拉力、残余张力、热处理或冷加工和焊接残余应力的作用下,在发生氢脆的地方发生破裂,是氢脆与应力同时发生作用的结果。在含硫气田,绝大部分管线(油管、套管或集气管)、设备(采油树、分离器、阀门和管件)都是在外加负荷下工作,硫化物应力腐蚀破裂屡见不鲜,经常造成恶性事故。这类腐蚀破坏发生的时间一般较短,且发生前无任何预兆,属突发性破裂事故。有时在低应力下也会发生。

2. 元素硫的沉积机理及运载量定量研究

在含硫气藏的开发生产中,含硫的天然气会给钻井、采气带来一系列复杂问题,硫沉积导致硫堵即其中之一。硫堵即在含硫天然气的生产开发过程中,随着气藏压力的不断下降,硫在地层天然气中的溶解度不断降低,在适当的条件下,单质硫便会从地层天然气中析出、并沉积下来,从而堵塞了地层孔隙,降低地层渗透率的过程。当含硫气藏天然气中 H_2S 体积含量高于 5% 时,在地层中就可能会产生元素硫的沉积和堵塞。统计发现,H_2S 含量高于 30% 的气藏绝大部分都发生硫沉积,造成地层渗流阻力增大,气井产量急剧降低甚至停产。如加拿大的一口气井 H_2S 含量为 10.4%,在地层和油管中都发现了大量元素硫的沉积,给生产带来巨大的危害。又如我国华北的赵兰庄气藏,H_2S 含量高达 92%,在 1976 年的试采中,严重的元素硫沉积造成地层堵塞而被迫关井,至今尚未能投产。因此含硫及高含硫气藏的开发,必须认清元素硫在地层中的沉积堵塞机理及其危害。

1)元素硫的沉积机理

元素硫存在于火山、某些煤、石油和天然气中。同时,元素硫也可能以纯化学晶体出现于石膏和石灰的沉积层内。在这些来源中,比较丰富的是含硫天然气中的硫化氢。

国外研究认为,地层中的元素硫靠三种运载方式带出:一是与硫化氢结合生成多硫化氢;二是溶于高分子烷烃;三是在高速气流中元素硫以微滴状(地层温度高于元素硫临界温度时)

随气流携带出地层。反之,若地层条件(如温度、压力和气流速度等)朝着不利于元素硫运移的方向发生变化,则元素硫就可能从气流中析出而发生沉积。

要了解元素硫在天然气生产中的析出、沉积的机理,首先要了解元素硫在气相中的溶解本质。一般来说,元素硫在天然气中的溶解方式分为化学溶解和物理溶解两种方式。

(1)化学溶解和化学沉积。

20世纪60年代中期之前,人们认为:一般情况下,硫像糖溶于水一样简单地溶解在酸性天然气(含H_2S和CO_2气体)中。但后来随着对多硫化氢、硫化硫的形成有了更深入的认识,人们发现:事实上酸性天然气中存在着一个化学平衡,它对于硫的溶解和沉积有着很大的作用。在地层条件下,元素S与H_2S结合成多硫化氢:

$$H_2S + S_x \longrightarrow H_2S_{x+1}$$

此化学反应是一可逆化学反应,适用于高温高压地层。从左到右反应是吸热反应,在温度或压力升高时,平衡将向多硫化氢方向移动,使得单质硫在地层中的含量减少,天然气中硫的含量增加。反之,当地层温度压力降低时,反应向有利于多硫化氢分解的方向进行,可能会发生元素硫沉积。含硫气藏投入开发时,地层能量不断下降,当含多硫化氢天然气穿过递减的地层压力和温度剖面时,反应式的平衡点发生变化,平衡向左移动,多硫化氢分解,生成单质硫。当气相中溶解的元素硫达到临界饱和度时,继续降低地层压力,则元素硫就会析出。当分解出的硫量达到一定值且流体水动力不足以携带固态颗粒的硫时,元素硫就会在地层孔隙中沉积并聚集起来。在这一沉积过程中,主要发生的是化学反应,故称这一沉积过程为化学沉积。

提高地层压力和温度,平衡向右移动,增加了被结合成多硫化氢形成的元素硫量。当天然气运载着多硫化氢穿过递减的压力和温度梯度剖面时,多硫化氢平衡就向左移动,此时多硫化氢分解,发生元素硫的沉积。

(2)物理溶解和物理沉积。

除上述平衡反应可以致使硫沉积之外,稠密流体(地层条件下时为地层天然气)对单质硫的物理溶解与解析能力也不容忽视。在地层条件下,当温度高于临界温度时,不存在液体溶剂。然而,高压下的酸性气流对单质硫同样有显著的物理溶解能力。

在油藏温度和压力条件下,元素硫以物理方式溶解在天然气中,由于储层环境是高温高压,而且硫在酸性天然气中的溶解度很大,所以,地层条件下的天然气对单质硫有很大的溶解度。当含硫天然气藏投入开发后,气相从地层远处向井底流动的过程中,随着压力、温度不断降低,元素硫的溶解度也就相应降低,压力一旦降低到临界压力以下时,便会有大量的单质硫析出。当析出的硫量达到一定的值,而且流体水动力不足以携带硫的固态颗粒时,那么这些析出的硫便会在地层中沉积下来,从而堵塞地层孔隙,降低地层渗透率。地层温度、压力变化而导致硫的溶解度变化,从而使硫从天然气中析出、沉积的这一物理过程称为物理沉积。

显然,单质硫的两种沉积方式的本质是不同的。就目前的资料来看,大部分学者认为在含硫气井中元素硫的沉积属于第二种,即温度、压力的降低而导致元素硫在酸气中溶解度降低,从而析出单质硫。这种观点的主要依据是:在气井生产开发时,单质硫的沉积主要发生在井筒及井筒周围的地层,而在这一区域,压力下降最大,天然气的流速也达到最大,单质硫在天然气中的溶解度下降得也最大,这一变化过程很适合解释物理沉积过程。而在化学沉积中,化学反应的反应速度明显缓慢于井筒附近天然气的流速,所以在地层中发生的化学反应生成的单质硫还未来得及沉积下来,就会被井筒附近的高速气流带出井外,元素硫没有充分时间在近井地带产生沉积。

2)元素硫运载量的定量研究

多硫化氢分子充当元素硫"运载工具",它在某点的载硫量,取决于该点的压力和温度。因此,从地层到井口的流压和地温梯度变化,对确定元素硫运载量和随后的元素硫沉积,都起着重要的控制作用。无论井底或油管,少量的元素硫沉积都可以造成气井的减产或停产。

天然气流也能携带元素硫微滴。由于元素硫有明显的过冷倾向,在低于它的正常凝固点下,仍然保持着液体状态随气流通过管道。一旦固化作用开始,已固化的元素硫核心将催化其余液体元素硫,以很快的沉积速度聚积固化。这种机理可以解释,尽管早期采气没有发生元素硫沉积,但是一旦固化作用开始,气井很快就会被元素硫堵死的现象。

这里所谓的运载量,可以理解为元素硫的溶解度。早在1960年,Kennedy和Wielend就测定出硫在纯烃和模拟含硫气体中,元素硫溶解度与压力(在121℃时)的关系曲线如图9-21所示。从图9-21中可以看到,模拟含硫气体中,含H_2S越多,硫的溶解度对压力越敏感;在高压下,纯甲烷对硫的溶解度很小,但也不可忽视。图9-22补充说明了含硫天然气中,压力、温度和H_2S浓度对元素硫溶解度的影响。可见,硫的溶解度随H_2S的浓度增加而增加;在同样的H_2S含量下,压力和温度升高,溶解度也随之增加。

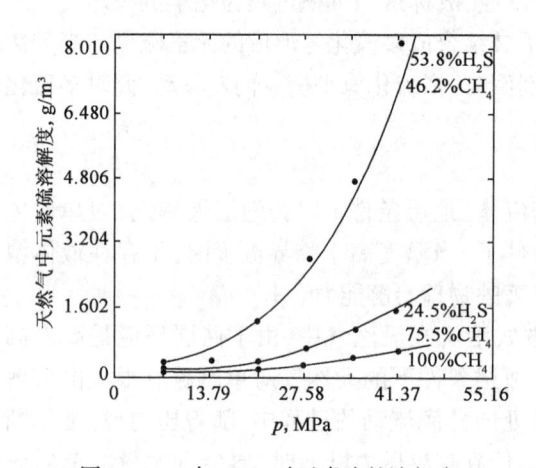

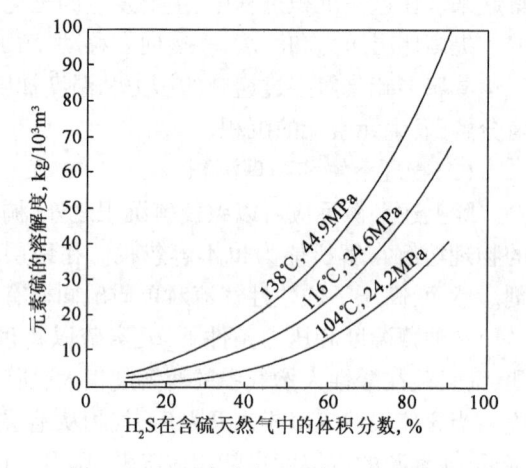

图9-21　在121℃时元素硫的溶解度　　图9-22　元素硫在天然气中的溶解度

元素硫的溶解度除了与压力、温度有关系外,还与气体的组分有关。实验表明,硫在酸气中的溶解度直接与溶解在酸气中凝析气的多少以及凝析气的碳原子数有关。高烷烃含量越多,硫的溶解度越高,越不利于硫的析出。

另外,地层孔隙度越小,气体渗流通道迂回性越显著,孔喉处直径越小,元素硫越容易被捕捉而在地层中沉积下来。同时,气体流速越大,携带出元素硫的效率越高,从而减少硫堵的可能性,硫也就越不易发生沉积。

从上述可知,元素硫在含硫天然气中的溶解度是温度、压力、H_2S含量及其他混合气组成、气流速度及储层特性的函数。

1986年Hyne调查了100多口含硫气井,对气田生产资料的研究也得到如下的结论,进一步说明影响元素硫的溶解度及硫沉积的因素:

(1)H_2S含量越多,发生元素硫沉积的可能性越大,但H_2S含量不是唯一的决定因素。有的井含H_2S高达34.35%,也未见硫堵,而有的仅含9.4%就被硫堵。但H_2S含量达30%以上的气井,大部分井发生元素硫沉积。

(2)天然气中的凝析油(C_{5+})对元素硫有一定的溶解性,因此,气体中C_{5+}组分含量越多,硫堵越不易发生,C_{5+}含量小于0.5%时,容易发生硫堵。

(3)井底到井口的压力和温度降低越大,气体中析出的元素硫越多,硫沉积的可能性越大。井底生产压差大,易引起元素硫在井底周围的沉积。

(4)气流速度越大,携带出元素硫的效率越高,从而减少硫堵的可能性。

3. 溶硫剂及溶硫机理

对出现元素硫沉积的气井,向井口注入溶硫剂是解决硫堵的有效措施。溶硫剂可按其作用原理分为两类:物理溶剂和化学—物理溶剂。

选择溶硫剂的标准是:有很高的吸硫效率,能溶解大量的元素硫,活性稳定且价廉。

四、含硫气藏的开发措施

含硫气藏由于存在前面所述的危害性及特点,在钻采、集输、净化、加工、尾气处理都有别于其他气藏。

1. 安全钻井

钻井时的钻井液密度要足以防止硫化氢滤入,水基钻井液要用碱处理,以保持pH值大于9,因为pH值在9以上,不会产生原子氢,可避免发生氢脆对钻具的危害。同时使用碱性碳酸铜或海绵状铁剂除掉钻井液中的硫化物。最好使用油基钻井液,因为油湿的钢材有油膜保护。应急时,在钻井液中加入过氧化氢,使硫化氢氧化,防止硫化氢对井场的人身危害。同时在井场上要采取防硫化氢的措施,因H_2S密度比空气大(相对密度为1.18),常在低凹处滞留,所以井场要选取在地势高、空气流通处;在井场上设有风向标,钻具在上风方向,钻井液池在下风处;设置井场的安全停留区;井场上要有钻井液—气体分离器、高压硫化氢的阻流器及应急装置;钻井液循环系统、钻台、底座及可能漏气的地方,装硫化氢探测器及报警装置。

2. 完井措施

含硫气井中硫化氢对套管及油管的腐蚀相当严重,故其完井措施有别于一般的气井。为了设计含硫气井的套管和油管,美国埃克森公司研究出一种叫作Von Mises的管柱设计法。即

$$\sigma_{vm} = \frac{1}{\sqrt{2}}\sqrt{(\sigma_t - \sigma_r)^2 + (\sigma_r - \sigma_a)^2 + (\sigma_a - \sigma_t)^2} \qquad (9-16)$$

式中 σ_{vm}——管体应力,N/m^2;

σ_r——径向应力,N/m^2;

σ_t——横向应力,N/m^2;

σ_a——轴向应力,N/m^2。

此法克服了单向设计法中所有载荷独立作用的局限,忽略了复合载荷作用的缺点,将三向载荷联合起来考虑,使套管柱更能合理地适应含硫气井的井下受载情况,收到了良好效果。采用大管径管柱完井,以减缓管柱流速;采用并排双油管柱和同心双油管柱,在油管上装永久性封隔器,封隔油管与套管间的环形空间,以保护上部的套管。中间套管采用 L-80 级套管、C-90 级套管,采用含铬 13% 的不锈钢管作生产尾管及油管。套管固井水泥用抗硫酸盐水泥;套管和油管的环形空间循环加热的柴油中每隔 2~3 周加 0.9kg 固态防腐剂,以溶解沉淀的硫磺,防硫堵塞。管间接头应做磁粉探伤,上扣时用不含硫的螺纹脂,使用聚四氟乙烯密封剂密封。

3. 井下监测

为了取得井下腐蚀情况,常用抗硫电缆下井作颗粒载运放射性示踪(PCR)助循环测井,或用泵注入示踪剂作循环测量。

监测时要特别注意氢脆和硫化物应力腐蚀破裂的特征:

(1)氢脆和硫化物应力腐蚀破裂多发生在设备开始使用时期;

(2)氢脆破裂时,钢材内产生裂纹,裂纹的纵深比宽度大几个数量级,破裂断口平整,无塑性变形;

(3)硫化物应力腐蚀破裂主要受拉应力时才产生,且主裂纹的方向总是和拉应力方向垂直;

(4)腐蚀破裂的起爆口在构件表面机械伤痕、蚀孔、焊缝及冷作业加工处;

(5)硫化物应力腐蚀破裂属于低应力下的破坏,而对于高强度钢材来说,易受到氢脆破坏,故对套管和钻杆是个非常严重的问题;

(6)非金属材料老化,如橡胶密封圈,侵油石膏石棉绳等。

此外,用缆索式或泵入式的机械式内径测量仪或电子管式管径测定仪,可检查油管内壁的腐蚀程度;在井下安装放射性衬管,也可监视油管的腐蚀状态。

4. 集输管线的腐蚀及防腐

集输管线中的长输管线,输送的是净化后的天然气,因而腐蚀较轻;但矿场的集气管腐蚀严重,这种腐蚀对内壁是含硫天然气的腐蚀,对外壁是来自大气或土壤的腐蚀。管线腐蚀的特点是:

(1)高压集输管线的硫化氢应力破裂一般发生在管线大面积电化学腐蚀之前;

(2)温度降低,天然气中所含的水分过饱和,在壁上冷凝就形成电化学腐蚀溶液,可加速电化学腐蚀;

(3)流速对腐蚀的影响取决于流型,层流时腐蚀严重;

(4)地形对输气管线腐蚀有很大的影响,倾斜管中低凹处,冷凝液积聚,引起大面积腐蚀,在气—液界面处,腐蚀尤为严重。

对管线的防腐采用注防腐剂、涂防腐层、控制温度和流速等综合防腐措施。在集输管线中,气体流型为层流时,腐蚀严重,而流型为环流时,腐蚀较弱,故采用小管径、高流速(15~20m/s)集气。硫化氢的腐蚀程度与水有密切关系,为此对天然气先深度脱水,与此同时,采用加热法,使温度在露点以上,阻止水冷凝膜的形成。在管线低凹处加排水阀,定期排水。添加缓蚀剂,以防止含硫气的电化学失重腐蚀。

管汇腐蚀的检测,一般是通过测定试片的重量损失大小,或由声波、伽马射线探伤仪测定管壁厚度的变化,确定腐蚀程度。集输系统由安全阀门分成若干段,遇到故障,由压差控制的阀门可自动关闭。

5. 天然气脱硫

(1) 二乙醇胺溶液脱硫法。该方法是拉克气田、卡布南气田及马斯杰德苏莱曼气田等开发较早的含硫气田普遍使用的方法。

(2) 甲基二乙醇胺(MDEA)水溶液脱硫法。该方法在20世纪70年代开始工业化,它因适用于常规的克劳斯法制硫、节能和能够压力选吸和尾气的常压选吸而得到发展,国内已有多套装置,技术经济效益较好。

(3) 位阻胺法,包括SE、PS和HP三个过程,分别用于选择脱硫、脱碳及合成气脱碳,其选吸能力优于MDEA水溶液脱硫法。

(4) 脱硫溶剂复合法,如采用一种高浓度的叔胺和一种低浓度的伯胺复合,前者以获得能耗,后者以获得高净化度。此外对低含硫的天然气(0.3%以内)也采用直接转化法,尤其是络合铁溶液脱硫法,也实现了工业化。

6. 硫磺回收

目前硫磺回收多用克劳斯法,把从天然气中提出的硫化氢转化为硫磺。近年来发展起来的工业化方法有:MCRC四段亚露点法,后两段在低于硫露点下运行,故提高了总硫收率;贫酸气制硫法,即Selectox法,是针对硫化氢浓度低于15%、难以用常规克劳斯法制硫而发展起来的贫酸气制硫方法。此外加压回收硫的RSRP法也正处于试验阶段,此法对硫化氢浓度无特殊要求,硫回收率可达99%以上。

7. 尾气处理方法

尾气处理法主要有低温克劳斯法、还原(将硫化物全部转化为硫化氢)—吸收法及氧化(将硫化物全部转化为二氧化硫)—吸收法。近年来又在这些方法的基础上有所改进,如MODOP法,它是将克劳斯尾气加氢并急冷后,通过直接催化氧化,将硫化氢转化为元素硫。

第五节 凝析气藏的开发

采出天然气和凝析油的气藏叫凝析气藏。凝析油是汽油及相对密度大于汽油但小于0.786的其他馏分的混合物。据不完全统计,地质储量超过$1\times10^{12}\mathrm{m}^3$的巨型气田中,凝析气田占68%,在储量超过$1000\times10^8\mathrm{m}^3$的大型气田中则占56%。凝析气田在世界气田开发中占有重要地位,其经济价值更高。早在20世纪30年代,美国已经开始采用间歇注干气保持压力的方法开发凝析气田,80年代又发展了注氮气技术。苏联主要采用衰竭式开发方式,也采用各种屏障注水方式开发凝析气顶油藏。注水开发凝析气田目前已在北海地区进行探索。

本节主要介绍凝析气藏的特点和分类、凝析气藏的开发和产能、凝析气藏开发过程中的反凝析污染及解除方法。

一、凝析气藏的特点

凝析气藏在原始状态下流体系统在储层中全部或绝大部分成气相存在（系统的临界温度低于储层温度）。

1. 凝析气藏的一般特点

凝析气藏的特点是，在地层条件下，天然气和凝析油呈单一的气相状态，并符合反凝析规律。所以凝析气藏既不同于油藏，也不同于气藏，可以将它们划为一种新的工业性油气储集类型。

凝析气藏与油藏的差别在于地层中液体和气体的相平衡状态，凝析气藏的油气比比较高，而且还不断上升（在衰竭式开发过程中）。它与普通气藏的差别是，生产井的采出物中除了天然气还有液态凝析油。

当凝析气藏中有油环时，含凝析气部分的地层压力就相当于初凝压力；在地层压力明显超过初凝压力的气藏，没有油环。在凝析气藏的开发过程中，当地层压力降到初凝压力以下时，烃类体系就会发生相态变化，一部分凝析油（沸点最高的烃类组分）就会凝析出来转变成液态。

凝析气藏中含高沸点烃类的多少用凝析油气比的大小来衡量。在其他条件相同的情况下，凝析油含量取决于气层压力及温度，因而也取决于气层的埋藏深度。气层埋藏越深，气层的压力及温度越高，那么在其他条件相同时，凝析油在气体中的含量也就越高。气相中的凝析油含量也由凝析油的密度、馏分组成、族分组成及某些物理性质（初沸点和终沸点等）所决定。在其他条件相同时，环烷烃的含量越高，地层中凝析油的含量就越低，而且随着凝析油密度及其沸点的降低，地层中凝析油的含量就会增大。在较低的稳定温度下，凝析油含量相对较高。地层气中凝析油含量存在临界值，高于此值凝析油就不可能处于气相状态，它与凝析油气比的临界值相当。当油气比大于临界值时，油气体系就处于气相状态；小于临界值时为液相。天然气数量与凝析油数量的临界值主要取决于烃类的组成及气层的热动力条件。

2. 凝析气藏的地质特点

凝析气藏最重要的特点就是它位于埋藏最深的圈闭之中。凝析气藏有规律地分布于深部圈闭这一点，首先与一定的地层压力及温度有关，这是原油（凝析油）处于气相所必需的条件。但是，形成气藏的地质条件、烃类运移和聚集的特点也很重要。

在世界各国的许多含油气区中，发现油气层的含气性在构造的区域性下倾方向上有规律地增加，使得油藏在下倾方向依次被油气藏及凝析气藏所代替。在区域性斜坡带上，位置最高的构造通常含原油。由此往下，是含有气顶的油藏。在这个相应的深度上，也即在相当高的地层压力下，气顶气中含有一定量的凝析油。最深的圈闭中，通常是凝析气藏。在油气藏的形成过程中，当在地层条件下油和气的比例适当时，就会形成这样的油气藏分布状况。但油气藏分布的上述规律性也会明显地被破坏，这主要是油气藏形成之后遭受地质变迁的结果。

凝析气藏除油和气的相态特征外，还以地层水的特殊性为特征。区别凝析气藏地层水的固定标志是矿化度低，有硫酸盐，而且环烷酸含量高。凝析气藏地层水矿化度低，是由于气相烃类从高温高压区向外运移。在这些条件下,气相烃类中含有大量的水蒸气,在沿地层上倾方向做区域性的横向运移时,随着温度的降低,地层孔隙中的水蒸气就发生长时间的连续的凝析作用,引起储层的一定程度淡化。

二、凝析气藏的判别方法及分类

目前世界各国已发现的凝析气藏的埋藏深度一般都在 1500~5000m。在不同的埋藏深度其压力和温度也不相同。压力和温度对烃类流体性质及其相态影响很大。例如在 2500~5000m 范围内多为凝析油饱和度不高的凝析气藏;而在 1500~3000m 的凝析气藏则凝析油饱和度较高,一般具有较大的油环。在勘探阶段对凝析气藏的正确判断是非常重要的。

1. 凝析气藏的判别方法

油气藏按流体性质可以分为黑油油藏、挥发性油藏、凝析气藏、湿气气藏和干气气藏。凝析气藏与其他油气藏的区分有多种方法,表 9-4 列出了根据气油比大小进行分类的标准,表 9-5 是根据组分进行分类的标准,表 9-6 是根据地下流体相对密度和平均分子量进行划分的标准。在实际应用中,最好根据流体在储层中的组分、相态特性、试采特性等进行综合分析后给出正确判断。

表 9-4 根据气油比对油气藏进行分类

油气藏类型	气油比, m^3/m^3
黑油油藏	0~356.2
挥发性油藏	356.2~534.4
凝析气藏	534.3~26715
湿气气藏	26715~∞
干气气藏	∞

表 9-5 根据流体组分对油气藏进行分类

组分 \ 油气藏类型	干气气藏	湿气气藏	反凝析气藏	挥发性油藏	黑油油藏
C_1	9.6	9.0	75.0	60.0	49.83
C_2	2.0	3.0	7.0	9.0	2.75
C_3	1.0	2.0	4.5	4.0	1.93
C_4	0.5	2.0	3.2	4.0	1.60
C_5	0.5	1.0	2.0	3.0	1.15
C_6	/	0.5	2.5	4.0	1.59
C_7	/	1.5	6.0	17.0	42.15
C_{7+}	/	115	125	180	225
GOR	高	4500	1200	350	111
γ	/	0.7389	0.7587	0.7796	0.8535

表 9-6　根据相对密度及平均分子量对油气藏进行分类

油气藏类型	地下流体相对密度	平均分子量
干气气藏	0.225~0.250	<20
凝析气藏	0.225~0.450	20~40
轻质油藏	0.425~0.650	35~80
常规油藏	0.625~0.900	75~275
重质油藏	>0.875	>225

2. 凝析气藏分类

1）按地质特点分类原则进行分类

按储层类型可分为层状、块状和透镜体的凝析气藏。

按圈闭特点可分为构造型、地层型、岩性圈闭型和混合型凝析气藏。

按气水关系和驱动条件可分为边水型、底水型、无边水或底水型凝析气藏。

2）按流体分布情况分类

这种分类对开发具有十分重要的意义。按该分类原则，可将凝析气藏分为：不带油环的凝析气藏；带油环的凝析气藏，但油环不具有工业价值；带油环的凝析气藏，油环具有工业价值；凝析气顶油藏（油藏的地下体积大于气顶的地下体积）。

3）按凝析油含量分类

由于各国的凝析气藏储量及开发情况，以及开采工艺技术水平不同，各国的分类标准也不尽相同。表 9-7 给出了中国和美国的分类标准。

表 9-7　按凝析油含量分类标准

分类	凝析油含量, g/m³ 中国	凝析油含量, g/m³ 美国
特高含凝析油凝析气藏	>600	>450
高含凝析油凝析气藏	250~600	225~450
中含凝析油凝析气藏	100~<250	75~225
低含凝析油凝析气藏	50~<100	7~75

3. 带油环的凝析气藏判断方法

在勘探阶段查明凝析气藏是否带有油环，不仅对开发具有重要价值，同时对指导勘探也具有十分重要的意义。近年来，研究人员根据流体样品分析，应用数理统计法等方法对凝析气藏是否具有油环进行判断。

1）C_{5+} 含量法

根据储层流体分析结果，用 C_{5+} 含量作为标志，判断凝析气藏是否带有油环。C_{5+} 含量大于 1.75% 时，为带油环的凝析气藏；而 C_{5+} 含量小于 1.75% 时，为不带油环的凝析气藏。

2）C_1 与 C_{5+} 摩尔含量比值法

这个方法是用 C_1 与 C_{5+} 的摩尔含量比值来判断的。该比值小于 52 为带油环的凝析气藏，大于52则为不带油环的凝析气藏。

3)储层流体组分的组合判断法

该方法是用$\varphi = C_2/C_3 + (C_1 + C_2 + C_3 + C_4)/C_{5+}$(式中$C_1$表示$C_1$组分的摩尔含量,以此类推)对凝析气藏及其带油环的大小进行判断,标准见表9-8。

表9-8 根据储层流体组分的组合判断凝析气藏

$\varphi > 450$	干气气藏
$80 < \varphi < 450$	不带油环的凝析气藏
$60 < \varphi < 80$	带小油环的凝析气藏
$15 < \varphi < 60$	带大油环的凝析气藏
$7 < \varphi < 15$	凝析油气藏
$2.5 < \varphi < 7$	轻质油藏
$\varphi \leq 1$	高黏度重质油藏

4)秩类法

该方法是选择储层流体组分中能反映目标按级分布的特征组分含量C_1/C_{5+}、$(C_2 + C_3 + C_4)/C_{5+}$、C_2/C_3、C_{5+},将每一个特征变化值域分成若干段,每一段用一个秩数表示,见表9-9。最后将每一个特征值所属的秩数相加,即可求得分类函数φ:

$$\varphi = \sum_{i=1}^{n} R_{xi} \tag{9-17}$$

式中 R_{xi}——特征值的秩数;
x——选定的特征;
i——特征数目。

表9-9 各类秩数的特征值变化范围

特征\秩数	5	4	3	2	1	0
C_1/C_{5+}	0~25	25~50	50~75	75~100	100~125	>125
$(C_2 + C_3 + C_4)/C_{5+}$	0~2	2~4	4~6	6~8	8~10	>10
C_2/C_3	1~2	2~3	3~4	4~5	5~6	>6
C_{5+}	0.3~1.3	1.3~2.3	2.3~3.3	3.3~4.3	4.3~5.3	>5.3

对苏联10个带油环和10个不带油环的凝析气藏的研究发现,分类函数$\varphi \geq 11$为带油环的凝析气藏,$\varphi \leq 9$则为不带油环的凝析气藏。用苏联100个凝析气藏进行结果验算,符合程度为91%。

5)摩尔油气比与采出的物质的量之和判断法

该方法是根据苏联75个凝析气藏的摩尔油气比n_r与采出组分物质的量之和$\sum n_i$建立如下关系式:

$$n_r = \frac{1.35\sum n_i + 10.5}{\sum n_i - 41.54} \sum n_i \quad (9-18)$$

$$n_r = n_g / n_{C_{5+}} \quad (9-19)$$

$$\sum n_i = n_g + n_{g \cdot s} + n_{C_{5+}} \quad (9-20)$$

$$n_g = V_g / 24.04 \quad (9-21)$$

$$n_{g \cdot s} = V_{g \cdot s} / 24.04 \quad (9-22)$$

$$n_{C_{5+}} = V_c \rho_c / M_c \quad (9-23)$$

式中 V_g——采出的气体体积,m^3;

n_g——采出气体的物质的量,mol;

$n_{C_{5+}}$——采出的稳定凝析油的物质的量,mol;

V_c——采出的稳定凝析油体积,cm^3;

ρ_c——凝析油的密度,g/cm^3;

M_c——凝析油的分子量;

$n_{g \cdot s}$——由采出的饱和凝析油中分离出的气体的物质的量,mol;

$V_{g \cdot s}$——由采出的饱和凝析油中分离出的气体体积,m^3。

根据上述相关关系判断油气藏类型见表9-10。

表9-10 不同油气藏类型值域范围

凝析气藏类型	$\sum n_i$, mol	n_r	凝析油含量, cm^3/m^3
凝析气藏	42	120	<40
饱和凝析气藏	42~45		40~320
带油环的凝析气藏	45~55	120	350~800
凝析气顶油藏	>55		>800

以上列举的判断方法,主要是以苏联的凝析气田为基础统计出来的。何百平用我国、美国和加拿大等国的16个凝析气藏数据进行了验算,结果这些方法的符合程度都不高。其可能原因是苏联绝大多数凝析气藏的凝析油含量都在$100g/cm^3$以下,所以这种统计适合于凝析油含量低的凝析气藏,而对于凝析油含量高的凝析气藏其符合程度就偏低。

三、凝析气藏开发

1. 开发层系

当凝析气藏包括多套含气层时,必须考虑开发层系问题。也就是说,是用一套井网开发多套层系,还是用不同井网分层系进行开采,主要应考虑以下因素:

(1)凝析气藏的流体性质是否相同;

(2)各含气层的原始气—油界面或气—水界面及其压力系统是否一致;

(3)各含气层的储层性质及产能情况,以及各层的储量分布特点等;

(4)包括所有含气层在内的含气井段大小,及其对后期改造的影响。

如果上述各项因素都允许采用一套井网进行开发,将是最经济的办法。但如果根据各项因素评价之后,不能用一套井网时,那么必须论证采用两套甚至是多套井网的理由和依据,并且应进行技术经济评价,慎重选择。

2. 井网和井网密度

影响井网和井网密度的因素有:技术经济指标;气水动力学因素;地质特点,如储层性质的均匀程度、含气构造形态及储层埋藏深度等。特别当凝析油含量高、储集层厚度大、倾角也大时,凝析油含量可能呈梯度分布的特点,在这种情况下,布井系统与常规气田类似。

3. 凝析气藏开采

1) 开采方式的选择

凝析气藏的开采方式有衰竭式开采和注气或注水保持压力开采方式,选择的主要依据有以下几点:

(1)凝析油的地质储量:凝析油的采出量折合为人民币,与注气地面工程总投资相平衡时,即为注气的界限储量 N。凝析油的地质储量大于 N,即可选择注气开采方式。一般凝析油的注气采收率最低为60%,地质储量为 N 时,注气采出 $0.6N$。

(2)凝析油含量:凝析油含量大于 $200\sim250\mathrm{g/cm^3}$ 即可采用注气开采方式。实际上,由于各国的工业发展状况、采气和注气的工艺水平及对凝析油的需求现状等不同,各国的标准也不完全一样。有的国家凝析油含量 $150\mathrm{g/cm^3}$ 也进行注气开发。所以应根据情况进行全面的论证后才能确定。

(3)储层条件:储层均质、厚度变化不大时有利于注气;如果有裂缝发育或者裂缝不均匀分布,对注气是不利的。简单的背斜形态,断层少的情况下,对注气是有利的。

(4)凝析气藏带有开采价值的油环时,最好采用注气或注水保持压力开采方式。先开采油环,后采凝析气顶。开发过程中,控制气—水界面是个关键问题。对带有油环的凝析气藏进行衰竭式开采,或者是气顶或油环同时衰竭式开采是最下下策。一般情况下,是不允许同时采用衰竭式开采的。因为采用这种开采方式不仅降低了油环油的最终采收率,而且也降低了凝析油的采收率。

2) 注气压力的估算

注气压力是评价注气方案的重要指标。一般在进行开发设计时,使注气井的注入压力最低,也就是说选择最大的井口允许压力进行注气。这样即可取井底压力等于储气层的破裂压力,即等于储层岩石的最小主应力。最大井口注气压力即可由下式得出:

$$p_\mathrm{w} = \sigma_\mathrm{min}\exp\left(-\frac{M_g L g}{\overline{Z}\,\overline{R}\,\overline{T}}\right) \qquad (9-24)$$

式中 p_w——最大井口注气压力,MPa;

σ_min——储层岩石的最小主应力,MPa;

M_g——天然气分子量;

L——气井井深,m;

$\overline{Z}$——气体平均偏差系数;

R——气体常数,J/(mol·K);

$\overline{T}$——气井平均温度,K。

3)注入流体的选择

目前国外采用的注入流体有干气、CO_2、N_2和烟道气等。如果天然气资源丰富，除供给用户外，还可以用作注入气，那么注入天然气是最好的注气方法。但由于天然气工业的发展，一般除供气外，很少能够满足注气的需要。这样，只好采用其他流体作为注气的气源。目前国外多采用注氮气的方法。用空气作原料，进行空冷制氮。其缺点是需要大功率的电器设备，且耗电量很大；还需要有脱氮装置，因而地面建设费用较大。

四、凝析气井的产能

对于凝析气井的产能分析，目前仍沿用单相气井的产能分析方法或在此基础上发展的经验近似修正分析方法。采用这种近似，当地层中凝析液量较少时是可行的。但对于凝析油含量较高的凝析气藏，随着生产时间的延长，地层压力和井底流压将逐渐下降，当井底流压和近井地带地层压力降低到露点压力以下时，随着凝析油气体系向井区流动，会在近井地带地层中产生反凝析相态变化而形成凝析液饱和度分布。此时随着生产时间的推移，一方面近井地带地层低于露点压力的压降区不断向地层远处扩展，使地层中两相区范围越来越大；另一方面，高于露点压力的供气区的单相凝析气在向井流动过程中，流经近井带时会不断发生反凝析，使近井带凝析液饱和度逐渐增加，当这一过程导致凝析液在井底附近地层中处于流动状态，而影响气井产能时，前面的近似方法就不适用，因为它忽略了地层中流体相态变化和凝析液流动对气井产能的影响。此时，凝析气井的产能分析应结合单相气井产能分析方法，考虑相态变化因素。

1. 单相气井产能分析

1）产量折算

凝析气井在测试时地面计量测得的是气井日产量、凝析油日产量、凝析油与干气地面相对密度等资料，而凝析油和干气在地下以气态单相流动，因此在测试解释时，必须将地面凝析油和干气两相流体折算成视日产量 Q_{gt}，具体计算如下：

$$Q_{gt} = Q_g + 2405\gamma_o Q_o/M_o \tag{9-25}$$

其中
$$M_o = 44.29\gamma_o/(1.03 - \gamma_o)$$

2）凝析气井参数计算

由一般气井的产能方程可知，凝析气井二项式方程系数 A、B 是 μ、Z、β、K 的函数，而 μ、Z、β、K 又是气藏压力的函数，显然可通过地层压力计算 μ、Z、β、K 等参数。

3）二项式方程

对于均质地层的气井，当井储效应消失，流动达到无限作用径向流阶段时，根据渗流力学中气体渗流理论，得到最基本的二项式方程：

$$p_r^2 - p_{wf}^2 = Aq_{gt} + Bq_{gt}^2 \tag{9-26}$$

对于凝析气井来说，在应用该方程时，需将气井中采出的凝析油量折算成天然气量，二项式方程可表示为

$$p_r^2 - p_{wf}^2 = AQ_{gt} + BQ_{gt}^2 \tag{9-27}$$

当气井流动达到拟稳态时,产能方程系数 A 将为一恒定值,即

$$A = 2m\left(\lg\frac{0.472r_\mathrm{e}}{r_\mathrm{w}} + 0.434S\right) \tag{9-28}$$

则对应的拟稳定产能方程为

$$p_\mathrm{r}^2 - p_\mathrm{wf}^2 = AQ_\mathrm{gt} + BQ_\mathrm{gt}^2 \tag{9-29}$$

此式即为常用的凝析气井二项式拟稳定产能方程。

4) 无量纲 IPR 方程

对于凝析气井拟稳定产能方程,当 $p_\mathrm{wf} = 0.101\mathrm{MPa}$ 时,且取 $p_\mathrm{r}^2 - 0.101^2 \approx p_\mathrm{r}^2$,简化整理得

$$\frac{p_\mathrm{r}^2 - p_\mathrm{wf}^2}{p_\mathrm{r}^2} = \alpha\frac{Q_\mathrm{gt}}{AOF} + (1-\alpha)\left(\frac{Q_\mathrm{gt}}{AOF}\right)^2 \tag{9-30}$$

其中

$$\alpha = A/(A + BAOF)$$

若令

$$p_\mathrm{D} = p_\mathrm{wf}^2/p_\mathrm{r}^2,\ Q_\mathrm{D} = Q_\mathrm{gt}/AOF$$

则通用的无量纲 IPR 方程为

$$p_\mathrm{D} = 1 - \alpha Q_\mathrm{D} - (1-\alpha)Q_\mathrm{D}^2 \tag{9-31}$$

$$Q_\mathrm{D} = \frac{2\left[\sqrt{1 - 4\dfrac{1-\alpha}{\alpha}(p_\mathrm{D}-1)} - 1\right]}{2(1-\alpha)} \tag{9-32}$$

式中　p_D——无量纲压力;

　　　Q_D——无量纲产量;

α 参数控制着无量纲 IPR 曲线的分布形态,α 参数的范围为 $0\sim1$,它的大小取决于地层压力和紊流的影响程度。当 $\alpha=0$ 时,为完全的紊流控制;当 $\alpha=1$ 时,为完全的层流控制。

统计我国 16 个气田的 16 口井的系统试井所取得的数据,平均 α 值为 0.2541,陈元千教授取 $\alpha=0.25$,得到由单点测试法预测气井绝对无阻流量的关系式:

$$AOF = \frac{6Q_\mathrm{gt}}{\sqrt{1 + 48(1 - p_\mathrm{wf}^2/p_\mathrm{r}^2)} - 1} \tag{9-33}$$

2. 相态产能方程

1) 渗流模型的建立

在凝析气井生产过程中,随着生产时间的延长,井底压力不断下降,当井底压力和近井地带压力小于露点压力时,井筒附近将有凝析液析出,地层中流体将发生相态变化,即气、液组成在不断变化。由于地层中气的流量较大,黏度较低,渗流速度比较大,气在地层中的流动会呈现出非达西流动,而地层中油的流量较小,黏度较大,渗流速度较小,油在地层中的流动通常属于达西流动。因此,在凝析气藏稳态理论基础上,假设地层中气为非达西流动,油为达西流动,考虑地层中流体发生相态变化,产生凝析气、液两相流,据此可推导产能方程:

对油相:

$$\frac{\mathrm{d}p}{\mathrm{d}r} = \frac{1000\mu_\mathrm{o}}{KK_\mathrm{ro}}\frac{Q_\mathrm{o}}{2\pi rh\rho_\mathrm{o}} \tag{9-34}$$

对气相：
$$\frac{dp}{dr} = \frac{1000\mu_g}{KK_{rg}} \frac{Q_g}{2\pi rh\rho_g} + \beta_g \rho_g \frac{Q_g^2}{(2\pi rh\rho_g)^2} \tag{9-35}$$

式中 p——压力，Pa；

μ_o, μ_g——油、气的黏度，Pa·s；

K——气层的绝对渗透率，m^2；

K_{ro}, K_{rg}——油相和气相的相对渗透率；

r——离井中心的距离，m；

h——气层的厚度，m；

β_g——惯性阻力系数。

由式(9-34)和式(9-35)可得凝析气、液两相渗流产能方程为

$$\varphi(p_r) - \varphi(p_{wf}) = A_\varphi Q_{gt} + B_\varphi Q_{gt}^2 \tag{9-36}$$

式中 A_φ, B_φ——层流和紊流系数。

2) 产能方程的求解

A_φ、B_φ 可参照二项式中 A、B 的求法，用最小二乘法确定

$$A_\varphi = \frac{\sum \frac{\Delta\varphi(p)}{Q_{gt}} \sum Q_{gt}^2 - \sum \Delta\varphi(p) \sum Q_{gt}}{N\sum Q_{gt}^2 - \sum Q_{gt} \sum Q_{gt}} \tag{9-37}$$

$$B_\varphi = \frac{N\sum \Delta\varphi(p) - \sum \frac{\Delta\varphi(p)}{Q_{gt}} \sum Q_{gt}}{N\sum Q_{gt}^2 - \sum Q_{gt} \sum Q_{gt}} \tag{9-38}$$

其中 $\Delta\varphi(p) = \varphi(p_r) - \varphi(p_{wf})$

当 $p_{wf} = 0.101$ MPa 时，可得到绝对无阻流量：

$$AOF = \frac{\sqrt{A_\varphi^2 + 4B_\varphi[\varphi(p_r) - \varphi(0.101)]} - A_\varphi}{2B_\varphi} \tag{9-39}$$

五、凝析气井的反凝析污染及其解除

在凝析气藏的开发过程中，当井底流动压力降低到露点压力以下时，将会发生反凝析现象。反凝析液占据多孔介质孔隙表面，充填微小孔隙，并在井筒附近迅速聚集逐渐形成高饱和度区。当凝析油饱和度大于临界凝析油饱和度时，凝析油开始向井底流动(图9-23)。凝析油的聚集增长减小了气体流动的有效孔隙空间，降低了气相的相对渗透率，伤害了气井的生产能力，同时还会造成重组分的损失。对低渗透性凝析气藏而言，井筒附近压力梯度普遍较大，凝析液的析出和聚积相对严重，这种情况还会随着产量的增加而加剧。

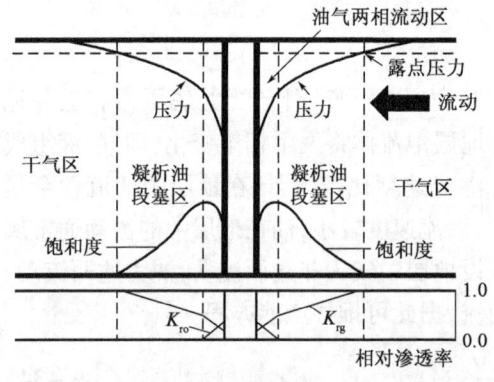

图9-23 近井地带凝析油析出及压力剖面示意图

1. 反凝析污染现象

反凝析污染主要表现为凝析油在地层中滞留，引起地层气相相对渗透率大幅度降低。将气液相渗方程式(9-34)和式(9-35)结合气液相平衡计算，可以得出气井从供给边界到井底的压力、气液相相对渗透率等分布，据此可以分析气井的反凝析污染。

以丘东凝析气田丘东 7 井为例。该井生产井段 3063.0～3198.0m，地层压力 25.21MPa，地层温度 88.3℃，井底流压为 21.1MPa 时，产气量为 118000m³/d，产油量为 14.85m³/d，生产气油比为 7946.13m³/m³。用建立的方程，在井底流压 p_{wf} = 5MPa 时，分析该井的动态。图 9-24、图 9-25 和图 9-26 分别是该井近井地带压力、汽化率、气相相对渗透率沿径向分布曲线。

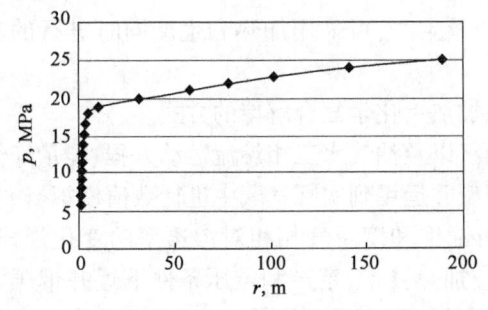

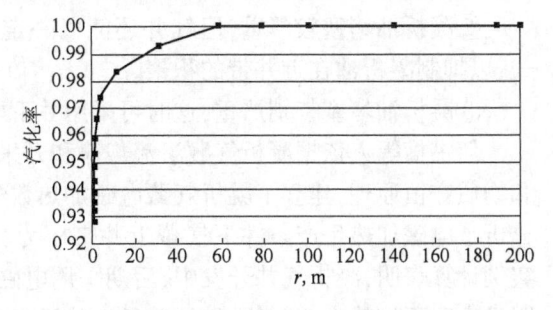

图 9-24 丘东 7 井近井地带压力沿径向的分布

图 9-25 丘东 7 井流体汽化率沿径向的分布

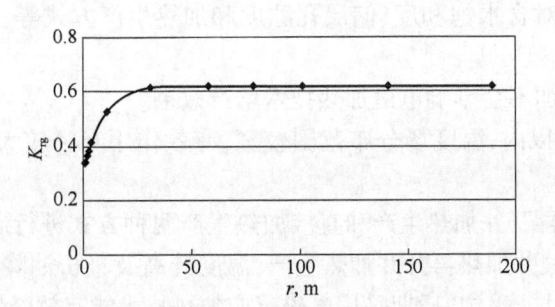

图 9-26 丘东 7 井气相相对渗透率沿径向的分布

从上述结果可以看出，在近井地带，汽化率降低，凝析油的质量分数增加，致使气相相对渗透率下降，近井地带的压力降急剧增加。

2. 解除反凝析污染的方法

反凝析污染主要表现为凝析油在地层中滞留，引起地层气相相对渗透率大幅度降低。因此，解除近井带反凝析污染的关键技术是使凝析油由液相变成气相，从地层流向井筒，达到既解除凝析油污染，又提高凝析油采收率的目的。解除反凝析污染的方法主要有以下三种：

(1) 压裂穿透"油环"。研究结果表明，反凝析污染井近井地带的压力降主要发生在离井轴径向 4m 左右的范围内。因此，可以考虑采用小型压裂技术，在近井地带造缝，达到增产的目的。

(2) 注气提高凝析气井的产能。给地层中注入干气(或称高甲烷含量气体)，遇到凝析油之后,凝析油蒸发并与干气形成新的平衡相,降低地层中凝析油饱和度,从而使气相相对渗透率得以恢复和提高。

(3)电磁感应加热技术解除凝析气井近井带堵塞。井下电磁感应加热技术是一种针对凝析气井近井地层的物理处理工艺,其研究始于20世纪50年代。所谓电磁感应加热技术,就是将井下感应加热装置下至油层段,通电后感应电磁波使储层套管发热,近井地层和井筒内流体温度升高。由于近井带地层温度升高,地层流体温度、压力、饱和度、黏度等都将发生变化,这样就会改善凝析气井热动力学条件,减轻或解除凝析气井井底堵塞状况和降低废弃压力,从而达到改善开发效果和提高油气采收率的目的。

根据凝析油堵塞情况,可采取三种加热解堵方式:

①凝析油堵塞严重,气井已经无产量,可关井加热解堵。

②凝析油堵塞较严重,但气井还能以一定的产量生产,可采用加热和生产同时进行的方式,以抑制凝析油在近井带的积聚。

③凝析油堵塞特别严重,这时可采用井下电磁加热—化学复合解堵的方式。

何书梅等人依据凝析气藏渗流规律和开采特点,以及油气水三相渗流运动方程、能量守恒和物质守恒原理,建立了凝析气藏电磁加热数学模型并运用到实际气藏中进行数值模拟研究,分析了电磁加热生产条件下气藏近井带压力、凝析油饱和度及气相相对渗透率的变化规律。实例计算表明,凝析气井开发中、后期采用电磁感应加热技术,定产和定压条件下近井带压力明显高于不加热生产时的压力;并且近井压力下降变缓,压力梯度降低,地层在近井带的渗流能力提高,解堵明显。对含水饱和度、储层孔隙度和加热生产方式等三个敏感参数进行分析发现:

(1)含水饱和度增加不会影响电磁加热技术增产效果。

(2)孔隙度为20%以内,温度场分布范围较宽,有效作用半径较大;孔隙度超过30%,效果明显变差。

(3)对先关井加热再开井加热生产和直接加热生产两种方式进行研究。对于不产水或产水较低的气藏来说,先关井加热再开井加热生产,温度升高及凝析油降低幅度增大,解堵效果更好。因此,在凝析气井开采中、后期采用电磁感应加热技术能有效降低近井带压降梯度和凝析油饱和度、增大近井带气相有效渗透率、解除井底积液和近井凝析油堵塞。储层孔隙度越小,电磁加热效果越好,电磁感应加热技术适用于中低孔凝析气藏。

第六节 天然气水合物的开发

天然气水合物是由水分子与气体小分子在适宜的高压与低温条件下形成的非化学计量的笼形结晶化合物,又被称为"笼形水合物"。因其外观似冰雪,且遇火可燃烧,因而又被称为"可燃冰"。通常,在适宜的温压(低温和高压)条件下,且当环境中存在某些特定的天然气小分子时,水分子之间通过形成氢键构成多种笼子结构,而气体小分子被填充到笼子内,形成天然气水合物。主体水分子和客体气体小分子之间通过范德华作用,水分子自由能降低,笼子稳定性增强。在自然界中,因形成天然气水合物最常见的气体成分为甲烷气体,故而又将甲烷分子质量分数超过99%的天然气水合物称为"甲烷水合物"。

天然气水合物是一种新型非常规能源,全球天然气水合物资源储量约为 20×10^{12} t 油当量,总有机碳含量约是传统化石能源总量的 2 倍,广泛分布在温压条件适宜的海域和陆上冻土带,其中海域的天然气水合物占 90% 以上。在标准温度和压力条件下,单位体积的天然气水合物可以释放 160~180 个体积的气体。因此,单位体积的天然气水合物完全燃烧所释放的能量远远大于单位体积的传统化石燃料(如煤、石油和天然气等)完全燃烧所释放的能量,约为煤的 10 倍,传统天然气的 2~5 倍。而且,由于甲烷或者其他碳氢气体分子在完全燃烧后,几乎不产生任何废弃物或者污染残渣,对生态环境的影响远比煤、石油及天然气小得多。因此,天然气水合物被认为是未来极其重要的理想清洁能源,可以极大地缓解全球能源紧张问题。

一、天然气水合物的基本物理化学性质

在标准大气压及临界结冰点(0℃)温度下,水开始由液态转变为固态。此时,水分子有序排列,并且由氢键作用形成六边形晶体结构,体积增大。在高于临界冰点温度下,通过增加压力及冷却的办法,水分子也可以形成复杂的晶体结构。

到目前为止,已经发现的气体水合物结构有 4 种:Ⅰ型、Ⅱ型、H 型(图 9-27)和一种新型的水合物(由生物分子和水分子生成)。Ⅰ型结构的天然气水合物其笼形构架中只能容纳一些分子较小的碳氢化合物(如甲烷和乙烷)及一些非烃气体(如 N_2、CO_2 和 H_2S 气体)。Ⅱ型结构的天然气水合物的笼状格架较大,不但可以容纳甲烷与乙烷,而且可以容纳较大的丙烷和异丁烷分子。H 型结构的天然气水合物具有最大的笼形格架,可以容纳分子直径大于异丁烷的有机气体分子。Ⅱ型和 H 型结构的天然气水合物比Ⅰ型的要稳定得多。但自然界的天然气水合物以Ⅰ型为主。天然气水合物广泛分布于自然界中,海底以下 0~1500m 深的大陆架或北极等地的多年冻土带都有可能存在天然气水合物。

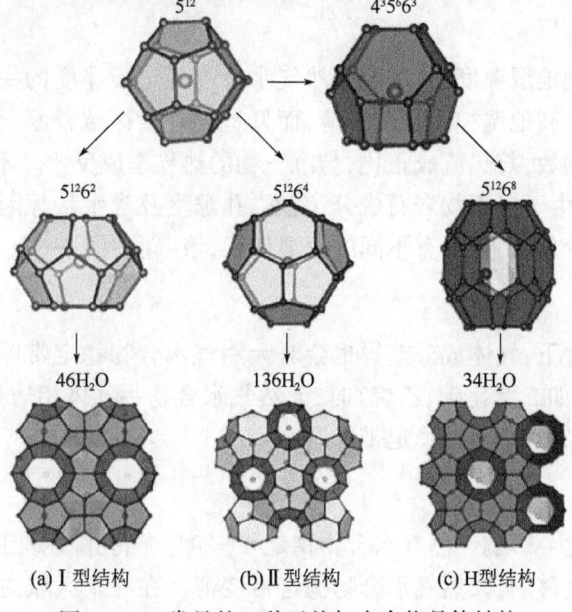

图 9-27 常见的三种天然气水合物晶体结构

天然气水合物为非化学计量型固态化合物,其分子式可表示为 $M \cdot nH_2O$(其中 M 是以甲烷气体为主的气体分子,n 为水分子数)。自然界形成天然气水合物主要为甲烷水合物,可以用以下方程描述其形成过程:

$$CH_4 + nH_2O(水) \Longleftrightarrow CH_4 \cdot nH_2O + \Delta H_1 \qquad (9-40)$$

式中,n 为水分子数,对甲烷水合物,近似值为 6。甲烷水合物的形成是放热反应,$\Delta H_1 < 0$,分解是吸热反应,$\Delta H_1 > 0$。

天然气水合物的密度可以在 $0.8 \sim 1.2 g/cm$ 之间变化,取决于形成天然气水合物的气体成分、温度、压力及分子结构。天然气水合物分解吸收热量,以打破水分子间的氢键和客体分子与水分子间的范德华力作用,生成气体和水,分解只需要不超过本身蕴含能量的 15%。

二、天然气水合物相平衡条件

天然气水合物稳定带并不意味着该区域内一定有天然气水合物,而是如果有天然气水合物形成,可以在此区域内稳定存在,除压力、温度及海水盐度等控制参数之外,还需要有充足的甲烷来源,只有在孔隙流体中甲烷浓度大于该压力和温度下的溶解度时候才能形成天然气水合物。

1. 地层的温度和压力

地层温度和压力是影响天然气水合物稳定的主要因素。受地表温度、地温梯度和地层埋深等的影响,在纯水—甲烷体系中,大陆极地地区(地表温度低于 0℃)天然气水合物深度上限是 150m;大洋中(海底温度为 0~3℃)天然气水合物一般产于水深 300m 以下的沉积层中。

2. 地温梯度

地温梯度直接影响地层温度,是决定天然气水合物稳定带厚度的一项重要参数。相同水深条件下该厚度通常在高地温梯度区域较薄,而低地温梯度区域较厚。地温梯度是地壳内部热流和岩石热导率的函数,与热流成正比,与沉积物的热导率成反比。不同沉积盆地或者同沉积盆地不同构造部位,由于沉积物岩石成分、密度、孔隙度及含水量等因素限制其热导率也会在横向和垂向上有所变化,因而具有不同的地温梯度,该厚度也不一样。

3. 气体成分

相同温度压力条件下,气体成分差异也会对天然气水合物稳定带厚度产生影响。当甲烷中加入少量其他气体(如二氧化碳、乙烷)时,天然气水合物—气体相边界将发生移动,天然气水合物稳定性增强,天然气水合物稳定带变厚。

4. 孔隙水含盐度

孔隙水含盐度变化会影响天然气水合物稳定带厚度。当孔隙水盐度增加时,天然气水合物—气体相边界将发生移动,天然气水合物稳定带变薄。在一个区域内海水的盐度在横向和垂向是变化的,因此在不同部位,天然气水合物稳定带底界面的深度也不一样。

图 9-28 为天然气水合物维持稳定所需要的温度和压力条件。可以看出天然气水合物在高温下保持稳定需要更高的压力,天然气水合物稳定相边界取决于气体成分和盐离子浓度。

天然气水合物的稳定性主要与温度(地热梯度)和压力有关。大多数天然气水合物稳定性研究假设为静水孔隙压力梯度,而在超压地区,超压导致天然气水合物稳定带底部下移。

三、天然气水合物形成与分解过程

天然气水合物形成与分解以及随时间变化的动力学模拟是一个三相(水合物相、流体相、气体相)反应过程,同时也是一个包含热传导、质传导和生成天然气水合物的复杂反应过程,天然气水合物成核和生长作用具有时变特征,给测量和建模带来困难。

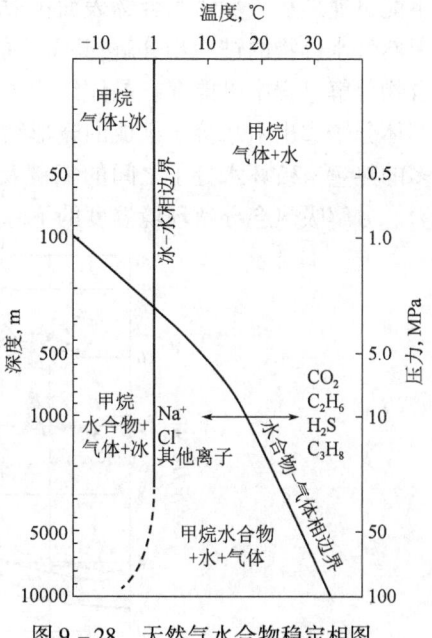

图 9-28 天然气水合物稳定相图

1. 天然气水合物形成的动力学机制

与热传导和聚合效应相比,天然气水合物本征动力学机制近期被证明是水合物生长的次要因素。在适宜的温压条件下,水分子与气体分子才能形成水合物(图 9-29)。

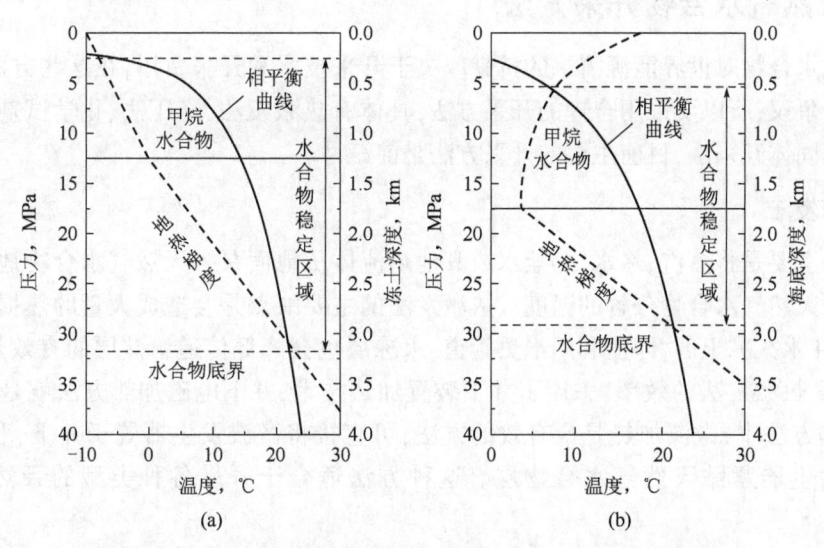

图 9-29 永久冻土区域及海底沉积物区域中,水合物平衡状态

2. 天然气水合物分解的动力学机制

天然气水合物分解的本质外因就是天然气水合物稳定存在的相平衡条件被打破(图 9-30)。在宏观层面上,天然气水合物由固相沿着固—液(气)界面分解为气、液两相,分解产生在水中的气泡可能会降低传热性能,降低分解速率。若天然气水合物分解释放的气体

不能迅速地从天然气水合物表面扩散出去,聚积的气体会增加天然气水合物表面的压力,影响天然气水合物的进一步分解,甚至可能导致局部位置天然气水合物的二次生成。混合气体水合物分解过程中可能存在晶体结构类型转变的现象。在微观层面上,天然气水合物分解就是客体分子逃出由水分子组成的笼形结构。天然气水合物分解是一个相变吸热过程,需要足够多的热量来破坏水分子之间的氢键及天然气水合物晶格中客体分子与水分子之间的范德华力。分解吸热会导致环境温度的下降,减弱分解的效果。

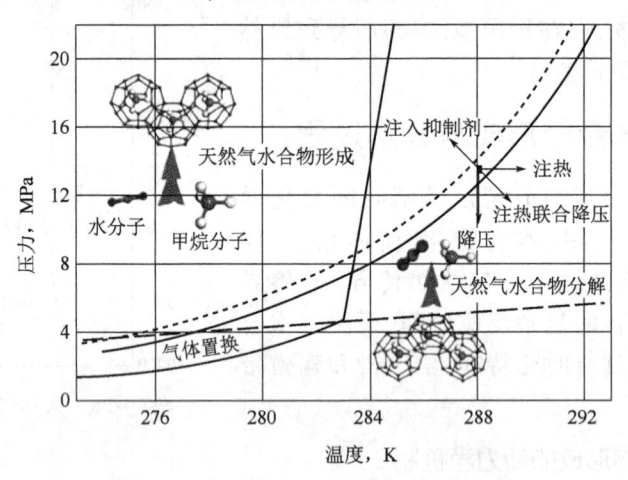

图 9-30 天然气水合物形成—分解示意图

四、天然气水合物开采方法

天然气水合物对世界能源需求的贡献取决于开采技术和开采费用,在这些方面科学界仍然有很大的争议,所以要采用合理的开采方法,具体有热激发法、降压法、化学试剂法、二氧化碳置换法及固体开采法,目前主要的开采方法是前三种。

1. 热激发法

该方法主要是将蒸汽、热水、热盐水或其他热流体从地面泵入天然气水合物地层,促使温度上升达到天然气水合物分解的温度。热激发法的主要缺点是会造成大量的热损失,效率很低,特别是在永久冻土区,即使利用绝热管道,永冻层也会降低传递给储层的有效热量。近年来,为了提高热激发法的效率,采用了井下装置加热技术,井下电磁加热方法就是其中之一。在电磁加热方法中,微波加热是最有效的方法,可直接将微波发生器置于井下,利用仪器自身重力使发生器紧贴天然气水合物层。这种方法适合于开采各种类型的天然气水合物资源。

2. 降压法

降压法是降低压力使天然气水合物稳定的相平衡曲线产生移动,从而达到促使天然气水合物分解的目的。降压法最大的特点是不需要像热激发法那样连续注入费用高昂的热流体,因而可能成为今后大规模开采天然气水合物的有效方法之一。目前,该方法已经应用于西伯利亚西部的麦索亚哈气田。但单独使用降压法开采天然气的缺点是作用缓慢,而且效率低。

3. 化学试剂法

某些化学试剂,如盐水、甲醇、乙醇、乙二醇、丙三醇等可以改变天然气水合物形成的相平衡条件,降低天然气水合物稳定温度。将上述化学试剂从井孔泵入后,就会引起天然气水合物的分解。化学试剂法比热激发法的作用缓慢,但有降低初始能源输入的优点。化学试剂法最大的缺点是费用太高。大洋中天然气水合物的压力较高,不宜采用这种方法。

4. 二氧化碳置换法

图 9-31 二氧化碳置换法的示意图,图中(a)是开发前蕴藏天然气水合物矿藏的海床。开采时,如图(b)所示,在天然气水合物矿层的上方及下方都注入二氧化碳,下方那一层是主要运作的区域,而上方则用以阻隔并稳定海床。因为压力被控制在适合二氧化碳水合物生成的范围,因此当这种水合物逐渐生成并放热时,最靠近底层的天然气水合物就会被这些热量分解,转化出大量甲烷。此时如图(c)所示,这些甲烷会被导管收集,所以下方的二氧化碳就会上移、填补空缺,然后持续生成二氧化碳水合物,使更多的天然气水合物分解、释放甲烷。在这种连锁反应下,可以达到在不断释放天然气水合物中甲烷的同时,不断(以二氧化碳水合物的形式)封存注入至海床中的二氧化碳。

图 9-31 以二氧化碳封存置换甲烷气示意图

5. 固体开采法

最初的固体开采法是直接采集天然气水合物固体,并将天然气水合物固体移至浅水海域后加以分解,因为若是以物理或化学方法就地分解,会消耗能源,而且费用高。之后,固体开采法也衍生出了另一种更进阶的方式,称为"混合开采法"。这种方法是将天然气水合物就地转为固体、液体混合的状态,再将包含天然气水合物固体、液体及气体的"钻井液"以导管传输至海平面上作业,借此取得天然气。这种不用再将矿产运送至浅水区的方式显然操作更加方便,且以导管运输的方式能进一步减少天然气水合物的损耗。

世界主要国家天然气水合物试采情况见表 9–11。

表 9–11　世界主要国家天然气水合物试采情况

国家	类型	时间,年	开采方法	持续时间,d	累计产气量,m^3
加拿大	陆域	2002	热水循环法	5	470
	陆域	2007—2008	降压法	6	1.3×10^4
美国	陆域	2012	CO_2 置换法 + 降压法	30	2.8×10^4
日本	海域	2013	降压法	6	11.95×10^4
	海域	2017	降压法	12	3.5×10^4
				24	20×10^4
中国	陆域	2011	降压法 + 注热法	4.2	95
	陆域(青海祁连山)	2016	水平井 + 降压法	23	1078
	海域(南海神狐)	2017	降压法	60	30.9×10^4
	海域(南海神狐)	2017	固态流化法	—	81
	海域(南海神狐)	2020	降压法 + 加热法	30	86.14×10^4

五、天然气水合物开发面临的问题和挑战

天然气水合物规模和产业化开发是极为复杂的系统工程,面临砂质天然气水合物发育有限、资源品质低、成藏机制和开采理论仍不成熟等问题,规模开发所面临的装备安全、控制安全和环境安全技术问题尚未根本解决,技术经济可采性有待系统、深入、长期的攻关。在保证安全的前提下,大规模、安全、经济地开发利用天然气水合物资源,是天然气水合物产业化的最大难题。目前天然气水合物开发面临的主要问题和挑战如下:

1. 天然气水合物成藏机理及相关理论尚不完善,海域资源调查不均衡

目前,国际上天然气水合物成藏机理及相关理论尚不完善,沉积物中气体的运移方式和富集机制也需要更进一步研究,对于天然气水合物成矿区块资源评价、资源分类、储量计算等目前尚缺乏统一的规范和标准。

中国尚未建立天然气水合物成藏机制和资源评价方法,还没有掌握资源家底,未锁定富集区。中国南海北部陆坡天然气水合物发育区的面积约为 $31 \times 10^4 km^2$,很多天然气水合物有利发育区面积达 $45 \times 10^4 km^2$,但尚未开展实质性调查工作,这些地区的水合物资源勘查研究工作有待加强,以维护中国海洋资源权益。目前中国海域尚未找到丰度高、资源品质好的砂质天然气水合物矿区。此外,中国管辖外国际海域,例如南极和北极、西南太平洋海域等,仅限于资料收集,未开展实质性勘查工作。

2. 尚需探索天然气水合物稳定试采和规模开发的技术

天然气水合物储层与常规油气储层的本质差别在于，天然气水合物储存在深水沉积层或冻土岩层中，特别是目前中国已发现的海洋天然气水合物基本都存在埋深浅、压力窗口窄、为泥质粉砂类天然气水合物等特征，潜在目标区大多没有完整的圈闭构造和致密盖层，传统的油气渗流理论无法提供天然气水合物开发技术研究所需要的理论支持。

中国已获取的天然气水合物样品主要分布在南海北部陆坡区埋深300m以内的泥岩或弱胶结的岩石中，天然气水合物本身就是岩石结构的重要组成部分，在天然气水合物开采过程中，其原有的固态结构将溃散。天然气水合物分解过程是集解析、相变、传热、渗流和多相流为一体的复杂祸合过程，目前的开采方法大多还是借鉴了常规油气开发技术，无法完全移植到天然气水合物开发利用上。

整体上，无论国内国际，天然气水合物实现稳定试采、规模开发和产业化的技术和装备瓶颈尚未根本突破。

3. 天然气水合物稳定规模开发存在的潜在环境风险评价体系欠缺

一方面，目前的天然气水合物试采方法存在单井产量低和不能持续生产等问题；另一方面，天然气水合物本身即为储层骨架，试采时间有限（最长两个月），只能证明试采所用的技术可以从天然气水合物储层中获得天然气，而长期大量天然气水合物开发可能带来的设备安全、人员安全和地质塌陷等环境风险评价体系欠缺。

4. 海域天然气水合物勘查、规模开发的核心装备需尽快突破

天然气水合物资源勘查开发是一项高新技术密集的庞大系统工程。在各项科研计划的资助下，中国自主研制的部分关键技术和装备，例如遥控无人潜水器、海底地震仪、可控源电磁技术等在南海北部进行了初步应用，但精度、效率、实用性有待进一步提高和验证，功能有待扩展，尚不能达到产业化和推广应用的要求。同时，中国天然气水合物降压试采所使用的井下举升系统、水下测试树等均依赖国外技术；固态流化试采尚无可规模开发的工艺技术及配套装备，需要进一步开展研制工作。

5. 天然气水合物产量尚未达到商业开发的经济门槛

目前，针对冻土区和海洋天然气水合物短期生产测试所得的最大单井日产量为$3.5\times10^4\text{m}^3$，最大日均产气量为$2.87\times10^4\text{m}^3$。参考海洋常规油气开发经验，初步判断，若想在海上实现商业开发，至少需要达到单井日产$20\times10^4\text{m}^3$气体以上。由此可见，天然气水合物开发成本距离商业开发的经济门槛还有很大距离。

参 考 文 献

[1] 杨继盛.采气工艺原理[M].北京:石油工业出版社,1992.
[2] 廖锐全,张志全.采气工程[M].北京:石油工业出版社,2003.
[3] 廖锐全,汪崎生,张柏年.斜井井筒中流动温度分布的预测方法[J].江汉石油学院学报,1996(2):73-76.
[4] 李世伦.天然气工程[M].2版.北京:石油工业出版社,2008.
[5] 王鸣华.气藏工程[M].北京:石油工业出版社,1997.
[6] 李长俊,汪玉春,陈祖泽,等.天然气管道输送[M].北京:石油工业出版社,2000.
[7] R.V.史密斯.实用天然气工程[M].俞经方,译.北京:石油工业出版社,1989.
[8] 郝春山,史支清,左代蓉.天然气开发利用技术[M].北京:石油工业出版社,2000.
[9] 毛瑞斯·斯图尔特.油气田地面工程 天然气处理工艺与设备设计[M].3版.张明益,崔兰德,李国娜,译.北京:石油工业出版社,2021.
[10] 坎贝尔.天然气预处理和加工:第1卷[M].陈赓良,等译.北京:石油工业出版社,1989.
[11] 《油气集输》编写组.油气集输[M].北京:石油工业出版社,2019.
[12] 四川石油管理局.天然气工程手册[M].北京:石油工业出版社,1989.
[13] 杨继盛,刘建仪.采气实用计算[M].北京:石油工业出版社,1994.
[14] 《气藏和气井动态分析及计算程序》编写组.气藏和气井动态分析及计算程序[M].北京:石油工业出版社,1996.
[15] 杨通佑,陈元千.石油及天然气储量计算方法[M].北京:石油工业出版社,1990.
[16] 中华人民共和国自然资源部.石油天然气储量估算规范:DZ/T 0217—2020[S].北京:中国标准出版社,2022.
[17] 国家能源局.天然气可采储量计算方法:SY/T 6098—2022[S].北京:石油工业出版社,2022.
[18] 陈元千.评价气藏原始地质储量和原始可采储量的动态法:为修订的《SY/T 6098—2010》标准而作[J].天然气勘探与开发,2021,44(1):1-12.
[19] 位云生,贾爱林,徐艳梅,等.气藏开发全生命周期不同储量计算方法研究进展[J].天然气地球科学,2020,31(12):1749-1756.
[20] 米尔扎占扎捷.天然气开采工艺[M].北京:石油工业出版社,1993.
[21] 杨宝善.凝析气藏开发工程[M].北京:石油工业出版社,1995.
[22] 王鸣华.气藏工程[M].北京:石油工业出版社,1997.
[23] Ю.П.科罗塔夫,С.Н.扎基洛夫.气田与凝析气田的开发理论和设计[M].孙志道,等译.北京:石油工业出版社,1988.
[24] 史云清,王国清.凝析气田开发和提高采收率技术[J].天然气工业,2002(4):108-109.
[25] 李士伦,等.气田开发方案设计[M].北京:石油工业出版社,2006.
[26] 国家能源局.气田开发方案编制技术要求:SY/T 6106—2020[S].北京:石油工业出版社,2020.

[27] 张盛宗,李跃刚. 变系数确定气井绝对无阻流量方法[J]. 石油钻采工艺,1992(3):91-92.

[28] 刘辉,何顺利,丁志川,等. 利用修正等时试井确定凝析气井拟压力产能方程[J]. 钻采工艺,2009,32(6):56-58,61,142-143.

[29] 李跃刚,范继武,李静群. 一种改进的修正等时试井分析方法[J]. 天然气工业,1998(5):67-70+9.

[30] 蒋凯军. 气井二项式导数方程的推导和应用[J]. 油气井测试,1993,2(2):40-44.

[31] 《试井手册》编写组. 试井手册[M]. 北京:石油工业出版社,1992.

[32] Joshi S D. Augmentation of well productivity with slant and horizontal wells[J]. Journal of Petroleum Technology,1988,40(6):729-739.

[33] Giger F M,Reiss L H,Jourdan A P. The reservoir engineering aspects of horizontal drilling[C] //Society of Petroleum Engineers Annual Technical Conference and Exhibition,1984:SPE-13024-MS.

[34] Renard G,Dupuy J M. Formation damage effects on horizontal-well flow efficiency[J]. Journal of Petroleum Technology,1991,43(7):786-869.

[35] Elgaghah S A,Osisanya S O,Tiab D. A simple productivity equation for horizontal wells based on drainage area concept[C] //Society of Petroleum Engineers Western Regional Meeting,1996:SPE-35713-MS.

[36] 陈元千. 水平井产量公式的推导与对比[J]. 新疆石油地质,2008,29(1):68-71.

[37] Ramey Jr H J. Wellbore heat transmission[J]. Journal of petroleum Technology,1962,14(4):427-435.

[38] Satter A. Heat losses during flow of steam down a wellbore[J]. Journal of Petroleum technology,1965,17(7):845-851.

[39] Beggs D H,Brill J P. A study of two-phase flow in inclined pipes[J]. Journal of Petroleum technology,1973,25(5):607-617.

[40] Shiu K C,Beggs D H. Predicting Temperatures in Flowing Oil Wells[J]. Journal of Energy Resources Technology,102(1),2-11.

[41] Moody L F. Friction factors for pipe flow[J]. Transactions of the American Society of mechanical engineers,1944,66(8):671-678.

[42] Hasan A R,Kabir C S. Heat transfer during two–phase flow in wellbores:part I—formation temperature[C] //Society of Petroleum Engineers Annual Technical Conference and Exhibition,1991:SPE-22866-MS.

[43] Hough E W,Rzasa M J,Wood B B. Interfacial tensions at reservoir pressures and temperatures;apparatus and the water-methane system[J]. Journal of Petroleum Technology,1951,3(2):57-60.

[44] Beggs H D,Robinson J R. Estimating the viscosity of crude oil systems[J]. Journal of Petroleum technology,1975,27(9):1140-1141.

[45] Mukherjee H,Brill J P. Pressure drop correlations for inclined two-phase flow[J]. Journal of Energy Resources Technology 1985,107(4):549-554.

[46] Hasan A R, Kabir C S. Predicting multiphase flow behavior in a deviated well[J]. Society of Petroleum Engineers production engineering,1988,3(4):474－482.

[47] Aziz K,Govier G W. Pressure drop in wells producing oil and gas[J]. Journal of Canadian Petroleum Technology,1972,11(3):38－48.

[48] Orkiszewski J. Predicting two-phase pressure drops in vertical pipe[J]. Journal of Petroleum technology,1967,19(6):829－838.

[49] 杨川东. 采气工程[M]. 北京:石油工业出版社,2001.

[50] 曾庆恒. 采气工程[M]. 北京:石油工业出版社,1999.

[51] 金忠臣,杨川东,张守良,等. 采气工程[M]. 北京:石油工业出版社,2004.

[52] 王德有. 油气井节点分析实例[M]. 北京:石油工业出版社,1991.

[53] 周克明,邱恒熙. 气水两相流动规律实验分析和化学排水方法探讨[J]. 天然气工业,1993(4):39－44＋7.

[54] K.E.布朗. 升举法采油工艺:卷二(下)[M]. 孙学龙,等译. 北京:石油工业出版社,1987.

[55] H.B.布雷得利. 石油工程手册(上册)[M]. 张柏年,等译. 北京:石油工业出版社,1992.

[56] 伊克库. 天然气开采工程[M]. 冈秦麟,译. 北京:石油工业出版社,1990.

[57] Turner R G,Hubbard M G,Dukler A E. Analysis and prediction of minimum flow rate for the continuous removal of liquids from gas wells[J]. Journal of Petroleum technology,1969,21(11):1475－1482.

[58] Coleman S B,Clay H B,McCurdy D G,et al. A new look at predicting gas-wellload-up[J]. Journal of petroleum technology,1991,43(3):329－333.

[59] Coleman S B,Clay H B,McCurdy D G,et al. Understanding gas-well load-up behavior[J]. Journal of Petroleum Technology,1991,43(3):334－338.

[60] 李闽,郭平,谭光天. 气井携液新观点[J]. 石油勘探与开发,2001(5):105－106.

[61] Barnea D. Transition from annular flow and from dispersed bubble flow-unified models for the whole range of pipe inclinations[J]. International journal of multiphase flow,1986,12(5):733－744.

[62] 汪国威,曹光强,李楠,等. 基于泡沫携液实验的压降携液量CFD数值模拟[J]. 大庆石油地质与开发,2023,42(3):83－89.

[63] 詹姆斯·利,亨利·尼肯斯,迈克尔·韦尔斯. 气井排水采气[M]. 何顺利,顾岱鸿,田树宝,等译. 北京:石油工业出版社,2009.

[64] 何志雄,孙雷,李士伦. 凝析气井生产系统分析方法[J]. 石油学报,1998(4):67－72,7.

[65] 严谨,张烈辉,王益维. 凝析气井反凝析污染的评价及消除[J]. 天然气工业,2005(2):133－135,216－217.

[66] 童敏,李相方,程时清. 近井地带凝析油聚集机理研究综述[J]. 力学进展,2003(4):499－506.

[67] 杜志敏,马力宁,朱玉洁,等. 疏松砂岩气藏开发管理的关键技术[J]. 天然气工业,2008,28(1):103－107,172－173.

[68] 华东石油学院岩矿教研室. 沉积岩石学[M]. 北京:石油工业出版社,1982.

[69] 朱斌.地层矿物与速敏性[J].油田化学,1994(1):1-4,44.
[70] 胡才志,李相方,王辉.疏松砂岩储层防砂方法优选实验评价[J].石油钻探技术,2003(6):51-53.
[71] 王凤清,秦积舜.疏松砂岩油层出砂机理室内研究[J].石油钻采工艺,1999(4):66-68,116.
[72] 郭肖,杜志敏,周志军.疏松砂岩油藏流固耦合流动模拟研究[J].西南石油大学学报,2006(4):53-56,104.
[73] 骆瑛,文光耀,奥立德,等.闵桥油田疏松砂岩油层在无防砂条件下最大产量估算[J].石油勘探与开发,2001(2):67-69,111-112,121.
[74] 唐洪明,孟英峰,何世明,等.柴达木盆地东部气田疏松砂岩气藏出砂与防砂机理探讨[J].天然气工业,2002(1):52-54,6.
[75] 李宾元,王成武.青海台南-涩北气田出砂机理及防砂技术研究[J].西南石油大学学报,2000(1):40-43,3.
[76] 何生厚,张琪著.油气井防砂理论及其应用[M].北京:中国石化出版社,2003.
[77] 张稷瑜.靖边气田产水气井动储量计算与分析[D].北京:中国石油大学(北京),2017.
[78] 刘志凯.低渗低压气井开采潜力分析[D].成都:西南石油大学,2020.
[79] 任雪艳.苏6井区气井稳产技术对策研究[D].成都:西安石油大学,2013.
[80] 冯诚沉.低渗气藏气井产能及稳产能力研究[D].成都:西南石油大学,2017.
[81] 朱泽正.致密砂岩气藏层内可动水对气井产能的影响[D].成都:西南石油大学,2019.
[82] 刘鹏超.盆5低渗透凝析气藏储层伤害因素对气井产能影响程度研究[D].成都:西南石油大学,2012.
[83] 唐志远.天然气水合物勘探开发新技术[M].北京:地质出版社,2017.
[84] 曹品强.水合物系统力学行为的分子机制研究[D].武汉:中国地质大学(武汉),2021.
[85] 别沁,郑云萍,蒋宏业.天然气水合物研究的最新进展[J].油气储运,2007(3):1-4,62-63.
[86] Sloan Jr E D. Fundamental principles and applications of natural gas hydrates[J]. Nature, 2003,426(6964):353-359.
[87] Moon C, Hawtin R W, Rodger P M. Nucleation and control of clathrate hydrates: insights from simulation[J]. Faraday discussions, 2007,136(01):367-382..
[88] Garapati N. Reservoir simulation for production of CH_4 from gas hydrate reservoirs using CO_2/$CO_2 + N_2$ by Hydrate Reservoir Simulation[D]. Morgantown, West Virginia: West Virginia University,2013.
[89] 刘志超.含水合物沉积物静动力学行为与规律研究[D].武汉:中国地质大学(武汉),2018.
[90] Circone S, Stern L A, Kirby S H. The effect of elevated methane pressure on methane hydrate dissociation[J]. American Mineralogist,2004,89(8-9):1192-1201.
[91] 郁桂刚,欧文佳,吴翔,等.天然气水合物分解动力学研究进展[J].地质科技通报,2023,42(3):175-188.

[92] 赵悦,曹潇潇,艾小倩.天然气水合物谱学特性的研究[J].广州化工,2020,48(15):28-30.
[93] 秦勇.中国深部煤层气地质研究进展[J].石油学报,2023,44(11):1791-1811.
[94] 江同文,熊先钺,金亦秋.深部煤层气地质特征与开发对策[J].石油学报,2023,44(11):1918-1930.
[95] 万玉金,曹雯.煤层气单井产量影响因素分析[J].天然气工业,2005(1):124-126,219.
[96] 曾雯婷,葛腾泽,王倩,等.深层煤层气全生命周期一体化排采工艺探索:以大宁—吉县区块为例[J].煤田地质与勘探,2022,50(9):78-85.
[97] 李鹏,李小军,涂志民,等.新疆后峡盆地煤层气井产量影响因素分析[J].煤矿安全,2024,55(4):1-10.
[98] 孔祥伟,谢昕,王存武,等.基于灰色关联方法的深层煤层气井压后产能影响地质工程因素评价[J].油气藏评价与开发,2023,13(4):433-440.
[99] 万雪松.煤层重复压裂选井选层的数学模型研究[D].成都:西南石油大学,2017.
[100] 贾秉义,晋香兰,吴敏杰.河西走廊煤层气储层特征及控气地质因素分析[J].中国煤炭地质,2021,33(11):34-41.
[101] 刘正帅.煤层气储层敏感性机理及对产能的影响[D].北京:中国地质大学(北京),2021.
[102] 明盈,孙豪飞,汤达祯,等.四川盆地上二叠统龙潭组深—超深部煤层气资源开发潜力[J].煤田地质与勘探,2024,52(2):102-112.
[103] 张聪,李梦溪,胡秋嘉,等.沁水盆地南部中深部煤层气储层特征及开发技术对策[J].煤田地质与勘探,2024,52(2):122-133.
[104] 李国永,姚艳斌,王辉,等.鄂尔多斯盆地神木-佳县区块深部煤层气地质特征及勘探开发潜力[J].煤田地质与勘探,2024,52(2):70-80.
[105] 韦涛,张争光,牛志刚,等.深部与浅部煤层气储层物性及开发工程差异分析[J].煤炭技术,2018,37(2):58-60.
[106] 申建,秦勇,傅雪海,等.深部煤层气成藏条件特殊性及其临界深度探讨[J].天然气地球科学,2014,25(9):1470-1476.
[107] 傅成玉.非常规油气资源勘探开发[M].北京:中国石化出版社,2015.
[108] 李宗田,苏建政,张汝生.现代页岩气油气水平井压裂改造技术[M].北京:中国石化出版社,2016.
[109] 陈强,刘昌岭,吴能友.海洋天然气水合物开采热电参数评价及应用[M].北京:科学出版社,2022.